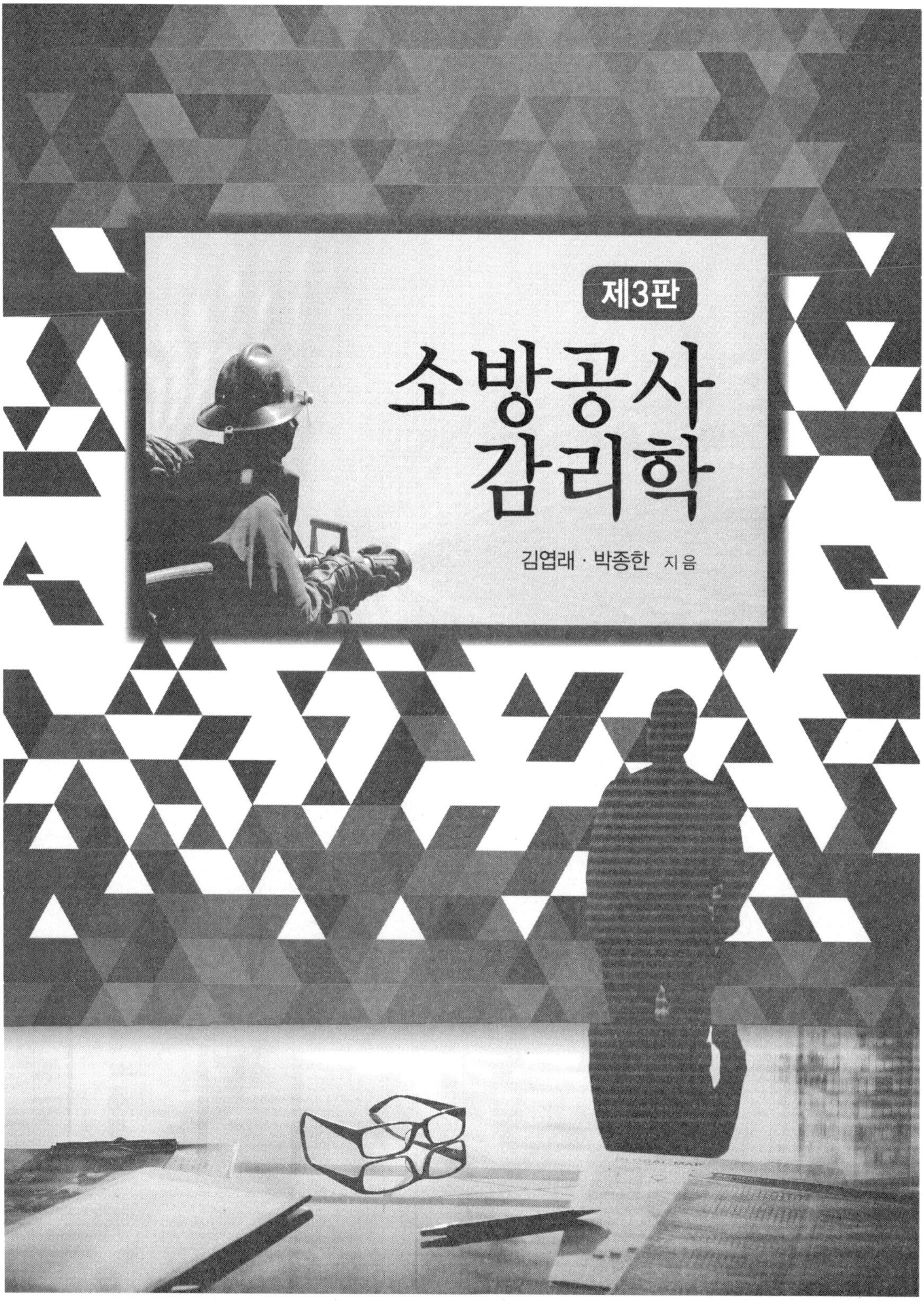
제3판
소방공사
감리학
김엽래 · 박종한 지음

머리말

현대의 건축물은 고층화, 대형화 및 내부시설물이 첨단화되어감에 따라 화재의 위험성이 더욱 고조되어 가고 있는 실정입니다. 이러한 추세로 볼 때 소방분야에 종사하고 있는 소방인들의 역할이 매우 중요하다고 할 수 있습니다.

본 소방공사감리학은 소방인들을 위하여 건설현장에서 이루어지는 소방공사감리분야 제반사항의 자료를 제시함으로써 기술수준을 향상시키고자 합니다. 현장에서 보다 실무에 근접하고 소방기술을 향상시켜 건실한 소방공사감리업무를 수행함으로써 화재로부터 인명과 재산을 보호받을 수 있도록 하는데 최선의 길잡이가 되고자 하는 측면에서 작성되었습니다.

본 소방공사감리학의 내용을 크게 분류하면,

첫째, 소방공사감리의 개념을 정립하여 공사감리의 수행능력 및 방법 인지

둘째, 설계도면검토 및 각종 계산서 검토요령과 설비도면의 실무적인 사항과 해외기준 등을 병행하여 도면을 검토할 수 있도록 현장 KNOW-HOW를 서술하였습니다.

셋째, 소방공사감리를 원활히 진행하기 위한 회의소집, 진행, 자재검수방법, 서류작성, 사진촬영요령 등을 서술하여 현장감이 있도록 하였고,

넷째, 준공단계에서 중간지도의 일정, 대관업무 등 준공까지의 서류 작성에 대해 서술하였습니다.

특히 도면검토단계에서는 각 단원별로 다양한 <연습>을 삽입하여 실무능력을 향상시킬 수 있도록 하였으며, 성능시험 결과표의 작성방법에서는 소방공사감리현장에서 가장 주의가 필요한 부분이기에 작성요령과 용어설명 등에 이르기까지 상세하게 서술하여 소방, 전기, 설비 등을 망라한 기초실력이 배양되도록 하였습니다.

아울러 소방공사감리에서 취약한 위험물 인허가와 실무에 가장 기본이 되는 스프링클러헤드와 감지기의 내용을 첨부하여 관련법규 이외의 간과하기 쉬운 내용을 수록함으로써 완벽을 기하고자 하였습니다.

소방을 사랑하는 여러분께 본 소방공사감리학이 현장실무의 지침의 기본으로서 소방의 발전을 위해 노력하는 소방인들에게 건실한 길잡이가 되었으면 합니다.

끝으로 본서를 작성함에 있어 자료조사와 자료편집에 힘써주신 관계자 여러분께 진심으로 감사드립니다.

삼각산이 바라보이는 연구실에서

저자 씀

제1장 개요

제2장 소방공사 · 감리업무

제4장 해외 화재안전기준

제5장 도면검토기준(시방서)

제6장 소방시설의 용량계산 검토

제9장 현장감리실무

제10장 준공계획

제11장 소방시설 종합정밀점검표

◐ 부 록

CHAPTER 01

개요

1.1 소방공사감리제도의 도입배경 및 목적

1995년 1월 도입된 소방공사감리 제도는 건설공사의 부실공사를 방지하고 품질향상을 도모하며 민간 전문기술자에게 소방기술적인 실무를 수행토록 하여 소방안전을 강화하겠다는 데 목적이 있다.

1.2 소방공사감리 대상시설의 구분

분야별	소방시설의 공사 또는 감리 대상시설의 종류
기계분야	1. 소화기구, 옥내소화전설비(호스릴 포함), 옥외소화전설비, 스프링클러설비(간이/화재조기진압용 포함), 연결살수설비, 연결송수관설비, 물분무소화설비, 포소화설비, 소화용수설비, 연소방지설비, 미분무소화설비 및 강화액소화설비 2. 이산화탄소소화설비, 할론소화설비, 할로겐화합물 및 불활성기체소화설비 및 분말소화설비 3. 제연설비 및 특별피난계단의 계단실 및 부속실 제연설비 4. 피난기구(금속제피난사다리, 구조대 및 완강기) 및 인명구조기구 5. 제1호 내지 제4호의 설비에 부설되는 전기시설(비상전원, 동력회로, 제어회로, 기계분야 소방시설을 작동하기 위하여 설치하는 화재감지기에 의한 화재감지장치 및 전기신호에 의한 소방시설의 작동장치는 제외한다) 6. 실내장식물 및 방염대상물품
전기분야	1. 비상경보설비, 비상방송설비, 자동화재탐지설비, 비상콘센트설비및 무선통신보조설비 2. 유도등 및 유도표지 3. 기계분야 소방설비에 부설되는 비상전원, 동력회로, 제어회로, 기계분야 소방시설을 작동하기 위하여 설치하는 화재감지기에 의한 화재감지장치 및 전기신호에 의한 소방시설의 작동장치

1.3 소방시설업의 등록기준 및 영업범위

소방시설공사업법 시행령 [별표 1]

소방시설업의 업종별 등록기준 및 영업범위 (제2조 제1항 관련)

1. 소방시설설계업

<table>
<tr><th colspan="2">항목
업종별</th><th>기 술 인 력</th><th>영 업 범 위</th></tr>
<tr><td colspan="2">전문소방시설공사업</td><td>가. 주된 기술인력 : 소방기술사 1명 이상
나. 보조기술인력 : 1명 이상</td><td>모든 특정소방대상물에 설치되는 소방시설의 설계</td></tr>
<tr><td rowspan="2">일반소방시설공사업</td><td>기계분야</td><td>가. 주된 기술인력 : 소방기술사 또는 기계분야 소방설비기사 1명 이상
나. 보조기술인력 : 1명 이상</td><td>가. 아파트에 설치되는 기계분야 소방시설(제연설비는 제외한다)의 설계
나. 연면적 3만제곱미터(공장의 경우에는 1만제곱미터) 미만의 특정소방대상물(제연설비가 설치되는 특정소방대상물은 제외한다)에 설치되는 기계분야 소방시설의 설계
다. 위험물제조소등에 설치되는 기계분야 소방시설의 설계</td></tr>
<tr><td>전기분야</td><td>가. 주된 기술인력 : 소방기술사 또는 전기분야 소방설비기사 1명 이상
나. 보조기술인력 : 1명 이상</td><td>가. 아파트에 설치되는 전기분야 소방시설의 설계
나. 연면적 3만제곱미터(공장의 경우에는 1만제곱미터) 미만의 특정소방대상물에 설치되는 전기분야 소방시설의 설계
다. 위험물제조소등에 설치되는 전기분야 소방시설의 설계</td></tr>
</table>

비고

1. 위 표의 일반 소방시설설계업에서 기계분야 및 전기분야의 대상이 되는 소방시설의 범위는 다음 각 목과 같다.
   가. 기계분야
      1) 소화기구, 자동소화장치, 옥내소화전설비, 스프링클러설비등, 물분무등소화설비, 옥외소화전설비, 피난기구, 인명구조기구, 상수도소화용수설비, 소화수조·저수조, 그 밖의 소화용수설비, 제연설비, 연결송수관설비, 연결살수설비 및 연소방지설비
      2) 기계분야 소방시설에 부설되는 전기시설. 다만, 비상전원, 동력회로, 제어회로, 기계분야 소방시설을 작동하기 위하여 설치하는 화재감지기에 의한 화재감지장치 및 전기신호에 의한 소방시설의 작동장치는 제외한다.
   나. 전기분야
      1) 단독경보형감지기, 비상경보설비, 비상방송설비, 누전경보기, 자동화재탐지설비, 시각경보기, 자동화재속보설비, 가스누설경보기, 통합감시시설, 유도등, 비상조명등, 휴대용비상조명등, 비상콘센트

설비 및 무선통신보조설비

2) 기계분야 소방시설에 부설되는 전기시설 중 가목2) 단서의 전기시설

2. 일반 소방시설설계업의 기계분야 및 전기분야를 함께 하는 경우 주된 기술인력은 소방기술사 1명 또는 기계분야 소방설비기사와 전기분야 소방설비기사 자격을 함께 취득한 사람 1명 이상으로 할 수 있다.
3. 소방시설설계업을 하려는 자가 소방시설공사업, 「소방시설 설치·유지 및 안전관리에 관한 법률」 제29조에 따른 소방시설관리업(이하 "소방시설관리업"이라 한다) 또는 「다중이용업소의 안전관리에 관한 특별법」 제16조에 따른 화재위험평가 대행 업무(이하 "화재위험평가 대행업"이라 한다) 중 어느 하나를 함께 하려는 경우 소방시설공사업, 소방시설관리업 또는 화재위험평가 대행업 기술인력으로 등록된 기술인력은 다음 각 목의 기준에 따라 소방시설설계업 등록 시 갖추어야 하는 해당 자격을 가진 기술인력으로 볼 수 있다.

가. 전문 소방시설설계업과 소방시설관리업을 함께 하는 경우: 소방기술사 자격과 소방시설관리사 자격을 함께 취득한 사람

나. 전문 소방시설설계업과 전문 소방시설공사업을 함께 하는 경우: 소방기술사 자격을 취득한 사람

다. 전문 소방시설설계업과 화재위험평가 대행업을 함께 하는 경우: 소방기술사 자격을 취득한 사람

라. 일반 소방시설설계업과 소방시설관리업을 함께 하는 경우 다음의 어느 하나에 해당하는 사람

1) 소방기술사 자격과 소방시설관리사 자격을 함께 취득한 사람

2) 기계분야 소방설비기사 또는 전기분야 소방설비기사 자격을 취득한 사람 중 소방시설관리사 자격을 취득한 사람

마. 일반 소방시설설계업과 일반 소방시설공사업을 함께 하는 경우: 소방기술사 자격을 취득하거나 기계분야 또는 전기분야 소방설비기사 자격을 취득한 사람

바. 일반 소방시설설계업과 전문 소방시설공사업을 함께 하는 경우: 소방기술사 자격을 취득하거나 기계분야 및 전기분야 소방설비기사 자격을 함께 취득한 사람

사. 전문 소방시설설계업과 일반 소방시설공사업을 함께하는 경우: 소방기술사 자격을 취득한 사람

4. "보조기술인력"이란 다음 각 목의 어느 하나에 해당하는 사람을 말한다.

가. 소방기술사, 소방설비기사 또는 소방설비산업기사 자격을 취득한 사람

나. 소방공무원으로 재직한 경력이 3년 이상인 사람으로서 자격수첩을 발급받은 사람

다. 법 제28조 제3항에 따라 행정안전부령으로 정하는 소방기술과 관련된 자격·경력 및 학력을 갖춘 사람으로서 자격수첩을 발급받은 사람

5. 위 표 및 제2호에도 불구하고 다음 각 목의 어느 하나에 해당하는 자가 소방시설설계업을 등록하는 경우 「엔지니어링산업 진흥법」, 「건축사법」, 「기술사법」 및 「전력기술관리법」에 따른 신고 또는 등록기준을 충족하는 기술인력을 확보한 경우로서 해당 기술인력이 위 표의 기술인력(주된 기술인력만 해당한다)의 기준을 충족하는 경우에는 위 표의 등록기준을 충족한 것으로 본다.

가. 「엔지니어링산업 진흥법」 제21조 제1항에 따라 엔지니어링사업자 신고를 한 자

나. 「건축사법」 제23조에 따른 건축사업무신고를 한 자

다. 「기술사법」 제6조 제1항에 따른 기술사사무소 등록을 한 자

라. 「전력기술관리법」 제14조 제1항에 따른 설계업 등록을 한 자

6. 가스계소화설비의 경우에는 해당 설비의 설계프로그램 제조사가 참여하여 설계(변경을 포함한다)할 수 있다.

2. 소방시설공사업

항목 업종별		기술인력	자본금 (자산평가액)	영업범위
전문 소방시설공사업		가. 주된 기술인력 : 소방기술사 또는 기계분야와 전기분야의 소방설비기사 각 1명(기계분야 및 전기분야의 자격을 함께 취득한 사람 1명) 이상 나. 보조기술인력 : 2명 이상	가. 법인 : 1억원 이상 나. 개인 : 자산평가액 1억원 이상	특정소방대상물에 설치되는 기계분야 및 전기분야 소방시설의 공사·개설·이전 및 정비
일반 소방시설공사업	기계분야	가. 주된 기술인력 : 소방기술사 또는 기계분야소방설비기사 1명 이상 나. 보조기술인력 : 1명 이상	가. 법인 : 1억원 이상 나. 개인 : 자산평가액 1억원 이상	가. 연면적 1만제곱미터 미만의 특정소방대상물에 설치되는 기계분야 소방시설의 공사·개설·이전 및 정비 나. 위험물제조소등에 설치되는 기계분야 소방시설의 공사·개설·이전 및 정비
	전기분야	가. 주된 기술인력 : 소방기술사 또는 전기분야 소방설비 기사 1명 이상 나. 보조기술인력 : 1명 이상	가. 법인 : 1억원 이상 나. 개인 : 자산평가액 1억원 이상	가. 연면적 1만제곱미터 미만의 특정소방대상물에 설치되는 전기분야 소방시설의 공사·개설·이전·정비 나. 위험물제조소등에 설치되는 전기분야 소방시설의 공사·개설·이전·정비

비고

1. 위 표의 일반 소방시설공사업에서 기계분야 및 전기분야의 대상이 되는 소방시설의 범위는 이 표 제1호 비고 제1호 각 목과 같다.
2. 기계분야 및 전기분야의 일반 소방시설공사업을 함께 하는 경우 주된 기술인력은 소방기술사 1명 또는 기계분야 및 전기분야의 자격을 함께 취득한 소방설비기사 1명으로 한다.
3. 자본금(자산평가액)은 해당 소방시설공사업의 최근 결산일 현재(새로 등록 한 자는 등록을 위한 기업진단기준일 현재)의 총자산에서 총부채를 뺀 금액을 말하고, 소방시설공사업 외의 다른 업(業)을 함께 하는 경우에는 자본금에서 겸업 비율에 해당하는 금액을 뺀 금액을 말한다.
4. "보조기술인력"이란 소방시설설계업의 등록기준 및 영업범위의 비고란 제4호 각 목의 어느 하나에 해당하는 사람을 말한다.
5. 소방시설공사업을 하려는 자가 소방시설설계업 또는 소방시설관리업 중 어느 하나를 함께 하려는 경우 소방시설설계업 또는 소방시설관리업 기술인력으로 등록된 기술인력은 다음 각 목의 기준에 따라 소방시설공사업 등록 시 갖추어야 하는 해당 자격을 가진 기술인력으로 볼 수 있다.
   가. 전문 소방시설공사업과 전문 소방시설설계업을 함께 하는 경우: 소방기술사 자격을 취득한 사람
   나. 전문 소방시설공사업과 일반 소방시설설계업을 함께 하는 경우: 소방기술사 자격을 취득하거나 기계분야 및 전기분야 소방설비기사 자격을 함께 취득한 사람
   다. 일반 소방시설공사업과 전문 소방시설설계업을 함께 하는 경우: 소방기술사 자격을 취득한 사람
   라. 일반 소방시설공사업과 일반 소방시설설계업을 함께 하는 경우: 소방기술사 자격을 취득하거나 기

계분야 또는 전기분야 소방설비기사 자격을 취득한 사람

마. 전문 소방시설공사업과 소방시설관리업을 함께 하는 경우: 소방시설관리사와 소방설비기사(기계분야 및 전기분야의 자격을 함께 취득한 사람) 또는 소방기술사 자격을 함께 취득한 사람

바. 일반 소방시설공사업 기계분야와 소방시설관리업을 함께 하는 경우: 소방기술사 또는 기계분야 소방설비기사와 소방시설관리사 자격을 함께 취득한 사람

사. 일반 소방시설공사업 전기분야와 소방시설관리업을 함께 하는 경우: 소방기술사 또는 전기분야 소방설비기사와 소방시설관리사 자격을 함께 취득한 사람

6. "개설"이란 이미 특정소방대상물에 설치된 소방시설등의 전부 또는 일부를 철거하고 새로 설치하는 것을 말한다.
7. "이전"이란 이미 설치된 소방시설등을 현재 설치된 장소에서 다른 장소로 옮겨 설치하는 것을 말한다.
8. "정비"란 이미 설치된 소방시설등을 구성하고 있는 기계·기구를 교체하거나 보수하는 것을 말한다.

3. 소방공사감리업

항목 업종별		기술인력	영업범위
전문 소방공사 감리업		가. 소방기술사 1명 이상 나. 기계분야 및 전기분야의 특급 감리원 각 1명(기계분야 및 전기분야의 자격을 함께 가지고 있는 사람이 있는 경우에는 그에 해당하는 사람 1명. 이하 다목부터 마목까지에서 같다) 이상 다. 기계분야 및 전기분야의 고급 감리원 이상의 감리원 각 1명 이상 라. 기계분야 및 전기분야의 중급 감리원 이상의 감리원 각 1명 이상 마. 기계분야 및 전기분야의 초급 감리원 이상의 감리원 각 1명 이상	모든 특정소방대상물에 설치되는 소방시설공사 감리
일반 소방공사 감리업	기계분야	가. 기계분야 특급 감리원 1명 이상 나. 기계분야 고급 감리원 또는 중급 감리원 이상의 감리원 1명 이상 다. 기계분야 초급 감리원 이상의 감리원 1명 이상	가. 연면적 3만제곱미터(공장의 경우에는 1만제곱미터) 미만의 특정소방대상물(제연설비가 설치되는 특정소방대상물은 제외한다)에 설치되는 기계분야 소방시설의 감리 나. 아파트에 설치되는 기계분야 소방시설(제연설비는 제외한다)의 감리 다. 위험물제조소등에 설치되는 기계분야 소방시설의 감리
	전기분야	가. 전기분야 특급 감리원 1명 이상 나. 전기분야 고급 감리원 또는 중급 감리원 이상의 감리원 1명 이상 다. 전기분야 초급 감리원 이상의 감리원 1명 이상	가. 연면적 3만제곱미터(공장의 경우에는 1만제곱미터) 미만의 특정소방대상물에 설치되는 전기분야 소방시설의 감리 나. 아파트에 설치되는 전기분야 소방시설의 감리 다. 위험물제조소등에 설치되는 전기분야 소방시설의 감리

비고

1. 위 표의 일반 소방공사감리업에서 기계분야 및 전기분야의 대상이 되는 소방시설의 범위는 다음 각 목과 같다.
   가. 기계분야
      1) 이 표 제1호 비고 제1호 가목에 따른 기계분야 소방시설
      2) 실내장식물 및 방염대상물품
   나. 전기분야: 이 표 제1호 비고 제1호나목에 따른 전기분야 소방시설
2. 위 표에서 "특급 감리원", "고급 감리원", "중급 감리원" 및 "초급 감리원"은 행정안전부령으로 정하는 소방기술과 관련된 자격·경력 및 학력을 갖춘 사람으로서 소방공사감리원의 기술등급 자격에 따른 경력수첩을 발급받은 사람을 말한다.
3. 일반 소방공사감리업의 기계분야 및 전기분야를 함께 하는 경우 기계분야 및 전기분야의 자격을 함께 취득한 감리원 각 1명 이상 또는 기계분야 및 전기분야 일반 소방공사감리업의 등록기준 중 각각의 분야에 해당하는 기술인력을 두어야 한다.
4. 소방공사감리업을 하려는 자가 「엔지니어링산업 진흥법」 제21조 제1항에 따른 엔지니어링사업, 「건축사법」 제23조에 따른 건축사사무소 운영, 「건설기술 진흥법」 제26조 제1항에 따른 건설기술용역업, 「전력기술관리법」 제14조 제1항에 따른 전력시설물공사감리업, 「기술사법」 제6조 제1항에 따른 기술사사무소 운영 또는 화재위험평가 대행업(이하 "엔지니어링사업등"이라 한다) 중 어느 하나를 함께 하려는 경우 엔지니어링사업등의 보유 기술인력으로 신고나 등록된 소방기술사는 전문 소방공사감리업 등록 시 갖추어야 하는 기술인력으로 볼 수 있고, 특급 감리원은 일반 소방공사감리업의 등록 시 갖추어야 하는 기술인력으로 볼 수 있다.
5. 기술인력 등록기준에서 기준등급보다 초과하여 상위등급의 기술인력을 보유하고 있는 경우 기준등급을 보유한 것으로 간주한다.

1.4 소방공사감리원의 등급구분

구분	기계분야	전기분야
특급 감리원	• 소방기술사 자격을 취득한 사람	
	• 소방설비기사 기계분야 자격을 취득한 후 8년 이상 소방 관련 업무를 수행한 사람 • 소방설비산업기사 기계분야 자격을 취득한 후 12년 이상 소방 관련 업무를 수행한 사람	• 소방설비기사 전기분야 자격을 취득한 후 8년 이상 소방 관련 업무를 수행한 사람 • 소방설비산업기사 전기분야 자격을 취득한 후 12년 이상 소방 관련 업무를 수행한 사람
고급 감리원	• 소방설비기사 기계분야 자격을 취득한 후 5년 이상 소방 관련 업무를 수행한 사람 • 소방설비산업기사 기계분야 자격을 취득한 후 8년 이상 소방 관련 업무를 수행한 사람	• 소방설비기사 전기분야 자격을 취득한 후 5년 이상 소방 관련 업무를 수행한 사람 • 소방설비산업기사 전기분야 자격을 취득한 후 8년 이상 소방 관련 업무를 수행한 사람
중급 감리원	• 소방설비기사 기계분야 자격을 취득한 후 3년 이상 소방 관련 업무를 수행한 사람 • 소방설비산업기사 기계분야 자격을 취득	• 소방설비기사 전기분야 자격을 취득한 후 3년 이상 소방 관련 업무를 수행한 사람 • 소방설비산업기사 전기분야 자격을 취득

	한 후 6년 이상 소방 관련 업무를 수행한 사람	한 후 6년 이상 소방 관련 업무를 수행한 사람
초급 감리원	• 제1호 나목1)에 해당하는 학과 학사학위를 취득한 후 1년 이상 소방 관련 업무를 수행한 사람 • 「고등교육법」 제2조 제1호부터 제6호까지의 규정 중 어느 하나에 해당하는 학교에서 제1호 나목1)에 해당하는 학과 전문학사학위를 취득한 후 3년 이상 소방 관련 업무를 수행한 사람 • 소방공무원으로서 3년 이상 근무한 경력이 있는 사람 • 5년 이상 소방 관련 업무를 수행한 사람	
	• 소방설비기사 기계분야 자격을 취득한 후 1년 이상 소방 관련 업무를 수행한 사람 • 소방설비산업기사 기계분야 자격을 취득한 후 2년 이상 소방 관련 업무를 수행한 사람 • 제1호 나목3)부터 6)까지의 규정 중 어느 하나에 해당하는 학과 학사학위를 취득한 후 1년 이상 소방 관련 업무를 수행한 사람 • 「고등교육법」 제2조 제1호부터 제6호까지의 규정 중 어느 하나에 해당하는 학교에서 제1호 나목3)부터 6)까지의 규정에 해당하는 학과 전문학사학위를 취득한 후 3년 이상 소방 관련 업무를 수행한 사람	• 소방설비기사 전기분야 자격을 취득한 후 1년 이상 소방 관련 업무를 수행한 사람 • 소방설비산업기사 전기분야 자격을 취득한 후 2년 이상 소방 관련 업무를 수행한 사람 • 제1호 나목2)에 해당하는 학과 학사학위를 취득한 후 1년 이상 소방 관련 업무를 수행한 사람 • 「고등교육법」 제2조 제1호부터 제6호까지의 규정 중 어느 하나에 해당하는 학교에서 제1호 나목2)에 해당하는 학과 전문학사학위를 취득한 후 3년 이상 소방 관련 업무를 수행한 사람

비고

1. 동일한 기간에 수행한 경력이 두 가지 이상의 자격 기준에 해당하는 경우에는 하나의 자격 기준에 대해서만 그 기간을 인정하고 기간이 중복되지 아니하는 경우에는 각각의 기간을 경력으로 인정한다. 이 경우 동일 기술등급의 자격 기준별 경력기간을 해당 경력기준기간으로 나누어 합한 값이 1 이상이면 해당 기술등급의 자격 기준을 갖춘 것으로 본다.
2. "소방 관련 업무"란 다음 각 목의 어느 하나에 해당하는 업무를 말한다.
   가. 제1호 다목에 해당하는 경력으로 인정되는 업무
   나. 소방공무원으로서 근무한 업무
3. 비고 제2호에 따른 소방 관련 업무를 수행한 경력으로서 위 표에서 정한 국가기술자격 취득 전의 경력은 그 경력의 50퍼센트만 인정한다.

1.5 소방기술자의 배치기준 및 배치기간(소방시설 공사)

소방시설공사업법 시행령 [별표 2]

소방기술자의 배치기준 및 배치기간 (제3조 관련)

소방기술자의 배치기준	소방시설공사 현장의 기준
가. 행정안전부령으로 정하는 특급기술자인 소방기술자(기계분야 및 전기분야)	1) 연면적 20만제곱미터 이상인 특정소방대상물의 공사 현장 2) 지하층을 포함한 층수가 40층 이상인 특정소방대상물의 공사 현장
나. 행정안전부령으로 정하는 고급기술자 이상의 소방기술자(기계분야 및 전기분야)	1) 연면적 3만제곱미터 이상 20만제곱미터 미만인 특정소방대상물(아파트는 제외한다)의 공사 현장 2) 지하층을 포함한 층수가 16층 이상 40층 미만인 특정소방대상물의 공사 현장
다. 행정안전부령으로 정하는 중급기술자 이상의 소방기술자(기계분야 및 전기분야)	1) 물분무등소화설비(호스릴 방식의 소화설비는 제외한다) 또는 제연설비가 설치되는 특정소방대상물의 공사 현장 2) 연면적 5천제곱미터 이상 3만제곱미터 미만인 특정소방대상물(아파트는 제외한다)의 공사 현장 3) 연면적 1만제곱미터 이상 20만제곱미터 미만인 아파트의 공사 현장
라. 행정안전부령으로 정하는 초급기술자 이상의 소방기술자(기계분야 및 전기분야)	1) 연면적 1천제곱미터 이상 5천제곱미터 미만인 특정소방대상물(아파트는 제외한다)의 공사 현장 2) 연면적 1천제곱미터 이상 1만제곱미터 미만인 아파트의 공사 현장 3) 지하구(地下溝)의 공사 현장
마. 법 제28조 제2항에 따라 자격수첩을 발급받은 소방기술자	연면적 1천제곱미터 미만인 특정소방대상물의 공사 현장

비고

가. 다음의 어느 하나에 해당하는 기계분야 소방시설공사의 경우에는 소방기술자의 배치기준에 따른 기계분야의 소방기술자를 공사 현장에 배치해야 한다.
   1) 옥내소화전설비, 스프링클러설비등, 물분무등소화설비 또는 옥외소화전설비의 공사
   2) 상수도소화용수설비, 소화수조·저수조 또는 그 밖의 소화용수설비의 공사
   3) 제연설비, 연결송수관설비, 연결살수설비 또는 연소방지설비의 공사
   4) 기계분야 소방시설에 부설되는 전기시설의 공사. 다만, 비상전원, 동력회로, 제어회로, 기계분야의 소방시설을 작동하기 위해 설치하는 화재감지기에 의한 화재감지장치 및 전기신호에 의한 소방시설의 작동장치의 공사는 제외한다.

나. 다음의 어느 하나에 해당하는 전기분야 소방시설공사의 경우에는 소방기술자의 배치기준에 따른 전기분야의 소방기술자를 공사 현장에 배치해야 한다.
   1) 비상경보설비, 시각경보기, 자동화재탐지설비, 비상방송설비, 자동화재속보설비 또는 통합감시시설의 공사
   2) 비상콘센트설비 또는 무선통신보조설비의 공사

3) 기계분야 소방시설에 부설되는 전기시설 중 가목4) 단서의 전기시설 공사

다. 가목 및 나목에도 불구하고 기계분야 및 전기분야의 자격을 모두 갖춘 소방기술자가 있는 경우에는 소방시설공사를 분야별로 구분하지 않고 그 소방기술자를 배치할 수 있다.

라. 가목 및 나목에도 불구하고 소방공사감리업자가 감리하는 소방시설공사가 다음의 어느 하나에 해당하는 경우에는 소방기술자를 소방시설공사 현장에 배치하지 않을 수 있다.

1) 소방시설의 비상전원을 「전기공사업법」에 따른 전기공사업자가 공사하는 경우

2) 상수도소화용수설비, 소화수조・저수조 또는 그 밖의 소화용수설비를 「건설산업기본법 시행령」 별표 1에 따른 기계설비공사업자 또는 상・하수도설비공사업자가 공사하는 경우

3) 소방 외의 용도와 겸용되는 제연설비를 「건설산업기본법 시행령」 별표 1에 따른 기계설비공사업자가 공사하는 경우

4) 소방 외의 용도와 겸용되는 비상방송설비 또는 무선통신보조설비를 「정보통신공사업법」에 따른 정보통신공사업자가 공사하는 경우

마. 공사업자는 다음의 경우를 제외하고는 1명의 소방기술자를 2개의 공사 현장을 초과하여 배치해서는 안 된다. 다만, 연면적 3만제곱미터 이상의 특정소방대상물(아파트는 제외한다)이거나 지하층을 포함한 층수가 16층 이상으로서 500세대 이상인 아파트에 대한 소방시설 공사의 경우에는 1개의 공사 현장에만 배치해야 한다.

1) 건축물의 연면적이 5천제곱미터 미만인 공사 현장에만 배치하는 경우. 다만, 그 연면적의 합계는 2만제곱미터를 초과해서는 안 된다.

2) 건축물의 연면적이 5천제곱미터 이상인 공사 현장 2개 이하와 5천제곱미터 미만인 공사 현장에 같이 배치하는 경우. 다만, 5천제곱미터 미만의 공사 현장의 연면적의 합계는 1만제곱미터를 초과해서는 안 된다.

바. 특정 공사 현장이 2개 이상의 공사 현장 기준에 해당하는 경우에는 해당 공사 현장 기준에 따라 배치해야 하는 소방기술자를 각각 배치하지 않고 그 중 상위 등급 이상의 소방기술자를 배치할 수 있다.

2. 소방기술자의 배치기간

가. 공사업자는 제1호에 따른 소방기술자를 소방시설공사의 착공일부터 소방시설 완공검사증명서 발급일까지 배치한다.

나. 공사업자는 가목에도 불구하고 시공관리, 품질 및 안전에 지장이 없는 경우로서 다음의 어느 하나에 해당하여 발주자가 서면으로 승낙하는 경우에는 해당 공사가 중단된 기간 동안 소방기술자를 공사 현장에 배치하지 않을 수 있다.

1) 민원 또는 계절적 요인 등으로 해당 공정의 공사가 일정 기간 중단된 경우

2) 예산의 부족 등 발주자(하도급의 경우에는 수급인을 포함한다. 이하 이 목에서 같다)의 책임 있는 사유 또는 천재지변 등 불가항력으로 공사가 일정기간 중단된 경우

3) 발주자가 공사의 중단을 요청하는 경우

1.6 소방감리업의 종류, 방법 및 대상

소방시설공사업법 시행령 [별표 3]

소방공사 감리의 종류, 방법 및 대상 (제9조 관련)

종류	대 상	방 법
상주 공사 감리	1. 연면적 3만제곱미터 이상의 특정소방대상물(아파트는 제외한다)에 대한 소방시설의 공사 2. 지하층을 포함한 층수가 16층 이상으로서 500세대 이상인 아파트에 대한 소방시설의 공사	1. 감리원은 행정안전부령으로 정하는 기간 동안 공사 현장에 상주하여 법 제16조 제1항 각 호에 따른 업무를 수행하고 감리일지에 기록해야 한다. 다만, 법 제16조 제1항 제9호에 따른 업무는 행정안전부령으로 정하는 기간 동안 공사가 이루어지는 경우만 해당한다. 2. 감리원이 행정안전부령으로 정하는 기간 중 부득이한 사유로 1일 이상 현장을 이탈하는 경우에는 감리일지 등에 기록하여 발주청 또는 발주자의 확인을 받아야 한다. 이 경우 감리업자는 감리원의 업무를 대행할 사람을 감리현장에 배치하여 감리업무에 지장이 없도록 해야 한다. 3. 감리업자는 감리원이 행정안전부령으로 정하는 기간 중 법에 따른 교육이나 「민방위기본법」 또는 「예비군법」에 따른 교육을 받는 경우나 「근로기준법」에 따른 유급휴가로 현장을 이탈하게 되는 경우에는 감리업무에 지장이 없도록 감리원의 업무를 대행할 사람을 감리현장에 배치해야 한다. 이 경우 감리원은 새로 배치되는 업무대행자에게 업무 인수·인계 등의 필요한 조치를 해야 한다.
일반 공사 감리	상주 공사감리에 해당하지 않는 소방시설의 공사	1. 감리원은 공사 현장에 배치되어 법 제16조제1항 각 호에 따른 업무를 수행한다. 다만, 법 제16조제1항제9호에 따른 업무는 행정안전부령으로 정하는 기간 동안 공사가 이루어지는 경우만 해당한다. 2. 감리원은 행정안전부령으로 정하는 기간 중에는 주 1회 이상 공사 현장에 배치되어 제1호의 업무를 수행하고 감리일지에 기록해야 한다. 3. 감리업자는 감리원이 부득이한 사유로 14일 이내의 범위에서 제2호의 업무를 수행할 수 없는 경우에는 업무대행자를 지정하여 그 업무를 수행하게 해야 한다. 4. 제3호에 따라 지정된 업무대행자는 주 2회 이상 공사 현장에 배치되어 제1호의 업무를 수행하며, 그 업무수행 내용을 감리원에게 통보하고 감리일지에 기록해야 한다.

비고 : 감리업자는 제연설비 등 소방시설의 공사 감리를 위해 소방시설 성능시험(확인, 측정 및 조정을 포함한다)에 관한 전문성을 갖춘 기관·단체 또는 업체에 성능시험을 의뢰할 수 있다. 이 경우 해당 소방시설공사의 감리를 위해 별표 4에 따라 배치된 감리원(책임감리원을 배치해야 하는 소방시설공사의 경우에는 책임감리원을 말한다)은 성능시험 현장에 참석하여 성능시험이 적정하게 실시되는지 확인해야 한다.

1.7 소방공사감리원의 배치기준 및 배치기간

소방시설공사업법 시행령 [별표 4]

소방공사 감리원의 배치기준 및 배치기간 (제11조 관련)

1. 소방공사 감리원의 배치기준

감리원의 배치기준		소방시설공사 현장의 기준
책임감리원	보조감리원	
가. 행정안전부령으로 정하는 특급감리원 중 소방기술사	행정안전부령으로 정하는 초급감리원 이상의 소방공사 감리원(기계분야 및 전기분야)	1) 연면적 20만제곱미터 이상인 특정소방대상물의 공사 현장 2) 지하층을 포함한 층수가 40층 이상인 특정소방대상물의 공사 현장
나. 행정안전부령으로 정하는 특급감리원 이상의 소방공사 감리원(기계분야 및 전기분야)	행정안전부령으로 정하는 초급감리원 이상의 소방공사 감리원(기계분야 및 전기분야)	1) 연면적 3만제곱미터 이상 20만제곱미터 미만인 특정소방대상물(아파트는 제외한다)의 공사 현장 2) 지하층을 포함한 층수가 16층 이상 40층 미만인 특정소방대상물의 공사 현장
다. 행정안전부령으로 정하는 고급감리원 이상의 소방공사 감리원(기계분야 및 전기분야)	행정안전부령으로 정하는 초급감리원 이상의 소방공사 감리원(기계분야 및 전기분야)	1) 물분무등소화설비(호스릴 방식의 소화설비는 제외한다) 또는 제연설비가 설치되는 특정소방대상물의 공사 현장 2) 연면적 3만제곱미터 이상 20만제곱미터 미만인 아파트의 공사 현장
라. 행정안전부령으로 정하는 중급감리원 이상의 소방공사 감리원(기계분야 및 전기분야)		연면적 5천제곱미터 이상 3만제곱미터미만인 특정소방대상물의 공사 현장
마. 행정안전부령으로 정하는 초급감리원 이상의 소방공사 감리원(기계분야 및 전기분야)		1) 연면적 5천제곱미터 미만인 특정소방대상물의 공사 현장 2) 지하구의 공사 현장

비고

가. "책임감리원"이란 해당 공사 전반에 관한 감리업무를 총괄하는 사람을 말한다.

나. "보조감리원"이란 책임감리원을 보좌하고 책임감리원의 지시를 받아 감리업무를 수행하는 사람을 말한다.

다. 소방시설공사 현장의 연면적 합계가 20만제곱미터 이상인 경우에는 20만제곱미터를 초과하는 연면적에 대하여 10만제곱미터(20만제곱미터를 초과하는 연면적이 10만제곱미터에 미달하는 경우에는 10만제곱미터로 본다)마다 보조감리원 1명 이상을 추가로 배치해야 한다.

라. 위 표에도 불구하고 상주 공사감리에 해당하지 않는 소방시설의 공사에는 보조감리원을 배치하지 않을 수 있다.

마. 특정 공사 현장이 2개 이상의 공사 현장 기준에 해당하는 경우에는 해당 공사 현장 기준에 따라 배치해야 하는 감리원을 각각 배치하지 않고 그 중 상위 등급 이상의 감리원을 배치할 수 있다.

2. 소방공사 감리원의 배치기간
   가. 감리업자는 제1호의 기준에 따른 소방공사 감리원을 상주 공사감리 및 일반 공사감리로 구분하여 소방시설공사의 착공일부터 소방시설 완공검사증명서 발급일까지의 기간 중 행정안전부령으로 정하는 기간 동안 배치한다.
   나. 감리업자는 가목에도 불구하고 시공관리, 품질 및 안전에 지장이 없는 경우로서 다음의 어느 하나에 해당하여 발주자가 서면으로 승낙하는 경우에는 해당 공사가 중단된 기간 동안 감리원을 공사현장에 배치하지 않을 수 있다.
      1) 민원 또는 계절적 요인 등으로 해당 공정의 공사가 일정 기간 중단된 경우
      2) 예산의 부족 등 발주자(하도급의 경우에는 수급인을 포함한다. 이하 이 목에서 같다)의 책임 있는 사유 또는 천재지변 등 불가항력으로 공사가 일정기간 중단된 경우
      3) 발주자가 공사의 중단을 요청하는 경우

1.8 소방공사감리자 지정대상 특정소방대상물의 범위

1. 옥내소화전설비를 신설·개설 또는 증설할 때
2. 스프링클러설비등(캐비닛형 간이스프링클러설비는 제외한다)을 신설·개설하거나 방호·방수 구역을 증설할 때
3. 물분무등소화설비(호스릴 방식의 소화설비는 제외한다)를 신설·개설하거나 방호·방수 구역을 증설할 때
4. 옥외소화전설비를 신설·개설 또는 증설할 때
5. 자동화재탐지설비를 신설 또는 개설할 때
   5의2. 비상방송설비를 신설 또는 개설할 때
6. 통합감시시설을 신설 또는 개설할 때
   6의2. 비상조명등을 신설 또는 개설할 때
7. 소화용수설비를 신설 또는 개설할 때
8. 다음 각 목에 따른 소화활동설비에 대하여 각 목에 따른 시공을 할 때
   가. 제연설비를 신설·개설하거나 제연구역을 증설할 때
   나. 연결송수관설비를 신설 또는 개설할 때
   다. 연결살수설비를 신설·개설하거나 송수구역을 증설할 때
   라. 비상콘센트설비를 신설·개설하거나 전용회로를 증설할 때
   마. 무선통신보조설비를 신설 또는 개설할 때
   바. 연소방지설비를 신설·개설하거나 살수구역을 증설할 때

PROBLEMS

1. 소방공사감리제도의 목적에 대하여 서술하시오.

2. 상주감리와 일반감리의 차이점에 대하여 서술하시오.

3. 연면적 20,000 m²인 특수건축물이 있다. 일반감리원 배치방법에 대해서 설명하시오.
(자격의 구분 및 면적제한 등)

4. 연면적 1,000 m² 이하일 경우 감리대상 여부에 대하여 설명하시오.

5. 소방공사감리원 감리자지정신고의 주체에 대해 설명하시오.

6. 감리원의 등급기준에 대해 설명하시오.

7. 소방공사와 소방감리를 병행하였을 때 문제점에 대해 설명하시오.
(소방시설공사업법 시행령의 별표 5를 기준으로 설명)

8. 소방공사감리 결과보고서를 거짓으로 보고하였을 때 문제점에 대해 설명하시오.
(소방시설공사업법의 별표 5를 기준으로 설명)

9. 행정처분기준에 대해 설명하시오.
(소방시설공사업법 시행규칙의 별표 1에서 해당되는 기준)

CHAPTER 02

소방공사 · 감리업무

I 소방공사 · 감리업무 지침 및 절차

2.1 목적

본 지침은 소방시설공사업법 제4조 (소방시설업의 등록)의 규정에 따라 소방시설공사업법 제12조 (시공) 및 제16조 (감리)에 의하여 등록된 소방공사업자 및 감리업자로 하여금 소방시설 공사의 품질향상과 설계의도를 시공과정에서 충분히 반영하기 위하여 소방공사 · 감리자의 세부적인 지침을 정함으로써 공사 및 감리자의 업무수행을 원활하게 함을 목적으로 한다.

2.2 적용범위

본 지침서는 소방공사 및 감리용역 발주자와 소방시설공사업법 제4조에 의하여 등록된 소방공사 · 감리업자간의 시공 및 감리(일반감리 및 상주감리) 업무를 수행함에 있어, 소방시설공사업법 제12조 및 제16조를 근간으로 하는 소방공사 · 감리요령절차, 설계도서검토, 착공신고, 완공검사, 시공관리 지도감독, 하자보수 및 감리결과 보고 등 전반적인 소방공사 · 감리 업무를 수행하는 지침이며, 특수한 세부사항은 발주자가 별도로 정하여 적용할 수 있으며 본 지침서에 명시되지 않은 사항은 관계법령 및 규정에 따른다.

2.3 용어의 정리

(1) 공사 · 감리

"공사"라 함은 설계도서에 따라 소방시설을 신설, 증설, 개설, 이전 및 정비(이하 "시공"이라 한다)하는 것을 말한다.

"감리"라 함은 소방시설물 공사에 대하여 발주자의 위탁을 받은 감리업체가 설계도서, 기타 관계서류의 내용대로 시공되는지의 여부를 확인하고, 품질 · 시공 · 안전 및 공정관리 등에 대한 기술지도를 하며, 관계법령에 따라 발주자의 권한을 대행하는 것을 말한다.

(2) 발주자

“발주자“라 함은 소방시설 공사를 하기 위하여 설계업자, 소방시설 공사업자 및 감리업자에게 용역을 발주하는 자를 말한다.

(3) 감리업자

“감리업자”라 함은 소방시설공사업법 제4조 1항의 규정에 의하여 소방시설 감리를 업으로 하고자 시 · 도에 전문 또는 일반소방공사 감리업 대표자로 등록한자를 말한다.

(4) 공사업자

“공사업자”라 함은 소방시설공사업법 제4조 1항의 규정에 의하여 소방시설 공사를 업으로 하고자 시 · 도에 등록한 공사업자를 말한다.

(5) 책임감리원

“책임감리원”이라 함은 감리업체를 대표하여 소방시설공사업법 시행규칙 제16조의 1항 2호의 규정에 의한 자로서 공사전반에 관한 감리업무를 책임지는 자를 말한다.

(6) 상주감리원

“상주감리원“이라 함은 현장에 상주하면서 감리업무를 수행하는 자를 말한다.

(7) 비상주감리원

“비상주감리원”이라 함은 감리업체에 근무하면서 비상주 감리업무를 수행하고 기술적, 행정적인 지원을 하는 자를 말한다.

2.4 일반사항

(1) 감리원(상주감리원 또는 비상주감리원 이하 “감리원”이라 한다)은 발주자의 권한을 대행하여 발주자에게 예속되지 아니하고 독립적으로 그 업무를 성실히 수행하고 소방시설 공사의 품질 및 기술향상에 노력하여야 한다.

(2) 감리자는 발주자와 계약한 공사를 성공적으로 수행할 수 있도록 기술능력자격을 보유한 자를 현장에 상주 또는 기술 지원을 하여야 한다.

(3) 감리원은 발주자와 계약한 공사에 있어서 안전하고 경제적이 되도록 설계 검토 및 시공방법 등에 대한 구체적인 사항을 발주자와 협의 검토하여 시행하고 이에 대한 책임

을 진다.

(4) 감리원은 감리업무 수행에 있어서 시공자와의 업무수행 내용이 만족스럽지 못하거나 이러한 사항들이 감리원과 시공자 사이에 협의를 통해 적기에 해결되지 않을 시 감리원은 발주자에게 그 사항을 협의하여야 한다.

(5) 발주자는 감리업무의 원활한 추진을 위하여 적극 협조한다.

(6) 감리원은 감리업무 수행 중 보고서를 발주자가 수시로 필요하다고 인정하는 보고사항도 작성하여 제출하여야 한다.

(7) 모든 감리업무 수행은 본 지침서에 의하여 실시하도록 하며 감리업무의 소홀로 인하여 공사의 차질을 주어서는 안 된다.

(8) 본 지침서에 기재한 사항을 제외하고는 관련 법규에 준한다.

2.5 발주자의 기본임무

(1) 발주자는 공사의 전반을 총괄하고, 감리 및 시공계약 이행에 필요한 다음 각 호의 사항을 지원, 협력하여 감리용역계약에 규정된 바에 따라 감리가 성실히 수행되고 있는지에 대한 지도·점검을 실시하여야 한다.

가. 감리 및 시공에 필요한 설계도면, 문서, 참고자료와 감리용역계약문서에 명기한 자재·장비·비품·설비의 제공

나. 공사 시행에 따른 업무연락, 문제점 파악 및 민원해결

다. 공사 시행에 필요한 용지 및 지장물 보상과 국가, 지방자치단체, 기타 공공기관의 허가·인가 등의 처분을 얻을 수 있도록 조처 또는 협력

라. 감리원이 감리계약 이행에 필요한 설계도서 지급 및 시공자의 문서, 도면, 자재, 장비, 설비, 직원 등에 대한 자료제출 및 조사의 보장

마. 감리원이 보고한 설계변경, 준공기한 연기요청, 기타 현장실정보고 등 방침 요구사항에 대하여 감리업무 수행에 지장이 없도록 의사를 결정하여 통보

바. 특수공법 등 주요공종에 대해 외부 전문가의 자문·감리가 필요하다고 인정되는 경우에는 별도 조처

사. 기타 감리자와 계약으로 정한 사항 등 감리용역 발주자로서의 감독업무

(2) 발주자는 관계법령에서 별도로 정하는 사항 및 제1호에서 정하는 사항 외에는 정당한 사유 없이 감리원의 업무에 개입 또는 간섭하거나 감리원의 권한을 침해하여서는 아니

된다.

(3) 발주자는 특별한 사유가 없는 한 공사를 착공하기 전에 설계도서 검토 등의 감리업무를 수행하기 위하여 필요한 기간을 확보하여야 하며, 공사 준공 후에도 준공처리, 사후관리 등에 필요한 일정 기간을 확보하여야 한다.

(4) 발주자는 법 제17조 및 규칙 제15조의 규정에 의하여 감리자 및 감리원을 관리할 수 있도록 감리용역 계약내용 및 감리원 배치내용을 다음 구분에 따라 관계기관에 통보하거나 확인하여야 한다.

가. 감리용역 계약 및 변경계약시 : 감리자지정신고 및 변경신고

나. 감리원의 배치 및 변경배치시 : 감리원의 배치 및 변경배치 통보 또는 확인

(5) 발주자는 감리업무를 수행할 수 있도록 공사규모 및 현장실정에 따른 업무용사무실과 상황실, 숙소 등의 편의시설 및 전기, 전화, 인터넷, 냉난방시설을 제공하거나 시공자로 하여금 제공하도록 하고 감리업무에 지장이 없도록 제한구역 및 통제구역으로 설정하여 출입자를 철저히 단속하도록 하여야 한다.

(6) 발주자는 감리원의 시공사 현장대리인 및 책임기술자 등의 교체 요청에 대하여 성실하게 검토하고 조치결과를 통보하여야 한다.

(7) 이 지침의 내용 중 시공자가 지켜야 할 의무사항에 대하여는 발주자와 시공자간의 계약문서에 이를 규정하여야 한다.

2.6 공사 시공자의 기본임무

(1) "시공자"는 공사계약문서에서 정하는 바에 따라 현장작업, 시공방법에 대하여 전적인 책임을 지고 신의와 성실의 원칙에 입각하여 시공하고, 정해진 기간 내에 완성하여야 하며 감리원으로부터 재시공, 공사중지명령, 기타 필요한 조치에 대한 지시를 받을 때에는 정당하고 특별한 사유가 없는 한 이에 응하여야 한다.

(2) 소방시설 공사를 하도급 하거나 하도급업자를 변경하고자 할 경우에는 사전에 하도급 사유와 하도급업체의 경영상태 및 시공능력을 확인할 수 있는 자료를 감리원에게 제출하고 감리원의 검토 의견을 첨부하여 발주자에게 승인을 받아야 한다.

(3) "시공자"는 발주자와의 공사계약문서에서 정하는 바에 따라 감리원의 업무에 적극 협조하여야 한다.

2.7 감리원의 기본임무

2.7.1 감리원의 업무

(1) 감리원은 법 제16조 및 영 [별표 3] 규정에 의한 감리원의 업무를 성실히 수행하여 화재로부터 건축물의 안전성을 보장받을 수 있도록 공사 전반에 최선을 다하여야 한다.
(2) 발주자와 감리자에 의해 체결된 감리용역 계약의 내용에 따라 감리원은 당해 공사가 설계도서 및 기타 관계서류의 내용대로 시공되는지의 여부를 확인하고 품질관리, 시공관리, 공정관리, 안전관리 등에 대한 기술지도를 하며, 발주자의 위탁에 의하여 관계법령에 따라 발주자의 감독 권한을 대행하여야 한다.
(3) 감리원은 당해공사의 특성, 공사의 규모 및 현장조건을 감안하여 현장별로 수립한 검측체크리스트에 따라 설계도서에서 정한 규격 및 치수 등에 대하여 시설물의 각 공종마다 육안검사 · 입회 · 승인 · 시험 등의 방법으로 검측업무를 수행하여야 한다.
(4) 시공자가 검측업무를 요청할 경우에는 즉시 검측업무를 수행하고 그 결과를 시공자에게 통보하여야 한다.

2.7.2 법적인 기본 수행업무

(1) 소방시설 등의 설치계획표의 적법성 검토
(2) 소방시설 등 설계도서의 적합성(적법성 및 기술상의 합리성을 말한다. 이하 같다) 검토
(3) 소방시설 등 설계변경 사항의 적합성 검토
(4) 「소방시설 설치 · 유지 및 안전관리에 관한 법률」 제2조 제1항 제4호의 소방용품의 위치 · 규격 및 사용 자재의 적합성 검토
(5) 공사업자가 한 소방시설등의 시공이 설계도서와 화재안전기준에 맞는지에 대한 지도 · 감독
(6) 완공된 소방시설 등의 성능시험
(7) 공사업자가 작성한 시공상세도면의 적합성 검토
(8) 피난방화시설의 적법성 검토
(9) 실내장식물의 불연화 및 방염물품의 적법성 검토

2.7.3 감리원의 운영

(1) 기술지원감리원은 현장에 상주 배치되지 아니하고 본사에 내근하며 각 현장의 감리업무를 지원토록 하여야 하며, 기술지원감리원 1인이 지원하는 현장의 총 수는 5개 이내이어야 한다.
(2) 소방감리원이 현장에 배치된 기간에는 소방감리 이외의 타 공종 업무를 겸임하지 못한다.
(3) 감리원 투입기간은 공사의 진행정도와 감리 업무수요에 따라 총 예정 인 · 월 수에 맞춰 투입시기 및 기간을 조정할 수 있으며, 그 조정 및 변경 내용은 관할소방서에 보고하여야 한다.

2.8 감리원의 권한

(1) 감리원은 공사업자가 소방시설 공사의 설계도서, 시방서 기타 관련서류의 내용과 적합하지 아니하게 시공하는 경우, 재시공, 공사중지명령 등 기타 필요한 조치를 취할 수 있다.
(2) 감리원으로부터 재시공, 공사중지명령 기타 필요한 조치를 받은 공사업자는 특별한 사유가 없는 한 이에 응하여야 한다.
(3) 감리원이 공사업자에게 재시공, 공사중지명령 기타 필요한 조치를 취할 경우 지체 없이 이에 관한 사항을 발주자에게 통보하여야 한다. 다만 경미한 시정사항 및 재시공은 통보를 생략할 수 있다.
(4) 발주자는 감리원으로부터 재시공, 공사중지명령을 보고를 받은 때에는 이를 검토한 후 시정여부의 확인, 공사재개 지시 등 필요한 조치를 하여야 한다.
(5) 감리원은 재시공, 공사중지명령을 하였을 경우 발주자가 공사중지 사유가 해소되었다고 판단되어 공사재개를 지시한 때에는 특별한 사유가 없는 한 이에 응하여야 한다.

Ⅱ 소방공사 착수단계 업무

2.9 소방공사 · 감리업무의 착수

2.9.1 현장사무소의 설치

(1) 감리사무실은 발주자 또는 시공자가 제공하는 것을 원칙으로 하며, 감리업무에 지장이 없도록 공사규모 및 현장실정에 따라 적절하게 사무집기가 배치될 수 있는 면적과 편의시설이 설치될 수 있도록 발주자와 협의하여야 한다.

(2) 감리실의 위치는 현장접근이 용이한 장소로서 및 실험실 등이 인접하도록 하고 현장의 중요도 또는 위험도에 따라 제한 구역 및 통제구역을 설정하고 출입자를 철저히 단속하도록 하여야 한다.

(3) 현장 감리사무실 부지 입구에 출입자를 통제할 수 있는 시설을 시공자에게 설치하도록 하고 통제구역 및 제한구역 출입자에 대하여 기록관리 하도록 하여야 한다.

(4) 감리사무실에는 각종 사무용 집기 및 기자재 장비 기구를 감리업무에 지장이 없도록 비치하고 설계도서 보관함, 서류함 등에는 명패를 부착하여 관리하여야 한다.

2.9.2 착수단계 행정업무

(1) 감리자는 계약체결 즉시 현장감리원, 기술지원감리원 투입 등 감리업무 수행준비에 대하여 발주자와 협의하여야 하며, 계약서상 착수일에 감리용역을 착수하여야 한다. 단, 감리대상 건설공사의 전부 또는 일부의 지연 등으로 계약서상 착수일에 감리용역을 착수할 수 없는 경우에는 발주자는 실착수 시점 및 상주감리원 투입시기 등을 조정, 통보하여야 한다.

(2) 감리자는 감리용역 착수시 다음 각 호의 서류를 첨부한 착수신고서를 제출하여 발주자의 승인을 받아야 한다.

① 감리업무수행계획서

② 감리비 산출내역서

③ 현장감리원, 기술지원감리원 지정신고서와 감리원 경력확인서

④ 감리원 조직 구성내용과 감리원별 투입기간 및 담당업무

(3) 입찰참가자격사전심사에 의해 감리자로 선정된 경우에 있어 제2항 제3호의 감리원은 입찰참가제안서에 명시된 자로 하여야 한다. 다만, 부득이한 사유로 교체가 필요한 경우에는 기술자격, 학력, 경력 등을 종합적으로 검토하여 감리업무수행 능력이 저하되지 않는 범위 내에서 발주자의 사전승인을 받아야 한다.

(4) 발주자가 제2항 제3호 및 제4호의 내용을 검토하여 감리원 또는 감리조직 구성내용이 당해 공사현장의 공종 및 공사 성격에 적합하지 않다고 판단하여 서면으로 변경을 요구한 때에는 감리자는 특별한 사유가 없는 한 이에 응하여야 한다.

(5) 감리원은 공사시공과 관련된 각종 인 · 허가 사항을 포함한 제반법규 등을 시공자로 하여금 준수토록 지도 · 감독하여야 하며, 발주자가 득하여야 하는 인 · 허가 사항은 발주자에게 협조 · 요청하여야 한다.

(6) 승인된 감리원은 업무의 연속성, 효율성 등을 고려하여 특별한 사유가 없는 한 감리용역 완료시 까지 근무토록 하여야 하며 교체가 필요한 경우에는 교체인정 사유를 명시하여 발주자의 사전승인을 받아야 한다.

(7) 감리원의 구성은 계약문서에 기술된 과업내용에 의거 관련분야 기술자격 또는 학력 · 경력을 갖춘 자로 구성되어야 한다.

(8) 감리단의 조직은 현장여건에 따라 구성토록 함으로써 감리업무를 효율적으로 수행할 수 있도록 하여야 한다.

(9) 책임감리원은 보조감리원의 개인별 업무를 배정하고 그 배정 내용에 따라 업무수행계획을 수립하여 과업을 수행토록 하여야 한다.

(10) 감리원은 현장에 부임하는 즉시 사무소, 숙소 또는 비상연락처의 전화번호 및 FAX, 우편 연락처 등을 발주자에게 보고하여 업무연락에 차질이 없도록 하여야 하며 변경되었을 경우에도 보고하여야 한다.

2.9.3 공사 유관기관 합동 회의

감리원은 제6조 제5항의 규정에 따라 발주자(업무담당자)가 주관하는 관련자 합동회의에 참석하여 현장조사 결과와 설계도서 등의 내용을 설명하고 필요한 사항에 대하여는 발주자(업무담당자)의 지시에 따라야 한다.

2.9.4 하도급 관련사항

(1) 감리원은 시공자가 도급 받은 소방시설 공사를 하도급 하고자 발주자에 통지하거나, 동의 또는 승낙을 요청하는 사항에 대해서는 다음 각 호의 사항에 관한 적정성 여부를 검토하여 그 의견을 발주자에 제출하여야 한다.
① 하도급자 자격의 적정성(하도급 실적, 재무구조, 보유장비, 기술인력사항 등 검토)
② 하도급 통지기간 준수 등
③ 저가 하도급에 대한 검토의견서 등
(2) 감리원은 제1항에 의거 처리된 하도급에 대해서는 시공자가 건설산업기본법 제34조 내지 제38조 및 하도급거래공정화에관한법률에 규정된 사항을 이행하도록 지도·확인하여야 하고, 건설산업기본법 제30조 제1항에 규정된 전문건설공사 하도급 비율을 준수하도록 착공 단계부터 관리하고 지도·확인하여야 한다.
(3) 감리원은 시공자가 하도급 사항을 제1항과 제2항에 의거 처리하지 않고 위장하도급 하거나, 무면허자에게 하도급 하는 등 불법적인 행위를 하지 않도록 지도하고, 시공자가 불법하도급하는 것을 안 때에는 공사를 중지시키고 발주자에게 서면으로 보고하여야 하며, 현장입구에 불법하도급 행위신고 표지판을 시공자로 하여금 설치하도록 하여야 한다.

2.10 설계도서

2.10.1 설계도서 등의 검토

(1) 감리원은 설계도면, 설치(배치)계획서, 수량산출서, 시방서, 각 공종별 계산서, 산출내역서, 공사계약서 등의 계약내용과 당해 공사의 조사설계보고서 등의 내용을 완전히 숙지하여 새로운 방향의 공법개선을 제안하거나 예산절감을 기하도록 노력하여야 한다.
(2) 감리원은 설계서 등의 공사 계약문서 상호간의 모순되는 사항, 현장 실정과의 부합 여부 등 현장시공을 주안으로 하여 해당 공사시행 전에 검토하여야 하며, 특히 기술지원 감리원은 기술적인 검토가 필요한 사항과 상주감리원이 요청한 사항에 대하여 세밀하게 검토하여야 한다. 검토내용에는 다음 각 호의 사항이 포함되어야 한다.

① 현장 조건에 부합 여부
② 시공의 실제가능여부(Construction practicability)
③ 타 사업 또는 타 공정과의 상호 부합 여부
④ 설계도면, 시방서, 계산서, 산출내역서 등의 내용에 대한 상호 일치여부
⑤ 설계서에 누락, 오류 등 불명확한 부분의 존재 여부
⑥ 발주자가 제공한 공종별 목적물의 물량내역서와 시공자가 제출한 산출내역서 수량과의 일치 여부
⑦ 시공시 예상 문제점 등

(3) 감리원은 제2항의 검토결과 불합리한 부분, 착오, 불명확하거나 의문사항이 있을 시는 그 내용과 의견을 발주자에게 보고하여야 한다. 또한 시공자에게도 설계도서 및 산출내역서 등을 검토 하도록 하여 검토결과를 보고 받아야 한다.

2.10.2 문서 및 설계도서 해석의 우선순위

(1) 특별히 계약에 명기되어 있지 않을 경우의 공사 계약문서의 적용상 우선순위는 다음과 같다.
① 소방 관계법령 및 유권해석
② 계약특수조건 및 일반조건
③ 특별시방서
④ 설계도면
⑤ 일반시방서 또는 표준시방서
⑥ 산출내역서
⑦ 승인된 시공도면
⑧ 감리원의 지시사항

(2) 설계도서의 해석 및 적용시 고려사항은 다음과 같다.
① 설계도면 및 시방서의 어느 한쪽에 기재되어 있는 것은 그 양쪽에 기재되어 있는 사항과 완전히 동일하게 다룬다.
② 숫자로 나타낸 치수는 도면에서 축척으로 잰 치수보다 우선한다.
③ 특별시방서는 당해공사에 한하여 일반시방서에 우선하여 적용한다.
④ 특별시방서 및 도면에 기재되지 않은 사항은 일반시방서에 의한다.
⑤ 상기 각항 이외의 사항에 대해 공사계약문서 상호간에 차이와 문제가 있을 때는 감

리원의 의견을 참조하여 발주자가 최종적으로 결정한다.

2.10.3 문서 및 설계도서 등의 관리

(1) 감리원은 착공과 동시에 공사 설계도서 및 자료, 공사계약문서 등을 발주자로부터 인수하여 관리번호를 부여하고, 관리대장을 작성하여 공사관계자 이외의 자에게 유출을 방지하는 등 관리를 철저히 하여야 하며, 외부 유출시 발주자(지원업무수행자)의 승인을 받아야 한다.

(2) 감리원은 설계도서 및 문서를 현장사무소 보관함 등에 보관하여야 하고 캐비닛 등에 보관된 설계서 및 관리서류의 명세서를 기록하여 내측에 부착하여야 하며, 시공자가 빌려간 설계서도 필히 상기요령에 의거 보관토록 하여야 한다.

(3) 감리원은 공사 완공검사(준공)와 동시에 인수한 설계서 등을 발주자에게 반납하거나 지시에 따라 폐기처분하여야 한다.

(4) 감리원은 공사의 여건을 감안하여 각종 법규정, 표준시방서, KS 규정집 및 필요한 기술서적 등을 비치하여야 한다.

2.11 착공신고

2.11.1 공사표지판 등의 설치

감리원은 시공자가 공사안내표지판을 설치하는 경우 시공자로부터 표지판의 제작방법, 크기, 설치장소 등이 포함된 표지판 제작설치 계획서를 제출받아 검토한 후 설치하도록 하여야 한다.

2.11.2 착공신고서 검토 및 보고

(1) 감리원은 건설공사가 착공된 경우에는 시공자로부터 다음 각 호의 서류가 포함된 착공신고서를 제출받아 적정성 여부를 검토하여 7일 이내에 발주자에게 보고하여야 한다.

① 현장기술자 배치신고서(책임기술자 또는 안전관리담당자)
② 건설공사 및 소방시설 공사 예정공정표(설계감리인 경우 설계공정)
③ 자재관리 검사계획표
④ 공사도급 계약서 사본 및 내역서
⑤ 착공 전 사진
⑥ 현장기술자 경력사항 확인서 및 자격증 사본
⑦ 안전관리 계획서
⑧ 작업인원 및 장비투입 계획서
⑨ 종합공정 추진 계획표
⑩ 기타 발주자가 지정한 사항

(2) 감리원은 다음 각 호를 확인하여 착공신고서의 적정성 여부를 검토하여야 한다.
① 계약내용의 확인
가. 공사기간(착수부터 준공까지)
나. 지급조건 및 방법(선급금, 기성부분 지급, 준공금 등)
다. 기타 공사계약 문서에서 정한 사항
② 현장기술자의 적격여부
가. 책임기술자 : 법 제12조, 영 제3조 [별표2]
나. 안전관리담당자 : 산업안전보건법 제15조
③ 소방시설 공사 예정공정표 : 작업간 선행 · 동시 및 완료 등 공사 전후 간의 연관성이 명시되어 작성되고, 예정공정율이 적정하게 작성되었는지 확인
④ 품질관리시험 계획표 : 공사 예정공정표에 의거 자재의 시험방법, 빈도 등이 적정하게 반영 작성되었는지 확인
⑤ 자재수급 계획 :공사 예정공정표에 의거 자재 수급계획의 적정성 여부확인
⑥ 착공 전 사진 : 전경이 잘 나타나도록 촬영되었는지 확인
⑦ 작업인원 및 장비투입 계획서 : 공사의 규모 및 성격, 특성에 맞는 장비형식이나 수량의 선정여부 등

2.11.3 인 · 허가 업무

감리원은 공사시공과 관련된 각종 인 · 허가 사항을 포함한 제반 법규 등을 시공자로 하여금 준수토록 지도 · 감독하여야 하며, 발주자의 이름으로 득하여야 하는 인 · 허가 사항은 발

주자에게 협조 요청토록 한다.

2.12 현장사무소 및 부지의 선정

2.12.1 현장사무소, 공사용 도로, 작업장부지 등의 선정

(1) 감리원은 공사착공과 동시에 시공자에게 다음 각 호의 가설시설물의 면적, 위치 등을 표시한 가설시설물 설치계획표를 작성하여 제출하도록 하여야 한다.

① 소방차 진입로의 확보

② 가설사무소, 작업장, 창고, 숙소, 식당 및 기타 부대설비

③ 자재 야적장

④ 공사용 임시전력

(2) 감리원은 "가"항의 가설시설물 설치계획표에 대해 다음 각 호의 내용을 검토하고 업무담당자와 협의하여 승인하여야 한다.

① 가설시설물의 규모는 공사규모 및 현장여건을 고려하여 정하며, 위치는 감리원이 공사 전구간의 관리가 용이하도록 공사 중의 동선계획을 고려할 것

② 가설시설물이 공사 중에 이동, 철거되지 않도록 지하구조물의 시공위치와 중복되지 않는 위치를 선정

③ 가설시설물에 우수가 침입되지 않도록 대지조성 시공 지면보다 높게 설치하여, 홍수시 피해발생 유무 등을 고려할 것

④ 식당, 세면장 등에서 사용한 물의 배수가 용이하고 주변환경을 오염시키지 않도록 조처

⑤ 가설시설물의 이용 및 플랜트 시설의 가동 등으로 인하여 인접주민들에게 공해를 발생하는 등 민원이 없도록 조처

2.12.2 현지 여건조사

(1) 감리원은 공사 착공 후 조속한 시일 내에 공사추진에 지장이 없도록 시공자와 합동으로 현지 조사하여 시공자료로 활용하고 당초 설계내용의 변경이 필요한 경우에는 설계

변경 절차에 의거 처리하여야 한다.

(2) 감리원은 현지조사 내용과 설계도서의 공법 등을 검토하여 인근 주민 등에 대한 피해 발생 가능성이 있을 경우에는 시공자에게 대책을 강구하도록 하고, 설계변경이 필요한 경우에는 설계변경 절차에 의거 처리하여야 한다.

III 소방공사 시행단계 업무

2.13 일반업무 및 검토보고

2.13.1 시행단계 행정업무

(1) 발주자는 과다한 행정업무로 인하여 감리원의 품질관리 업무에 지장을 초래하거나 부실공사 등의 문제가 야기되지 않도록 행정업무 간소화에 노력하여야 한다.

(2) 감리원은 감리업무 착수 후 빠른 시일 안에 당해공사의 내용, 규모, 감리원 배치인원수 등을 감안하여 각종 행정업무 중에서 최소한의 필요한 행정업무사항을 발주자와 협의 결정하고 이를 시공자에게도 통보하여야 한다.

2.13.2 감리업무의 보고

(1) 감리원은 다음 각 호의 문서가 포함된 감리보고서를 매월 또는 분기마다 작성하여 다음달 7일 이전에 발주자에게 2부를 제출하여야 한다.

① 사업개요 : 공사 및 감리용역 개요

② 공정현황 : 주요공정별 간략한 설명이 포함되고 계획 및 실적이 표시된 공정현황

③ 품질관리 현황 자재관리 시험실적 : 자재선정 · 관리 · 검사 및 의뢰시험 실적

④ 주요자재 검사 및 수불현황 : 지급자재 입출고가 명시된 수불현황

⑤ 검측현황

⑥ 설계변경에 관한 사항

⑦ 우수시공사례 및 새로운 기술, 특수공법 사용실적

⑧ 안전관리 실적 : 교육, 안전관리비 사용실적, 안전관리비 사용실적, 안전사고 발생 건수 및 원인 · 방지대책

⑨ 기타 감리에 관하여 중요하다고 인정하는 사항

(2) 감리원은 당해공사에 관하여 다음 각 호의 사항을 포함한 최종감리보고서를 작성하여 감리기간 종료 후 14일 이내에 감리업체 대표자 명의로 발주자에게 제출하여야 한다. 이 경우 제출방법, 대상시설물 및 수량은 제1항의 규정에 따른다.

① 사업개요 : 건설공사 및 감리용역 개요(계약현황 포함)

② 기술검토내용 총괄 실적

③ 공사추진내용 총괄 실적(인력, 장비투입 현황 등)

④ 검측내용 총괄 : 공종별 불량률, 부실 유형별 원인 및 방지대책

⑤ 우수시공 및 시공실패 사례

⑥ 품질시험 · 검사 총괄, 품질관리비 사용실적

⑦ 주요자재관리실적 총괄

⑧ 안전관리 실적 총괄

⑨ 종합분석

⑩ 감리결과 보고서

(3) 감리원은 다음 각 호의 사항을 검토하고 필요시 의견을 첨부하여 발주자에게 보고하여야 한다.

① 시공자의 제출서류 및 설계변경에 관한사항

② 불가항력 및 감리원의 권한에 속하지 않은 현안사항 등의 현장상황 보고

③ 부실공사 등에 의하여 재시공 및 공사중지 명령을 한 때

④ 시공자가 다음 사항의 불법하도급 행위를 한 때

가. 하도급 통지 또는 승인사항에 위반하여 하도급 하거나 일괄하도급하는 경우

나. 하도급업체가 재하도급하는 경우

다. 발주자가 시공자에게 선급금, 기성금, 준공금을 지불한 경우 시공자가 하도급자에게 선급금, 기성금, 준공금의 내용과 비율에 따라 법정 기간 내에 지불하지 아니한 경우

라. 하도급 대금지불과 관련하여 분쟁 또는 민원이 발생 한 경우

⑤ 기타 시공과 관련하여 중요하다고 인정되는 사항이 있을 때

가. 지급자재의 잉여자재가 발생한 경우

나. 지급자재가 유실 · 망실되는 경우

다. 책임기술자 및 하도급자 등의 교체가 필요한 때

라. 세부공정계획, 시공자의 현장기술자 확보사항, 기타 공사계획에 관한 사항을 검토한 결과 공사 진행상 문제가 있다고 판단되는 경우

2.13.3 감리업무의 기록관리

(1) 감리원은 감리업무수행상 필요한 경우에는 다음 각 호의 문서를 작성 · 비치하여야 한다.

① 근무상황부

② 감리업무일지

③ 검사서류 및 지시부

④ 검측대장 및 사진

⑤ 주요자재 검수부

⑥ 현장실정 보고서

⑦ 기술검토사항

⑧ 회의록

⑨ 감리원 교체 인수인계서

⑩ 공사사진첩

⑪ 각종 정기보고서

② 기타 필요한 서류 및 도표

(2) 감리원은 시공자가 작성한 공사일지를 제출받아 확인한 후 보관하여야 한다.

(3) 감리원은 감리업무일지를 작성할 때에 본인의 업무내용을 기록함은 물론 보조감리원들의 업무일지를 보고 그 내용을 요약 · 정리함과 동시에 감리수행업무내용을 기록하여야 한다.

(4) 보조감리원은 감리원별 분담업무에 따라 항목별(검측확인, 기술검토, 품질관리, 시공관리, 자재관리, 공정관리, 행정 및 민원 기타)로 수행업무의 내용을 6하 원칙에 의거 기록하여야 한다.

(5) 중요한 공종 및 공정은 착공 전, 시공 중, 준공 등 공사과정을 알 수 있도록 동일 장소에서 사진을 촬영하여 보관한다.

(6) 감리원은 현지조사 보고사항은 그 내용을 구체적으로 작성하여 현장을 답사하지 않고도 현황을 파악할 수 있을 정도로 명확히 기록한다.

(7) 각종 지시, 통보사항 및 회의자료 등을 감리원 전원이 숙지하도록 교육 또는 공람시킨다.

(8) 문서는 특성별로 분류하여 관리하며, 서류가 손실되는 일이 없도록 목차 및 페이지를 기록하여 보관한다.

(9) 문서접수 및 발송대장을 비치하여야 하며 경유문서는 발송대장에 기록한다.

2.13.4 시공자 제출서류의 검토

감리원은 시공자가 필요에 따라 제출하는 다음 각 호의 서류는 반드시 접수하여야 하며 접수된 서류에 하자가 있을 경우에는 시공자에게 문서로 보완 지시하여야 한다.

(1) 착공신고서 및 현장기술자 배치신고서
(2) 품질검사확인서(별지 제18호 서식)
(3) 자재시험 실적보고서
(4) 명일작업계획을 포함함 작업일지(시공회사 자체양식)
(5) 공정현황 보고(별지 제11호 서식)
(6) 지급자재 수급요청서 및 대체사용 승인 요청서
(7) 주요기자재 공급원 승인요청서
(8) 각종 시험성적서 및 측정 결과표
(9) 설계변경 여건보고
(10) 준공기한 연기신청서
(11) 하도급 통지 및 승인요청서
(12) 현장실정 보고서
(13) 안전관리 추진실적 보고서(안전관리 활동, 안전관리비 사용실적 등)
(14) 확인측량 결과보고서
(15) 물공량 확정보고서 및 물가 변동지수 조정률 계산서
(16) 기타 시공과 관련되는 보고 및 신청서
(17) 시공계획 승인요청서(필요시)
(18) 시공상세도 승인요청서
(19) 검측요청서(시공확인)
(20) 각종검사 서류
(21) 공정별 제출 사진
(22) 기타 필요한 서류 및 도표(천후표, 온도표, 수위표, 조위표)

2.13.5 현장 정기교육

(1) 감리원은 시공자로 하여금 현장종사자(기능공 포함)의 견실시공 의식고취를 위한 현장 정기교육을 월1회 이상 당해 현장의 특성에 따라 실시하도록 하여야 한다.
(2) 책임감리원은 보조감리원과 시공자 및 하도급사 직원(기능공 포함)들이 법 · 령 · 규칙 및 지침 등의 내용과 공사현황 등을 숙지하도록 교육을 실시하여야 한다.

2.14 의견제시 및 수명처리

2.14.1 감리원의 의견제시 등

(1) 감리원은 공사 중 당해 공사와 관련하여 시공자의 공법변경 요구 등 중요한 기술적인 사항에 대하여 이를 검토하고 의견서를 첨부하여 발주자에 보고하여야 하고 상당한 시간과 비용이 소요되거나 제3자에게 의뢰하여야 하는 전문성이 요구되는 내용에 대하여는 제3자에게 의뢰하여야 한다.
(2) 감리원은 스스로 공사시공과 관련하여 검토한 내용에 대하여 필요하다고 판단될 경우 발주자 또는 시공자에게 그 검토의견을 서면으로 제시할 수 있다.
(3) 감리원은 공사시행 중 예산이 변경되거나 계획이 변경되는 중요한 민원이 발생된 때에는 발주자가 민원처리를 할 수 있도록 검토의견서를 첨부하여 발주자에게 보고하여야 한다.
(4) 감리원은 발주자(업무담당자)가 민원사항 처리를 위하여 조사와 서류작성의 요구가 있을 때에는 특별한 사유가 없는 한 적극 협조하여야 한다.
(5) 감리원은 전화 또는 방문 민원을 처리함에 있어 민원인과의 대화는 원만하고 성실하게 하여야 하며 시공자와 협조하여 적극적으로 해결방안을 강구 · 시행하여야 하고, 그 내용을 민원 처리부에 기록 · 비치하여야 한다. 경미한 민원처리사항 중 중요하다고 판단되는 경우에는 검토의견서를 첨부하여 발주자에게 보고하여야 한다.

2.14.2 현장대리인 등의 교체

(1) 감리원은 현장대리인 또는 시공사 책임기술자 등이 다음 각 호에 해당되어 당해 현장

에 적절치 않다고 인정되는 경우에는 교체요청사유를 명시하여 발주자에게 보고하여야 한다.

① 현장대리인, 안전관리자, 품질관리시험 요원 등이 관계법령 등의 규정에 의한 기술자 배치기준, 법정 교육훈련 이수 및 품질시험 의무 등의 법규를 위반하였을 때

② 현장대리인이 감리원과 발주자의 사전승락을 얻지 않고 정당한 사유 없이 당해 공사의 현장을 이탈한 때

③ 현장대리인의 고의 또는 과실로 인하여 건설공사를 부실하게 시공하거나 부실시공을 하여 공중에 위해를 끼친 때

④ 현장대리인이 계약에 따른 시공능력 및 기술이 부족하다고 인정되거나 정당한 사유 없이 기성공정이 예정공정에 현격히 미달할 때

⑤ 현장대리인이 불법하도급하거나 이를 방치하였을 때

⑥ 시공회사의 기술자 등이 기술능력 부족으로 공사시행에 차질을 초래하거나 감리원의 정당한 지시에 응하지 않을 때

⑦ 현장대리인이 감리원의 검측·승인을 받지 않고 후속공정을 진행하거나 정당한 사유 없이 공사를 중단한 때

(2) 현장대리인, 시공회사 기술자 및 하도급자의 교체 건의를 받은 발주자는 업무담당자로 하여금 교체사유 등을 조사·검토하게 하여 조사결과를 감리원에게 통보하여야 하며, 교체사유가 인정될 경우에는 시공자에게 교체토록 하여야 한다.

(3) 제2항에 의거 교체 요구를 받은 시공자는 특별한 사유가 없는 한 신속히 교체 요구에 응하여야 하며 변경한 내용은 착공신고서 제출과 하도급 선정 절차에 의거 처리하여야 한다.

(4) 책임감리원은 당해 공사의 품질 및 안전관리상 필요하다고 인정하는 때에는 감리원 및 보조감리원에게 시정지시 등 필요한 조치를 할 수 있으며, 감리원이 시정지시 등 필요한 조치에 정당한 사유 없이 응하지 않을 경우에는 발주자의 허락을 받아 감리원을 교체할 수 있다.

2.14.3 제3자 손해방지

(1) 감리원은 다음 각 호의 공사현장 인근상황을 시공자에게 충분히 조사토록 하여 공사시공과 관련하여 제3자에게 손해를 주지 않도록 시공자에게 대책을 강구하게 하여야 한다.

① 지하 매설물

② 인근의 도로
③ 교통 시설물
④ 건조물 또는 축사
⑤ 농경지, 산림 기타

(2) 감리원은 당해공사 시행으로 인하여 지상시설물 및 지하매설물(급 · 배수관, 가스관, 전선관, 통신케이블 등)에 손해를 끼쳐 제3자에게 손해를 준 경우에는 시공자 부담으로 즉시 원상복구하여 민원이 발생되지 않도록 하여야 한다. 또한 제3자에게 피해보상 문제가 제기되었을 경우 감리원은 객관적이고 공정한 판단에 근거한 의견을 제시할 수 있다.

2.14.4 수명사항의 처리

(1) 감리원은 시공자에게 공사와 관련하여 지시하는 경우에는 다음 각 호와 같이 처리하여야 한다.
① 감리원이 공사와 관련하여 시공자에게 지시할 때에는 서면으로 함을 원칙으로 하며, 현장여건에 따라 시급한 경우 또는 경미한 사항에 대하여는 우선 구두지시로 시행토록 조치하고 추후에 이를 서면으로 확인한다.
② 감리원의 지시내용은 당해공사 설계도면 및 시방서 등 관계규정에 근거, 구체적으로 기술하여 시공자가 명확히 이해 할 수 있도록 지시한다.
③ 지시사항에 대하여는 그 이행상태를 수시점검하고 시공자로부터 이행결과를 보고받아 기록 · 관리한다.

(2) 감리원은 발주자로부터 지시를 받았을 때에는 다음 각 호와 같이 처리하여야 한다.
① 발주자로부터 지시를 받은 내용을 기록하고 신속하게 이행되도록 조치하여야 하며, 그 이행결과를 점검 · 확인하여 발주자에게 서면으로 조치결과를 보고
② 당해 지시에 대한 이행에 문제가 있을 경우에는 의견을 제시
③ 감리원은 각종 지시, 통보사항 등을 감리원 전원이 숙지하고 철저히 이행하기 위하여 교육 또는 공람

2.14.5 사진촬영 및 보관

(1) 감리원은 시공자로 하여금 착공 전부터 준공 때까지의 공사과정, 공법, 특기사항에 대해 촬영일자가 나오는 공사사진을 공종별로 촬영하고 공사내용(시공일자, 위치, 공종, 작업내용 등) 설명을 기재, 제출토록 하여 후일 참고자료로 활용토록 한다. 공사기록사진은 공종별, 공사추진단계에 따라 다음 각 호의 사항을 촬영・정리토록 하여야 한다.
  ① 주요한 공사현황은 착공 전, 시공 중, 준공 등 시공과정을 알 수 있도록 가급적 동일장소에서 촬영
  ② 시공후의 검사가 불가능하거나 곤란한 부분
   가. 공사착수 전 현장전경 및 공종별 착수 전 현장전경
   다. 시공 후의 검사가 불가능하거나 곤란한 부분
   라. 공장제품 검사 기록
   마. 지중매설(배관, 전선 등) 광경
   바. 매몰되는 옥내외 배관(기계, 전기 등) 광경
   자. 바닥 및 배관의 달볼트, 팬 및 덕트 등의 달볼트 시공광경
   차. 보온, 결로방지 관계 시공 광경

(2) 감리원은 특히 중요하다고 판단되는 시설물에 대하여는 공사과정을 비디오 등으로 촬영토록 하여야 한다.

(3) 감리원은 제1항과 제2항에서 촬영한 사진은 필름을 포함한 사진첩(필요시 촬영한 비디오 파일)을 제출받아 수시 검토・확인할 수 있도록 보관하고 준공시 발주자에 제출하고 발주자는 이를 보관하여야 한다.

2.15 품질관리

2.15.1 품질관리 계획

(1) 감리원은 시공자에게 각 공정 준비과정에서부터 작업완료까지의 각 과정마다 정밀도 및 품질확보를 위한 수단, 절차 등을 규정한 총체적 품질관리계획서(TQC : Total Quality Control)를 작성, 제출토록 하고 관계법령 및 규정에 의한 품질관리기준에 적합한지를 검토 확인하여야 한다.

(2) 감리원은 시공자가 품질관리계획 요건의 이행을 위해 제출하는 문서를 검토 · 확인 후 발주자에게 승인을 요청하여야 한다.

(3) 감리원은 품질관리계획이 발주자로부터 승인되기 전까지는 원칙적으로 시공자로 하여금 해당업무를 수행하게 하여서는 아니 된다.

(4) 감리원이 품질관리계획과 관련하여 검토 · 확인하여야 할 문서는 계획서, 절차서 및 지침서 등을 말한다.

(5) 감리원은 발주자로부터 승인된 품질관리 계획서에 따라 품질관리 업무를 적정하게 수행하였는지의 여부를 검사하여 시정이 필요한 경우에는 시공자에게 시정을 요구할 수 있으며, 시정을 요구 받은 시공자는 이를 지체 없이 시정하여야 한다.

(6) 감리원은 품질상태를 수시로 검사 · 확인하여 부실시공으로 인한 재시공 또는 보완시공을 예방하도록 하여야 한다.

2.15.2 중점 품질관리

(1) 감리원은 당해 건설공사의 설계도서, 시방서, 공정계획 등을 검토하여 품질관리가 소홀해지기 쉽거나 하자 발생빈도가 높으며 시공 후 시정이 어렵고 많은 노력과 경비가 소요되는 항목 또는 부위를 중점 품질관리대상으로 선정하여 타 항목에 비하여 우선적으로 품질관리 상태를 입회, 확인하여야 하며 중점 품질관리 항목 선정시 고려해야 할 사항은 다음 각 호와 같다.

① 공정계획에 의한 월별, 항목별 시험종목 및 시험회수
② 시공자의 품질관리 요원 인원수 및 공정에 따른 충원계획
③ 품질관리 담당 감리원의 인원수 및 직접 입회, 확인이 가능한 적정 시험회수
④ 공종의 특성상 품질관리 상태를 육안 등으로 간접 확인할 수 있는지 여부
⑤ 작업조건의 양호, 불량 상태
⑥ 타 현장의 시공 사례에서 하자발생 빈도가 높은 항목인지 여부
⑦ 품질관리 불량 부위의 시정이 용이한지 여부
⑧ 시공 후 지중에 매몰되어 추후 품질확인이 어렵고 재시공이 곤란한지 여부
⑨ 품질 불량시 인근부위 또는 타 공종에 미치는 영향의 대소
⑩ 시공이 광활한 지역에서 이루어져 접근이 용이한지 여부

(2) 감리원은 다음 각 호의 내용을 포함한 항목별 중점 품질관리방안을 수립하여 시공자로 하여금 이를 실행토록 지시하고 실행결과를 수시로 확인하여야 한다.

① 중점 품질관리 항목의 선정
② 중점 품질관리 항목별로 시공 중 및 시공 후 발생 예상 문제점
③ 각 문제점에 대한 대책방안 및 시공지침
④ 중점 품질관리 대상 구조물, 시공부위, 하자발생 가능성이 큰 지역 또는 부위선정
⑤ 중점 품질관리대상의 세부관리항목의 선정
⑥ 중점 품질관리공종의 품질확인 지침
⑦ 중점 품질관리대장을 작성, 기록관리하고 확인하는 절차

(3) 감리원은 중점 품질관리 대상으로 선정된 항목의 효율적인 품질관리를 위하여 다음 각 호와 같이 관리한다.
① 중점 품질관리 대상으로 선정된 항목에 대한 관리방안을 수립하여 시행 전에 발주자에게 보고하고 시공자에게도 통보한다.
② 해당 항목 및 시공부위는 상황판이나 도면 등에 표기하여 발주처 업무담당자, 감리원, 시공자 모두가 이를 항상 숙지토록 하여야 한다.
③ 공정계획시 중점 품질관리대상 항목이 동시에 여러 곳에서 시공되거나 공휴일, 야간 등 관리가 소홀해 질 수 있는 시기에 시공되지 않도록 조정하여야 한다.
④ 필요시 해당부위에 "중점 품질관리 항목" 팻말을 설치하고 주의사항을 명기하여야 한다.
⑤ 특히 콘크리트를 타설할 때에는 감리원은 물론 시공회사의 담당기술자가 반드시 확인하여야 한다.
⑥ 염해의 우려가 있는 지역에서는 자재 부식의 우려가 없는 사용하도록 하여야 한다.

2.15.3 품질시험 검사 요령 및 조치

(1) 발주자는 시공자로 하여금 당해공사의 품질관리를 효율적으로 수행하기 위하여 공정별 시험종목과 시험빈도 및 품질관리기준을 숙지하고 시험성과표의 검토 및 확인업무를 반복적으로 수행하도록 하여야 한다.

(2) 품질관리에 관한 성능시험의 종류는 다음과 같이 구분한다.
① 선정시험 : 사전조사 등을 통하여 공사에 사용될 재료·구성재의 품질 및 공법의 적정여부 판단
② 관리시험 : 반입되는 자재·구성재의 품질확인 및 공사에 사용될 시공물의 품질확인
③ 검사시험 : 시설물의 품질관리에 관한 선정시험 및 관리시험의 적정 여부를 확인

④ 의뢰시험 : 국 · 공립시험기관 또는 품질 및 성능시험의 대행자에게 의뢰하여 실시하는 시험

⑤ 요청시험 : 소방시설 공사가 설계도서 · 시방서 및 품질확보에 관한 관계법령 등의 규정에 적합하게 완성되었는지의 여부를 발주자 등이 확인 · 검증하기 위하여 시공자로 하여금 소방시설 공사의 전문검사기관 등에 의뢰하여 자문을 받도록 요구할 수 있다.

(3) 선정시험은 다음 각 호에 따라 시행하여야 한다.

① 설계업자 또는 시공자는 적법하고 우수한 재료 및 공법을 선정하고 발주자에게 확인요청을 하여야 하며, 발주자 또는 감리원은 선정시험 결과 성능시험기준에 적합하고 우수한 품질의 재료 · 구성재 및 공법에 한하여 사용을 허용한다.

② 발주자는 설계자로 하여금 종목 및 빈도에 대하여 소방관계 법령 및 검정기준을 참조 · 발췌하여 설계도서에 명시하고, 시공자로 하여금 이를 실시하게 하여야 한다.

③ 시공자 등이 감리원 또는 발주자로부터 승인을 받아야 할 재료 · 구성재는 "KS" 또는 '품', '전' 등이 표시된 것을 원칙으로 하며, 공인기관의 시험성적서가 있는 것은 제외한다.

④ 공사현장의 시험실에서 시행불가능한 재료 · 구성재의 선정시험은 공인기관에 의뢰하거나, 생산공장 시험실 또는 공장에서 시공자 · 제조자등, 공동입회하에 분해 또는 가조립해 보고 시료를 채취하여 제조자로 하여금 자체시험을 실시하도록 할 수 있다. 이 경우 가조립에 따른 조립 · 해체 및 자체시험 등에 따른 비용은 시공자 또는 제조자가 부담하여야 한다.

⑤ 선정시험에 대한 조치 및 요령은 다음 각 호와 같다.

가. 발주자는 우수한 품질의 제품이 선정될 수 있도록 소방관계법령 및 산업표준화법에 의한 한국산업규격에서 정하는 시험 기준에 따라 선정시험을 실시한다.

나. 소방시설 공사의 설계업자가 설계도서를 작성하거나, 시공자가 설계변경을 요청하고자 할 경우에는 발주자를 대신하여 당해 설계업자 · 시공자 등이 선정시험을 필한 후 그 결과를 첨부하여 발주자에게 통보하여야 한다.

다. 소방관계법령 및 기타 다른 법령의 규정에 의하여 형식승인 또는 품질검사를 받았거나 품질을 인정받은 재료와 구성재에 대하여는 따로 선정시험을 실시하지 아니할 수 있다.

(4) 발주자 또는 시공자 등은 소방시설 공사를 발주 또는 관리함에 있어서 선정시험의 성과를 적극 활용하고, 품질을 관리하여야한다.

(5) 관리시험은 다음 각 호에 따라 시행한다.

① 발주자는 시공자로 하여금 소방시설 공사의 시공이 설계도서 · 시방서 및 품질확보에 관한 관계법령 등의 규정에 적합하게 이루어지고 있는지의 여부를 검증하기 위한 관리시험을 하여야 한다.

② 관리시험의 절차는 공사 시공 중에 실시하되 반입되는 재료 · 구성재의 검수시 품질확인, 공사에 사용될 시설재 및 시공물의 품질확인을 위하여 시공자는 발주자 및 감리원 등의 입회하에 시험을 설치 · 운영하여야 한다.

③ 관리시험에 대한 요령 및 조치

가. 소방시설 공사를 시공함에 있어 시공자 등은 소방관계법령 및 산업표준화법에 의한 한국산업규격이 정하는 시험기준에 따라 시공물의 관리시험을 실시하여야 하며 발주자는 업무담당자가 관리시험을 지도 · 감독하거나, 감리원으로 하여금 관리시험을 지도 · 감독하게 할 수 있다.

나. 감리원은 당해공사에 사용될 재료와 구성재가 공사품질 확보에 적정을 기할 수 있도록 품질 시험계획서를 시공자로부터 제출받아 예정공정표 또는 공사추진계획 · 실적과 비교 · 검토하여 적정한지의 여부를 확인하고, 필요한 경우 시정을 요구하여야 한다.

다. 감리원은 관리시험계획이 확정되면 이에 따른 공사추진 단계별로 관리시험이 계획대로 실시되는지의 여부와 품질관리기준에 적합하게 시공되는지 여부에 대해 확인하여야 하며, 그 결과는 품질시험대장에 기재하여 비치 보관하고 이를 관리하여야 한다.

라. 감리원은 시공자 등이 기성 및 준공검사원을 제출할 때에는 품질시험성과 총괄표를 첨부하게 하고, 이를 검토 · 확인하여야 한다.

마. 한국산업규격품(KS) 등 기타 관계법령의 규정에 의하여 품질을 인정받은 재료 및 구성재라도 보관, 운반 등으로 인하여 변형 · 봉인탈락 등 품질의 변화가 우려되는 재료 및 구성재는 반드시 재시험을 실시하도록 하여야 한다.

사. 시공자 등은 필요시 공사현장에 시험실을 설치 · 운영하고, 관리시험을 실시하여야 하며, 시험실시 전일에 검사요청서를 감리원에게 제출하여 감리원의 입회하에 이를 실시하고, 감리원은 관리시험에 합격한 공정에 한하여 후속공정을 진행하게 하여야 한다.

아. 시공자는 감리원이 확인한 관리시험결과를 필요할 때 발주자 등에게 제출할 수 있도록 정비 · 관리하여야 하며, 검사요청서, 측정기록표는 3부를 작성, 감리원에게 제출하여야 한다.

자. 감리원은 관리시험 확인결과 미비점이 발견된 경우 시정토록 하여야 한다.

차. 시공자 등은 지적된 미비점을 조속히 보완하여 그 결과를 감리원에게 보고하며, 감리원은 관리시험 확인결과를 종합하여 시험 실적보고서를 작성하여 발주자에게 보고하여야 한다.

(6) 검사시험은 다음 각 호에 따라 시행하여야 한다.

① 발주자는 소방시설 공사의 품질 및 성능확보 여부를 확인하기 위한 선정시험과 관리시험이 적정하게 실시되었는지의 여부를 검증하기 위하여 매년 1회 이상 시험할 수 있다.

② 검사시험에 대한 조치 및 요령

가. 발주자는 소방관계법령 및 검정기준에 따라 시공자 등이 실시한 선정시험 및 관리시험의 적정여부를 확인하기 위한 검사시험을 실시할 수 있다.

나. 발주자는 검사시험을 위한 시료를 채취 또는 검증이 필요할 때에는 감리원과 시공자 등의 참여하에 실시하여야 한다.

다. 발주자는 검사시험의 결과에 따라 당해 시공자 등에게 시정을 요구할 수 있으며, 시정을 요구받은 시공자 등은 지체없이 이를 시정하고 그 결과를 발주자에게 통보하여야 한다.

(7) 외부기관의 품질시험은 소방시설 공사의 품질시험을 실시하여야 할 발주자 또는 시공자는 국·공립시험기관 또는 품질시험 대행자에게 품질시험의 실시를 다음 각 호에 따라 대행시킬 수 있다.

① 품질시험 의뢰시 유의사항은 다음과 같다.

가. 시험의뢰 후 성과접수시까지의 소요기간을 사전에 확인하여 예정공정표 또는 공사추진계획대로 시공과정의 품질관리에 차질과 혼란이 없도록 충분히 검토한 후 의뢰여부를 결정하여야 한다.

나. 감리원은 의뢰시험 또는 요청시험시 시료 채취가 필요한 때에는 이에 입회, 확인하고 이를 봉인하여야 한다.

다. 품질시험의 실시비용의 산출기준은 품질시험 당해 기관의 시험비용의 기준에 따른다.

② 품질시험을 위탁 대행할 국·공립시험기관은 한국소방산업기술원, 국·공립시험 기관 또는 건설교통부장관에게 등록한 품질검사전문기관으로 한다.

③ 품질시험대행 국·공립시험기관이 시행할 수 없는 시험 항목은 관련분야의 연구소 또는 용역 회사에 의뢰할 수 있다.

(8) 공사현장에서 시행 불가능한 재료 등의 품질시험은 생산공장 시험실에서 감리원과 시공자가 공동입회하에 시행할 수 있다.

(9) 현장시험실에서 시행 불가능한 품질시험 중에서 후속공정상 조속히 시험성과 또는 성능을 확인해야 할 경우에는 인근의 타 현장 시험실에서 감리원과 시공자가 공동 입회하에 품질시험을 시행할 수 있으며, 이 경우는 그 사유를 시험성과표에 명시하여야 한다.

2.15.4 시험 · 검사성과 확인 및 조치

(1) 감리원은 시공자로부터 당해 건설공사에 대한 기성부분 검사 또는 예비준공검사 신청서를 제출 받은 때에는 품질시험 · 검사성과 총괄표를 제출받아 이를 검토 · 확인하여야 한다.

(2) 감리원은 시공사로 하여금 당해 공사의 품질시험검사 성과표는 최소한 준공검사 완료시까지 기록, 보관하도록 하고 이를 제출받아 기성검사, 준공 검사 등에 활용하여야 한다.

(3) 시험결과 미비점이 발견되거나 불합격으로 판정되어 재시험을 실시하였을 경우에는 당초 시험성과표를 반드시 첨부하고 이를 모두 정리 · 보관하여야 한다.

2.16 시공계획

2.16.1 시공계획서의 검토·확인

(1) 감리원은 시공자로부터 시공계획서를 공사착공일로부터 제출받아 이를 검토 · 확인하여 7일 안에 승인한 후 시공토록 하여야 하고 시공계획서에는 다음 각 호의 내용이 포함되어야 한다.

① 현장조직표

② 공사 예정 공정표(주요공종의 세부공정표 포함)

③ 주요공정의 시공절차 및 기술제안서

④ 시설물의 시공 및 설치 상세도

⑤ 주요자재 및 인력투입계획

⑥ 품질관리대책

⑦ 안전대책 및 환경대책 등

⑧ 기타 필요하다고 감리원이 지정하는 자료

(2) 감리원은 시공계획서를 공사착공신고서와 별도로 공사착수 전에 제출받아야 하며 공사 중 시공계획서에 중요한 내용변경이 발생할 경우에는 그때마다 변경 시공계획서를 제출받아 검토 · 확인하여 승인한 후 시공토록 하여야 한다.

2.16.2 시공상세도 승인

(1) 감리원은 시공자로부터 시공상세도를 사전에 제출받아 다음 각 호의 사항을 고려하여 검토 · 확인하고 승인한 후 시공토록 하여야 한다. 또한 주요시설인 경우에는 시공상세도를 검토할 때 필요한 경우 발주자와 협의하여 당초 설계자를 참여시킬 수 있다.
   ① 설계도면 및 시방서 또는 관계규정에 일치하는지 여부
   ② 현장기술자, 기능공이 명확하게 이해할 수 있는지 여부
   ③ 실제 시공 가능한지 여부
   ④ 안전성의 확보 여부
   ⑤ 계산의 정확성
   ⑥ 제도의 품질 및 선명성, 도면작성 표준에 일치 여부
   ⑦ 도면으로 표시 곤란한 내용은 시공시 유의사항으로 작성되었는지 등을 검토
(2) 감리원은 시공상세도(Shop Drawing)의 검토 · 확인 때까지 시공을 허용하지 말아야 하고, 시공상세도는 접수일로부터 7일 이내에 검토 · 확인하는 것을 원칙으로 하고, 7일 이내에 검토 · 확인이 불가능할 경우 사유 등을 명시하여 통보하여야 하며 통보사항이 없을 때에는 승인한 것으로 본다.

2.17 시공확인

2.17.1 일일작업실적 및 계획서의 검토 · 확인

(1) 감리원은 시공자로부터 명일작업계획서를 제출받아 시공자와 그 시행상의 가능성 및 각자가 수행하여야 할 사항을 협의하여야 하고 명일 작업계획 항목, 위치에 따라 감리원의 배치, 감리시간 등의 일일 감리업무수행을 계획하고 이를 감리일지에 기록하여야 한다.

(2) 감리원은 시공자로부터 금일작업실적이 포함된 시공자의 공사일지 또는 작업일지(시공회사 자체양식)를 제출받아 보관하고 계획대로 작업이 추진되었는지 여부를 확인하고 금일 작업실적과 사용자재량, 품질관리시험회수 및 성과 등이 서로 일치하는지 여부를 검토·확인하여야 한다.

2.17.2 시공 확인

(1) 감리원은 공사가 설계도서 및 시방서 등에 일치되게 시공되는가를 현장에서 확인하는 것이 감리원의 업무 중에서 가장 중요하고 기본적인 책무인 점을 명심하여 모든 업무에 우선하여 다음 각 호의 현장시공 확인업무를 수행하여야 한다.
   ① 공사 목적물을 제조, 조립, 설치하는 시공과정에서 가시설공사와 영구시설물 공사의 모든 작업단계의 시공상태
   ② 시공확인을 하여야 할 구체적인 사항은 당해 공사의 설계도면, 시방서 및 관계규정에 정한 공종을 반드시 확인
   ③ 시공자가 측량하여 말뚝 등으로 표시한 시설물의 배치위치를 야장 또는 측량성과를 시공자로부터 제출받아 시설물의 위치, 표고, 치수의 정확도확인
   ④ 수중 또는 지하에서 행하여지는 공사나 외부에서 확인하기 곤란한 시공에는 반드시 직접 검측하여 시공당시 상세한 경과기록 및 사진촬영 등의 방법으로 그 시공 내용을 명확히 입증할 수 있는 자료를 작성하여 비치하고, 발주청 등의 요구가 있을 때에는 이를 제시

(2) 감리원은 단계적인 검측으로 다음단계의 시공을 함으로써 추후 그 시공 상태를 확인할 수 없는 경우 반드시 입회·확인하여 하며, 감리원의 품질, 확인서명이 있는 것만 기성으로 인정하여야 한다.

(3) 감리원은 부실공사 행위 등이 없도록 현장 입회확인을 철저히 하고, 이러한 행위가 발견될 때에는 해당 공종의 재시공 등의 강력한 제재조치를 취하여야 하고, 감리보고서에 수록하여야 한다.

(4) 감리원은 당해 공사의 시방서 및 관계규정에서 정한 시험, 측정기구 및 방법, 감리원의 기술적 판단에 따라 확인하고 평가함을 원칙으로 하며, 제37조에서 정한 검측업무 절차에 따라 수행하여야 한다.

(5) 감리원은 시공확인을 위하여 X-Ray 촬영 등의 특수한 방법이 필요한 경우 시공자로 하여금 외부 전문기관에 확인을 의뢰할 수 있다.

2.17.3 검측업무

(1) 감리원은 시공계획서에 의한 일정단계의 작업이 완료되면 시공자로부터 검측요청서(별지 제20호)를 제출받아 그 시공상태를 확인하는 것을 원칙으로 하고, 공사의 효율적인 추진을 위하여 가능한 한 시공과정에서 수시 입회 · 확인토록 하여야 한다.

(2) 감리원은 다음 각 호의 사항이 유지될 수 있도록 검측체크리스트를 작성하여야 한다.

① 체계적이고 객관성 있는 현장 확인과 승인

② 부주의, 착오, 미확인에 의한 실수를 사전에 예방하여 충실한 현장확인 업무를 유도

③ 검측작업의 표준화로 작업원들에게 작업의 기준 및 주안점을 정확히 주지시켜 품질향상을 도모

④ 객관적이고 명확한 검측결과를 시공자에게 제시하여 현장에서의 불필요한 시비를 방지하는 등의 효율적인 검측업무를 도모

(3) 감리원은 다음 각 호의 검측업무 수행 기본방향에 따라 검측업무를 수행하여야 한다.

① 현장에서의 시공확인을 위한 검측은 당해 공사의 규모와 현장조건을 감안한 「검측업무지침」을 현장별로 작성 · 수립하고 이를 근거로 검측업무를 수행하여야 한다.

② 수립된 검측업무지침은 검측하여야 할 세부공종, 검측절차, 검측시기 또는 검측빈도, 검측체크리스트 등의 내용을 모든 시공관련자에게 배포하여 주지시켜야 한다.

③ 현장에서의 검측은 체크리스트를 사용하여 수행하고, 그 결과를 검측체크리스트에 기록한 후 시공자에게 통보하여 후속공정의 승인여부와 지적사항을 명확히 전달하여야 한다.

④ 검측체크리스트에는 검사항목에 대한 시공기준 또는 합격기준을 기재하여 검측결과의 합격 여부를 합리적으로 신속히 판정하여야 한다.

⑤ 단계적인 검측으로는 현장확인이 곤란한 매설과 같은 공종의 시공 중 감리원의 계속적인 입회 확인 하에 시행하여야 한다.

⑥ 시공자가 검측요청서를 제출할 때 공사참여자 실명부(별지 제22호 서식)가 첨부되었는지를 확인하여야 한다.

(4) 감리원은 다음 각 호의 검측절차에 따라 검측업무를 수행하여야 한다.

① 검측체크리스트(별지 제21호 서식)에 의한 검측은 1차적으로 시공자의 담당기술자가 점검하여 합격된 것으로 확인한 후, 그 확인한 검측체크리스트를 첨부하여 검측요청서를 감리원에게 제출하면 감리원은 1차 점검내용을 검토한 후 현장확인 검측을 실시하고, 그 결과를 서면으로 통보하여야 한다.

② 검측결과 불합격인 경우는 그 불합격된 내용을 시공자가 명확히 이해할 수 있도록

통보하고 보완시공 후 재검측 받도록 조치한 후 감리보고서에 반드시 기록하여야 한다.

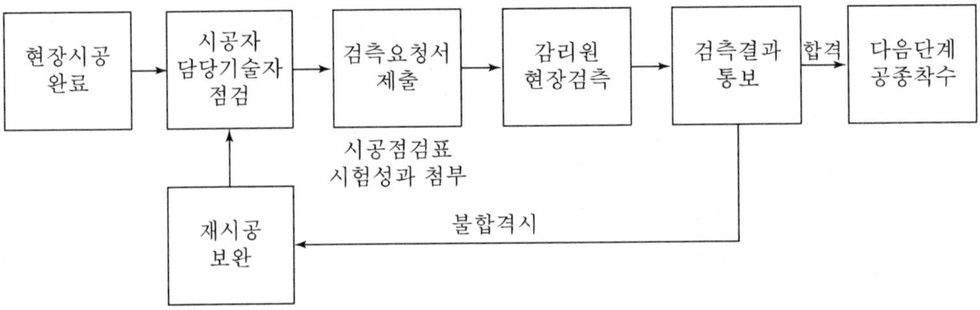

검측절차

(5) 감리원은 검측할 검사항목(Check Point)을 계약설계도면, 시방서, 관계법령, 이 지침 등의 관계규정 내용을 기준하여 구체적인 내용으로 작성하며 공사목적물을 소정의 규격과 품질로 완성하는데 필수적인 사항을 포함하여 점검항목을 결정하여야 한다.

(6) 후속공정을 착수함으로써 추후 수정이 곤란한 단계의 공정이 완료되었을 때는 반드시 감리원의 검측을 받도록 하여야 한다.

2.18 기술검토

2.18.1 특수공법 검토

감리원은 특수한 공법이 적용되는 경우의 기술검토 및 시공상 문제점 등의 검토를 할 때에는 본사 기술지원감리원 등을 활용하고, 필요시 발주자와 협의하여 외부의 국내·외 전문가의 자문을 받아 검토의견을 제시할 수 있으며 특수한 공종에 대하여 외부 전문가의 감리참여가 필요하다고 판단될 경우 발주자와 협의하여 조치할 수 있다.

2.18.2 기술검토의견서

(1) 감리원은 시공 중 발생되는 기술적 문제점, 설계변경사항, 공사계획 및 공법 변경문제,

설계도면과 시방서 상호간의 차이 · 모순 등의 문제점, 기타 시공자가 시공 중 당면하는 문제점 및 발주자가 해당공사의 기술검토를 요청한 사항에 대하여 현지실정을 충분히 조사, 검토, 분석하여 시공자가 공사를 원활히 수행할 수 있는 해결방안을 제시하여야 한다.

(2) 중요한 기술검토는 반드시 서면으로 기술검토서를 작성 · 제출하여야 하고 기술검토서에는 상세 기술검토 내역 또는 근거가 첨부되어야 한다.

2.19 자재관리

2.19.1 주요 기자재 공급원의 검토 승인

(1) 감리원은 시공자로 하여금 공정계획에 의거 사전에 주요 기자재 공급원 승인신청서를 자재반입 10일 전까지 제출토록 하여야 한다. 다만, 관련법령의 규정에 의하여 품질검사를 받았거나, 품질을 인정받은 재료에 대하여는 예외로 한다.

(2) 감리원은 시험성과표가 품질기준을 만족하는지 여부를 확인하고 동일한 품목의 공급자 중 우수한 성능, 품명, 공급원, 납품실적 등을 고려하여 적합한 것으로 판단될 경우에는 이를 승인한다.

(3) 감리원은 시공자로 하여금 KS 및 관계법령에 의해 검정 및 승인을 받은 제품 중에서 우수한 성능 및 품질의 제품 등 양질의 자재를 선정하도록 감리하여야 한다.

(4) 감리원은 주요자재의 품질시험을 직접 실시하거나 발주자에 의뢰, 실시하여 합격여부를 판단하여야 하며 공급원의 일일생산량, 기계의 성능, 각종 계기의 정상적인 작동 유무, 동일자재의 지속적인 사용가능 여부, 현장도착 소요시간 등에 대하여 사전에 충분히 조사하여 공사기간 중 지속적인 품질관리에 지장이 없도록 하여야 한다.

(5) 감리원은 공급원 승인 후에도 반입사용자재에 대한 품질관리시험 및 품질변화 여부 등에 대하여 수시 확인하여야 한다.

(6) 감리원은 공급원 승인요청을 제출 받을 때에는 특별한 사유가 없는 한 2개 이상의 공급원을 제출받아 제품의 생산중지 등 부득이 한 경우에도 예비적으로 사용할 수 있도록 하여야 한다.

(7) 감리원은 공급원 승인요청서에 다음 각 호의 관계서류를 첨부토록 하여야 한다. 다만 공급자가 널리 알려진 회사로서 별도의 증명이 필요하지 않은 항목의 서류는 제외할

수 있다.

① 관계법령에 규정한 품질검사전문기관 및 국·공립검사기관의 시험성과

② 납품실적 증명

③ 공급자의 사업자 등록증명

④ 공장등록증 사본

⑤ 국세 지방세 완납증명

⑥ 제품설명서

⑦ 시험성과 대비표

시 험 항 목	시 방 기 준	시 험 성 과	판정, 비고

2.19.2 주요 기자재 검수 및 관리

(1) 감리원은 시공자로 하여금 공정계획에 의거 사전에 주요자재 수급계획을 수립하여 자재가 적기에 현장에 반입되도록 검토하고 지급자재 수급계획에 대하여는 발주자에 보고하여 수급차질에 의한 공정 지연이 발생하지 않도록 하여야 한다.

(2) 감리원은 주요자재 수급계획이 공정계획과 부합되는지 확인하고 미비점이 있으면 시공자에게 계획을 수정하도록 하여야 한다.

(3) 감리원은 공사 목적물을 구성하는 주요기계, 설비, 제조품, 자재 등의 주요 기자재가 공급원 승인을 받은 후 현장에 반입되면 시공자로부터 송장 사본을 접수함과 동시에 반입된 기자재를 검수하고 그 결과를 검수부에 기록·비치하여야 한다.

(4) 감리원은 계약 품질조건과의 일치 여부를 확인하는 기자재 검수는 다음 각 호에 의하고 규격, 성능, 수량뿐만 아니라 필히 변형 손상 및 품질의 변질 여부를 확인하여 변형 손상 및 변질되었을 때는 즉시 현장에서 반출토록 하고 반출여부를 확인하여야 하며 의심스러운 것은 별도 보관토록 한 후 품질시험 결과에 의거 검수 여부를 확정하여야 한다.

① 시험에 의한 검수는 다음 각 목에 의하여 검수한다.

가. 검수방법은 감리원이 입회하여 재료 제작자의 시험설비나 공장시험장에서 시험을 실시하고 그 결과로 얻은 성적표로 검수한다.

나. 감리원이 공공시험기관 등에 시험을 의뢰 요청하여 실시하고 그 시험성적 결과에 의하여 검수한다.

다. 대상 재료의 범위는 공사상 중요한 재료 또는 특별 주문품, 신제품 등으로써 품질 성능을 판정할 필요가 있는 재료로 한다.

② 확인에 의한 검수는 견본품, 설명서, 제작도 및 시험성적표 등의 확인에 의해서 검수를 한다. 대상재료의 범위는 시험에 의한 검수대상이 되는 재료 이외의 재료로 한다.

③ 조회에 의한 검수는 규격을 증명하는 KS 등의 마크가 표시되어 있는 규격품이나 적절하다고 확인할 수 있는 품질증명이 첨부되어 있는 제품을 대상으로 한다.

(5) 감리원은 시공자로 하여금 현장에 반입된 기자재가 도난 또는 우천에 훼손 또는 유실되지 않게 품목별, 규격별로 관리 · 저장하도록 하여야 하고 공사현장에 반입된 검수재료 또는 시험합격 재료는 시공자 임의로 공사현장 밖으로 반출하지 못하도록 하고 주요자재 검사 및 수불부(별지 제14호 서식)를 작성하여 관리하여야 한다.

2.19.3 지급자재의 검수 및 관리

(1) 시공자는 지급자재의 수급요청서를 행정처리 기간을 감안하여 감리원에게 사전에 제출하여야 하며 감리원은 공정계획 및 지급자재 사용계획서에 의거 적정여부를 검토하고 발주자에게 보고 하여 지급자재가 적기에 시공자에게 공급될 수 있도록 하여야 한다.

(2) 감리원은 수급요청한 지급자재가 배정되면 납품지시서에 기록된 품명, 수량, 인도장소 등을 확인하고, 시공자에게 인수 준비를 하도록 한다.

(3) 감리원은 현장에서 품질시험을 실시할 수 없는 자재에 대하여는 시공자와 공동 입회하여 생산공장에서 시험을 실시하거나 의뢰시험을 요청하여 시험성과를 사전에 검토하여 품질을 확인하여야 한다.

(4) 감리원은 자재가 현장에 반입되면 송장 또는 납품서를 확인하고 수량, 치수 등을 검사하여야 한다.

(5) 감리원은 지급자재의 현장 반입 후 이의제기 등을 예방하기 위하여 시공자가 검사에 입회하도록 한다.

(6) 감리원은 반입자재의 품명, 반입일자, 설계량, 금회 반입수량, 합격수량, 불합격수량 등을 기록한 중요자재 검사부를 작성하여 보관한다.

(7) 감리원은 지급자재에 대한 검수조서를 작성할 때는 시공자가 입회 · 날인토록 하고, 검

수조서는 발주자에게 월간 또는 분기마다 보고하여야 한다.

(8) 감리원은 시공자로 하여금 현장에 반입된 기자재가 도난 및 우천에 훼손 또는 유실되지 않게 품목별, 규격별로 관리·보관하도록 지도하고 공사현장에 반입된 검수자재 또는 시험합격자재는 시공자 임의로 공사현장 밖으로 반출하지 못하도록 하여야 한다.

(9) 감리원은 출급한 지급자재에 대하여는 시공자가 적정하게 보관하여 관리토록 하여야 시공자가 지급자재를 사용할 때에는 사전에 감리원의 반출허가를 받아 사용하고 보관에 대하여는 시공자 책임 하에 망실 및 손실되지 않도록 해야 한다.

(10) 감리원은 공정계획, 공기 등을 감안하여 시공자의 요청으로 입체 또는 대체 사용이 불가피 하다고 판단될 경우에는 발주자의 승인을 득한 후 이를 허용하도록 하며, 감리원은 입체 또는 대체사용 자재에 대하여도 품질, 규격 등을 확인하고, 검수를 하여야 한다.

(11) 감리원은 잉여지급자재가 발생하였을 때는 품명, 수량 등을 조사하여 발주자에게 보고하여야 하며, 시공자로 하여금 지정장소에 반납하도록 하여야 한다.

2.20 공정관리

2.20.1 지장물 등 철거확인

(1) 감리원은 지장물 철거시 시공자로 하여금 철거전의 배경을 넣은 사진을 촬영하고 철거후의 광경사진도 촬영(동일지점)한 사진첩을 제출받아 이를 검토확인한 후 필요시 발주자에게 보고하여야 한다.

(2) 공사 중에 지하매설물이나 문화재 등 새로운 지장물 발견 시에는 시공자로부터 상세한 내용이 포함된 지장물조서를 제출받아 이를 확인한 후 발주자에게 조속히 보고하여야 한다.

(3) 기존 구조물을 철거할 시는 시공자가 현황도(도면, 철거구조물 수량산출서) 및 현황사진을 작성하여 제출토록 하고 이를 검토 확인하여 발주자에게 보고하고 설계변경 시 계상하여야 하며, 철거 구조물의 도면은 다음과 같이 작성한다.

① 측면도

② 평면도

③ 상세도(수량산출시 필요한 사항)

④ 기타(수량산출시 필요한 사항)

2.20.2 현장상황의 보고

(1) 감리원은 공사시공 중 불가항력적인 재해의 발생, 공사중단의 필요성 등 감리원의 권한에 속하지 않는 사태가 발생될 경우 육하원칙에 따라 검토의견을 첨부하여 발주자에게 현장상황을 신속히 보고하고 그 지시에 따라야 한다.

(2) 감리원은 공사현장에 다음 사태가 발생하였을 때에는 필요한 응급조치를 취하는 동시에 상세한 경위를 발주자에게 보고하여야 한다.

① 천재지변 기타의 사유로 공사현장에 피해가 발생하였을 때 또는 장기간 공사시공이 불가능할 때, 공사현장의 피해에 대하여 응급조치가 필요할 시는 사전에 피해량 조사, 피해상세도면 작성, 세부 및 전경사진을 촬영하여 두어야 한다. 또한, 감리원은 피해발생의 불가피성 여부 및 피해액에 대한 부담의무자를 검토한다.

② 시공자의 현장대리인이 사전 승인 없이 2일 이상 현장에 상주하지 않을 때

③ 시공자가 정당한 사유 없이 공사를 중단할 때

④ 시공자가 계약에 따른 시공능력이 없다고 인정되거나 공정이 현저히 미달될 때

⑤ 시공자가 불법하도급 행위를 할 때

⑥ 기타 공사추진에 지장이 있을 때

2.20.3 감리원의 공사중지 명령 등

(1) 감리원은 시공자가 관계법령 및 공사의 설계도서, 시방서, 기타 관계서류의 내용과 적합하지 않게 당해 공사를 시공하는 경우에는 재시공 또는 공사중지명령 등 필요한 조치를 할 수 있다.

(2) 제1항의 규정에 의하여 감리원으로부터 재시공 또는 공사중지명령 등의 지시를 받은 시공자는 특별한 사유가 없는 한 이에 응하여야 한다.

(3) 감리원이 시공자에게 재시공 또는 공사중지명령 등 필요한 조치를 취한 때에는 이를 발주자에 보고하여야 한다. 다만, 발주자가 정하는 경미한 시정사항 및 재시공은 보고를 생략할 수 있다.

(4) 발주자는 감리원으로부터 제3항의 규정에 의한 재시공 또는 공사중지명령 등 필요한 조치에 관한 보고를 받은 때에는 이를 검토한 후 시정 여부의 확인, 공사 재개지시 등 필요한 조치를 하여야 한다.

(5) 발주자는 제1항의 규정에 의한 감리원의 공사중지명령 등의 조치를 이유로 감리원 등

의 변경, 현장상주의 거부, 감리대가 지급의 거부 · 지체, 기타 감리원에게 불이익한 처분을 하여서는 아니 된다.

(6) 재시공 및 공사중지 지시 등의 적용 한계는 다음 각 호와 같다.

① 재시공 : 시공된 공사가 품질확보상 미흡 또는 위해를 발생시킬 수 있다고 판단되거나 감리원의 검측 · 승인을 받지 않고 후속공정을 진행한 경우와 관계규정에 재시공을 하도록 규정된 경우

② 공사중지 : 시공된 공사가 품질확보상 미흡 또는 중대한 위해를 발생시킬 수 있다고 판단되거나, 안전상 중대한 위험이 발견될 때에는 공사중지를 지시할 수 있으며 공사중지는 부분중지와 전면중지로 구분

가. 부분중지

1) 재시공 지시가 이행되지 않는 상태에서는 다음 단계의 공정이 진행됨으로써 하자 발생이 우려될 때

2) 안전시공상 중대한 위험이 예상되어 물적, 인적 중대한 피해가 예견될 때

3) 동일 공정에 있어 3회 이상 시정지시가 이행되지 않을 때

4) 동일 공정에 있어 2회 이상 경고가 있었음에도 이행되지 않을 때

나. 전면중지

1) 시공자가 고의로 공사의 추진을 심히 지연시키거나, 공사의 부실발생 우려가 농후한 상황에서 적절한 조치를 취하지 않은 채 공사를 계속 진행하는 경우

2) 부분중지가 이행되지 않음으로써 전체 공정에 영향을 끼칠 것으로 판단될 때

3) 지진, 해일, 폭풍 등 천재지변으로 공사를 계속할 때, 공사 전체에 대한 중대한 피해가 예상될 때

4) 전쟁, 폭동, 내란, 혁명 상태 등으로 공사를 계속할 수 없다고 판단되어 발주자로부터 지시가 있을 때

(7) 감리원은 시공자가 재시공 또는 공사중지명령 등에 대한 필요한 조치를 이행하지 않을 때에는 소방시설공사업법 19조에 의하여 시공자에 대한 제재조치를 취하도록 발주자에게 요구하여야 한다.

(8) 감리원은 발주자 및 시공자가 법 19조 제1항의 규정에 따른 요구 또는 지시를 이행하지 아니하고 그 공사를 계속하는 때에는 행정자치부령이 정하는 바에 따라 소방본부장 또는 소방서장에게 보고하여야 한다.

2.20.4 공정관리

(1) 감리원은 당해 공사가 정해진 공기 내에 시방서, 도면 등에 의거하여 소요의 품질을 갖추어 완성될 수 있도록 공정관리의 계획수립, 운영, 평가에 있어서 공정진척도 관리와 기성관리가 동일한 기준으로 이루어질 수 있도록 감리하여야 한다.

(2) 감리원은 공사 착공일로부터 30일 안에 시공자로부터 공정관리계획서를 제출받아 조속한 시일 내에 검토하여 승인하고 이를 발주자에게 제출하여야 하며 다음 각 호의 사항을 검토 · 확인하여야 한다.

① 시공자의 공정관리 기법이 공사의 규모, 특성에 적합한지 여부

② 계약서, 시방서 등에 공정관리 기법이 명시되어 있는 경우에는 명시된 공정관리 기법으로 시행되도록 조치

③ 감리원은 일정관리와 원가관리, 진도관리가 병행될 수 있는 종합관리형태의 공정관리가 되도록 조치

(3) 감리원은 공사의 규모, 공종 등 제반여건을 감안하여 시공자가 공정관리 업무를 성공적으로 수행할 수 있는 공정관리 조직을 갖추도록 다음 각 호의 사항을 검토 · 확인하여야 한다.

① 공정관리 요원 자격 및 그 요원 수 적합 여부

② SOFTWARE와 HARDWARE 규격 및 그 수량 적합여부

③ 보고체계의 적합성 여부

(4) 감리원은 시공자로부터 실시 공정표를 제출받아 다음 사항을 필요에 따라 검토 · 확인하여야 한다.

① 작성방법 검토

가. 공정표의 작성기법이 적절한지 여부

나. 시공순서 적합여부

다. 일정, 진도관리가 용이한가 여부

라. 공사수행에 필요한 간접업무의 반영여부

1) 각종 서류제출, 승인

2) 인허가 요청 및 관련사항

3) 외부 조립을 요하는 특수자재나 장비조달

4) 장기간이나 시급을 요하는 자재와 장비의 반입

5) 기타 작업에 영향을 주는 사항

② 공정산정검토

가. 계약공기 준수여부

나. 각 작업(ACTIVITY)공기에 품질, 안전관리가 고려되었는지 여부

다. 지정휴일, 천후조건 감안여부

라. 자원조달에 무리가 없는지 여부

마. 주공정의 적합여부

바. 공사주변 여건, 법적 제약조건 감안 여부

사. 동원가능한 장비, 기타 부대설비 및 그 성능 감안여부

아. 특수장비 동원을 위한 준비기간의 반영여부

자. 동원 가능한 작업인원과 작업자의 숙련도 감안여부

③ 자원배분 검토

가. 투입자원의 일일 최대 가용량 적합여부

나. 투입 예정자원의 적기 조달가능성 여부

다. ACTIVITY별 각각의 자원배분량이 효율적 진도관리에 적합여부

라. 주재료의 관급, 사급, 외자, 내자의 구분여부

마. 자원조달 계획수립 여부(필요시 별도 공정표 작성관리)

④ 기타 감리자가 필요하다고 판단되는 사항

2.20.5 공사진도 관리

(1) 감리원은 시공자로부터 전체 실시공정표에 의거한 월간, 주간 상세공정표를 사전에 제출받아 검토·확인하여야 한다.

① 월간상세공정표 : 작업착수 1주 전 제출

② 주간상세공정표 : 작업착수 2일 전 제출

(2) 감리원은 매주 또는 매월 정기적으로 공사진도를 확인하여 예정공정과 실시공정을 비교하여 공사의 부진 여부를 검토한다.

(3) 감리원은 현장여건, 기상조건, 지장물 이설 등에 따른 관련기관 협의사항이 정상적으로 추진되는지를 검토·확인하여야 한다.

(4) 감리원은 공정진척도 현황을 최근 1주 전의 자료가 유지될 수 있도록 관리하고 공정지연을 방지하기 위하여 주공정 중심의 일정관리가 될 수 있도록 시공자를 감리하여야 한다.

(5) 감리원은 주간단위의 공정계획 및 실적을 시공자로부터 제출받아 이를 검토 · 확인하고, 필요한 경우 시공자측 현장책임자를 포함한 관계직원 합동으로 금주작업에 대한 실적을 분석 · 평가하고 공사추진에 지장을 초래하는 문제점, 잘못 시공된 부분의 지적 및 재시공 등의 지시와 재해방지대책, 공정진도의 평가, 기타 공사추진상 필요한 내용의 협의를 위한 주간 또는 월간 공사 추진회의를 주관하여 실시하고 그 회의록을 유지하여야 한다.

2.20.6 부진공정 만회대책

(1) 감리원은 공사진도율이 계획공정대비 월간 공정실적이 20% 이상 지연되거나 누계공정 실적이 10% 이상 지연될 때는 시공자로 하여금 부진사유 분석, 만회대책 및 만회공정표 수립을 지시하여야 한다.
(2) 감리원은 시공자가 제출한 부진공정 만회대책을 검토 · 확인하고, 그 이행 상태를 주간단위로 점검 · 평가하여야 하며 공사 추진회의 등을 통하여 미조처 내용에 대한 필요대책 등을 수립하여 정상공정을 회복할 수 있도록 조치하여야 한다.
(3) 감리원은 검토 · 확인한 부진공정 만회대책과 그 이행상태의 점검 · 평가 결과를 감리보고서에 수록, 발주자에게 보고하여야 한다.

2.20.7 수정 공정계획

(1) 감리원은 설계변경 등으로 인한 물공량의 증감, 공법변경, 공사 중 재해, 천재지변 등 불가항력에 의한 공사중지, 지급자재 공급지연, 공사용지의 제공의 지연, 문화재 발굴조사 등의 현장실정 또는 시공자의 사정 등으로 인하여 공사 진척실적이 지속적으로 부진할 경우 공정계획을 재검토하여 수정 공정계획수립의 필요성을 검토하여야 한다.
(2) 감리원은 시공자의 요청 또는 감리원의 판단에 의해 수정 공정계획을 수립할 때 시공자로부터 수정 공정계획을 제출받아 제출일로부터 7일 이내에 검토하여 승인하고 발주자에게 보고하여야 한다.
(3) 감리원은 수정 공정계획을 검토할 때 수정목표 종료일이 당초 계약 종료일을 초과하지 않도록 조치하여야 하며, 초과할 경우에는 그 사유를 분석하여 감리원의 검토안을 작

성하고 필요시 수정 공정계획과 함께 발주자에게 보고하여야 한다.

(4) 감리원은 시공자의 준공기한 연기원에 대하여 이의 타당성을 검토·확인하고 필요시 검토의견서를 첨부하여 발주자에게 보고하여야 한다. 공기연장은 당해 공사의 주공정의 연기된 부분만을 인정한다.

2.20.8 공정보고 등

(1) 감리원은 추진계획과 실적을 정기감리보고서에 포함하여 발주자에게 보고하여야 한다.

(2) 감리원은 시공자가 준공기한 연기를 제출할 경우 이의 타당성을 검토·확인하고 검토의견서를 첨부하여 발주자에게 보고하여야 한다.

2.20.9 공사현장 정리

(1) 시공자는 현장이 항상 깨끗이 정리 정돈되어 효율적인 시공관리가 되도록 공사 중 수시로 현장을 정리하여야 하며, 감리원은 이를 확인·지도하여야 한다.

(2) 감리원은 시공 중 유수(流水) 및 수륙교통의 방해가 되는 공사행위 또는 공중에 위해를 끼칠 수 있는 상황이 발생치 않도록 현장을 정리하도록 시공자를 지도하여야 한다.

(3) 공사가 완성되었을 때에는 준공 전에 시공자로 하여금 공사용 가시설의 철거, 잉여 자재반출 등 현장을 정리토록 감리하여야 한다.

2.21 안전관리

2.21.1 안전관리

(1) 감리원은 시공자로 하여금 공사의 안전시공 추진을 위해서 안전조직을 갖추도록 하여야 하고 안전조직은 현장규모와 작업내용에 따라 구성하며 동시에 산업안전보건법의 해당규정(산업안전보건법 제13조 안전보건 관리책임자 선임, 제14조 관리·감독자 및 안전담당자 지정, 제15조 안전관리자 배치, 제18조 안전보건 총괄책임자 선임 및 안전

보건협의회 운영)에 명시된 업무도 수행되도록 조직편성을 다음과 같이 하여야 한다.

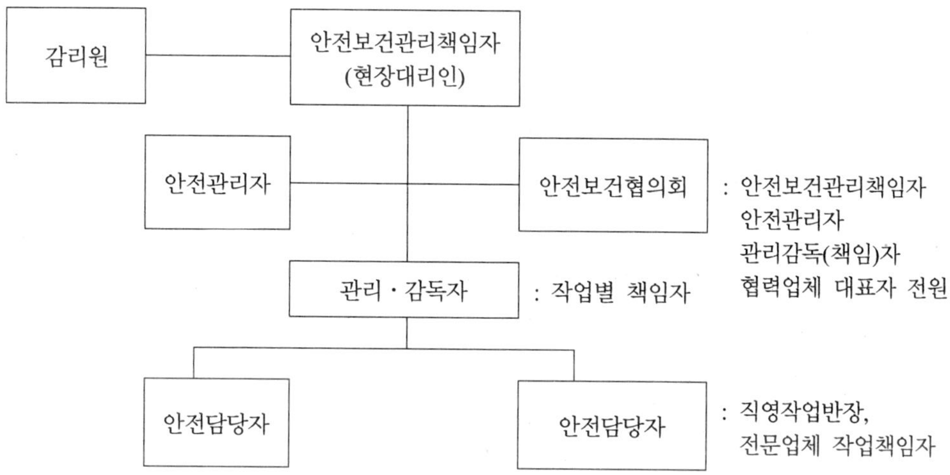

조직표

(2) 감리원은 시공자가 관계법령 및 규정에 의하여 작성한 건설공사 안전관리계획서를 공사 착공 전에 제출받아 적정성을 확인하여야 하며, 보완하여야 할 사항이 있는 경우에는 시공자로 하여금 이를 보완하도록 하여야 한다.

(3) 감리원은 시공자중 안전보건관리책임자(현장대리인)와 안전관리자(법정자격자)를 지정하게 하여 현장의 전반적인 안전 · 보건문제를 책임지고 추진하도록 하여야 한다.

(4) 감리원은 시공자로 하여금 근로기준법, 산업안전보건법, 산업재해보상보험법과 기타 관계법규를 준수하도록 하여야 한다.

(5) 감리원은 산업재해 예방을 위한 제반 안전관리 지도에 적극적인 노력을 경주하도록 함과 동시에 안전관계법규를 이행하도록 하기 위하여 다음 각 호와 같은 업무를 수행하여야 한다.

① 사전 검토사항

가. 시공자의 안전조직 편성 및 임무의 법상 구비조건 충족 및 실질적인 활동가능성 검토

나. 안전관리자에 대한 임무수행 능력보유 및 권한부여 검토

다. 시공계획과 연계된 안전계획의 수립 및 그 내용의 실효성 검토

라. 유해, 위험 방지계획(수립 대상에 한함) 내용 및 실천가능성 검토(산업안전보건

법 제48조 제3항, 제4항)

마. 안전점검 및 안전교육 계획의 수립 여부와 내용의 적정성 검토(산업안전보건법 제31조, 제32조)

바. 안전관리 예산 편성 및 집행계획의 적정성 검토

사. 현장안전관리 규정의 비치 및 그 내용의 적정성 검토

아. 표준 안전관리비는 타 용도에 사용불가

자. 감리원이 시공자에게 시공과정마다 발생될 수 있는 안전사고 요소를 도출하고 이를 방지할 수 있는 절차, 수단 등을 규정한 "총체적 안전관리계획서"(TSC : Total Safety Control)를 작성, 활용토록 적극 권장하여야 한다.

② 공사 중 감리수행

가. 안전관리계획의 이행 및 여건 변동시 계획변경 여부

나. 안전보건협의회 구성 및 운영상태

다. 안전점검 계획수립 및 실시(일일, 주간, 우기 및 해빙기 등 자체 안전 점검, 전력기술관리법에 의한 안전점검, 안전진단 등)

라. 위험장소 및 작업에 대한 안전조치 이행(고소작업, 추락위험작업, 낙하비래위험작업, 중량물 취급작업, 화재위험 작업, 기타 위험작업 등)

마. 안전표지 부착 및 유지관리

바. 안전통로확보, 자재의 적치 및 정리정돈

사. 사고조사 및 원인분석, 각종 통계자료 유지

아. 월간 안전관리비 사용실적 확인

(6) 감리원은 안전에 관한 업무를 수행하기 위하여 시공자에게 다음 각 호의 자료를 기록·유지토록 하고 이행상태를 점검한다.

① 안전업무 일지(일일보고)

② 안전점검 실시(안전업무일지에 포함 가능)

③ 안전교육(안전업무일지에 포함가능)

④ 각종 사고보고

⑤ 월간 안전 통계(무재해, 사고)

⑥ 안전관리비 사용실적(수시로 점검·확인)

(7) 감리원은 공사 안전관리계획 내용에 따라 안전조치·점검 등 이행을 하였는지의 여부를 확인하고 미이행시 시공자로 하여금 안전조치·점검 등을 선행한 후 시공하게 한다.

(8) 발주자와 시공자 등은 안전점검 결과와 조치내용을 기재한 서류를 당해공사의 하자담보책임기간까지 보관하여야 한다.

(9) 감리원은 표준안전관리비 계상기준 및 사용기준에 의거 안전관리비 사용에 관한 사항을 지도 · 확인하여야 한다.

(10) 감리원은 관계법령 및 규정에 의하여 시행한 정기 · 정밀 안전점검 결과를 시공자로부터 제출받아 검토하여 발주자에게 보고하고 발주자의 지시에 따라 시공자에게 필요한 조처를 하게 한다.

(11) 감리원은 시공회사의 안전관리책임자와 안전관리자들로 하여금 현장 근무자에게 다음 각 호의 내용과 자료가 포함된 안전교육을 실시토록 지도 · 감독하여야 한다.

① 산업재해에 관한 통계 및 정보
② 작업자의 자질에 관한 사항
③ 안전관리조직에 관한 사항
④ 안전제도, 기준 및 절차에 관한 사항
⑤ 생산공정에 관한 사항
⑥ 산업안전보건법 등 관계법규에 관한 사항
⑦ 작업환경관리 및 안전작업 방법
⑧ 현장안전 개선방법
⑨ 안전관리 기법
⑩ 이상발견 및 사고발생시 처리방법
⑪ 안전점검 지도요령과 사고조사 분석요령

2.21.2 안전관리 결과보고서의 검토

감리원은 매 분기별 시공자로부터 안전관리 결과보고서를 제출받아 이를 검토하고 미비한 사항이 있을 때는 시정조치를 하여야 하며, 안전관리 결과보고서에는 다음 각 호와 같은 서류가 포함되어야 한다.

① 안전관리 조직표
② 안전보건 관리체제(별지 제27호 서식)
③ 재해발생 현황(별지 제28호 서식)
④ 안전교육 실적표(별지 제30호 서식)
⑤ 산재요양 신청서(사본)
⑥ 기타 필요한 서류

2.21.3 사고처리

감리원은 현장에서 사고가 발생하였을 경우에는 시공자에게 즉시 필요한 응급조치를 취하도록 하고 상세한 경위 및 검토의견서를 첨부하여 발주자에게 지체 없이 보고하여야 한다(별지 제36호 서식).

2.21.4 환경관리

감리원은 사업시행으로 인한 위해를 예방하고 자연환경, 생활환경, 사회 · 경제환경을 적정하게 관리 보전할 수 있도록 공사현장을 지도 · 감독하여야 한다.

IV 설계변경 및 계약금액의 조정관련 업무

2.22 설계변경

2.22.1 설계변경

(1) 감리원은 설계변경 및 계약금액의 조정 시 업무흐름도를 참조하여 감리업무를 수행하여야 한다.

(2) 감리원은 설계변경 요인을 사전에 충분히 도출하여 반영함으로써 빈번한 계약변경 업무를 피할 수 있도록 최대한 노력하여야 한다.

(3) 감리원은 공사시행과정에서 당초 설계의 기본적인 사항인 가스계소화설비의 소화약제, 소화펌프의 양정 및 유량, 소화배관의 구경, 화재수신반의 통신방식, 간선규격 등의 중심선, 계획고, 시설물의 구조, 평면 및 주요공법 등의 변경 없이 현지 여건에 따른 위치변경과 연장증감 등으로 인한 수량증감이나 단순시설물의 추가 또는 삭제 등의 경미한 설계변경사항이 발생한 경우에는 설계변경도면, 수량증감 및 증감공사 내역을 시공

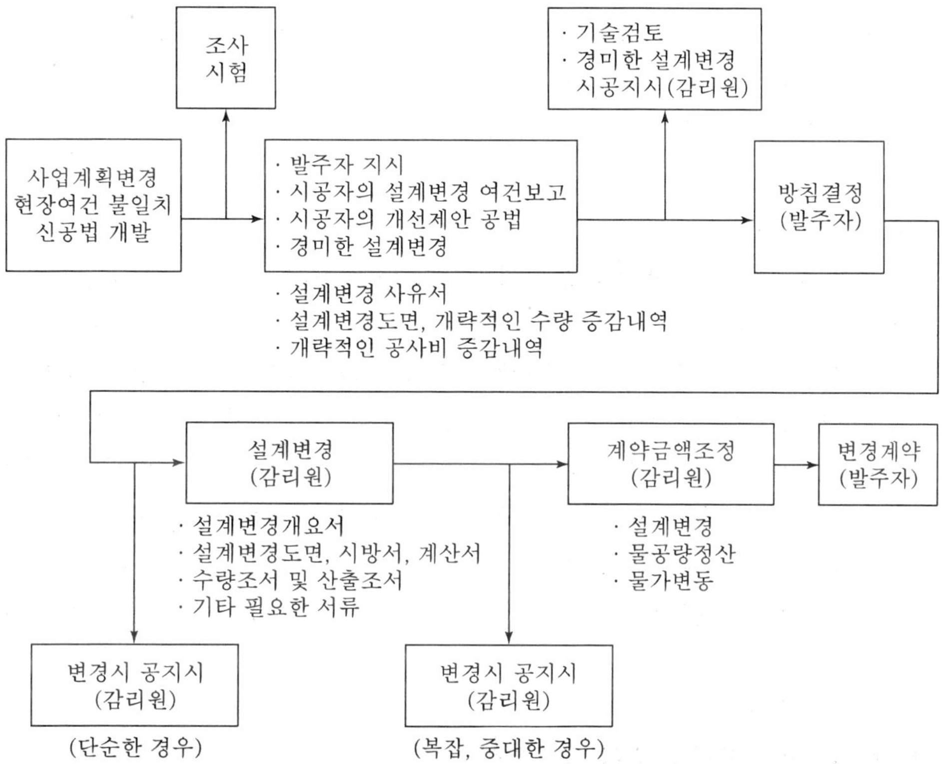

업무흐름도

자로부터 제출받아 검토확인하고 우선 변경 시공토록 지시할 수 있으며 사후에 취합하여 발주자에게 서면 보고하여야 한다. 이 경우 경미한 설계변경의 구체적 범위는 발주자가 정한다.

(4) 설계변경 원인이 설계상의 문제라고 판단되는 경우에는 발주자에게 설계변경을 요구하여야 한다.

2.22.2 발주자의 지시에 의한 설계변경

(1) 외부적 사업환경의 변동, 사업추진 기본계획의 조정, 공법변경, 기타 시설물 추가 등으로 설계변경이 필요하여 발주자로부터 설계변경 지시를 받은 경우, 책임감리원은 발주자에게 다음 각 호의 서류를 요구하여야 한다. 단, 발주자가 설계변경 도서를 작성할

수 없을 경우에는 설계변경 개요서를 근거로 발주자 및 시공자와 설계도서 작성 협의를 하여야 한다.

① 설계변경 개요서

② 설계변경 도면, 시방서, 계산서 등

③ 수량산출조서

④ 기타 필요한 서류

(2) 제1항의 지시를 받은 책임감리원은 지체 없이 시공자에게 그 내용을 통보하여야 한다.

(3) 책임감리원은 설계변경 지시내용의 이행가능 여부를 당시의 공정, 자재수급 상황 등을 검토하여 확정토록 시공자에게 지시하고, 만약 이행이 불가능하다고 판단될 경우에는 그 사유와 근거자료를 첨부하여 책임감리원에게 보고토록 하여야 하며, 책임감리원은 그 내용을 검토·확인하여 지체 없이 발주자에게 보고하여야 한다. 이 경우 설계변경 도서작성에 소요되는 비용은 원칙적으로 발주자가 부담토록 하여야 한다.

(4) 감리원은 시공자로부터 제3항의 서류를 제출받아 설계변경이 가능한 서류를 작성, 소속 감리업체 기술지원감리원의 심사와 대표자의 명의로 발주자에게 제출하여야 한다.

2.22.3 시공자의 제안에 의한 설계변경

(1) 시공자는 현지여건과 설계도서가 부합되지 않거나 공사비의 절감 및 소방시설 공사의 품질향상을 위한 개선사항 등 설계변경이 필요한 경우에는 설계변경사유서, 설계변경 도면, 수량증감내역 및 공사비 증감내역 등의 서류를 첨부하여 책임감리원에게 제출하여야 한다. 이 경우 준공도서에 설계자의 확인이 필요하므로 원설계자의 검토와 동의를 받아야 한다.

(2) 책임감리원은 제1항의 요청을 받은 경우 신속히 검토·확인하고 필요시 기술검토 의견서를 첨부하여 발주자에게 보고하고, 발주자의 방침을 득한 후 시공하도록 조치하여야 한다. 감리원은 시공자로부터 현장실정보고를 접수 후 기술검토 등을 요하지 않는 단순한 사항은 7일 이내, 그 외의 사항을 14일 이내에 검토 처리하여야 하며, 기일 내 처리가 곤란한 경우에는 사유와 처리계획을 발주자에게 보고하고 시공자에게도 통보하여야 한다.

(3) 시공자는 기초공사 또는 주공정에 중대한 영향을 미치는 설계변경으로 방침확정이 긴급히 요구되는 사항이 발생하는 경우에는 1항의 절차에 따르지 아니하고 책임감리원에게 긴급현장실정보고를 할 수 있으며, 책임감리원은 발주자에게 지체 없이 유선 또

는 FAX 등으로 보고하여야 한다.

(4) 발주자는 제 2항, 3항에 의거 설계변경 방침결정 요구를 받은 경우에는 공사추진에 지장이 없도록 신속히 방침을 확정하여 책임감리원에게 통보하여야 한다.

(5) 설계변경 원인이 설계상의 문제라고 판단되는 경우에는 발주자에게 설계변경을 요구할 수 있다.

(6) 감리원은 발주자의 방침을 통보받은 경우 시공자로부터 관련서류를 제출받아 설계변경이 가능한 서류를 작성, 소속 감리업체 기술지원감리원의 심사와 대표자의 명의로 발주자에게 제출하여야 한다.

2.22.4 설계변경계약 전 기성고 및 지급자재의 지급

(1) 감리원은 발주자의 방침을 지시 받았거나, 승인을 받은 설계변경 사항의 기성고는 당해 공사의 변경계약을 체결하기 전이라도 당초 계약된 수량과 공사비 범위 안에서 설계변경 승인 사항의 공사 기성부분에 대하여 확인하고 기성고를 사정하여야 한다. 발주자는 감리원이 확인하고 사정한 동 기성부분에 대하여 기성금을 지불하여야 한다.

(2) 감리원은 제1항의 설계변경 승인 사항에 따른 발주자가 공급하는 지급자재에 대하여 시공자의 요청이 있을 경우 변경계약 체결 전이라고 하여도 공사추진상 필요할 경우 변경된 소요량을 확인한 후 발주자에게 지급을 요청할 수 있다.

2.23 계약금액 조정

2.23.1 설계변경으로 인한 계약금액의 조정

(1) 감리원은 설계변경 등으로 인한 계약금액의 조정을 위한 각종 서류를 시공자로부터 제출받아 검토 · 확인한 후 소속 감리업체에 보고하여야 하며, 소속 감리업체는 소속 기술지원감리원으로 하여금 검토 · 확인케 하고 대표자명의로 발주자에게 제출하여야 한다.

(2) 변경설계서 표지의 설계자는 책임감리원, 심사자는 기술지원감리원이 날인하여야 한다. 다만, 대규모 통합감리의 경우, 설계자는 통합감리 책임감리원과 소방감리 책임감

리원이 연명으로 날인토록 한다.

(3) 감리원은 설계변경 등으로 인한 계약금액 조정 업무처리를 지체함으로써 시공자가 지급자재 수급 및 기성부분을 인정받지 못하여 공사추진에 지장을 초래하지 않도록 적기에 계약변경이 이루어질 수 있도록 조치하여야 한다.

(4) 설계변경으로 인한 계약금액의 조정은 발주자의 방침이 확정되어 지시된 사항을 일정기간 취합하여 처리하되, 최종 계약 금액의 조정은 예비 준공검사기간 등을 고려하여 늦어도 준공예정일 45일 전까지 발주자에 제출되어야 한다.

(5) 설계변경으로 인한 계약금액의 조정방법은 당해공사의 계약조건에 의거 조정함을 원칙으로 한다.

① 계약된 공사물량의 증감이 있는 경우는 계약 단가에 의하는 것을 원칙으로 한다.

② 신규비목의 단가는 설계변경당시를 기준으로 산출한 단가에 낙찰율을 곱한 금액으로 한다. 단, 발주자가 설계변경을 요구한 경우에는 설계변경 당시를 기준으로 하여 산정한 단가와 동 단가에 낙찰률을 곱한 금액의 범위 안에서 발주자와 계약상대자가 협의하여 결정한다.

③ 계약금액 증감분에 대한 일반관리비 및 이윤은 산출내역서상의 율에 의하되 재정경제부령이 정하는 율을 초과할 수 없다.

④ 개선제안공법(기술개발보상)의 경우는 새로운 기술 · 공법 또는 발주자가 작성한 설계와 동등 이상의 기능 · 효과를 가진 기술 · 공법 · 기자재를 사용함으로써 공사비 절감, 공기단축 등에 효과가 현저할 것으로 인정되는 경우 시공자의 제안에 의하여 설계 변경시는 감액하지 않는다.

⑤ 설계변경에 의한 계약금액 조정업무의 처리절차는 다음 그림과 같다.

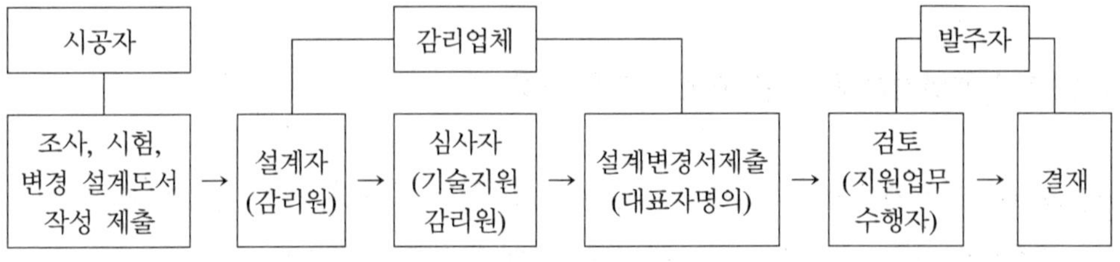

설계변경에 의한 계약금액 조정업무의 처리절차

(6) 발주자가 설계변경을 요구한 경우에는 제4호의 규정에 불구하고 증가된 물량 또는 신규 비목의 단가는 설계변경 당시를 기준으로 하여 산정한 단가와 동단가에 낙찰률을 곱한 금액의 범위 안에서 계약당사자간에 협의하여 결정한다.

2.23.2 물가변동으로 인한 계약금액의 조정

(1) 감리원은 시공자로부터 물가변동에 따른 계약금액 조정 · 요청을 받을 경우 다음 각 호의 서류를 작성 · 제출토록 하여야 하고 시공자는 이에 응하여야 한다.
   ① 물가변동 조정요청서
   ② 계약금액 조정요청서
   ③ 품목조정률 또는 지수조정률 산출근거
   ④ 계약금액 조정 산출근거
   ⑤ 기타 설계변경에 필요한 서류
(2) 물가변동으로 인한 계약금액의 조정은 당해공사 계약조건에 의거 처리함을 원칙으로 한다.
(3) 계약이행 중 계약내역을 구성하는 각종 비목의 가격이 등락된 경우에 계약금액을 조정하는 방법으로 품목조정률과 지수조정률 방법 중 계약서에 명시된 한 가지 방법을 택하여 다음 각 호와 같이 적용하여야 한다.
   ① 품목조정률에 의한 조정방법은 다음 각 목에 의한다.
      가. 조정요건은 다음 각 호와 같다.
         1) 계약체결 후 그 이행을 위하여 90일 이상 경과되었을 것
         2) 품목조정률이 100분의 3 이상일 것
         3) 품목조정률이란 계약금액(장기계속계약의 경우는 총공사금액)의 산출내역을 구성하는 제 비목의 가격등락률(변동 후 가격과 변동 전 가격의 차액이 변동 전의 가격에 대하여 차지하는 비율)을 계약단가에 곱하여 산출한 등락폭의 합계액(동 합계액에 비례하여 증감되는 일반관리비 이윤 등을 포함)이 계약금액(장기계속계약의 경우는 총공사금액)에 대하여 차지하는 비율을 말한다.
      나. 품목조정률법에 의한 조정방법은 방법은 다음과 같다.
         1) 계약금액 중 물가변동기준일(품목조정률이 100분의 3 이상이 되는 날) 이후에 이행되는 부분의 대가에 조정률을 곱하여 산출하되 계약상 물가변동기준일 이전에 이행이 완료되어야 할 부분은 제외한다. 다만, 발주자에게 책임이 있는 사유 또는 폭동 기타 자연적, 사회적, 인위적 사태 등 계약당사자 누구의 책임에도 속하지 아니하는 사유(불가항력적인 사유)로 지연된 경우에는 그러하지 아니하다.
         2) 조정지급은 의무적이다.
         3) 선급금이 지급된 경우에는 다음과 같이 공제한다.

공제액 = 물가변동 적용대가 × 조정률 × 선금급률

다. 품목조정을 적용함에 있어 조정제한은 다음과 같다.

1) 계약단가에 그 등락폭을 합한 금액은 등락된 당해 가격을 초과하지 못함

2) 직전의 조정일로부터 90일 이내에는 다시 조정할 수 없음

라. 품목조정률 계산 예시는 다음과 같다.

(단위 : 백만원)

구분 비목	수량	예정가격 작성시		계약		등락된 단가	등락률 (%)	등락폭	
		단가	금액	단가	금액			단가	금액
재료비 A	10	10	100	8	80	12	20	1.6	16
재료비 B	20	20	400	22	440	24	(20)	2(4.4)	40(88)
노 무 비	30	30	900	25	750	32	6.7	1.7	50
경 비	10	5	50	4	40	6	20	0.8	8
소 계			1,450		1,310				114
일반관리비, 이윤, 부가세		(30%)	435	(27%)	353			(27%)	30
예가 또는 계약 금액			1,885		1,663				144

※ 품목조정률 : 144 / 1,663 = 8.0%

② 지수조정률에 의한 방법은 다음 각목에 의한다.

가. 요건

1) 계약체결 후 그 이행을 위하여 90일 이상 경과되었을 때

2) 원가계산에 의하여 예정가격이 작성되었을 때

3) 지수조정률이 100분의 3이상일 것

나. 지수조정률 산출 : 지수조정률 산출 요령 참조(회계예규)

다. 조정방법 : 품목조정률 방법과 동일

라. 조정의 제한 : 직전의 조정일로부터 90일 이내는 다시 조정불가

■ 조정대상지수 : 재정경제부령으로 규정
• 한국은행이 조사하여 발표하는 생산자 물가기본 분류지수, 수입 물가지수 • 정부, 지방자치단체 또는 정부투자기관이 결정, 허가 또는 인가하는 가격 또는 요금의 평균지수 • 각종 민간단체에서 발표하는 부문별 임금실태 조사결과의 (통계청 승인)의 평균 노임 • 기타 재정경제부장관이 따로 정하는 것

2.23.3 기타 계약금액 조정

기타 계약내용의 변경으로 인한 계약금액 조정은 설계변경, 물가변동 외에 계약내용이 변경되어 계약금액을 조정하는 것으로 공사물량의 증감 없이 설계도서 등의 변경이 있는 경우, 즉 물량의 증감 없는 산지, 운반방법 등의 변경을 말하는 바, 동 변경으로 계약금액을 다음과 같이 조정할 수 있다.

(1) 공사이행기간의 변경에 따른 실비정산 : 간접노무비는 연장 또는 단축된 기간 중 수행해야 할 노무량을 산출하여 당해 직종의 단가를 곱하여 산출

(2) 운반거리 변경에 따른 실비의 산정 : 당초 계약단가에 실제단가 증감액과 동 증감액에 낙찰률을 곱한 금액의 범위 내에서 계약 당사자 간에 협의

(3) 일반관리비 및 이윤 : 상기 제1호 및 2호에서 산출된 금액에 대한 일반관리비 및 이윤은 계약서의 비율을 적용하되 총리령에 정한 비율의 범위 내에서 결정하여야 한다.

품목조정방법과 지수조정방법의 비교

구 분	품목조정방법	지수조정방법
개요	• 당해 계약금액의 산출내역을 구성하는 비목의 가격변동으로 당초 계약금액에 비하여 3% 이상 증감 시 동 계약금액 조정	• 계약금액의 산출내역을 구성하는 비목군의 지수변동으로 당초 계약금액에 비하여 3% 이상 증감 시 계약금액 조정
조정률 산출방법	• 계약금액을 구성하는 모든 품목 또는 비목의 등락을 개별적으로 계산하여 등락률을 산정	• 계약금액을 구성하는 비목을 유형별로 정리한 "비목군"을 분류 • 당해 비목군에 계약금액에 대한 가중치 부여 • 비목군별로 생산자 물가 기본 분류 지수 등을 대비하여 산출
적용대상	• 거래실제가격 또는 원가계산에 의한 예정가격을 기준으로 체결한 계약	• 원가계산에 의한 예정가격을 기준으로 체결한 계약
장점	• 계약금액을 구성하는 각 품목 또는 비목별로 등락률을 산출하므로 당해 비목에 대한 조정사유를 실제대로 반영가능	• 한국은행에서 발표하는 생산자 물가 기본분류지수, 수입물가지수 등을 이용하므로 조정률 산출이 용이
단점	• 매 조정시마다 수많은 모든 품목 또는 비목의 등락률을 산출해야 하므로 계산이 복잡 • 따라서 많은 시간과 노력이 필요	• 평균가격 개념인 지수를 이용하므로 당해 비목에 대한 조정사유가 실제대로 반영되지 않는 경우가 있음.
용도	• 계약금액의 구성비목이 적고 조정회수가 많지 않을 경우에 적합 (단기, 소규모, 단순공종 공사 등)	• 계약금액의 구성비목이 많고 조정회수가 많을 경우 적합 (장기, 대규모, 복합공종 공사)

V 기성 및 준공검사관련 업무

2.24 기성검사

2.24.1 기성 및 준공검사자 임명

(1) 시공자가 기성검사원(별지 제39호 서식) 또는 준공검사원(별지 제43호 서식)을 감리원에게 제출한 경우 감리원은 이를 신속히 검토 · 확인하고, 감리조서(별지 40호 서식)와 다음 각 호의 서류를 첨부하여 지체 없이 소속 감리업체 대표자에게 제출하여야 한다.

(2) 감리업체는 기성부분검사원 또는 준공검사원을 접수하였을 때는 소속 감리원 중에서 검사자, 입회자를 임명하고 즉시 본인에게 통지하여야 하고 이 사실을 발주자에게 보고하여야 한다.

(3) 감리업자는 기성부분검사 또는 장기계속공사의 년차별 예비준공검사를 함에 있어 현장이 원거리 또는 벽지에 위치하거나 책임감리원으로도 검사가 가능하다고 인정되는 경우에는 발주자와 협의 후 검사자를 책임감리원으로 임명할 수 있다.

(4) 감리업자는 부득이한 사유로 소속원이 검사를 할 수 없다고 인정할 때는 소속원 이외의 자 또는 전문검사기관으로 하여금 그 검사를 하게 할 수 있다. 이 경우 검사결과는 서면으로 작성하여야 한다.

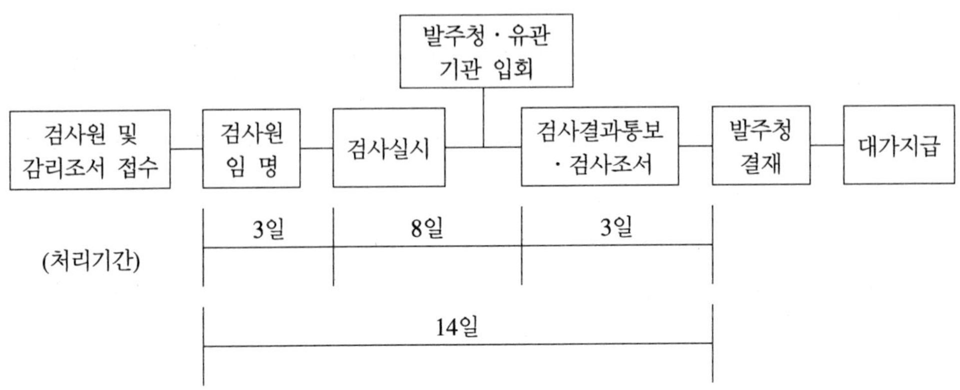

검사처리절차

(5) 감리업자는 각종설비, 복합공사 등 특수공종이 포함된 공사의 준공검사의 경우 필요시 발주자와 협의, 전문기술자를 포함한 합동 준공검사반을 구성할 수 있다.
(6) 발주자는 필요시 소속직원 또는 시설물 인수기관 직원으로 하여금 검사에 입회토록 할 수 있다.

2.24.2 검사기간

(1) 감리원은 시공자로부터 검사원을 접수하였을 때는 이를 신속히 검토 · 확인하고, 감리조서를 첨부하여 지체 없이 소속 감리업체에 제출하여야 한다.
(2) 감리업자는 상주감리원이 확인한 검사원 및 감리조서를 접수하였을 때는 접수된 날로부터 3일 이내에 검사자 및 입회자를 임명하여야 하며 검사업무의 신속성 및 효율성을 감안하여 현장별로 상시 검사자를 임명할 수 있다.
(3) 검사자는 계약에 소정 기일이 명시되지 않는 한 임명통지를 받은 날로부터 8일 이내에 당해 공사의 검사를 완료하고 소정서식에 의한 검사조서를 작성하여 검사완료일로부터 3일 이내에 검사결과를 소속 감리업체에 보고하여야 하며 소속 감리업체는 신속히 검토 후 발주자에게 보고하여야 한다.
(4) 감리업자는 천재지변 등 불가항력으로 인해 (2)항 및 (3)항에서 정한 기간을 준수할 수 없을 때에는 검사에 필요한 최소한의 범위 내에서 검사기간을 연장할 수 있으며 이를 발주자에게 통보하여야 한다.
(5) 불합격 공사에 대한 보완, 재시공 완료 후 재검사 요청에 대한 검사기간은 시공자로부터 그 시정을 완료한 사실을 통보 받은 날로부터 (2)항 및 (3)항의 기간을 계산한다.

2.24.3 불합격 검사에 대한 재시공 명령

(1) 검사자는 검사에 합격되지 않는 부분이 있을 때에는 소속 감리업체 대표자에게 지체 없이 그 내용을 보고하고 즉시 시공자로 하여금 보완시공 또는 재시공케 하고, 감리자는 당해 공사의 검사자로 하여금 재검사를 하게 하여야 한다.
(2) 불합격으로 인한 재검사기간에 투입되는 인원에 대한 경비는 관계법령의 감리대가를 기준으로 시공자가 부담하여야 한다.

2.24.4 기성부분검사원 및 기성내역서 검토확인

시공자는 기성부분검사원 작성 시 사전에 감리원과 의견조정을 한 후 작성토록 하여 감리원의 검사원 검토기간을 줄일 수 있도록 하여야 한다. 감리원은 시공자로부터 기성부분검사원(별지 제35호서식)을 접수하였을 때 기성내역과 실제 시공현황을 비교 검토하여 부당하게 과소 또는 과대하게 사정되지 않도록 하여야 한다.

2.24.5 감리조서의 작성

감리원은 기성고를 사정한 후 감리조서(별지 40호 서식)를 작성하여 소속 감리업체에 다음 서류를 구비하여 기성검사원과 함께 제출하여야 한다.

(1) 공사에 사용한 재료의 품질, 품명, 규격에 관한 서류
(2) 시공 후 매몰부분에 대한 감리원의 검사기록 서류 및 시공당시의 사진
(3) 품질시험성과 총괄표
(4) 현장 안전관리자의 안전관리점검 총괄표
(5) 지급자재 잉여분 조치현황
(6) 기타 감리원이 필요하다고 인정하는 서류

2.24.6 기성부분 검사

감리업체로부터 기성부분 검사자로 임명받은 감리원은 당해공사의 현장에 상주감리원 및 시공자 또는 책임기술자 등을 입회케 하여 계약서, 시방서, 설계도서 기타 관계서류에 따라 다음 각 호의 사항을 검사하여야 한다.

(1) 기성부분내역(별지 제41호 서식)이 설계도서대로 시공되었는지 여부
(2) 사용된 자재의 규격 및 품질에 대한 시험의 실시여부
(3) 시험기구의 비치와 그 활용도의 판단
(4) 지급자재의 수불 실태
(5) 지하 또는 기초부분의 시공확인과 주요 시공과정을 촬영한 사진의 확인

(6) 감리원의 기성검사원에 대한 사전 검토의견서
(7) 기타 감리자가 필요하다고 인정하는 사항

2.24.7 발주자에게 검사결과의 보고

기성부분 검사자는 임명통지를 받은 날로부터 8일 이내에 기성검사를 완료하고 공사기성부분 검사조서(별지 제42호 서식)를 작성하여 검사완료일로부터 3일 이내에 검사결과를 소속 감리업체에 보고하여야 한다. 소속 감리업체는 검사결과를 접수하면 이를 검토, 발주자에게 지체 없이 통보하여야 한다.

2.25 준공검사 등의 절차

2.25.1 시설물 시운전

(1) 감리원은 당해 공사완료 후 준공검사 전 시운전 등이 필요한 부분에 대하여는 시공자로 하여금 시운전을 위한 계획을 수립토록 하고 이를 검토하여 발주자에 제출하여야 한다.
(2) 시운전 계획에는 아래사항이 포함되어야 한다.
① 시운전 일정
② 시운전 항목 및 종류
③ 시운전 절차
④ 시험장비 확보 및 보정
⑤ 기계 · 기구 사용계획
⑥ 운전요원 및 검사요원 선임계획
(3) 감리원은 시공자로부터 시운전 계획서를 제출받아 검토, 확정하여 시운전 20일 전까지 발주자 및 시공자에게 통보하여야 한다.
(4) 감리원은 시공자와 협의, 시공자로 하여금 아래와 같이 시운전 절차를 준비하도록 하여야 하며 시운전에 입회하여야 한다.
① 기기점검
② 예비운전

③ 시운전

④ 성능보장운전

⑤ 검수

⑥ 운전인도

(5) 감리원은 시운전 완료 후에 아래의 성과품을 시공자로부터 제출받아 검토 후 발주자에게 인계하여야 한다.

① 운전개시, 가동절차 및 방법

② 점검항목 점검표

③ 운전 및 유지관리 지침서

④ 기기류 단독 시운전 방법 검토 및 계획서

⑤ 실가동 Diagram

⑥ 시험구분, 방법, 사용매체 검토 및 계획서

⑦ 시험성적서

⑧ 성능시험 성적서(성능시험 보고서)

2.25.2 예비준공검사

(1) 공사현장에 주요공사가 완료되고 현장이 정리단계에 있을 때에는 준공 1개월 전에 준공기한 내 준공가능여부 및 미진사항의 사전보완을 위해 예비 준공검사를 실시하여야 한다. 다만, 단순 소규모공사일 경우에는 발주자와 협의하여 생략할 수 있다.

(2) 감리자는 전체공사 준공 시에는 책임감리원, 기술지원감리원 등으로 검사자를 지정하여 합동으로 검사토록 하여야 하며 필요시 업무담당자 또는 시설물유지관리직원 등을 입회토록 하여야 한다. 단만, 연차별로 시행하는 장기계속공사의 예비준공검사의 경우 당해 책임감리원을 검사자로 지정할 수 있다.

(3) 예비준공검사는 감리원이 확인한 정산설계도서 등에 의거 검사하여야 하며, 그 검사내용은 준공검사에 준하여 철저히 시행되어야 한다.

(4) 예비준공 검사자는 검사를 행한 후 보완사항에 대하여는 시공자에게 보완지시하고 준공검사자가 검사시에 이를 확인할 수 있도록 소속 감리업체 및 발주자에게 검사결과를 제출하여야 한다.

(5) 시공자는 예비준공검사의 지적사항 등을 완전히 보완한 후 책임감리원의 확인을 받은 후 준공검사원을 제출하여야 한다.

2.25.3 준공검사

(1) 감리원은 시공자로부터 준공검사원을 접수하였을 때는 계약서, 시방서, 설계도면 기타 관계서류의 내용대로 시공이 완료되었는지 여부를 확인하고 준공검사원의 내용이 정상설계도서와의 합치여부 등을 검토 · 확인하여야 한다.

(2) 감리자는 전체공사 준공 시에는 책임감리원, 기술지원감리원 등으로 검사자를 지정하여 합동으로 검사토록 하여야 하며 필요시 업무담당자 또는 시설물유지관리직원 등을 입회토록 하여야 한다.

(3) 감리원은 준공검사원의 검토 · 확인 후 조속한 시일 내에 감리조서를 작성하고 다음 서류를 구비하여 소속 감리업체에 지체 없이 제출하여야 한다.
① 공사에 사용한 재료의 품질, 품명, 규격에 관한 서류
② 시공 후 매몰부분에 대한 감리원의 검사기록 서류 및 시공당시의 사진
③ 품질시험성과 총괄표
④ 지급자재 잉여분 조치현황
⑤ 공사의 사전 검측확인 서류
⑥ 현장 안전관리자의 안전관리점검 총괄표
⑦ 기타 감리원이 필요하다고 인정하는 서류

(4) 준공검사자는 당해공사의 현장 상주감리원, 시공자 또는 그 대리인 등을 입회하게 하여 계약서, 시방서, 설계도면, 기타 관계서류에 따라 다음 각 호의 사항을 검사하여야 한다.
① 준공된 공사가 설계도서대로 시공되었는지 여부
② 공사시공시의 현장 상주감리원이 비치한 제반 기록에 대한 검토
③ 폐품 또는 발생물의 유무 및 처리의 적정여부
④ 지급자재의 사용적부와 잉여자재의 유무 및 그 처리의 적정여부
⑤ 제반설비의 제거 및 원상복구 정리상황
⑥ 감리원의 준공검사원에 대한 검토의견서
⑦ 기타 검사자가 필요하다고 인정하는 사항

(5) 검사자는 시공된 부분이 시공 후 매몰되어 사후 검사가 곤란한 부분과 주요 구조물에 중대한 피해를 주거나 대량의 파손 및 재시공 행위를 요하는 검사는 위의 (3)항의 규정에 의한 감리조서와 사전검사, 검측확인서류 등을 근거로 하여 검사를 행한다.

(6) 검사자는 검사에 합격되지 아니한 부분이 있을 때에는 소속 감리업체에 지체없이 그 내용을 보고하고, 즉시 시공자로 하여금 보완시공 또는 재시공케 하고 감리업체 대표자는 당해 공사의 검사자로 하여금 재검사를 수행하도록 하여야 한다.

2.25.4 검사조서의 작성

(1) 감리업자가 지정한 검사자는 임명통지를 받은 날로부터 8일 이내에 당해 공사의 검사를 완료하고 준공검사 조서(별지 제44호 서식)를 작성하여 검사완료일부터 3일 이내에 검사결과를 소속 감리업체에 보고하여야 한다.

(2) 전항의 준공검사조서에는 감리조서와 준공사진을 첨부하여야 한다.

(3) 감리업체 대표자는 준공검사조서 등의 검사결과를 접수하면 이를 검토, 발주자에게 지체 없이 통보하여야 한다.

2.25.5 준공도면 등의 검토·확인

(1) 감리원은 정산 설계도서 등을 검토・확인하고 시설목적물이 발주자에게 차질 없이 인계될 수 있도록 지도・감독하여야 한다. 감리원은 시공자로부터 가능한 준공일 45일전까지 정산 설계도서를 제출받아 이를 검토・확인하여야 한다.

(2) 감리원은 시공자가 작성・제출한 준공도면이 실제 시공된 대로 작성되었는가의 여부를 검토・확인하여 발주자에게 제출하여야 한다.

(3) 준공도면은 계약에 정한 방법으로 작성되어야 하며, 모든 준공도면에는 원설계자의 확인서명이 있어야 한다.

(4) 발주자는 모든 설계변경과정에서 원설계자로 하여금 설계변경 도면을 검토하도록 하고, 준공도면에 원설계자가 확인서명을 하도록 하여야 한다.

2.25.6 공사현장의 사후관리

검사자는 공사의 시행으로 인하여 발생한 모든 폐기물, 잉여자재 및 가건물과 주변지역 훼손 등에 대하여 시공자로 하여금 지체 없이 제거 또는 반출케 하거나 조경사업의 실시 등 공사현장 주위환경의 정리된 상태를 확인한 후 검사에 임하여야 한다.

2.25.7 준공표지의 설치

감리원은 시공자로 하여금 공사가 준공된 때에는 공사구역의 일반이 보기 쉬운 곳에 영구적인 시설물로 준공표지를 설치토록 조치하여야 한다. 다만, 관계법령의 적용을 받는 공사 중 공사의 성질 등에 비추어 준공표지를 설치하기 어렵거나 설치할 필요가 없는 시설물공사는 제외한다.

VI 시설물의 인수 · 인계관련 업무

2.26 시설물 인수인계

2.26.1 시설물 인수인계

(1) 감리원은 시공자로 하여금 당해공사의 예비준공검사(부분준공, 발주자의 필요에 의한 기성부분 포함) 완료 후 14일 이내에 다음 각 호의 사항이 포함된 시설물의 인수 · 인계를 위한 계획을 수립토록 하고 이를 검토하여야 한다.
   ① 일반사항(공사개요 등)
   ② 운영지침서(필요한 경우)
      가. 시설물의 규격 및 기능점검 항목
      나. 기능점검 절차
      다. Test 장비확보 및 보정
      라. 기자재 운전지침서
      마. 제작도면 절차서 등 관련자료
   ③ 시운전 결과보고서(시운전 실적이 있는 경우)
   ④ 예비 준공검사 결과
   ⑤ 특기사항

(2) 감리원은 시공자로부터 시설물 인수 · 인계 계획서를 제출받아 7일 이내에 검토, 확정하여 발주자 및 시공자에게 통보하여 인수 · 인계에 차질이 없도록 하여야 한다.
(3) 감리원은 발주자와 시공자간의 시설물 인수 · 인계의 입회자가 된다.
(4) 감리원은 시공자가 제출한 인수 · 인계서를 검토 · 확인하며 시설물이 적기에 발주자에게 인수 · 인계될 수 있도록 한다.
(5) 감리원은 시설물 인수 · 인계에 대한 발주자 등의 이견이 있는 경우, 이에 대한 현황파악 및 필요대책 등의 의견을 제시하여 시공자가 이를 수행토록 조치한다.
(6) 인수 · 인계서는 준공검사 결과를 포함하는 내용으로 한다.
(7) 시설물의 인수 · 인계는 준공검사 시 지적사항 시정완료일 부터 14일 이내에 실시하여야 한다.

2.26.2 현장문서 인수·인계

(1) 감리원은 당해 공사와 관련한 감리기록서류 중 다음 각 호의 서류를 포함하여 발주자에게 인계할 문서의 목록을 발주자와 협의, 작성하여야 한다.
① 준공 사진첩
② 준공 도면
③ 시설물 인수 · 인계서
④ 기자재 구매서류
⑤ 시험성적서(주요자재, 품질관리)
⑥ 시방서
⑦ 준공내역
⑧ 공사관련 기록부(주요자재 정산서, 인 · 허가 관계철 등)
⑨ 준공검사 조서(별지 제44호 서식)
⑩ 기타 발주자가 필요하다고 인정하는 서류
(2) 감리원은 감리용역 준공 후 14일 이내에 발주자와 협의한 현장문서를 발주자에 인계하여야 한다.

2.27 유지관리 및 하자보수

2.27.1 유지관리 및 하자보수

(1) 감리원은 발주자(설계자) 또는 시공자(주요기계설비의 납품자) 등이 제출한 시설물의 유지관리지침 자료를 검토하여 다음 각 호의 내용이 포함된 유지관리지침서를 작성, 공사준공 후 14일 이내에 발주자에게 제출하여야 한다.

① 시설물의 규격 및 기능 설명서

② 시설물 유지관리 기구에 대한 의견서

③ 시설물유지관리지침

④ 특기사항

(2) 당해 감리업체 대표자는 발주자가 유지관리상 필요하다고 인정하여 기술자문 요청 등이 있을 경우에는 이에 협조하여야 하며, 전문적인 기술 등으로 외부 전문기술 또는 상당한 노력이 소요되는 경우에는 발주자와 별도 협의하여 결정한다.

2.27.2 하자보수에 대한 의견 제시 등

(1) 감리업체 대표자 및 감리원은 공사준공 후 발주자와과 시공자간의 시설물의 하자보수 처리에 대한 분쟁 또는 이견이 있는 경우, 검토의견을 제시하여야 한다.

(2) 감리업체 대표자 및 감리원은 공사준공 후 발주자가 필요하다고 인정하여 하자보수 대책수립을 요청할 경우 이에 협조하여야 한다.

(3) 제1항과 제2항의 업무가 감리기술용역계약에 정한 감리기간이 지난 후에 수행하여야 할 경우에는 발주자는 별도의 실비를 감리원에게 지급하여야 한다.

표 1-1 소방공사 업무절차

구 분	업 무 내 용	기 타
착공단계	1. 도면검토 1) 건축허가서에 따른 설치계획서의 타당성 검토 2) 도면/시방서/계산서/특수공법 등 검토 3) 도면별 비교검토(건축/설비/전기와 소방설비 및 전기) 2. 착공신고 서류 검토 및 작성 1) 착공신고 서류 작성 2) 종합시공계획서 검토(품질관리/공정관리/안전관리 등) 3) 자재관리 검사 계획표	
공사단계	1. 일반 행정업무 1) 발주자의 자문요구 및 감리원의 의견 제시 2) 발주자에 보고(정기보고 및 수시보고) 3) 유관자 합동회의 참석 및 필요시 회의 소집 4) 감리서류 기록, 관리 2. 현장 감리업무 1) 시공계획서의 검토 및 확인 2) 도면 및 시공상세도의 검토 및 확인 3) 작업일보 검토 4) 주요기자재의 검수 및 승인 5) 공정상황 보고 6) 공사중지 및 재시공 명령 7) 공사진행관련 사진촬영 및 보관 3. 공정관리업무 1) 공정관리 계획 및 공사진도 관리 2) 부진공정 만회대책 수립 및 공정현황보고 3) 중간지도감독 계획 및 준공기간 계획 4. 기타, 품질관리 및 안전관리	
준공단계	1. 준공일정표 작성 1) 공정현황표 작성 2) 준공도면 검토 및 확인 3) 예비준공검사 실시 4) 최종 준공검사 실시 2. 감리결과 보고서류 작성 및 보고 1) 감리결과 보고서 등 법적제출서류 3. 인수인계 1) 준공도면/시방서, 계산서/기타 관련서류 2) 시설물의 운영, 유지 및 관리방법 3) 시설물의 유지관련 지침서 및 하자보수에 대한 의견제시	

표 1-2 Project 대관업무 흐름도

구분	서 류 명	접수기관	처리기간	구 비 서 류	비고
동의	건축허가동의	소방서	5일 10일 (20만 m²/30층 이상)	• 건축허가 신청서 사본 1부 • 소방시설 설치계획표 및 도면 • 임시소방시설 설치계획서 • 소방시설 설계업자의 등록증 및 자격수첩 또는 건축사의 면허수첩 사본 • 소방시설공사업법 제21조의3 제2항에 따라 체결한 소방시설설계 계약서 사본 1부	
신고	소방시설 공사 착공(변경)신고	소방서	2일	• 신고서 1부 • 소방시설공사업 등록증 및 등록수첩 사본 • 책임시공기술자의 자격수첩 사본 • 소방도면, 계산서 및 시방서	
신고	감리자지정신고	소방서	2일	• 신고서 및 감리업등록증 사본 1부 • 책임감리자의 자격수첩 • 소방공사 감리계획서 • 용역계약서 1부	
보고	감리결과보고	소방서	3일	• 감리결과 보고서 1부 • 감리일지 1부 • 성능시험 결과표 1부 • 완공도면 1부	
통보	공사하자여부	소방서		• 신청서 및 도면, 시방서 각 1부 • 하자임을 증명하는 서류 및 관련자료 1부 • 신청서 1부	
검사	완공검사	소방서	3일	• 신청서 1부	
검사	경방검사	소방서	한 달		
신고	안전관리자선임	소방서	즉시	• 신고서 1부 • 관련 자격수첩 • 안전관리자 증명서류 1부	
보고	점검결과보고 (작동기능점검)	소방서	즉시	• 방화관리자 주관 • 작동기능점검서류 1부	
보고	소방용수변경 (종합정밀점검)	소방서	즉시	• 방화관리자(소방시설관리사) • 소방시설 유지관리업체 • 종합정밀점검서류 1부	

표 1-3 건설공사시행 단계별 업무내역

단계별	업 무 종 류	세 부 사 항	업 무 담 당		
			시공자	감리원	발주자
공사 계획	사업계획수립	건설사업관리계획			작성
		건설사업관리 위탁 계획			작성
	용역발주	건설사업관리 발주(CM) 건설사업관리자 입찰			시행
설계 및 감리업체 선정	입찰안내서	발주자 또는 CM			작성
	업체선정	설계업체 입찰			시행
		설계감리업체 입찰			시행
설계 감리	설계관리	• 설계용역감독 • 설계도서검토 및 평가		검토보고	승인
공사 착공 준비	• 용지보상 (발주자, CM) • 공사계획인 · 허가	• 기본조사 • 용지측량 및 편입용지경계설치 • 분할측량 및 감정 의뢰 • 보상협의 • 기공승낙협의 • 지장물 철거보상			시행
공사 발주	입찰안내서 작성 PQ기준	발주자 또는 CM			작성
	• 발주의뢰 • 공고 • 시공자 선정 • 감리자 선정	발주자, 조달청			시행
공사 착공	감리계약체결	감리업무수행계획서 감리원 배치계획서			검토
	• 감리업무 착수 • 연락처 등의 보고			주관	
	설계도서 등의 검토	발주처에 보고		검토, 보고	확인
		감리원에게 보고	검토, 보고	확인	
	감리사무실 설치 및 설계도서 등의 관리	사무실의 설치 설계도서 등의 관리	시행	시행	시행
	• 착공신고서 • 공사표지판 등의 설치	적법성 및 적절성 평가	작성시행	검토, 승인보고	확인
	측량기준점 및 각종 기준 시설	측량기준점의 보호	시행	이동시 승인	

단계별	업 무 종 류	세 부 사 항	업무담당 시공자	업무담당 감리원	업무담당 발주자
	확인측량	기준시설 설치	시행	확인	
		확인측량 실시	시행	입회, 확인	
		확인측량 결과의 처리	작성	검토, 보고	지시
	유관 합동회의		협조	주관	요구
	하도급 관련사항	적법성 및 적정성 검토	제출	검토	승인
	현장사무소, 소방도로 및 공사용도로, 작업장 부지 등의 선정	가시설물 설치계획표	작성	승인	협의
	현지 여건 조사	적법성 및 적정성 검토	합동조사	합동조사	승인
	인·허가 업무	적법성 및 적정성 검토	요구	요구	주관
	공사착수 회의	적법성 및 적정성 검토	주관	주관	주관
	품질보증계획 (품질 시험계획)	적법성 및 적정성 검토	주관	검토	승인
공사 시공	일반 행정업무	• 감리원에 대한 지도관리 • 감리기록관리		이행	주관
		발주자에게 정기 및 수시 보고 사항	작성	확인보고	접수
		현장 정기교육	주관	지시	
		발주자의 자문 및 감리원의 의견 제시		이행	요구
		부실시공방지 세부계획수립 및 이행	주관	지시	
		민원사항	조치	검토보고	주관조치
		발주자의 지시 전달 및 공사수행상 문제점 파악보고	협조	전달작성	요구지시
		현장대리인, 시공자 기술자 등의 교체	이행	검토보고	지시
		시공자에 대한 지시	이행	검토	주관
		수명사항의 처리	이행 결과보고	주관	
		공사 진행과정 사진촬영 및 설명서 작성	주관	확인	
	품질관리	품질관리(보증)계획	작성	확인	승인
		품질시험계획	작성	확인	확인

단계별	업 무 종 류	세 부 사 항	업 무 담 당		
			시공자	감리원	발주자
		중점 품질관리	시행	확인	
		품질시험의 요령 및 조치	시행	검토확인	
		시험 · 검사성과 처리	보고	입회확인	
		외부기관에 품질시험의뢰	주관	입회확인	주관
	시공관리	시공계획서	작성	검토확인	
		시공상세도	작성	검토확인	
		금일 작업실적 및 명일 작업계획서	작성협의 시행	검토확인 지시	
		시공확인	요청	확인	
		검측업무	요청	확인검토 보고	
공사 시공	시공관리	매몰부분 검사 기록	작성	확인기록	
		현장 실정(상황)보고	협조작성	검토보고 작성	요구승인
		특수공법	제출	검토	협의
		기술검토 의견서	요구작성	작성 검토승인	
		주요기자재 공급원의 검토 승인 신청서	작성	승인	
		주요기자재의 검수, 관리	주관	확인	
		지급자재의 검수, 관리	요구	확인보고	
		지장물 및 기존 구조물의 철거	주관	검토확인	승인
		발주자에 현장 상황보고		보고	
		감리원의 공사중지명령 등	시행	지시	검토
	설계변경 및 계약금액의 조정	경미한 설계변경	작성	검토지시 보고	
		발주자의 지시에 의한 설계변경	이행	검토보고	지시
		시공자의 제안에 의한 설계변경	작성	검토보고	검토 승인
		변경계약 전 설계변경 기성고 및 지급자재의 지급	요구	확인	승인
		계약금액의 조정	작성	심사보고	승인 검토

단계별	업 무 종 류	세 부 사 항	업 무 담 당		
			시공자	감리원	발주자
	공정관리	공정관리계획서(실시공정표 포함)	작성	승인보고	확인
		공사진도관리 (월간, 주간 상세공정표)	작성	검토확인 지시	확인
		부진공정 만회대책	작성	지시검토 보고	확인
		수정 공정계획	요구작성	검토승인 보고	확인
		준공기한 연기원	작성	검토	승인
		공정현황 보고	보고	검토확인 보고	확인
공사 시공	안전관리 및 환경관리	안전관리 조직편성 및 임무	시행	확인, 지도	
		안전점검	시행	지도, 감독	주관
		안전교육	시행	지시, 감독	
		안전관리 결과 보고서	작성	검토, 지시	
		사고처리	조치	지시, 보고	확인
		환경관리	시행보고	지도, 감독	
		제반 보고 사항	작성	보고	확인
기성 부분	기성 검사지침	감리업체 검사자의 임명		보고	
		기성검사	조서작성	검사, 보고	입회, 확인
		불합격 공사에 대한 재시공명령	시행	지시, 재검사	
		기성부분검사원 및 기성내역서 검토	작성	검토	
		감리조서의 작성		작성	
		기성부분 검사	입회	검사, 보고	입회
준공 검사	예비 준공검사 및 준공검사	시설물 시운전	작성	검토, 보고	
		예비 준공검사	보완	검사, 지시 보고	
		준공검사원	작성	검사, 검토 확인, 보고	입회
		준공도면 등의 검토	작성	검토, 확인 보고	확인
		공사현장의 사후관리	시행	확인, 검사	

단계별	업 무 종 류	세 부 사 항	업 무 담 당		
			시공자	감리원	발주자
		준공표지의 설치	시행	확인	
인수 인계	준공 시설물 및 현장문서의 인수·인계	시설물 인수·인계 계획수립	작성	검토, 통보	
		시설물 인수·인계	시행	입회, 검토	시행
		준공도서 등의 인수		협의, 작성	협의, 인수
	유지관리 및 하자보수	시설물의 유지관리 지침서 등	자료제출	검토, 보고	
		하자보수에 대한 의견제시		의견제시	조사지시

PROBLEMS

1. 감리의 역할에 대해 설명하시오.

2. 건설공사의 대관업무흐름을 설명하시오.

3. 도면검토단계의 주된 항목에 대하여 설명하시오.

4. 건축면적산출서에 대해 논하시오.

5. 5층 오피스텔 건축물의 소방시설 신축공사의 경우 다음 사항을 설명하시오.
   ① 5층 건축물 중에서 금회 3층만 사용하고자 할 경우 인허가절차에 대해 설명하시오.
   ② 중간지도 · 교육에 대해 설명하시오.
   ③ 부분완공신청서를 작성할 때 상기의 내용을 토대로 건축허가면적산출서를 활용하는 방법에 대해 설명하시오.

6. 현장감리의 업무 중, 공정관리업무 및 방법에 대하여 설명하시오.

7. 준공 이후의 감리의 역할 및 업무에 대하여 설명하시오.

CHAPTER 03

착공신고계획

3.1 업무 Flow (착공신고 전 단계)

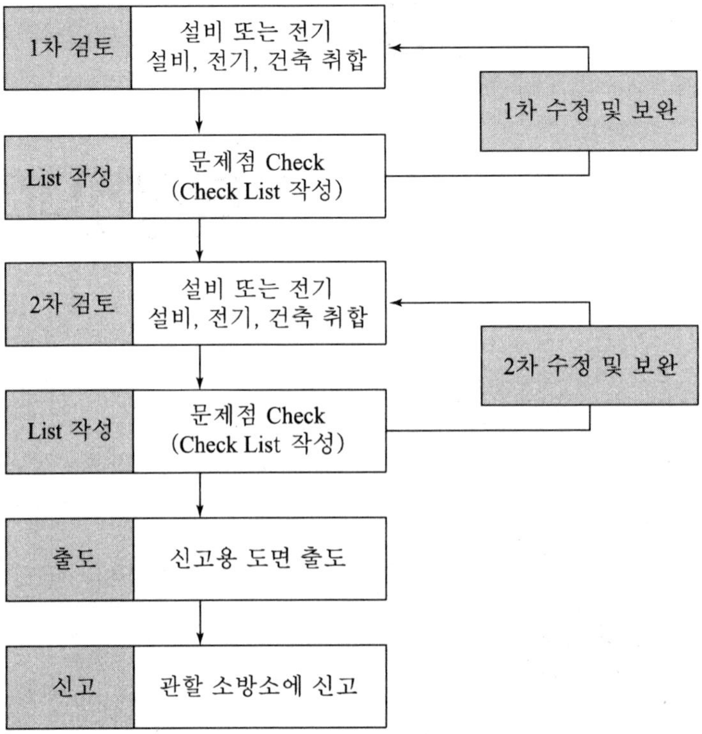

3.1.1 소방시설 공사의 착공신고 대상

1. 특정소방대상물(「위험물 안전관리법」 제2조 제1항 제6호에 따른 제조소등은 제외한다. 이하 제2호 및 제3호에서 같다)에 다음 각 목의 어느 하나에 해당하는 설비를 신설하는 공사
   가. 옥내소화전설비(호스릴옥내소화전설비를 포함한다. 이하 같다), 옥외소화전설비, 스프링클러설비 · 간이스프링클러설비(캐비닛형 간이스프링클러설비를 포함한다. 이하 같다) 및 화재조기진압용 스프링클러설비(이하 "스프링클러설비등"이라 한다), 물분무소화설비 · 포소화설비 · 이산화탄소소화설비 · 할론소화설비 · 할로겐화합물 및 불활성기체 소화설비 · 미분무소화설비 · 강화액소화설비 및 분말소화설비(이하 "물분무등소화설비"라 한다), 연결송수관설비, 연결살수설비, 제연설비(소방용 외의 용도와 겸용되는 제연설비를 「건설산업기본법 시행령」 별표 1에 따른 기계설비공사업자가 공사하는 경우는 제외한다), 소화용수설비(소화용수설비를 「건설산업기본

법 시행령」 별표 1에 따른 기계설비공사업자 또는 상·하수도설비공사업자가 공사하는 경우는 제외한다) 또는 연소방지설비

나. 자동화재탐지설비, 비상경보설비, 비상방송설비(소방용 외의 용도와 겸용되는 비상방송설비를 「정보통신공사업법」에 따른 정보통신공사업자가 공사하는 경우는 제외한다), 비상콘센트설비(비상콘센트설비를 「전기공사업법」에 따른 전기공사업자가 공사하는 경우는 제외한다) 또는 무선통신보조설비(소방용 외의 용도와 겸용되는 무선통신보조설비를 「정보통신공사업법」에 따른 정보통신공사업자가 공사하는 경우는 제외한다)

2. 특정소방대상물에 다음 각 목의 어느 하나에 해당하는 설비 또는 구역 등을 증설하는 공사
   가. 옥내·옥외소화전설비
   나. 스프링클러설비·간이스프링클러설비 또는 물분무등소화설비의 방호구역, 자동화재탐지설비의 경계구역, 제연설비의 제연구역(소방용 외의 용도와 겸용되는 제연설비를 「건설산업기본법 시행령」 별표 1에 따른 기계설비공사업자가 공사하는 경우는 제외한다), 연결살수설비의 살수구역, 연결송수관설비의 송수구역, 비상콘센트설비의 전용회로, 연소방지설비의 살수구역

3. 특정소방대상물에 설치된 소방시설등을 구성하는 다음 각 목의 어느 하나에 해당하는 것의 전부 또는 일부를 개설(改設), 이전(移轉) 또는 정비(整備)하는 공사. 다만, 고장 또는 파손 등으로 인하여 작동시킬 수 없는 소방시설을 긴급히 교체하거나 보수하여야 하는 경우에는 신고하지 않을 수 있다.
   가. 수신반(受信盤)
   나. 소화펌프
   다. 동력(감시)제어반

3.1.2 소방공사감리자 지정대상 특정소방대상물의 범위

1. 연면적 1천제곱미터 이상의 특정소방대상물. 다만, 다음 각 목에 해당하는 특정소방대상물은 제외한다.
   가. 비상경보설비를 설치하는 특정소방대상물
   나. 증축, 개축, 재축, 대수선 또는 구조변경·용도변경으로 인하여 다음의 어느 하나에 해당하는 소방시설을 추가로 설치하는 특정소방대상물

1) 소화설비 : 수동식소화기 · 자동식소화기 또는 간이소화용구
2) 단독경보형감지기
3) 비상방송설비
4) 누전경보기
5) 자동화재속보설비
6) 가스누설경보기
7) 피난설비 : 미끄럼대, 피난사다리, 구조대, 완강기, 피난교, 피난밧줄, 공기안전매트, 방열복, 공기호흡기, 인공소생기, 유도등, 유도표지, 비상조명등 또는 휴대용비상조명등

2. 자동화재탐지설비, 옥내소화전설비, 스프링클러설비, 물분무등소화설비(호스릴소화설비는 제외한다) 또는 제연설비를 설치하여야 하는 특정소방대상물. 다만, 지하구(地下溝)는 제외한다.
3. 길이가 1천미터 이상인 지하구. 다만, 제1호 각 목에 해당하는 소방시설을 설치하는 것은 제외한다.

3.1.3 소방시설 공사의 착공(변경) 신고 서류

[착공신고서]

1. 공사업자의 소방시설공사업 등록증 사본 1부 및 등록수첩 사본 1부
2. 해당 소방시설공사의 책임시공 및 기술관리를 하는 기술인력의 기술등급을 증명하는 서류 사본
3. 소방시설공사 계약서 사본 1부
4. 설계도서(설계설명서를 포함하되, 「소방시설 설치유지 및 안전관리에 관한 법률」 제7조에 따른 건축허가 동의 시 제출된 설계도서가 변경된 경우에만 첨부)
5. 「소방시설공사업법 시행규칙」 별지 제31호 서식의 소방시설공사 하도급 통지서 사본(소방시설공사를 하도급하는 경우에만 첨부)

3.1.4 소방공사감리자 지정신고 서류

[감리자 지정신고서]

1. 소방공사감리업 등록증 사본 1부 및 등록수첩 사본 1부

2. 해당 소방시설공사를 감리하는 소속 감리원의 감리원 등급을 증명하는 서류 각 1부
3. 「소방시설공사업법 시행규칙」 별지 제22호 서식의 소방공사감리계획서 1부
4. 소방시설설계 계약서 사본 1부 및 소방공사감리 계약서 사본 1부

3.2 서류검토

3.2.1 준비사항

(1) 건축허가서 사본(건축개요 및 동별면적산출서를 참조한다)
(2) 건축도면
(3) 소방도면(소방전기 + 소방설비)
(4) 적용법규
① 소방법규 / 국가화재안전기준
② 국민안전처 행정지침
③ 국민안전처 질의서 모음
④ 소방검정기술기준
⑤ 건축법규
⑥ 전기설비기술기준(NEC Code 70 포함)
⑦ 한국산업표준규격
⑧ NFPA Code
⑨ FM 및 UL 기준
⑩ 시방서(일반시방 및 특기시방)

3.2.2 검토

(1) 1차 - 소방설비도면 검토

■ 검토요령
① 설치계획서의 적법성 검토
② 계통도 검토
③ 건축허가서의 면적을 토대로 소방시설설치유지 및 안전관리에 관한 법률 시행령의

별표 4, 5, 6, 7에 근거한 설비의 적법 타당성 검토

④ 국민안전처의 질의 답변한 질의서 자료를 바탕으로 적용 타당성 검토

⑤ 특수건물의 특성에 따른 국외 Fire Model Code 적용(NFPA, FM 및 UL 등)

⑥ 각 층의 평면도에서 각 설비의 방호반경 등을 검토

(2) 2차 - 소방전기도면 검토(또는 소방설비도면)

■ 검토요령

(상동)

■ 기타

① 감지기선로구성방식의 Class방식 적합성 검토(A 또는 B)

② 통신선로 방식의 Class방식 적합성 검토

③ 통신선로(AWG Shield Cable) 길이의 적합성 검토(소비전류對 선로저항)

(3) 3차 - 소방설비 + 소방전기도면을 비교검토

■ 검토요령

① 각 설비의 위치 동일성 검토

② 각 설비의 누락여부 검토

③ 설비, 전기도면이 건축구조의 입면도와 동일성 검토

④ 설비, 전기도면이 건축구조의 평면구획, Shaft 및 용도와 동일성 검토

(4) 4차 - 건축도면 + 소방도면의 비교검토

■ 검토요령

① 건축법규에 근거한 방화구획의 검토(층별/면적별/용도별)

② 건축방화구획 틈새의 충전물질 적합성 검토

③ 비상용승강장의 설치대상여부 검토(NFSC 501의 제연설비 적용)

④ 특별피난계단의 설치여부 적합성 검토(NFSC 501A의 제연설비 적용)

⑤ Duct 및 Shaft 등의 방화구획 검토

⑥ 건축방화구획 완화조건의 적합성여부 검토

⑦ 피난 · 방화시설의 적법성 검토(피난계단의 수평거리 50 m 적법성)

⑧ 실내장식물의 불연화 및 방염물품의 적법성 검토

3.2.3 도면 Check List의 작성요령

Check List는 다음과 같은 요령으로 진행한다.

검토된 내용 중 설비의 누락 및 보완 등이 필요할 경우에는 Check List를 작성하여 설계도면을 Revision시켜야 하며, 필요에 따라서는 설계변경 신고 등을 지시하여야 한다.

설계도면에서의 해당설비의 누락 등에 의한 문제점을 사전 발견치 못하여 준공이 되었다거나 혹은 공사 도중 발견하여 문제점을 보완한다는 것은 여러 가지 어려운 문제점 등이 예상되므로 반드시 시공 전에 검토하여 설계에 반영될 수 있도록 하여야 한다. 검토된 내용은 업무회의를 주관하여 Check된 사항의 타당성을 교육하여 설계도면에 반영될 수 있도록 한다.

(1) Check List 견본

DRA, NO	위 치	내 용	비고
MF-003	1) 소화수조 유효수량 2) 펌프사양	1) Shop표기(가로 × 세로 높이) 1) 소화용수펌프 동력 수정(37KW) 2) 압력챔버용량 수정(200L)	
MF-004	1) CO_2설비 계산서	1) 변경에 따른 계산서 첨부	
MF-006	1) 창고의 방호구역 변경 2) 옥외소화전의 위치 3) 옥외소화전의 유효반경 4) 비상발전기실의 CO_2배관체적도	1) 설계변경신고시 서류에 언급할 것 2) 옥외소화전의 위치 표기할 것 3) 미달로 옥내소화전 설치 불가피함 (영 제33조 1항의 유효범위저촉) 4) 삭제할 것	
MF-007	1) (1-8～1-7) × (C～D)열의 전기실 방호구역 증감	1) 설계변경신고시에 서류에 언급할 것	

(전기)

DRA, NO	위 치	내 용	비고
EF-301	1) PIT층의 감지기 2) PIT층의 감지기	1) 정온식 감지선형감지기로 교체 1) 감지선형감지기의 시공Shop 표기	
EF-305	1) (A～C)열의 사무실 2) (A～C) × (15)열의 주방 3) 상기열의 주방 보일러실	1) 감지기는 연기감지기로 교체 2) 정온식감지기는 온도로 수정 3) 천장부위에 자동확산소화기 설치	동방 : 70/110℃ 수입 : 120℃
EF-501	1) 계단참의 유도등 누락	1) 계단참마다 통로유도등 설치	

3.2.4 법규적용의 기본

(1) 소방감리의 기본은 관련법규에 능통해야 한다(소방신법, 건축법, 전기법규 등).

(2) 관련 법규 중 특히 하위법인 소방시설설치유지 및 안전관리에 관한 법률시행령 및 화재안전기준이 실무에 가장 많이 적용되고 있다.

(3) 최근에는 국내법규의 개정 및 설치기준 등이 NFPA 규정 등 선진사의 기준을 도입하는 추세이므로 자주 인용되는 관련법규를 숙지하도록 한다.

(4) 법규의 적용요령은 국내소방법규 중, 상위법에서부터 하위법까지 폭넓게 인지하고 있어야 하며, 그 중에서 소방시설적용건축물과 기준 등에 대해 상술한 소방시설설치유지 및 안전관리에 관한 법률시행령과 화재안전기준 등을 모두 적용한다.

(5) 자기만의 Know-How법규 Sub-Note를 작성하여 법조문에 능통하도록 한다. 실례로 실무에 가장 많이 응용되는 법조문을 정리하면 다음과 같다.

(6) 법규의 적용시 특히 주의하여야 할 점은 각 건물마다 특수성이 있으므로 국내 법규를 모든 건물에 획일적으로 적용하는 우를 범하지 말아야 한다. 특히 다음과 같은 특수건물에는 국내법규보다 강화된 개념인 NFPA, FM, UL 기준 등을 적용하여 화재하중과 화재심도 등으로부터 노출된 화재위험성의 문제점을 보완할 수 있도록 하여야 한다.

① 석유화학공장
② 대단위 Plant공장
③ 위험물취급설비 건물
④ 반도체공장의 Clean Room
⑤ 렉창고
⑥ 전산실
⑦ Atrium 건물 및 대규모 건물(3.2 검토요령 3.2.1 준비사항의 적용법규 참조)

적용법규 및 관련조항

구 분	관 련 법 규	관련조항	비고
감리대상	소방시설공사업법 시행령	제10조	
착공신고대상	소방시설공사업법 시행령	제4조	
하자보수 보증	소방시설공사업법 시행령	제7조	
소방 시설물 설치 조항	소방시설설치유지 및 안전관리에 관한 법률시행령	별표 5	
소방 시설물 면제 조항	소방시설설치유지 및 안전관리에 관한 법률시행령	별표 6, 7	

구 분	관 련 법 규	관련조항	비고
증축 또는 용도변경시의 기준	소방시설공사업법 시행령	제4조	
최근정보	개정법 및 지침		
질의서	국민안전처 질의서		
스프링클러설비	NFPA 13	전항	
소화용 펌프	NFPA 20	전항	
자탐설비	NFPA 72(NEC 70)	전항	
건축방화	NFPA 80		

3.3 도면의 Revision 요령

(1) 관계인으로부터 입수한 "3-1의 준비사항"을 참조하여
(2) 도면 Check List에
(3) 도면상의 문제점 등을 Check하여
(4) 유관자 합동회의를 소집한 석상에서
(5) 문제점을 설명 및 교육한 뒤 Revision되도록 한다.

3.4 유관자 합동회의 소집

3.4.1 회의 소집의 필요성

(1) 검토된 Check사항은 경우에 따라서는 준공에 커다란 장애요인이 될 수 있으므로 문제점의 경중을 고려하여 설계변경신고 또는 보완이 되어야 한다.
(2) 검토된 내용은 감리지시문 또는 감리공문의 형식으로 해당부서 및 설계기관에 통보하여 회의를 소집하도록 한다.

3.4.2 회의 진행요령

(1) 회의자료는 하루 전에 관련법규, System 및 시공방법 등에 대해 꼼꼼히 준비하도록 한다(사전 준비가 충분할수록 회의진행이 용이하다).
(2) Check List 배부
(3) 문제점에 대한 타당성 설명 및 교육 : 이 때 주의할 사항은 반드시 관련 법규를 근거로 설명 및 교육하여야 하며 이해를 돕기 위해서 사전에 준비한 자료를 바탕으로 시공방법, System선정 및 장·단점에 대해서도 설명할 수 있어야 한다.

3.4.3 협의의 한계

(1) Check List 중 설계기관 또는 발주처와 시공사 및 공사업체 등과 누락부분 및 보완부분의 면제 등에 대한 협의는 어디까지나 관련법규에 근거를 두어야 하며 사사로운 감정이나 지연에 연연하는 우를 범하지 않도록 한다.
(2) 협의된 사항 중 법규에 저촉된 설비 등의 사항이 누락된 경우에는 준공 후 감사에서 적발될 경우 소방시설 설치유지 및 안전관리에 관한 법률 시행규칙의 별표 6에 의해 모든 책임은 감리업체에 부과(과태료 또는 영업정지, 자격정지 및 등록 취소 등의 행정처분)하게 되어 있으므로 설계검토, 공사감리, 준공감리 등 매 단계별로 책임감을 가지고 업무를 수행하여야 한다.

3.5 설계변경

3.5.1 설계변경신고의 필요성

(1) 검토된 내용이 소방시설 설치유지 및 안전관리에 관한 법률 시행령의 별표 4의 기준에 누락되었거나 화재안전기준 등에 의한 법기준에 위배되어 누락된 상태에서 준공이 되어 감사에 적발될 경우에는 소방시설 설치유지 및 안전관리에 관한 법률 시행규칙의 별표 6에 근거하여 공사업체, 설계기관 및 감리기관에게 책임이 부과된다.
(2) 설계변경의 절차
① 시청 또는 구청 건축과에 1부 제출 : 특히 건축설계변경에 따른 소방 설계변경이

이루어진 경우에는 시청 또는 구청 건축과에 "소방시설도면 + 설치 계획서"를 반드시 제출해야 한다.

② 관할 소방서 예방계에 1부 제출

(3) 설계변경의 요령

설계변경이 필요할 경우 감리자는 설계기관에게 다음과 같은 양식으로 변경신고를 하도록 지시하여야 한다.

(4) 갑지에는 "설계변경신고서"라고 기재한다.

(5) 을지는 다음과 같은 형식으로 기재토록 한다.

설치계획서(전기 또는 설비)

변경 전		변경 후	
설 비	내 용	설 비	내 용
경보설비	발신기 - 1개	경보설비	발신기 - 10개

3.6 소방시설 공사 착공(변경)신고

3.6.1 착공(변경)신고의 필요성

(1) 설계기관에 의한 설계도면이 시공된 상태 또는 건축변경에 의한 설계변경이 이루어질 경우에는 소방시설공사업법 시행규칙 제12조 2항에 의해 착공변경 신고를 하여야 한다.

(2) 양식은 다음과 같이 작성하도록 한다(다음 페이지 양식).

3.7 소방시설도면 검토

3.7.1 대상별 관련법규 조항

구분	검 토 항 목	비 고
건 축 물	① 건축물 개요 • 건축물의 용도 • 연면적 • 층별 바닥면적 • 구조물의 종류(내화구조 여부) • 내장재료의 종류(불연재 여부) • 방화구획의 적정 여부 • 방화구획과 소방시설별 방화구획의 일치여부 • 피난시설의 적정 여부	건축법 40조 영 56조 건축령 제61조, 46조 시행규칙 28조의 2 건축령 제35조, 90조 시행규칙 26조의 2 28조, 10조
소방시설	① 소화시설 적용의 적정여부 • 법적검토 • 기술적 안정성 검토 ② 소방시설 면제에 대한 적용의 적정 여부 ③ 특수소화설비 적용의 여부	소방시설설치유지 및 안전관리에 관한 법률 시행령의 별표 5,6및 별표 7
전기설비	① 소화시설 기준이 전기설비 기술기준에 적합한 지의 여부(배선 등) ② 소화설비의 방호구역과 경보설비 및 기타 연동설비의 방호구역과의 일치 여부 ③ 소화설비용 가압송수장치, 휀, 기타 연동 제어장치, 셔터 등의 동력, 전원은 일치하는 지의 여부 ④ 자동식 소화설비와 경보설비와의 연동방식의 적정 여부 ⑤ 방화문, 방화셔터, 배연댐퍼 등 자동개폐장치와 감지기 등과의 연동장치와의 연계성의 적정 여부	

소방시설공사업법 시행규칙 [별지 제14호 서식] <개정 2020.1.15.>

소방시설공사 착공(변경)신고서

※ [ ]에는 해당되는 곳에 √표를 합니다.

접수번호	접수일	처리기간 2일

특정소방 대상물	상호(명칭)				용도 구분	
	소재지 (전화번호:)					
	구조 지하 층, 지상 층, 연면적 m², 바닥면적 m², 개동					
	대지면적		연면적		건축면적	
관계인	성명(기관 또는 법인명) (서명 또는 인)					
	주소 (전화번호:)					
소방시설 공사업자	상호(명칭) 공사	등록번호 (제 호)			대표자	
	소재지 (전화번호 :)					
소방시설의 종류						
책임시공 및 기술관리 소방기술자	성명	분야/등급				
착공일		완공일				
공사 종류	신설[ ] 증설[ ] 개설[ ] 이전[ ] 정비[ ] 그 밖의 공사[ ]					
변경사항	구분	날짜	제목	내용	사유	비고
	변경 전					
	변경 후					

「소방시설공사업법」 제13조 및 같은 법 시행규칙 제12조 제1항에 따라
소방시설공사 착공(변경) 내용을 신고합니다.

년 월 일

신고인 (서명 또는 인)

소방본부장/소방서장 귀하

신고인 첨부서류 (변경신고인은 변경된 사항의 서류만을 첨부합니다)	첨부서류	수수료
	1. 공사업자의 소방시설공사업 등록증 사본 1부 및 등록수첩 사본 1부 2. 해당 소방시설공사의 책임시공 및 기술관리를 하는 기술인력의 기술등급을 증명하는 서류 사본 1부 3. 소방시설공사 계약서 사본 1부 4. 설계도서(설계설명서를 포함하되, 「화재예방, 소방시설 설치ㆍ유지 및 안전관리에 관한 법률 시행규칙」 제4조 제2항에 따라 건축허가등의 동의요구서에 첨부된 서류 중 설계도서가 변경된 경우에만 첨부합니다) 1부 5. 소방시설공사를 하도급하는 경우 다음 각 목의 서류 가. 제20조 제1항 및 별지 제31호 서식에 따른 소방시설공사등의 하도급통지서 사본 1부 나. 하도급대금 지급에 관한 다음의 어느 하나에 해당하는 서류 1) 「하도급거래 공정화에 관한 법률」 제13조의2에 따라 공사대금 지급을 보증한 경우에는 하도급대금 지급보증서 사본 1부 2) 「하도급거래 공정화에 관한 법률」 제13조의2 제1항 각 호 외의 부분 단서 및 같은 법 시행령 제8조제1항에 따라 보증이 필요하지 않거나 보증이 적합하지 않다고 인정되는 경우에는 이를 증빙하는 서류 사본 1부	수수료 없 음

210mm × 297mm(백상지 80g/m² 또는 중질지80g/m²)]

3.7.2 소방시설의 종류

구 분	종 류	비 고
소화설비	소화기구	NFSC 101
	옥내소화전설비	NFSC 102
	스프링클러설비 간이스프링클러설비 화재조기진압용 스프링클러설비	NFSC 103 NFSC 103A NFSC 103B
	물분무소화설비 미분무소화설비 포소화설비 이산화탄소소화설비 할로겐화합물소화설비 할로겐화합물 및 불활성기체 소화설비 분말소화설비	NFSC 104 NFSC 104A NFSC 105 NFSC 106 NFSC 107 NFSC 107A NFSC 108
	옥외소화전설비	NFSC 109
경보설비	비상경보설비 및 단독경보형감지기	NFSC 201
	비상방송설비	NFSC 202
	누전경보기	NFSC 205
	자동화재탐지설비 및 시각경보기	NFSC 203
	자동화재속보설비	NFSC 204
	누전경보기	NFSC 205
	가스누설경보기	
	통합감시시설	
피난설비	피난기구	NFSC 301
	인명구조기구	NFSC 302
	유도등 및 유도표지	NFSC 303
	비상조명등	NFSC 304
소화용수설비	상수도소화용수설비	NFSC 401
	소화수조 및 저수조	NFSC 402
소화활동설비	제연설비 특별피난계단의 계단실 및 부속실 제연설비	NFSC 501 NFSC 501A
	연결송수관설비	NFSC 502
	연결살수설비	NFSC 503
	비상콘센트설비	NFSC 504
	무선통신보조설비	NFSC 505
	연소방지설비	NFSC 506
소방시설용 비상전원수전설비		NFSC 602
도로터널		NFSC 603
고층건축물		NFSC 604
임시소방시설		NFSC 606

3.7.3. 각 소화시설별 도면 검토 내용

(1) 소화기구

구분	검 토 항 목	비 고
설치대상	1) 전 소방대상물	연면적 33제곱미터 이상
설치기준	1) 소방대상물별 장소별, 적응성 여부 2) 소방대상물별 능력단위 산정의 적정 여부 3) 용도별 추가설치의 적정 여부 4) 소화기 배치거리(보행거리 기준) ① 소형 수동식 : 20 m 이내 ② 대형 수동식 : 30 m 이내 5) 소화기구 설치 높이 : 1.5 m 이하 6) 자동식소화기 설치여부 (아파트등 및 30층 이상의 오피스텔은 모든층)	
설치감소	1) 소화기구의 설치감소의 적용 적정 여부 ① 수동식 소화기 ② 대형 수동식 소화기	

(2) 옥내소화전설비

구분	검 토 항 목	비 고
설치대상	소방시설 설치대상 참조	
수원	1) 저수량 적정 여부 : 가장 많은 층의 설치개수(5 이상시 5) × 2.6 m^3 2) 옥상고가수조 적정성 여부 : 저수량의 1/3 이상 옥상설치	
가압송 수장치	1) 펌프에 의한 가압송수장치 ① 주펌프의 토출량(N × 130 Lpm 이상) ② 주펌프의 양정(0.17 MPa 이상) ③ 기동용 수압개폐장치의 적정성 여부 ④ 충압펌프의 적정 여부(양정, 유량) 2) 고가수조의 자연낙차압력을 이용한 송수장치 ① 고가수조 높이의 적정 여부 3) 압력수조를 이용한 가압송수장치 ① 압력 Setting 및 부대장비의 구비 여부 4) 가압수조를 이용한 가압송수장치 ① 「가압수조식가압장치의 성능인증 및 제품검사의 기술기준」에 적합 여부	
배관	1) 배관재질 적정 여부(배관의 사용압력파악) 2) 관경의 적정 여부 3) 펌프 성능시험배관의 적정 여부 4) 송수구 설치방법의 적정 여부	

구분	검 토 항 목	비 고
옥내소화전함	1) 소화전함 재질의 적정 여부 2) 소화전함 내장기구의 적정 여부 3) 소화전함의 설치간격, 위치의 적정 여부	
전원 제어반 배선	1) 상용전원회로의 적정 설치 여부 2) 비상전원의 설치 여부 3) 비상전원 설치장소의 적정 여부 4) 제어반, 기능설치기준 적정 여부 5) 배선 선정의 적정 여부	

(3) 스프링클러설비

구분	검 토 항 목	비고
설치대상	소방시설 설치대상 참조	
수원	1) 폐쇄형 스프링 쿨러 헤드 적용시 ① 소방대상물별 기준개수 × 1.6 m^3 이상 ② 기준개수 적용의 적정여부 2) 개방형 스프링클러 헤드적용시 확보수원 적정여부 3) 저수량 중 옥상고가수조 설치량의 적정여부(저수량의 1/3 이상)	
가압송수장치	1) 펌프를 이용하는 가압송수 장치 ① 주펌프의 토출량 적정여부(헤드의 기준개수 × 80리터 이상) ② 주펌프의 양정산정의 적정여부(최고위 헤드 낙차 +마찰손실 수두+헤드 의방수압력 환산수두 이상) 2) 기동용 수압개폐장치 적용여부 3) 충압펌프의 적정여부(유량, 양정) 4) 고가수조의 자연 낙차압력을 이용한 가압송수장치(고가수조 높이 적정여부) 5) 압력수조를 이용한 가압송수장치(부대장비, 압력세팅의 적정여부) 6) 가압수조를 이용한 가압송수장치(「가압수조식가압장치의 성능인증 및 제품검사의 기술기준」에 적합 여부)	
방호구역	1) 하나의 방호구역의 바닥면적 적정여부(3000 m^2 이내) 2) 방호구역마다 유수검지장치 등의 설치여부 3) 하나의 방호구역은 2개층에 미치지 않도록 구분되었는지의 여부 (단, APT의 경우 제외) 4) 개방형의 경우 방수구역당 헤드의 개수는 50개 이하인지 여부	
배관	1) 배관재의 재질의 적정여부(사용압력고려) 2) 관경의 적정여부 3) 스프링클러 설치 방식별, 적용의 적정 여부 (건물규모, 용도, 주위조건 등을 고려)	
음향장치	1) 유수검지장치, 일제개방밸브의 감지기 회로 작동시 음향장치의 적정 설치 여부 2) 음향장치의 설치간격, 위치 적정여부 3) 일제개방밸브 방식의 경우 감지기 회로의 교차회로 방식의 적용여부	

	4) 수동기동 장치의 설치여부	
헤드	1) 스프링클러 헤드의 설치위치 및 설치간격의 적정 여부 2) 폐쇄형헤드의 표시온도의 적정여부	
송수구	1) 송수구 설치위치의 적정여부 2) 송수구의 설치수량의 적정여부	
전원 제어반	1) 상용전원회로의 적정여부 2) 비상전원의 설치여부 3) 제어반의 기능의 적정여부 4) 배선선정의 적정여부	
기타	1) 스프링클러 헤드의 설치누락여부	

(4) 물분무 소화설비

구분	검 토 항 목	비고
설치대상	소방시설 설치대상 참조	
수원	1) 특수가연물 저장, 취급하는 소방대상물, 바닥면적당(50 m² 이하인 경우 50 m²) 200리터/m² 이상 확보여부 2) 차고 또는 주차장 바닥면적(50 m² 이하인 경우50 m²)당 400리터/m² 이상 확보 3) 기타 설치장소에 따른 바닥면적당의 저수량확보 여부	
가압송 수장치	1) 펌프를 이용한 가압송수장치 ① 펌프의 토출량 a. 특수가연물 저장 취급하는 대상물 바닥면적당 10 Lpm 이상 b. 차고 또는 주차장 바닥면적당 20 Lpm 이상 c. 기타 설치장소에 따른 바닥면적당 토출량 확보 여부 ② 펌프의 양정(H_m) $H=h_1+h_2+h_3$ 이상인지의 여부 여기서, h_1 : 물분무헤드의 설계압력환산수두(m) h_2 : 배관의 마찰손실수두(m) h_3 : 배관의 낙차(m) 2) 기동용수압개폐장치 설치여부 3) 충압펌프의 적정여부(유량, 양정) 4) 고가수조의 자연낙차압력을 이용한 가압 송수 장치 (고가수조의 높이 적정여부) 5) 압력수조를 이용한 가압송수장치(부대장비, 압력세팅의 적정여부) 6) 가압수조를 이용한 가압송수장치 (「가압수조식가압장치의 성능인증 및 제품검사의 기술기준」에 적합 여부)	
배관	1) 배관재질의 적정여부 2) 관경의 적정여부(관내유속 3 4m/sec 이하) 3) 일제개방밸브의 설치수량 및 담당구획 적정여부 (1개당 유량 8300 Lpm 이하)	

구분	검 토 항 목	비고
기동장치	1) 수동식 기동장치의 설치여부 2) 자동식 기동장치의 연동장치의 적정여부(감지기 및 폐쇄형 헤드 작동에 의한 경보발령 가압송수장치, 개방 밸브작동)	

(5) 포소화설비

구분	검 토 항 목	비고
설치대상	1) 소방시설 설치대상 참조	
종류선정	1) 소방대상물의 종류에 적응되는 포소화설비식의 적정선정여부	
수원	1) 특수가연물 저장, 취급하는 공장 또는 창고 ① 홈워터 스프링클러, 홈헤드설비의 경우, 헤드가 가장 많이 설치된 층(바닥면적)의 헤드가 동시에 표준 방사량으로 10분간 방사될 수 있는 양 이상 ② 고정포 방출설비의 경우, 가장 많이 설치된 방호구역안의 고정포 방출구에서 표준방사량으로 10분간 방사될 수 있는 양 이상 2) 차고 또는 주차장 ① 호스릴포설비, 포소화전설비의 경우, 방수구 설치개수(5개 이상시 5개) × 6 m^3 이상 ② 홈헤드설비, 고정포 방출설비의 경우, 상기 ①호 ㄱ항에 의한 양 이상 3) 위험물 옥외탱크 저장소 (ㄱ + ㄴ양 이상) ① 고정포 방출구 종류별방출량 × 방사시간 ② 방유제의 포소화방수구수(3개 이상시 3개) × 8 m^3 4) 비행기 격납고	
제어반	1) 제어반	
가압송 수장치	1) 펌프를 이용한 가압송수장치 ① 펌프의 토출량 포헤드, 고정방출구 또는 이동식 포노즐의 설계 압력 또는 방사압력으로 표준방사량을 방사할 수 있는 양 이상 ② 펌프의 양정(H_m) $H = h_1 + h_2 + h_3 + h_4$ 여기서, h_1 : 방출구 설계압력, 노즐 방사압 환산수두(m) h_2 : 배관의 마찰손실수두(m) h_3 : 낙차(m) h_4 호스의 마찰손실수두(m) ③ 기동용 수압개폐장치의 적용대상 여부와 충압 펌프 설치 여부 ㉠ 토출량 : 60 Lpm 이하 ㉡ 양정 : 낙차(m) + 20(m) 이상 2) 고가수조의 자연낙차압력을 이용한 가압송수장치(고가수조의 높이 적정여부) 3) 압력수조를 이용한 가압송수 장치(부대장비, 압력세팅의 적정여부) 4) 가압수조를 이용한 가압송수장치 (「가압수조식가압장치의 성능인증 및 제품검사의 기술기준」에 적합 여부)	

구분	검 토 항 목	비고
배관	1) 배관재질의 적정여부 2) 관경의 적정여부(관내유속 3 m/s 이하) 3) 송수구의 적정설치여부	
포 소화약제	1) 저장탱크의 설치위치의 적정성 2) 저장량 ① 고정포 방출구 방식(㉠ + ㉡ + ㉢ 이상) ㉠ 고정포 방출구에서 방출하기 위해 필요한 양 ㉡ 보조 소화전에서 방출하기 위해 필요한 양 ㉢ 송액관에 충전하기 위해 필요한 양 ② 옥내포소화전 방식 또는 호스릴방식 $Q = N \times S \times 6{,}000$ L 이상 여기서, N : 호스접결구수 5 이상시 5개 S : 포 소화약제 사용농도 ③ 포헤드 방식 하나의 방사구역 안에 설치된 포 헤드를 동시에 개방하여 표준방사량으로 10분간 방사할 수 있는 양 이상	
혼합장치	1) 포 혼합장치의 선정, 설치장소의 적정여부	
개방밸브	2) 자동, 수동, 선택밸브의 선정 및 설치위치의 적정여부	
기동장치	1) 수동식 기동장치설치여부 2) 자동식 기동장치 설치의 적정여부(감지기, 스프링클러 헤드와의 연동여부)	
포헤드	1) 포헤드는 포의 팽창비에 적합한 것인지 2) 포헤드의 종류별 설치수량의 적정여부 ① 홈워터 스프링클러 헤드 : 8 m²당 1개 ② 홈헤드 : 9 m²당 1개 3) 소방대상물별, 약제종류별, 바닥면적 당 방사량의 적정산정 여부 4) 포헤드 상호간의 거리의 적정산정여부	
고정포 방출구	1) 옥외탱크 저장소 탱크 종류에 적합한 방출 구의 선정 여부 2) 설치수량의 적정여부 3) 1분당 방출량과 방출시간의 적정산정여부	
포소화전	1) 포 소화전의 설치위치의 적정여부 2) 방사압력과 방사량의 적정산정여부 3) 포소화전 설치간격 및 수량의 적정여부	
차고, 주차장의 경우	1) 호스릴포, 포소화전설비의 방사압력, 방사량의 적정산정여부 (3.5 kg/cm², 300 Lpm 이상) 2) 호스릴함, 호스함 설치여부 3) 방수구 설치수량 및 배치의 적정여부	
고발포용 고정 포 방출구	1) 전역방출방식의 경우 방출량, 설치수량 2) 국소방출방식의 경우 방출량	

구분	검 토 항 목	비고
전원 비상전원	1) 옥내소화전설비 준용	

(6) 이산화탄소 소화설비

구분	검 토 항 목	비고
설치대상	1) 소방시설 설치대상 참조	
저장용기	1) 저장용기의 설치장소의 적합여부 2) 저장용기별(저압식, 고압식) 부대기기 및 안전장치는 설치되어 있는 지의 여부	
소화약제의 저장량	1) 각 방출방식별 CO_2 소화약제 저장량의 산정은 적정한 지의 여부 ① 전역 방출방식(가연성 액체, 가스, 표면화재) ② 전역 방출방식(종이, 목재, 섬유 등 심부화재) ③ 국소방출방식 ④ 호스릴 방식(노즐 1개당 90 kg 이상)	
기동장치	1) 수동식 기동장치의 설치수량, 설치장소 음향장치 연동 등의 적정여부 2) 자동식 기동장치 ① 자동화재 탐지설비와의 연동여부 ② 기동방식별 설치기준의 적정여부(전기식, 가스압력식, 기계식)	
제어반	1) 제어반, 화재표시반의 적정설치여부 (수신기 내 내장시 수신기 기능부여 여부)	
선택밸브	1) 설치장소와 설치수량의 적정여부 ① 방호구역, 방호대상물 별로 설치 ② 방호구역외의 장소에 설치	
배관	1) 배관재질의 적정선정 여부(사용압력 고려) 2) 관경의 적정여부(방출시간 고려) 3) 옥외가스주입구 설치대상인 경우 옥외 가스주입 구의 적정설치 여부	
분사헤드	1) 방출방식별 분사헤드의 선정 및 설치수량의 적정여부 2) 분사헤드 설치금지장소의 적정여부 ① 사람이 상시 상주하는 장소 ② 자기연소성 물질 취급, 저장장소 ③ 금속물질을 저장, 취급하는 장소	
화재감지기	1) 감지기에 의한 연동장치의 적정여부(자동화재탐지설비 기준참조)	
음향 경보장치	1) 자동식의 경우 감지기와의 연동여부 2) 수동식의 경우 조작시 연동여부	
자동 폐쇄장치	1) 방호구역 개구부의 자동폐쇄장치의 적정 설치여부 ① 환기장치정지 ② 덕트 및 통기구의 자동폐쇄 ③ 개구부의 자동폐쇄	

구분	검 토 항 목	비고
비상전원	1) '옥내소화전' 기준	

(7) 할로겐화합물 소화설비

구분	검 토 항 목	비고
설치대상	1) 소방시설 설치대상 참조	
저장용기	1) 저장용기 설치장소의 적합여부 2) 저장용기별(축압식, 가압식) 부대기기 및 충전비의 적정 여부	
소화약제	1) 소화약제의 적정선정여부(청정소화약제의 적용 고려) 2) 청정소화약제의 종류 및 소화설비의 기술기준에 적합한지의 여부 ① HCFC-124 (FE-241) ② HCFCBlend A (NAF S-III) ③ HFC-23 (FE-13) ④ HFC-125 (FE-245) ⑤ HFC-227ea (FM-200) ⑥ FC-3-1-10 (CEA-410) ⑦ IG-541 (INERGEN)	
배관	1) 배관재질의 적정선정여부(사용압력고려) 2) 배관관경의 적정선정여부(기준저장량을 지정시간 내 방출가능여부 고려)	
분사헤드	1) 방출방식별 분사헤드의 선정 및 설치수량의 적정여부 ① 전역방출방식(30초 이내 방사가능) ② 국소방출방식(30초 이내 방사가능) ③ 호스릴 소화설비(1분당 방사량 고려) 2) 호스릴 적용 가능여부	
CO_2설비 준용	1) 기동장치, 제어반, 옥외가스 주입구, 선택밸브, 자동화재감지장치, 음향경보장치, 자동폐쇄장치, 비상전원은 CO_2설비 참조	

(8) 옥외소화전

구분	검 토 항 목	비고
설치대상	1) 소방시설 설치대상 기준참조	
수원	1) 수원의 저수량 적정여부[옥외소화전 설치개수(2개 이상시 2개) × 7 m³ 이상] 2) 저수량 중 옥상설치량 적정여부(1/3 이상)	
가압 송수장치	1) 주펌프의 토출량의 적정여부 [소화전설치개수(2 이상시 2) × 350 Lpm 이상] 2) 주펌프의 양정의 적정여부 $H(\text{m}) = h_1 + h_2 + h_3 + 25\text{M}$ 이상 여기서, h_1 : 낙차(m)	

구분	검 토 항 목	비고
	h_2 : 배관의 마찰손실수두(m), h_3 : 호스의 마찰손실 수두(m) 3) 기동용수압개폐장치 적용여부 4) 충압펌프의 적정여부(유량, 양정)	
배관	1) 호스접결구의 설치간격 및 수량의 적정 여부(40 m반경 유지) 2) 배관재질의 적정여부(매립배관의 부식고려)	
소화전함	1) 옥외 소화전함의 배치 및 설치수량의 적정 여부 ① 소화전 10개 이하 : 5 m 이내에 각각 1개 이상 ② 11 이상 30개 이하 : 11개의 소화전 분산배치 ③ 31개 이상 : 소화전 3개마다 1개 이상 배치	
기타	1) 기타 소화전함 규격, 상용전원 및 비상 전원의 설치 여부 (옥내소화전설비 준용)	

(9) 소화용수설비

구분	검 토 항 목	비고
설치대상	1) 소방시설 설치대상 기준참조	
소화수조	1) 저수량의 적정여부(연면적 기준산출) (연면적/기준면적) × 20 m³ 이상 ① 기준면적 ㉠ 지상 1, 2F 바닥면적합계가 15,000 m² 이상인 경우 : 7500 m² ㉡ 그밖의 소방대상물 : 12,500 m² 2) 채수구의 설치수량, 설치위치, 규격의 적정여부 3) 흡수관 투입구 규격 및 설치수량의 적정 여부	
상수도 소화용수설비	1) 수도배관의 관경의 적정여부(75A 이상의 수도배관에 100A소화전접속) 2) 소화전의 설치위치와 설치간격의 적정여부(반경 140 m 이내)	
가압송수장치	1) 소화수조의 가압송수장치의 설치여부 (최저 수면의 깊이가 4.5 m 이상시 적용) 2) 적용시에는 옥내소화전 펌프 설치기준 적용 여부	
기타	1) 소화수조는 비상급수시설 저수조와 겸용가능	

(10) 제연설비

구분	검 토 항 목	비고
설치대상	1) 소방시설 설치대상 기준참조	
제연구역	1) 제연구역의 면적이 1000 m² 이내인지의 여부 2) 거실과 통로(복도)는 상호 제연구획을 하였는지 여부 3) 통로상의 제연구역 : 보행중심선 길이 60 m 이내인지의 여부	

구분	검 토 항 목	비고
	4) 하나의 제연구역은 60 m 원 내에 포함되는지 여부 5) 제연구획시 재료의 적합여부(내화, 불연재) 6) 제연경계설치방법의 적정여부 ① 제연경계의 폭 : 0.6 m 이상 ② 수직거리 : 2 m 이내	
제연방식	1) 연기배출 및 공기유입이 동시에 이루어지는 방식 인지의 여부 (50 m² 미만시 인접통로 배출가능)	
배출량 배출방식 (휀의 풍량)	1) 거실 바닥면적 400 m² 미만의 경우 ① 바닥면적(1 m²)당 1 m³/min 이상(최저배출량 5000 m³/h 이상) ② 통로배출방식의 풍량산정의 적정여부 2) 바닥면적 400 m² 이상인 경우 ① 제연구역이 40 m직경 이내인 경우 : 40,000 m³/h 이상 (수직거리에 따라 다름) ② 40 m원을 초과하는 경우 : 45,000 m³/h 이상 (수직거리에 따라 다름) 3) 예상 제연구역이 통로인 경우 ① 보행중심선 길이 40 m 이내인 경우 : 40,000 m³/h 이상 ② 보행중심선 길이 40 m 초과시 : 45,000 m³/h 이상	
배출구	1) 제연구역의 바닥면적에 따른 배출구의 설치위치, 수량의 적정여부	
공기유입 방식 유입구	1) 유입방식의 적정여부(자연, 강제유입) 2) 유입구의 설치높이, 설치간격의 적정여부 3) 공동예상 제연구역 내 설치되는 유입구의 설치방법의 적정여부 4) 인접제연구역, 통로에 유입된 공기를 유입하는 경우, 인접한 제연구역 화재시 자동폐쇄장치설치 여부 5) 유입구의 면적 및 구조의 적정여부(풍속 : 5 m/sec 이하, 하향 60도 이내) 6) 공기유입구의 크기의 적정여부(배출량 1 m³/min당 35 cm² 이상) 7) 공기유입 풍량은 배출량 이상으로 선정되었는지의 여부	
배출기 및 풍도	1) 배연휀은 배연용으로 적정한 지의 여부(전동기분리설치, 내열성 확보) 2) 배출덕트의 재질, 단열, 두께의 적정여부(내열, 내식 고려) 3) 덕트의 규격 선정은 적정한지 여부 ① 흡입측 풍도 풍속 : 15 m/sec 이하 ② 토출측 풍도의 풍속 : 20 m/sec 이하 ③ 유입풍도 내의 풍속 : 20 m/sec 이하	
전원 및 기동	1) 가동식의 벽, 댐퍼, 휀의 작동이 감지기와 연동하여 가동되는지의 여부 2) 수동기동장치의 설치여부	
기타	1) 제연설비 설치제외시 적정여부 판단 2) 공조설비와 겸용시 제연설비 기준에 적합한지의 여부	
특별피난 계단, 승강기 승강장에	1) 전실제연설비의 적용여부 판단 ① 11층 이상(APT의 경우 16층, 갓복도식 APT 제외) 지하 3층 이상인 계단 전실	

구분	검 토 항 목	비고
설치하는 제연설비	② 비상용 승강기 승강장 2) 제연방식의 적정여부(급기가압방식) 3) 제연구역 선정의 적정여부 ① 계단실, 부속실 동시제연 ② 부속실만을 단독제연(피난층에 부속실이 설치되어 있는 경우 해당)	
특별피난 계단, 승강기 승강장에 설치하는 제연설비	4) 급기량 산정의 적정여부(틈새누설량 + 방연풍속유지시 보충량 이상) 5) 과압방지장치의 설치 및 적정여부 6) 화재실로 유입된 공기의 배출방식의 적정여부(화재실 내 과압방지) 7) 전실급기방식의 적정여부 ① 부속실제연시 동일수직선상의 모든 부속실은 하나의 풍도에 의해 동시 급기되는 지의 여부 8) 급기구 댐퍼의 적정여부 9) 댐퍼 및 송풍기는 옥내감지기에 의해 작동되는지 여부 10) 수동기동장치의 설치여부(급기, 배기댐퍼, 송풍기작동, 출입문 폐쇄) 11) 제어반의 설치 및 기능의 적정여부 ① 비상용 축전지(1시간 이상 유지용량) ② 급기댐퍼 개폐감시, 원격조작 ③ 배출댐퍼와 개폐기 감시, 조작 ④ 송풍기 감시, 원격조작 ⑤ 기타 연동장치 감시, 조작기능 12) 비상전원 설치여부	

(11) 연결송수관설비

구분	검 토 항 목	비고
설치대상	1) 소방시설 설치대상 참조	
송수구	1) 송수구의 설치수량의 적정여부 2) 송수구의 설치위치 적정여부(접근성, 노출여부)	
배관	1) 관경의 적정여부(100A 이상) 2) 습식배관의 적용여부(31 M 이상, 11층 이상인 경우 적용)	
방수구	1) 소방대상물 층마다 설치되었는지 여부(APT 1, 2층 및 피난층은 예외) 2) 방수구의 설치위치의 적정여부(계단으로부터 5 m 이내) 3) 방수구의 방호 수평거리(각 부분) 50 m(지하층 바닥면적 합계가 3000 m² 이상시에는 25 m) 이내인지의 여부 4) 쌍구형 설치범위의 적정여부 ① 11층 이상의 층(APT, 스프링클러가 설치되고 방수구가 2개 이상 설치된 층은 제외)	
방수 기구함	1) 설치간격 및 위치의 적정여부 ① 피난층으로부터 가장 가까운 층으로부터 3개층마다 설치 ② 방수구에서 보행거리 5 m 이내 설치 2) 기구함 내 비치품(호스, 노즐)의 적정여부	

구분	검 토 항 목	비고
가압송 수장치	1) 가압송수장치의 설치대상 여부 및 설치방법의 적정 여부 (건축물 높이 70 m 이상시 설치)	

(12) 연결살수설비

구분	검 토 항 목	비고
설치대상	1) 소방시설 설치대상 참조	
송수구	1) 송수구의 설치위치 적정여부(접근성 양호, 노출된 장소) 2) 송수구 설치수량의 적정여부 ① 개방형 헤드사용시 : 각 송수구역마다 설치 (내화구조시 선택밸브 설치가능) 3) 송수구역 일람표 설치여부 4) 개방형 헤드 사용시 송수구역당 살수 헤드의 수량은 적정한지 여부 (10개 이하)	
배관	1) 배관경의 적정여부 ① 살수설비 전용헤드 사용시 ② 스프링클러 헤드 사용시(별표 5 기준) 2) 폐쇄형 헤드사용시 주배관의 접속방법의 적정여부 ① 시험배관의 설치 및 적정여부 ② 고가수조 또는 급수배관 연결여부	
헤드	1) 헤드의 살수반경의 적정여부 ① 전용헤드 : 3.7M 이하 ② 스프링클러 헤드 : 2.3 이하 2) 가연성 가스 저장·취급시설에 설치하는 헤드는 전용개방형헤드 사용원칙	

(13) 피난기구

구분	검 토 항 목	비고
설치대상	1) 소방시설 설치대상 참조	
피난기구의 적응성	1) 소방대상물별 적응여부	
설치수량	1) 피난기구는 층마다 설치되었는지 여부 2) 층별 설치수량은 용도별로 적정하게 산정되었는지 여부 ① 숙박, 노유자, 의료시설 : 500 m²마다 1개 이상 ② 위락, 판매, 운동, 전시 관람시설 등 : 바닥 면적 800 m²마다 1개 이상 ③ 그 밖의 용도의 층 : 1000 m²마다 1개 이상 3) 용도별 추가하여 설치되는 피난시설의 적정적용 여부 ① 호텔의 객실별 : 피난밧줄 또는 간이 완강기 1개 ② APT : 공기안전매트 1개(관리실별)	

구분	검 토 항 목	비고
설치제외	① 제외대상의 적정적용 여부	
설치감소	① 감소대상의 적정여부	

(14) 자동화재탐지설비

구분	검 토 항 목	비고
설치대상	1) 소방시설 설치대상 참조	
경계구역	1) 경계구역설정의 적정여부 ① 하나의 경계구역이 2개 이상의 건축물에 미치지 않는지의 여부 ② 2개 이상의 층에 미치지 않는지? (500 m² 이하에서 2개층을 하나의 경계구역으로 설정가능) ③ 하나의 경계구역 면적 : 600 m² 이하 ④ 한 변의 길이 : 50 m 이하 ⑤ 지하구 : 길이 700 m 이하 2) 별도 경계구역 설정대상의 적용 적정여부 (계단, 경사로, 린넨슈트, 파이프닥트 등) 3) 자동식 소화설비와 연동되는 경우 소화설비의 방사구역과 일치되는 지의 여부	
수신기	1) 수신기 선정의 적정여부 2) 수신기 설치장소의 적정여부 3) 수신기의 기능 및 설치방법의 적정여부	
중계기	1) 중계기의 설치위치의 적정여부 2) 중계기의 기능의 적정여부	
감지기	1) 부착높이에 따른 감지기 선정의 적정여부(20 M 이상시 감지기 선정고려) 2) 연기감지기의 설치장소의 적정여부 3) 각 감지기의 설치장소의 적정여부 ① 감지구역(감지기 설치수량) ② 검출부의 접속감지기 수량의 적정여부(검출부 수량) ③ 감지기 설치위치의 적정여부 4) 감지기 설치제외 장소 적용의 적정여부	
배선	1) 각 회로별 배선의 선정 및 설치 방법의 적정여부 ① 전원회로의 배선 : 내화배선 ② 그 밖의 배선 : 내화, 내열배선 (감지기 상호간, 수신기와 감지기간 회로 제외) 2) 종단저항의 설치위치의 적정여부 3) 감지기 회로 배선방법의 적정여부(송, 배선식) 4) 하나의 공통선에 접속되는 경계구역의 수량의 적정여부(7개 이하) 5) 기타 배선방법은 전기설비 기술기준에 관한 규칙에 적합한지의 여부	

(15) 누전경보기

구분	검 토 항 목	비고
설치대상	1) 소방시설 설치대상 참조	
설치방법	1) 경계전로의 정격 전류에 적합한 급수의 경보기 설치유무 ① 60A 초과시 : 1급 누전경보기 ② 60A 이하시 : 1급 또는 2급 누전경보기 2) 변류기 설치위치의 적정여부	
수신기	1) 수신기 설치위치 및 장소의 적합성 여부	

(16) 비상방송설비

구분	검 토 항 목	비고
설치대상	1) 소방시설 설치대상 참조	
설치기준	1) 확성기의 성능 및 설치방법의 적정여부 ① 음성입력 : 3 W 이상(실내는 1 W 이상) ② 각층설치 : 수평거리 25 M 이내마다 2) 음량조정기의 배선은 3선식 인지의 여부 3) 조작부의 설치장소의 적정여부	
배선	1) 상용전원의 적정여부(축전지, 교류저압) 2) 축전기설비용량의 적정여부 3) 전원회로 배선은 내화배선인지 여부 4) 그 밖의 배선은 내화, 내열배선 여부	
음향장치	1) 지구음향장치의 적정여부 ① 층마다 설치 ② 각 부분에서 음향장치까지 수평거리(25 M 이하) ③ 직상발화 우선경보방식의 채용여부	

(17) 유도등, 유도표지 및 비상조명등

구분	검 토 항 목	비고
설치대상	1) 소방시설 설치대상 참조	
종류의 선정	1) 각 소방대상물별 설치하여야 할 유도등 및 도표지 설정의 적정여부	
피난구 유도등	1) 설치장소의 적정여부 2) 설치높이의 적정여부(1.5 m 이상) 3) 조명도의 적정성(30 m에서 식별가능)	
통로 유도등	1) 설치장소의 적정여부 2) 설치높이의 적정여부 3) 설치간격의 적정여부(보행거리기준) ① 복도, 거실통로 유도등(20 M 간격)	

구분	검 토 항 목	비고
	② 각층 경사로 및 계단 참마다 설치 4) 조도의 적정여부	
객석 유도등	1) 설치위치의 적정여부 2) 설치간격 및 수량의 적정여부 3) 조도의 적정여부	
유도표지	1) 설치장소와 설치간격의 적정여부 2) 유도표지의 규격의 적정여부	
유도등의 전원	1) 배선은 전용으로 축전지 또는 교류전압으로 구성되었는지 여부 2) 비상전원의 용량의 적정여부 3) 점멸기가 설치되지 않았는지의 여부(3선식 배선인 경우에는 설치가능)	
비상 조명등	1) 설치대상여부의 판단 2) 설치장소의 적정성 여부 3) 조도의 적정여부 4) 예비전원의 용량과 부대기기의 적정여부	
설치 제외	1) 피난구유도등을 설치하지 않는 장소적용의 적정여부 2) 통로유도등을 설치하지 않는 장소적용의 적정여부 3) 객석유도등을 설치하지 않는 장소적용의 적정여부 4) 유도표지 설치하지 않는 장소적용의 적정여부 5) 비상조명등 설치하지 않는 장소적용의 적정여부	

(18) 비상콘센트설비

구분	검 토 항 목	비고
설치대상	1) 소방시설 설치대상 참조	
전원	1) 상용전원회로의 분기방법의 적정여부 2) 비상전원 설치의 적정여부 3) 전원회로의 종류와 용량의 적정여부 4) 전원회로의 전압별 설치수량의 적정여부 5) 전압별 전원회로는 주배전반에서 전용회로로 구성되었는지의 여부 6) 각층분기부에 분기배선용 차단기 설치 여부 7) 콘센트마다 차단기의 설치여부 8) 하나의 전용회로에 설치된 비상콘센트 수량의 적정여부(10개 이하) 9) 플럭 접속기의 접지여부 10) 각 부분과의 수평거리(50 M 이하) 11) 설치높이(1 M 이상 1.5 M 이하) 기술기준 135조 ①항	
비상 콘센트	1) 11층 이상의 각층마다 설치되었는지? 2) 절연저항, 절연내력 시험의 적정여부	
보호함	1) 비상콘센트 보호함의 설치여부 2) 적색표시등의 설치여부	

구분	검 토 항 목	비고
배선	1) 전기설비기술기준에 적합여부 2) 전원회로 배선 : 내화배선 3) 그 밖의 배선 : 내화 또는 내열 배선	

(19) 무선통신보조설비

구분	검 토 항 목	비고
설치대상 적정여부	1) 소방시설 설치대상 참조	
누설동축 케이블	1) 전파의 전송, 복사에 적합한 소방전용의 것인지의 여부 2) 케이블은 설치장소 및 방법의 적정여부 3) 케이블 관말에 무반사 종단저항의 설치유무 4) 케이블의 임피던스는 50오옴 이하로 할 것	
접속단자	1) 설치장소 및 설치간격의 적정여부	
분배기 등	1) 설치장소의 적정여부 2) 임피던스 50오옴의 것 사용여부	
증폭기	1) 전원의 적정여부(축전지 또는 교류전원 옥내간선) 2) 배선의 전용설치여부 3) 표시등 및 전압계 설치여부 4) 비상전원의 설치유무와 전원용량의 적정여부	

(20) 방화구획 설치기준(건축물 시행령 제43조)

대상건축물	구획종류	구획단위	구획부분의 구조
주요구조부가 내화구조 또는 불연재료로서 연면적 1,000 m² 이상인 건축물	면적단위	바닥면적 1,000 m² 이내마다	내화구조의 바닥벽 및 갑종방화문 또는 자동방화셔터
	층단위	3층 이상 또는 지하층 부분에서는 층마다	
	층, 면적단위	11층 이상의 모든 층에서 바닥면적 200 m² 이내마다(내장재가 불연재료이면 500 m² 이내마다)	
건축물의 일부를 내화구조로 하여야 할 건축물	용도단위	그 부분과 기타의 부분과의 경계	

※ 면적 적용시 스프링클러 등 자동식 소화설비를 한 것은 그 면적의 3배를 적용한다.

◈ 방화구획 완화조건

① 물품제조, 보관 등에 필요한 대형기기 설치운영상 불가피한 부분
② 계단실, 복도 또는 승강로로서 다른 부분과 구획된 부분
③ 주요구조부가 내화구조 또는 불연재료로 된 주차장
④ 최상층 또는 피난층으로서 용도상 불가피한 경우

⑤ 복층형인 공동주택의 세대간의 층간 바닥부분
⑥ 단독주택, 동물 및 식물시설, 군사시설에 쓰이는 건축물
⑦ 문화 및 운동시설의 거실로 시설 및 활동공간의 확보를 위해 불가피한 부분

(21) 방화문의 설치기준

종류	갑 종	
철재문	–	비차열 1시간 이상
기타	–	
종류	**을 종**	
철재문	–	비차열 30분 이상
목재문	–	

PROBLEMS

1. 도면검토시 적용되는 관련법규를 설명하시오.

2. NFPA에 대하여 설명하시오.

3. "소화설비 할인규정"에 대하여 설명하시오.

4. 질의서 작성 및 방법에 대하여 설명하시오(소방관련기관).

5. 도면을 보고 Check List를 작성하시오.

6. 설계변경 절차에 대하여 설명하시오.

7. 도면검토의 3단계를 서술하시오.

8. 옥상수조를 면제할 수 있는 구조에 대하여 설명하시오.

9. 소방펌프의 구성방식에 대하여 설명하시오.

10. 효율적인 소화배관설계방안에 대하여 설명하시오.
(옥내소화전, 옥외소화전, 스프링클럽관의 겸용과 관련하여).

11. 스프링클러헤드의 정방형배치에 대하여 서술하시오($R = 2.3$ m 기준).

12. 위험물창고의 설계시 폼헤드의 수량 산출방식에 대하여 서술하시오.

13. 일반적으로 많이 사용되고 있는 폼 혼합장치 중, 오리피스를 이용한 방식에 대하여 계통도를 아는 대로 서술하시오(폼 탱크를 중심으로).

14. 일반적인 소화배관 계통도를 작도하시오(저수조로부터 고가수조까지).

PROBLEMS

1. 첨부도면을 보고 다음 사항을 검토하시오.

◈ 공통사항

① 지하 2층/지상 5층 건물이며 바닥면적은 전층 동일하며

② 용도는 일반 오피스 건물일 때,

③ 설치하여야 할 소방시설을 산출하시오.
(소방시설설치유지 및 안전관리에 관한 법률 시행령의 별표 4 참조)

④ 소화수조 용량을 계산하시오.

⑤ 소화펌프 전동기 용량을 산출하시오(전양정=30 m, K=1.1).

2. <도면-1>에서

① 층 면적(가로 48 m × 세로 17.5 m)

② 피난동선의 문제점과 피난유도등의 설치위치에 대해 서술하시오.

3. <도면-2>에서

① 층 면적(가로 78 m × 세로 15 m)

② 건축법 시행령 제46조에 의한 방화구획을 설정하시오.

③ 방화구획선상에 설치하는 건축방화설비의 설치시 고려사항에 대하여 설명하시오.

④ 방화셔터의 설치기준에 대하여 설명하시오(건설교통부 고시를 중심으로 설명하라).

<도면-1>

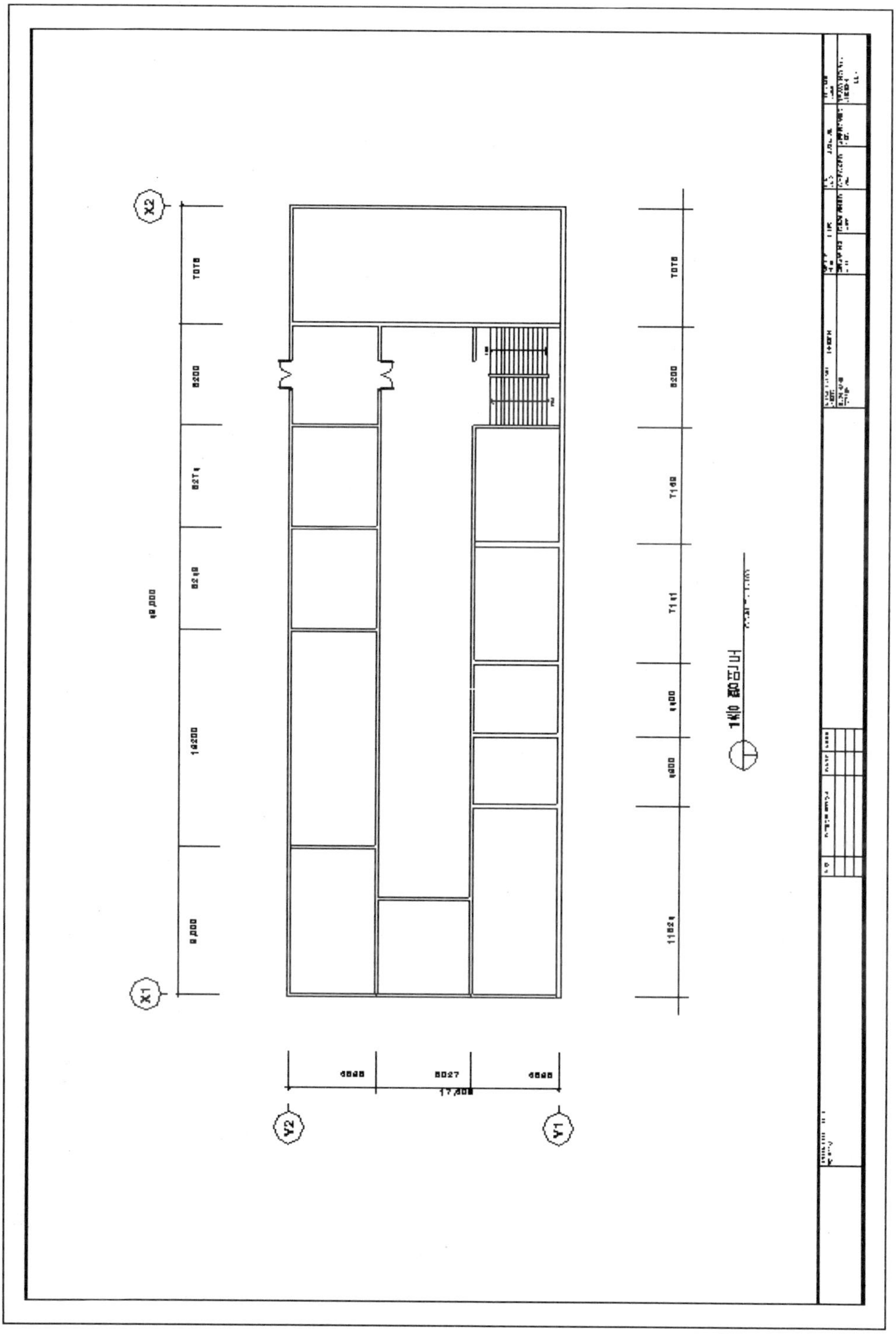

<도면-2>

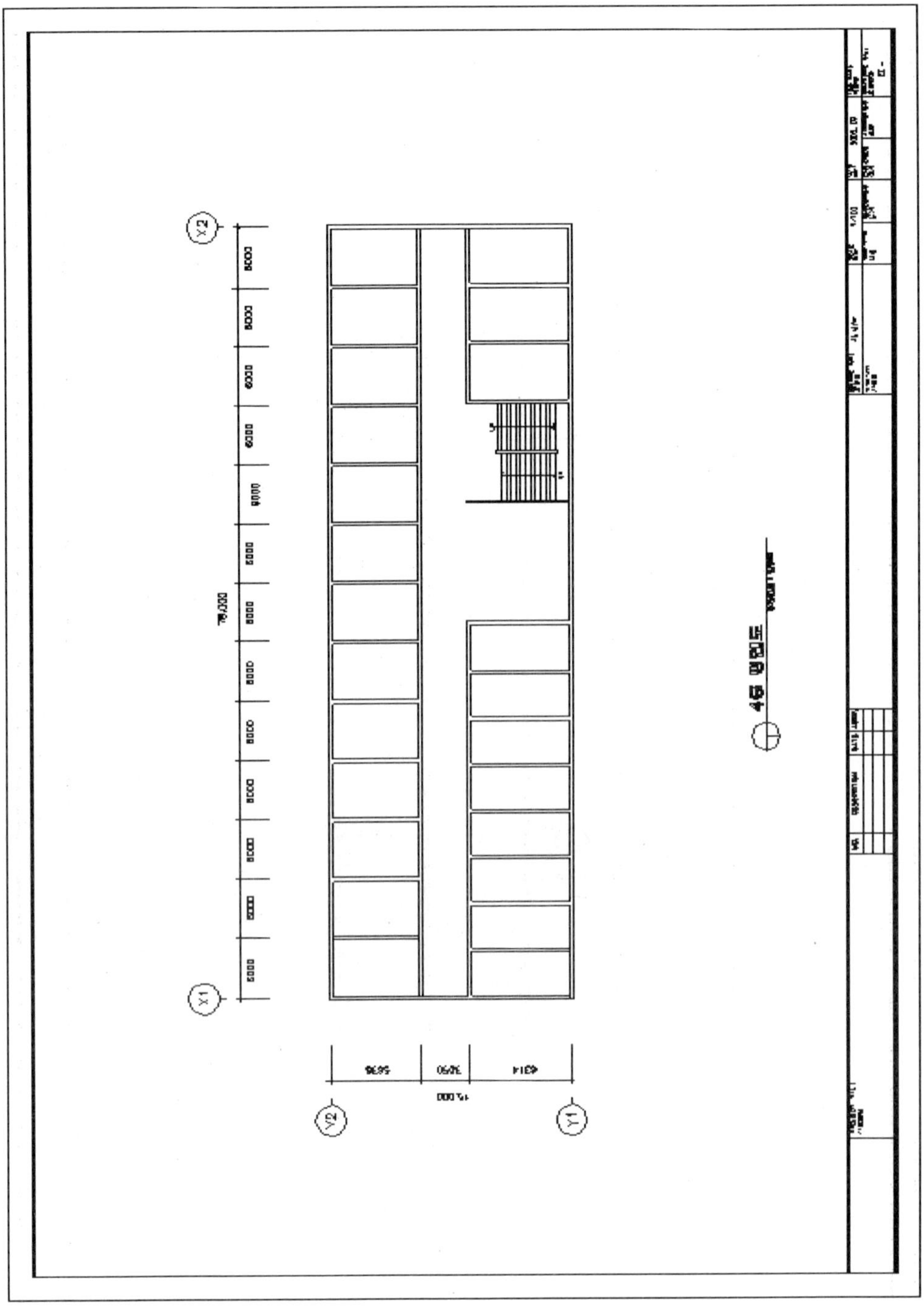

CHAPTER 04

해외 화재안전기준

4.1 NFPA CODE LIST

NO	Short Title	비고
1	Fire Prevention Code	●
10	Portable Fire Extinguishers	●
10R	Portable Fire Extinguishing Equipment in Family Dwellings and Living Units	
11	Low-Expansion Foam Systems	●
11A	Medium- and High-Expansion Foam Systems	●
11C	Mobile Foam Apparatus	
12	Carbon Dioxide Extinguishing Systems	●
12A	Halon 1301 Fire Extinguishing Systems	●
13	Installation of Sprinkler Systems	●
13D	Sprinkler Systems in One- and Two-Family Dwellings and Manufactured Homes	●
13E	Fire Department Operations in Properties Protected by Sprinkler and Standpipe Systems	
13R	Sprinkler Systems in Residential Occupancies Up to 4 Stories in Height	●
14	Standpipe and Hose Systems	●
15	Water Spray Fixed Systems	●
16	Deluge Foam-Water Sprinkler and Foam-Water Spray Systems	●
16A	Installation of Closed-Head Foam-Water Sprinkler Systems	●
17	Dry Chemical Extinguishing Systems	●
17A	Wet Chemical Extinguishing Systems	●
18	Wetting Agents	●
20	Centrifugal Fire Pumps	●
22	Water Tanks for Private Fire Protection	●
24	Installation of Private Fire Service Mains	●
25	Inspection, Testing & Maintenance of Water-Based Extinguishing Systems	
30	Flammable and Combustible Liquids Code	●
30A	Automotive and Marine Service Station Code	
30B	Aerosol Products	
31	Oil Burning Equipment, Installation of	
32	Drycleaning Plants	
33	Spray Application Using Flammable and Combustible Materials	
34	Dipping & Coating Processes Using Flammable or Combustible Liquids	
35	Organic Coatings, Manufacture of	
36	Solvent Extraction Plants	
37	Stationary Combustion Engines and Gas Turbines	

NO	Short Title	비고
40	Cellulose Nitrate Motion Picture Film, Storage of	
40E	Storage of Pyroxylin Plastic	
43B	Organic Peroxide Formulations, Storage of	
43D	Pesticides, Storage of	
45	Fire Protection for Laboratories Using Chemicals	
46	Forest Products, Storage of	
49	Hazardous Chemicals Data	
50	Bulk Oxygen Systems at Consumer Sites	
50A	Gaseous Hydrogen Systems at Consumer Sites	
50B	Liquefied Hydrogen Systems at Consumer Sites	
51	Welding, and Cutting and Allied Processes, Oxygen-Fuel Gas Systems for	
51A	Acetylene Cylinder Charging Plants	
51B	Cutting and Welding Processes	
52	Compressed Natural Gas (CNG) Vehicular Fuel Systems	
53	Fire Hazards in Oxygen-Enriched Atmospheres	
54	National Fuel Gas Code	
55	Storage & Handling of Compressed and Liquefied Gases in Portable Cylinders	
57	Liquefied Natural Gas (LNG) Vehicular Fuel Systems	●
58	Liquefied Petroleum Gases, Storage and Handling of	●
59	Liquefied Petroleum Gases at Utility Gas Plants	
59A	Liquefied Natural Gas, Storage and Handling of	
61	Fires and Dust Explosions in Agricultural and Food Products Facilities	
65	Aluminum Processing, Finishing	
68	Venting of Deflagrations	
69	Explosion Prevention Systems	
70	National Electrical Code	●
70A	Electrical Code for One- and Two-Family Dwellings	●
70B	Electrical Equipment Maintenance	●
70E	Electrical Safety Requirements for Employee Workplaces	●
72	National Fire Alarm Code	●
73	Residential Electrical Maintenance	
75	Electronic Computer/Data Processing Equipment, Protection of	
77	Static Electricity	
79	Electrical Standard for Industrial Machinery	
80	Fire Doors and Fire Windows	●
80A	Exterior Fire Exposures	

NO	Short Title	비고
82	Incinerators, Waste and Linen Handling Systems and Equipment	
86	Ovens and Furnaces	
86C	Industrial Furnaces Using a Special Processing Atmosphere	
86D	Industrial Furnaces Using Vacuum as an Atmosphere	
88A	Parking Structures	
88B	Repair Garages	
90A	Air Conditioning and Ventilating Systems	
90B	Warm Air Heating and Air Conditioning Systems	
91	Exhaust Systems for Air Conveying of Materials	
92A	Smoke-Control Systems	
92B	Smoke Management Systems in Malls, Atria and Large Areas	
96	Commercial Cooking Operations, Ventilation Control and Fire Protection of	
97	Chimneys, Vents, Heat Producing Appliances, Glossary of Terms	
99	Health Care Facilities	
99B	Hypobaric Facilities	
101	Life Safety Code	●
101A	Alternative Approaches to Life Safety	
101B	Means of Egress Code (PROPOSED)	
102	Grandstands, Folding and Telescopic Seating, Tents, and Membrane Structures	
105	Smoke-Control Door Assemblies	
110	Emergency and Standby Power Systems	
111	Stored Electrical Energy Emergency and Standby Power Systems	
115	Laser Fire Protection	
120	Coal Preparation Plants	
121	Self-Propelled and Mobile Surface Mining Equipment	
122	Underground Metal and Nonmetal Mines	
123	Underground Bituminous Coal Mines	
130	Fixed Guideway Transit Systems	
140	Motion Picture and Television Industry Facilities(PROPOSED)	
150	Racetrack Stables	
160	Flame Special Effect Before a Proximate Audience (PROPOSED)	
170	Fire Safety Symbols	
203	Roof Coverings and Roof Deck Construction	
204M	Smoke and Heat Venting	●
211	Chimneys, Fireplaces, Vents, and Solid Fuel-Burning Appliances	
214	Water-Cooling Towers	

NO	Short Title	비고
220	Types of Building Construction	
221	Fire Walls and Fire Barrier Walls	
231	General Storage	●
231C	Rack Storage of Materials	●
231D	Storage of Rubber Tires	●
231E	Storage of Baled Cotton	●
231F	Storage of Roll Paper	●
232	Protection of Records	
232A	Archives and Records Centers	
241	Safeguarding Construction, Alteration, and Demolition Operations	
251	Building Construction and Materials, Fire Tests of	
252	Door Assemblies, Fire Tests of	
253	Critical Radiant Flux of Floor Covering Systems Using a Radiant Heat Energy Source, Test for	
255	Building Materials, Test of Surface Burning Characteristics	
256	Roof Coverings, Fire Tests of	
257	Window Assemblies, Fire Tests of	
258	Test Method for Determining Smoke Generation of Solid Materials	
259	Building Materials, Test Method for Potential Heat	
260	Cigarette Ignition Resistance of Components of Upholstered Furniture	
261	Resistance of Mock-Up Upholstered FurnitureMaterial Assemblies to Ignition by Smoldering Cigarettes	
262	Fire and Smoke Characteristics of Wires and Cables	
263	Test for Heat and Visible Smoke Release Rates for Materials and Products, Method of	
264	Heat and Visible Smoke Release Rates Using Oxygen onsumption Calorimeter	
264A	Heat Release Rates for Upholstered Furniture Components Using Oxygen Consumption Calorimeter	
265	Evaluating Room Fire Growth Contribution of Textile Wall Coverings	
266	Upholstered Furniture Exposed to Flaming Ignition Source	
267	Mattresses and Bedding Assemblies Exposed to Flaming Ignition Source	
268	Ignitibility of Exterior Wall Assemblies Using a Radiant Heat Energy Source	
269	Toxic Potency Data for Use in Fire Hazard Modeling	
270	Determination of Specific Optical Density of Smoke (PROPOSED)	
273	Determining Degrees of Combustibility of Building Materials (PROPOSED)	
285	Flammability Characteristics of Exterior Non-Load Bearing Wall Assemblies (PROPOSED)	

NO	Short Title	비고
291	Fire Flow Testing and Marking of Hydrants	
295	Wildfire Control	
297	Principles and Practices for Communications Systems	
298	Foam Chemicals for Class A Fuels in Rural, Suburban, and Vegetated Areas	
299	Protection of Life and Property from Wildfire	
301	Safety to Life from Fire on Merchant Vessels (PROPOSED)	
302	Motor Craft	
303	Marinas and Boatyards	
306	Control of Gas Hazards on Vessels	
307	Marine Terminals, Piers, and Wharves, Fire Protection for	
312	Vessels During Construction, Repair, and Lay-up, Fire Protection of	
318	Clean rooms	●
325	Flammable Liquids, Gases, and Volatile Solids, Fire Hazard Properties of	
326	Safe Entry of Underground Storage Tanks,Procedures for	
327	Cleaning or Safeguarding Small Tanks and Containers without Entry	
328	Manholes, Sewers, Flammable and Combustible Liquids and Gases in	
329	Underground Releases of Flammable and Combustible Liquids	
385	Flammable and Combustible Liquids, Tank Vehicles for	
386	Portable Shipping Tanks for Flammable and Combustible Liquids	
395	Flammable and Combustible Liquids at Farms and Isolated Sites	
402	Aircraft Rescue and Fire Fighting Operations	
403	Aircraft Rescue and Fire Fighting Services at Airports	
405	Training Programs for Aircraft Rescue Fire Fighting (PROPOSED)	
407	Aircraft Fuel Servicing	
408	Aircraft Hand Portable Fire Extinguishers	
409	Aircraft Hangars	
410	Aircraft Maintenance	
412	Evaluating Aircraft Rescue and Fire Fighting Foam Equipment	
414	Aircraft Rescue and Fire Fighting Vehicles	
415	Airport Terminal Buildings, Fueling Ramp Drainage, and Loading Walkways	
418	Heliports	
422	Aircraft Accident Response	
423	Aircraft Engine Test Facilities, Construction and Protection	
424	Airport/Community Emergency Planning	
430	Liquid and Solid Oxidizers	
471	Responding to Hazardous Material Incidents	

NO	Short Title	비고
472	Professional Competence of Responders to Hazardous Materials Incidents	
473	Competencies for EMS Personnel Responding to Hazardous Materials Incidents	
480	Processing of Magnesium	
481	Titanium Production, Processing, Handling, Storage	
482	Zirconium, Production, Processing, Handling	
485	Lithium Metal, Storage, Handling, Fabrication, and Use of	
490	Ammonium Nitrate, Storage of	
491	MHazardous Chemical Reactions	
495	Explosive Materials Code	
496	Purged and Pressurized Enclosures for Electrical Equipment	
497A	Classification of Class I Hazardous Locations for Electrical Installations in Chemical Process Areas	
497B	Classification of Class II Hazardous Locations for Electrical Installations in Chemical Process Areas	
497M	Classification of Gases, Vapors,and Dusts for Electrical Equipment in Hazardous Locations	
498	Explosives Motor Vehicle Terminals	
501	Manufactured Dwelling Code (PROPOSED)	
501A	Manufactured Home Installations, Sites and Communities	
501C	Recreational Vehicles	
501D	Recreational Vehicle Parks and Campgrounds	
502	Limited Access Highways, Tunnels,Bridges, Elevated Roadways, and Air Right Structures	
505	Powered Industrial Trucks	
512	Truck Fire Protection	
513	Motor Freight Terminals	
520	Subterranean Space (PROPOSED)	
555	Methods for Evaluating Potential for Room Flashover	
550	Fire Safety Concepts Tree 560 Storage, Handling, and Use of Ethylene Oxide for Sterilization and Fumigation	
600	Industrial Fire Brigades	
601	Guard Services in Fire Loss Prevention	
650	Pneumatic Conveying Systems for Handling Combustible Materials	
651	Manufacture of Aluminum Powder	
654	Chemical, Dye, Pharmaceutical, and Plastics Industries, Prevention of Fire and Explosions in	
655	ulfur Fires and Explosions, Prevention of	

NO	Short Title	비고
664	Wood Processing and Woodworking Facilities, Prevention of Fire and Dust Explosions in	
701	Flame-Resistant Textiles and Films, Fire Tests for	
703	Building Materials, Fire Retardant Impregnated Wood and Fire Retardant Coatings for	
704	Identification of the Fire Hazards of Materials	
705	Field Flame Test for Textiles and Films	
720	Household Carbon Monoxide (CO) Warning Equipment (PROPOSED)	
721	Fuel Gas Warning Equipment (PROPOSED)	
750	Water Mist Fire Suppression Systems	●
780	Lightning Protection Code	
801	Radioactive Materials, Facilities Handling	
802	Nuclear Research and Production Reactors01 Radioactive Materials, Facilities Handling	
803	Light Water Nuclear Power Plants	●
804	Advanced Light Water Reactor Electric Generating Plants	●
820	Fire Protection in Wastewater Treatment and Collection Facilities	
850	Electric Generating Plants, Fire Protection for	●
851	Fire Protection for Hydroelectric Generating Plants	
901	Classification for Incident Reporting and Fire Protection Data	
902	Fire Reporting Field Incident Guide	
903	Fire Reporting Property Survey Guide	
904	Incident Follow-up Report Guide	
906	Fire Incident Field Notes	
910	Protection of Libraries and Library Collections	
911	Protection of Museums and Museum Collections	
912	Fire Protection in Places of Worship	
914	Fire Protection in Historic Structures	
921	Fire and Explosion Investigations	
1000	Accreditation and Certification Systems, Professional Qualifications	
1001	Fire Fighter Professional Qualifications	
1002	Fire Department Vehicle Driver/Operator Professional Qualifications	
1003	Airport Fire Fighter Professional Qualifications	
1021	Fire Officer Professional Qualifications	
1031	Fire Inspector Professional Qualifications	
1033	Fire Investigator Professional Qualifications	
1035	Public Fire Educator Professional Qualifications	

NO	Short Title	비고
1041	Fire Service Instructor Professional Qualifications	
1051	Wildland Fire Fighter Professional Qualifications	
1061	Professional Qualifications for Public Safety Telecommunicater	
1071	Emergency Vehicle Technician Professional Qualifications (PROPOSED)	
1122	Model Rocketry	
1123	Outdoor Display of Fireworks	
1124	Fireworks, Manufacture, Storage, Transportation of	
1125	Manufacturing of Model and High Power Rocket Motors	
1126	Use of Pyrotechnics before a Proximate Audience	
1127	High Power Rocketry	
1141	Planned Building Groups	
1201	Developing Fire Protection Services for the Public	
1221	Public Fire Service Communication Systems	
1231	Water Supplies for Suburban and Rural Fire Fighting	
1401	Training Reports and Records	
1402	Building Fire Service Training Centers	
1403	Live Fire Training Evolutions	
1404	Fire Department Self-Contained Breathing Apparatus Program	
1405	Land-Based Fire Fighters Who Respond to Marine Vessel Fires	
1410	Training for Initial Fire Attack	
1420	Pre-Incident Planning for Warehouse Occupancies	
1451	Fire Service Vehicle Risk Management Program	
1452	Training Fire Department Personnel to Make Dwelling Fire Safety Surveys	
1470	Search and Rescue Training for Structural Collapse 1500 Fire Department Occupational Safety and Health Program Incidents	
1521	Fire Department Safety Officer	
1561	Fire Department Incident Management System	
1581	Fire Department Infection Control Program	
1582	Medical Requirements for Fire Fighters	
1583	Fire Fighter Physical Performance Assessment (PROPOSED)	
1600	Disaster Management	
1901	Automotive Fire Apparatus	
1906	Wildland Fire Apparatus	
1911	Service Tests of Pumps on Fire Department Apparatus	
1914	Testing Fire Department Aerial Devices	
1921	Fire Department Portable Pumping Units	

NO	Short Title	비고
1922	Self-Contained Pumping Units	
1931	Fire Department Ground Ladders, Design of and Design Verification Tests	
1932	Fire Department Ground Ladders, Use, Maintenance, and Service Testing	
1936	Hydraulic Rescue Tools (PROPOSED)	
1941	Marine Fire Fighting Vessels (PROPOSED)	
1961	Fire Hose	
1962	Fire Hose, Care, Use, and Service Testing	
1963	Fire Hose Connections	
1964	Spray Nozzles (Shutoff and Tip)	
1971	Protective Ensemble for Structural Fire Fighting	
1975	Station/Work Uniforms	
1976	Protective Clothing for Proximity Fire Fighting	
1977	Wildland Fire Fighting, Protective Clothing and Equipment	
1981	Open-Circuit SCBA for Fire Fighters	
1982	Personal Alert Safety Systems (PASS) for Fire Fighters	
1983	Fire Service Life Safety Rope	
1991	Vapor-Protective Suits for Hazardous Chemical Emergencies	
1992	Liquid Splash-Protective Suits for Hazardous Chemical Emergencies	
1993	Support Function Protective Clothing for Hazardous Chemical Operations	
1999	Protective Clothing for Emergency Medical Operations	
2001	Clean Agent Fire Extinguishing Systems	●
8501	Single Burner Boiler Operation	
8502	Furnace Explosions/Implosions in Multiple Burner Boilers	
8503	Pulverized Fuel Systems	
8504	Atmospheric Fluidized-Bed Boiler Operation	
8505	Stoker Operation	
8506	Heat Recovery Steam Generators	

4.2 FM CODE LIST

FM Global's Property Loss Prevention Data Sheets(Individual Data Sheets)

Construction	
1-0	Safeguards During Construction, Alteration and Demolition (9-01)
1-1	Firesafe Building Construction and Materials 24 pp. 5/03 (Minor Editorial Changes)
1-2	Earthquakes (9-01)
1-3	High-Rise Buildings 11 pp. 9/00 (Content Reorganization)
1-4	Fire Tests 11 pp. 5/00 (Content Reorganization)
1-5	Roof Deck Samples for Calorimeter Testing 3 pp. 5/00 (Minor Editorial Changes)
1-6	Cooling Towers 25 pp. 5/03 (Minor Editorial Changes)
1-8	Antenna Towers and Sings 9 pp. 1/00
1-9	Roof Anchorage 13 pp. 5/00 (Content Reorganization)
1-10	Smoke/Heat Venting in Sprinklered Buildings 6 pp. 5/98
1-11	Fire Following Earthquakes 1/04 (Minor Editorial Changes)
1-12	Ceilings 6 pp. 5/03 (Minor Editorial Changes)
1-13	Chimneys 21 pp. 5/03 (Minor Editorial Changes)
1-14	Construction Systems 14 pp. 9/00 (Content Reorganization)
1-16	Fire Protection for Buildings Over Highways 8 pp. 1/00
1-17	Reflective Ceiling Insulation 7 pp. 1/03 (Changes to Recommendations)
1-19	Fire Walls, Subdivisions and Draft Curtains 8 pp. 1/00
1-20	Protection Against Exterior Fire Exposure 24 pp. 5/03 (Content Reorganization)

Sprinklers	
2-1	Prevention and Control of Internal Corrosion in Automatic Sprinkler Systems 19 pp. 5/01 (New)
2-2	Installation Rules for Suppression Mode Automatic Sprinklers 20 pp. 9/02 (Changes to Supporting Information) Download Here
2-7	Installation Rules for Sprinkler Systems Using Large-Drop Sprinklers 1/04 (Minor Editorial Changes)
2-8	Earthquake Protection for Water-Based Protection Systems 60 pp. 1/01 (Content Reorganization)
2-8N	NFPA 13 Standard for Installation of Sprinkler Systems 1996 Edition (NFPA) 306 pp. 1/03 (Addition to Recommendations)
2-9	FPC Dry-pipe Valve Models A, B 4 pp. 1/01
2-10	Notes on Dry-pipe Valves 112 pp. 1/01
2-11	"Automatic" Dry-pipe Valve Model A 2 pp. 5/98
2-12	"Automatic" Dry-pipe Valve Modesl B, B-2, 39 6 pp. 1/01
2-13	Crowder Dry-pipe Valve Model A 3 pp. 5/98
2-14	Globe Dry-pipe Valve Models 4, 5, 6 4 pp. 5/98
2-15	Globe Dry-pipe Valve Models B, C, D, AD, F, F-2 14 pp. 1/0
2-16	Grimes Dry-pipe Valve Model A; Grinnell Model 12 5 pp. 1/01
2-17	Grinnell Dry-pipe Valve Models A, A-2 6 pp. 1/01
2-18	Grinnell Dry-pipe Valve Straightway Model B 4 pp. 1/01
2-19	Grinnell Dry-pipe Valve Models D, E, E-2, F-300 6 pp. 1/01
2-20	Hodgman Dry-pipe Valve Models A, B 5 pp. 1/01
2-21	Hodgman Dry-pipe Valve Model C 4 pp. 1/01
2-22	Manufacturers Dry-pipe Valve Model 3 4 pp. 1/01
2-23	KME Dry-pipe Valve Model A; Lewis Model B 7 pp. 1/01
2-24	Niagara Dry-pipe Valve Model G 5 pp. 1/01
2-25	Reliable Dry-pipe Valve Models B, C, C-1, C-2, D 9 pp. 1/01
2-26	Rockwood Dry-pipe Valve Models A, B 4 pp. 1/01
2-27	Rockwood Dry-pipe Valve Models C, D 6 pp. 1/01
2-28	Star Dry-pipe Valve Models A, B, C 7 pp. 1/01
2-29	Star Dry-pipe Valve Models D 3 pp. 1/01
2-30	Viking Dry-pipe Valve Models C, C2, C3, D-1; Tyden Models A, B 5 pp. 1/01
2-31	Viking Tyden Air Check Valve Model A 3 pp. 1/01

Sprinklers	
2-32	"Automatic" Dry-pipe Exhauster Model A 4 p. 9/98
2-33	"Automatic" Dry-pipe Exhauster Model B 4 p. 1/01
2-34	"Automatic" Dry-pipe Accelerator Model 1 4 p. 1/01
2-35	FPC Dry-pipe Accelerators Models A, B 4 pp. 1/01
2-36	Globe Dry-pipe Exhauster Model B 4 pp. 1/01
2-37	Globe Dry-pipe Accelerator Model B 4 pp. 1/01
2-38	Globe Quick-opening Device Electroac Model B 5 pp. 1/01
2-39	Globe Dry-pipe Accelerator Model D 5 pp. 1/01
2-40	Globe Dry-pipe Quick-opening Device Model C; Globe Dry-pipe Accelerator Model C 5 pp. 1/01
2-41	Globe Dry-pipe Exhauster Adapter Model A 4 pp. 1/01
2-42	Grinnell Dry-pipe Accelerator Models A1 to A6 5 pp. 1/01
2-43	Lewis Dry-pipe Exhauster Model A 4 pp. 1/01
2-44	Reliable Dry-pipe Accelerator Model A 4 pp. 1/01
2-45	Rockwood Dry-pipe Exhauster Model C 4 pp. 1/01
2-46	Rockwood Dry-pipe Exhauster Model A 4 pp. 1/01
2-47	Star Exhauster Models A, AA, B, BB 4 pp. 1/01
2-48	Viking Tyden Dry-pipe Accelerator Model A
2-49	Viking Tyden Dry-pipe Exhauster Model A 4 pp. 1/01
2-50	Viking Tyden Dry-pipe Accelerator Model B 4 pp. 1/01
2-51	Viking Tyden Dry-pipe Exhauster Model B 4 pp. 1/01
2-52	Viking Tyden Air-pressure Maintenance Device Model C 2 pp. 1/01
2-53	Central Dry-pipe Valve Model AD 6 pp. 1/01
2-54	Central Dry-pipe Accelerator Model AD 2 pp. 1/01
2-55	Reliable Model B Accelerator 2 pp. 1/01
2-56	Grimes Model AB Accelerator 2 pp. 1/01
2-57	Deluge and Preaction Systems with Reliable Model B Deluge Valve, Model A Dry Pilot Line Actuator 10 pp. 1/01
2-58	Indicator Post Valves?Turns to Open 2 pp. 1/01
2-65	Deluge and Preaction Systems with "Automatic" Water-control Valve Model C 12 pp. 9/02 (Minor Editorial Changes)
2-66	Deluge and Preaction Systems with "Automatic" Water-control Valve Model 142 8 pp. 5/98

Sprinklers	
2-67	Deluge and Preaction Systems with "Automatic" Water-control Valve Model A 7 pp. 5/98
2-69	Unlisted Automatic Sprinklers 11 pp. 1/01
2-70	Deluge and Preaction Systems with Star Electromatic Water-control Valve Model D 7 pp. 1/01
2-71	Deluge and Preaction Systems with Viking Automatic Water-control Valve Models D, D2, D3, D4 18 pp. 9/98
2-72	Deluge Systems with Rockwood Water-control Valve Model K-2 4 pp. 1/01
2-73	Deluge Systems with Central Water-control Valve Model AD 8 pp. 1/01
2-74	Identification of Factory Mutual Research Approved Plated Sprinklers 4 pp. 1/01
2-75	Standard Dry-pipe Valve Model A 4 pp. 1/01
2-79	Grinnell Thermal Control Valve Model F430 2 pp. 1/01
2-80	Standard Accelerator Model A 2 pp. 1/01
2-81	Fire Safety Inspections and Sprinkler System Maintenance 36 pp. 1/03 (Minor Editorial Changes)
2-82	Grinnell Flooding Valve Model B 6 pp. 1/01
2-83	Grinnell Dry-pipe Valve Model B 4 pp. 1/01
2-84	Hodgman Water Control Valve Model A 6 pp. 1/01
2-85	Grunau Dry-pipe Valve Model A 4 pp. 1/01
2-87	Star Dry-pipe Valve Model F and G 4 pp. 5/98
2-88	Star Deluge Valve Model F 6 pp. 9/98
2-89	Pipe Friction Loss Tables 64 pp. 1/01
2-90	Viking Firecycle Sprinkler System 19 pp. 1/01
2-91	Grinnell Multimatic Valve Model A-4 10 pp. 1/01
2-92	Grinnell Protomatic Release F100 15 pp. 1/01
2-93	Matthew Hall MK II Dry Valve 5 pp. 1/01
2-94	"Automatic" Model 185 Accelerator 4 pp. 1/01
2-95	Preussag Model TAV-FM Dry-pipe Valve 4 pp. 1/01
2-96	Star Model G Hidromatic Deluge Valve 13 pp. 1/01
2-97	Grinnell Dry-pipe Valve, F302, F3021 5 pp. 1/01

Water Supply	
3-0	Hydraulics of Fire Protection Systems 57 pp. 9/98
3-1	Tanks and Reservoirs for Interconnected Fire Service and Public Mains 4 pp. 1/00
3-2	Water Tanks for Fire Protection 59 pp. 5/01 (Minor Editorial Changes)
3-3	Cross Connections 22 pp. 9/00 (Content Reorganization)
3-4	Embankment-supported Fabric Tanks 5 pp. 5/00 (Content Reorganization)
3-6	Lined Earth Reservoirs for Fire Protection 4 pp. 1/00
3-7N/ 13-4N	Stationary Pumps for Fire Protectiom 9/01 (Minor Editorial Changes)
3-9	Underwriter Steam Fire Pumps 9 pp. 9/98
3-10	Installation/Maintenance of Fire Service Mains 59 pp. 9/00 (Content Reorganization)
3-11	Pressure Reducing Valves for Fire Protection Service 15 pp. 9/00 (Content Reorganization)
3-26	Fire Protection Water Demand for Nonstorage Sprinklered Properties 1/04 (Minor Editorial Changes)

Extinguishing Equipment	
4-0	Special Protection Systems 9 pp. 1/00
4-1N	Water Spray Fixed Systems (NFPA) 56 pp. 9/98
4-2	Water Mist Systems 1/04 (Minor Editorial Changes)
4-3N	Medium and High Expansion Foam Systems 3 pp. 1/01 (Rewitten)
4-4N	Standpipe and Hose Systems 5 pp. 1/01 (Rewitten)
4-5	Portable Extinguisheres 28 pp. 9/00 (Content Reorganization)
4-7N	Low Expansion Foam Systems 3 pp. 1/01 (Rewitten)
4-8N	Halon 1301 Extinguishing Systems 3 pp. 1/01 (Rewitten)
4-9	Clean Agent Fire Extinguishing Systems (1/02)
4-10	Dry Chemical Systems 10 pp. 1/00
4-11N	Carbon Dioxide Extinguishing Systems (NFPA) 83 pp. 1/00

Electrical	
5-1	Electrical Equipment in Hazardous (Classified) Locations 24 pp. 9/00 (Content Reorganization)
5-3/ 13-2	Hydroelectric Power Plants 1/04 (Changes to Recommendations)
5-4	Transformers 35 pp. 1/01 (Changes to Recommendations)
5-7	National Electrical Code 4 pp. 5/98
5-8	Static Electricity 28 pp. 1/01 (Minor Editorial Changes)
5-10	Protective Grounding for Electric Power Systems and Equipment 55 pp. 5/03 (Minor Editorial Changes)
5-11	Lightning Surge Protection for Electrical Systems 70 pp. 1/01 (Content Reorganization)
5-12	AC Generators 56 pp. 9/03 (Changes to Recommendations)
5-14	Telecommunications 1/04 (Changes to Recommendations)
5-15/ 13-14	Electric Generating Ststions 27 pp. 5/03 (Minor Editorial Changes)
5-16	Arc Furnace Transformer Installations (1/02)
5-17	Motors and Adjustable Speed Drives 19 pp. 5/01 (Minor Editorial Changes)
5-18	Protection of Electrical Equipment 13 pp. 5/98
5-19	Switchgear and Circuit Breakers 23 pp. 1/01 (Changes to Recommendations)
5-20	Electrical Testing 14 pp. 5/03 (Minor Editorial Changes)
5-21	Electrical Fires 12 pp. 5/02 (Changes to Recommendations)
5-23	Emergency and Standby Power Systems 16 pp. 5/00 (Content Reorganization)
5-24	Miscellaneous Electrical Equipment 16 pp. 1/01 (Changes to Recommendations)
5-30	Power Factor Correction and Static Reactive Compensator Systems 10 pp. 1/01 (Changes to Recommendations)
5-31	Cables and Bus Bars 42 pp. 1/01 (Changes to Recommendations)
5-32	Electronic Data Processing Systems 1/01 (Minor Editorial Changes)
5-40	Fire Alarm Systems 41 pp. 5/03 (Minor Editorial Changes)
5-48	Automatic Fire Detection 34 pp. 5/03 (Changes to Recommendations)
5-49	Gas and Vapor Detectors and Analysis Systems 11 pp. 1/00

Heating Equipment	
6-0/ 12-1	Elements of Industrial Heating Equipment 28 pp. 1/01 (Changes to Supporting Information)
6-2/ 12-63	Pulverized Coal-Fired Boilers 24 pp. 5/03 (Changes to Recommendations)
6-3	Induction and Dielectric Heating Equipment 24 pp. 1/00
6-4	Oil-and Gas-Fired Multiple Burner Boilers (9/01)
6-4/ 12-69	Oil-and Gas-Fired Single-Burner Boilers 18 pp. 1/03 (Minor Editorial Changes)
6-5/ 12-70	Oil- or Gas-Fired Multiple Bunner Boilers 21 pp. 5/03 (Minor Editorial Changes)
6-6/ 12-67	Boiler Furnace Implosions (1/02)
6-7/ 12-7	Fluidized Bed Combustors and Boilers 15 pp. 5/00 (Content Reorganization)
6-8/ 12-68	Combustion Air heaters 12 pp. 1/00
6-9	Industrial Ovens and Dryers 53 pp. 9/03 (Rewritten)
6-10	Process Furnaces 42 pp. 9/03 (Minor Editorial Changes)
6-11	Fume Incinerators 13 pp. 5/03 (Addition to Recommendations)
6-13/ 12-13	Waste Fuel-Fired Boilers 25 pp. 5/00 (Content Reorganization)
6-17/ 13-20	Rotary Kilns and Dryers 35 pp. (Minor Editorial Changes)
6-18	FM Cock Safety-Control System 9 pp. 1/00
6-20	Space Heaters (9/01)
6-21/ 12-21	Chemical Recovery Boilers (1/02)
6-23/ 17-15	Black-Liquor Recovery Boilers? Direct Contact Evaporators 11 pp. 5/00 (Content Reorganization)
6-24/ 13-21	Coal Pulverizers and Pulverizing Systems 10 pp. 5/03 (Minor Editorial Changes)

Hazards	
7-0	Causes and Effects of Fires and Explosions 19 pp. 9/00 (Minor Editorial Changes)
7-1	Fire Protection for Textile Mills 49 pp. 9/02 (Rewritten)
7-2	Waste Solvent Recovery 8 pp. 1/00
7-3	Flight Simulator System Protection 7 pp. 1/00
7-4	Paper Machines and Pulp Dryers 40 pp.
7-6	Heated Plastic and Plastic-Lined Tanks 7 pp. 9/00 (Rewritten)
7-7/ 17-12	Semiconductor Fabrication Facilities 55 pp. 1/03 (Changes to Recommendations) Reference:38 pp. 1/03 (New)
7-9	Dip Tanks and Flow/Roll Coaters 16 pp. 9/00 (Content Reorganization)
7-10	Wood Processing and Woodworking Facilities 33 pp. 9/00 (Content Reorganization & Minor Editorial Changes)
7-11	Belt Conveyors 10 pp. 1/03 (Minor Editorial Changes)
7-12/ 17-17	Mining and Ore Processing Facilities 120 pp. 1/01 (Content Reorganization)
7-13	Mechanical Refrigeration 22 pp. 5/03 (Minor Editorial Changes)
7-14	Fire & Explosion Protection for Flammable Liquid, Flammable Gas, & Liquefied Flammable Gas Processing Equipment & Supporting Structures 9 pp. 1/00
7-15	Garages 5 pp. 1/00
7-16	Barricades 4 pp. 12/98
7-17	Explosion Protection Systems 18 pp. 5/01 (Addition to Recommendations)
7-18	Asphalt Saturators 4 pp. 1/00
7-20	Oil Cookers 10 pp. 5/03 (Minor Editorial Changes)
7-22	Hydrazine and its Derivatives 6 pp. 1/00
7-23	Data on General Classes of Chemicals 9 pp. 9/98
7-24	Blowing Agents 9 pp. 9/99
7-26	Glass Plants 11 pp. 1/00
7-27	Spray Application of Flammable and Combustible materials 46 pp. 1/01 (Changes to Recommendations)
7-28N	Explosive Materials 4 pp. 9/00 (Rewritten)
7-29	Flammable Liquid Storage in Portable Containers 103 pp. 5/00 (Changes to Recommendations and Supporting Information & Content Reorganization)
7-30N	Solvent Extraction Plants 3 pp. 1/01 (Rewritten)
7-31	Storage of Aerosol Products 47 pp. 1/03 (Rewritten)
7-32	Flammable Liquid Operations 49 pp. 9/00 (Content Reorganization)
7-33	High-Temperature Molten Materials 27 pp. 9/03 (Changes to Supporting Information)
7-34	Electrolytic Chlorine Processes 8 pp. 1/00
7-35	Air Separation Processes 6 pp. 1/00 Reference: 14 pp. 4/94 (New)
7-36	Pharmaceutical Operations (1/02)

Hazards	
7-37	Cutting Oils 6 pp. 5/00 (Content Reorganization)
7-39	Industrial Trucks 10 pp. 1/00
7-40/ 13/27	Heavy Duty Mobile Equipment 13 pp. 5/03 (Minor Editorial Changes)
7-41	Heat Treating of Materials Using Oil Quenching and Molen Salt Baths 9 pp. 5/00 (Content Reorganization)
7-42	Guidelines for Evaluating the Effects of Vapor Cloud Explosions Using a TNT Equivalency Method 48 pp. 1/01 (Minor Editorial Changes)
7-43	Loss Prevention in Chemical Plants 51 pp. 1/01 (Addition to Supporting Information)
7-44/ 17-3	Spacing of Facilities in Outdoor Chemical Plants 7 pp. 5/00 (Content Reorganization)
7-45	Instrumentation and Control in Safety Applications 23 pp. 9/00 (Content Reorganization)
7-46/ 17-11	Chemical Reactors and Feactions 63 pp. 1/03 (Minor Editorial Changes)
7-47	Physical Operations in Chemical Plants 15 pp. 5/00 (Content Reorganization)
7-48	Disposal of Waste Materials 12 pp. 5/00 (Content Reorganization)
7-49/ 12-65	Emergency Venting of Vessels 38 pp. 9/00 (Content Reorganization)
7-50	Compressed Gases in Cylinders 11 pp. 9/02 (Changes to Supporting Information)
7-51	Acetylene 16 pp. 5/00 (Content Reorganization)
7-52	Oxygen 8 pp. 1/00
7-53	Liquefied Natural Gas (LNG) 13 pp. 5/00 (Content Reorganization)
7-54	Natural Gas and Gas Piping 18 pp. 5/00 (Content Reorganization)
7-55/ 12-28	Liquefied Petroleum Gas 35 pp. 1/01 (Content Reorganization)
7-56	MAPP Industrial Gas 8 pp. 5/00 (Content Reorganization)
7-57	Pulp and Paper Mills 10 pp. 5/03 (Minor Editorial Changes)
7-58	Chlorine Dioxide 14 pp. 5/00
7-59	Inerting and Purging of Tanks, Process Vessels and Equipment 11 pp. 5/00 (Content Reorganization)
7-64/ 13-28	Aluminum Industry 30 pp. 9/00 (Content Reorganization) Reference 67 pp. 9/98
7-71/ 12-66	High Pressure Forming Presses 17 pp. 5/03 (Changes to Supporting Information)
7-72/ 12-10	Catalytic Steam-Hydrocarbon Reformers 18 pp. 1/00
7-73	Dust Collectors and Collection Systems 25 pp. (Content Reorganization)
7-74	Distilleries 10 pp. 1/00
7-75	Grain Storage and Milling 9 pp. 5/00 (Content Reorganization)
7-76	Prevention and Mitigation of Combustible Dust Explosions and Fires 48 pp. 5/03 (Minor

Hazards	
	Editorial Changes)
7-77	Testing Internal-Combustion Engies and Accessories 18 pp. 9/00 (Content Reorganization and Minor Editorial Changes)
7-78	Industrial Exhaust Systems 14 pp. 9/00 (Content Reorganization)
7-79	Fire Protection for Gas Turbine Installations 27 pp. 9/02 (Changes to Recommendations)
7-80	Organic Peroxides 12 pp. 9/00 (Content Reorganization)
7-81	Organic Peroxides? Hazard Classification 10 pp. 8/86
7-82N	Storage of Liquid / Solid Oxidizing Materials 6 pp. 5/03 (Minor Editorial Changes)
7-83	Drainage Systems for Flammable Liquids 17 pp. 5/00 (Content Reorganization)
7-84/ 12-48	Hydrogen Peroxide 9 pp. 1/00
7-85	Metals and Alloys 14 pp. 5/00 (Content Reorganization)
7-86	Cellulose Nitrate 4 pp. 5/00 (Content Reorganization)
7-87	Protection of Aircraft 7 pp. 5/00 (Content Reorganization)
7-88	Storage Tanks for Flammable and Combustible Liquids 37 pp. 9/00 (Content Reorganization)
7-89	Ammonium Nitrate and Mixed Fertilizers Containing Ammonium Nitrate 13 pp. 9/00 (Changes to Recommendations)
7-90	Factory-Constructed Housing and Recreational Vehicle Manufacturing Plants 7 pp. 5/01 (Minor Editorial Changes)
7-91	Hydrogen 9/00 (Minor Editorial Changes)
7-92	Ethylene Oxide 19 pp. 5/00 (Content Reorganization)
7-93	Aircraft Hangars 8 pp. 9/00 (Minor Editorial Changes)
7-93N	Aircraft Hangars (NFPA) 47 pp. 9/98
7-94/ 12-22	Ammonia Synthesis Units 16 pp. 5/00 (Content Reorganization)
7-95	Compressors 17 pp. 5/00 (Content Reorganization)
7-96	Printing Plants 22 pp. 5/00 (Content Reorganization)
7-97	Metal Cleaning 11 pp. 9/00 (Content Reorganization)
7-98	Hydraulic Fluids 7 pp. 5/03 (Minor Editorial Changes)
7-99/ 12-19	Heat Transfer By Organic and Synthetic Fluids 23 pp. 9/03 (Minor Editorial Changes)
7-100/ 13-16	Dynamic Compressors 7 pp. 9/00 (Content Reorganization)
7-101	Fire Protection for Steam Turbines and Electric Generators 14 pp. 9/00 (Content Reorganization)
7-102/ 12-29	Yankee Dryers 37 pp. 1/03 (Minor Editorial Changes)
7-103	Turpentine Recovery in Pulp and Paper Mills 5 pp. 5/00 (New, Section Turpentine Recovery used to be part of 7-57)

Storage	
8-1	Commodity Classification 19 pp. 5/01 (Changes to Recommendations)
8-3	Rubber Tire Storage 22 5/01 (Changes to Recommendations)
8-7	Baled Fiber Storage 11 pp. 1/00
8-8	Distilled Spirits Storage 11 pp. 5/01 (Changes to Section ^{2}Scope^{2})
8-9	Storage of Class 1, 2, 3, 4 and Plastic Commodities 87 pp. 5/03 (Minor Editorial Changes)
8-10	Coal and Charcoal Storage 7 pp. 5/00 (Content Reorganization)
8-18	Storage of Hanging Garments 12 pp. 1/00
8-21	Roll Paper Storage 18 pp. 1/03 (Changes to Recommendations)
8-22	Storage of Baled Waste Paper (1/02)
8-23	Rolled Nonwoven Fabric Storage 30 pp. 5/00 (Content Reorganization)
8-24	Idle Pallet Storage 15 pp. 9/00 (Content Reorganization)
8-27	Storage of Wood Chips 6 pp. (Content Reorganization)
8-28	Pulpwood and Outdoor Log Storage 12 pp. 5/00 (Content Reorganization)
8-29	Refrigerated Storage 18 pp. 9/00 (Minor Editorial Changes)
8-30	Storage of Carpets 7 pp. 1/03 (Addition to Recommendations)
8-33	Carousel Storage and Retrieval Systems 19 pp. 1/03 (Addition to Recommendations)
8-34	Protection for Automatic Storage and Retrieval Systems 10 pp. 1/03 (Addition to Recommendations)

FM Approvals Standards

# Title	Issued
1011,12	Deluge Systems and Preaction Systems
1020	Automatic Water Control Valves
1021	Dry Pipe Valves
1031	Quick Opening Devices (Accelerators, Exhausters) for Dry Pipe Valve
1032	Air Pressure Maintenance Device
1041	Alarm Check Valves
1042	Waterflow Alarm Indicators (Vane Type)
1045	Waterflow Detector Check Valves
1046	Fire Pump Flowmeter Systems 1/87
1051	Automatic Drip Valve 7/70
1055	Water Motor Gong 7/70
1110	Indicator Posts 11/90
1111	Post-Indicator-Valve-Assembly 3/73
1112	Indicating Butterfly Valves 11/80
1120, 1130	Fire Service Water Control Valves (OS & Y and NRS Type Gate Valves) 4/97
1140	Quick Opening Valves 1/4 Inch through 2 Inch Nominal Size 10/98
1210	Swing Check Valves 10/99
1221	Backflow Preventers (Reduced Pressure Principle and Double Check Valve Types) 2/87
1311	Centrifugal Fire Pumps (Horizontal, Split-Case Type) 4/99
1312	Centrifugal Fire Pumps (Vertical-Shaft, Turbine Type) 12/99
1319	Centrifugal Fire Pumps (Horizontal, End Suction Type) 6/00
1321, 1323	Controllers for Electric Motor and Diesel Engine Driven Fire Pumps 8/02
1333	Diesel Engine Fire Pump Drivers 03/02
1338	Right Angle Gear Drives 7/75
1359	Trim Water Pressure Relief Valves 1/4 Inch through 2-1/2 Inch Nominal Size 7/99
1361	Water Pressure Relief Valve 8/93
1362	Pressure Reducing Valves 10/84
1371	Centrifugal Fire Pumps (In-Line Type) 8/01
1411	Playpipes 7/70
1510	Fire Hydrants (Dry Barrel Type) for Private Fire Service 11/90

# Title	Issued
1511	Fire Hydrants (Wet Barrel Type for Private Fire Service 11/90
1515	Hose Manifold 8/70
1521	Angle Hose Valves 8/70
1522	Straightwat Hose Valve 8/70
1530	Fire Department Connections 8/70
1531	Wall Hydrants 5/77
1610	Plastic Pipe & Fittings for Underground Fire Protection Service 6/78
1612	Polyvinyl Chloride (PVC) Pipe and Fittings for Underground Fire Protection Service 4/99
1620	Pipe Joints & Anchor Fittings for Underground Fire Service Mains 4/75
1631	Adjustable Sprinkler Fittings 5/71
1632	Telescoping Sprinkler Assemblies for use in Fire Protection Systems for Anechoic Chambers 4/03
1635	Plastic Pipe & Fittings for Automatic Sprinkler Systems 11/89
1636	Fire Resistant Barriers for use with CPVC Pipe and Fittings in Light Hazard Occupancies 11/03
1637	Flexible Sprinkler Hose with Fittings 4/03
1680	Coupling Used In Hubless Cast Iron Systems for Drain, Waste or Vent, Sewer, Rainwater or Storm Drain Systems Above and Below Ground, Industrial / Commercial and Residential 1/89
1920	Flexible Pipe Couplings 10/77
1950	Seismic Sway Brace Components for Automatic Sprinkler Systems 2/02
1951	52, 53 Pipe Hanger Components for Automatic Sprinkler Systems 9/03
1956	Explosive Driven Fasteners 7/70
2000	Automatic Sprinklers for Fire Protection 5/98
2007	Large Drop Sprinklers 9/79
2008	Early Suppression, Fast Response Automatic Sprinklers 8/96
2019	Automatic Nozzles for Protection of Crossflow Cooling Towers 7/63
2021	25 Automatic & Open Water-Spray Nozzles for Installation in Permanently Piped Systems 9/70
2030	Residential Automatic Sprinklers 9/83
2031	Heat Responsive Links for Fire Protection 7/01
2093	Ceiling Plates 8/70

# Title	Issued
2111	Fire Hose 4/99
2121	Fire Hose 4/99
2131	Unlined Linen Fire Hose 9/70
2141	Coupling for 1.5" & 2.5" Single- & Double- Woven Jacket Lined Fire Hose & Unlined Linen Fire Hose 9/70
2151	Fire Racks & Reels for Lined Lightweight and Unlined Fire Hose 9/70
2311	Hose Houses & Outdoor Hose Cabinets 9/70
3011	Pressure Gauges for Fire Protection Systems 11/75
3040	Central Station Service - Burglar Alarms 4/81
3132	Pressure Actuated Waterflow Switches 8/70
3150	Audible Notification Appliances for Automatic Fire Alarm Signaling 11/03
3210	Thermostats for Automatic Fire Detection 7/78
3230	50 Smoke Actuated Detectors for Automatic Fire Alarm Signaling 2/76
3260	Radiant Energy-Sensing Fire Detectors for Automatic Fire Alarm Signaling 8/00
ANSI FM 3260	American National Standard for Energy-Sensing Fire Detectors for Automatic Fire Alarm Signaling 2/04
3510	Flow and Pressure Safety Switches 4-98
3545	Temperature Limit and Supervisory 10/98
3600	Electrical Equipment for Use In Hazardous (Classified) Locations-General Requirements 11/98 3605 Repair Service for Communications Equipment Used In Hazardous (Classified) Locations 12/94 3606 Repair Service for Process Control Equipment Used In Hazardous (Classified) Locations 11/98
3610	Intrinsically Safe Apparatus and Associated Apparatus for Use in Class I, II & III, Division 1, and Class I, Zone 0 and 1 Hazardous (Classified) Locations 10/99
3611	Nonincendive Electrical Equipment for Use In Class I and II, Div. 2 & Class III, Divisions 1 & 2 Hazardous (Classified) Locations 10/99
3613	Electric Flashlights and Lanterns for Use in Class I, Div. 2, Class I, Zone 2 Hazardous (Classified) Location 3/89
3615	Explosionproof Electrical Equipment 3/89
3620	Purged and Pressurized Electrical Equipment for Hazardous (Classified) Locations 8/00
4995	Commodity Classification of Idle Plastic Pallets 5/92
4998	Class 1 Conveyor Belting 8/95
5511	Portable Nozzles for Use With 1.5" & 2.5" Hose 9/70

# Title	Issued
5512	Portable Spray Nozzles for Use With 3/4" or 1" on Surface Fires in Ordinary Combustibles 9/70
5519	Anti-Freeze Solutions for Sprinkler Systems in Environments Subject to Freezing 7/01
5551	Strainers for Use with Water Spray Systems 1/80
5700	Explosion Suppression Systems 10/99
5810	Extinguisher Recharging Service 5/76
6011	Manual Drum Pumps for Flammable Liquids 3/58
6031	Self-Closing Faucets 5/76
6049	Flammable and Combustible Liquid Storage Buildings 8/91
6050	Storage Cabinets (Flammable & Combustible Liquids) 12/96
6051	52 Safety Containers and Filling, Supply & Disposal Containers
6053	54, 55 Bench, Swab, Plunger & Dispenser Cans 2/66
6057	Portable Flammable Liquid Containers 3/76
6082	Safety Bungs 10/88
6310	20 Combustibld Gas Detectors 1/01
6920	Oily Waste Cans 8/76
6921	Containers for Combustible Waste 03/04
6930	Flammability Classification of Industrial Fluids 02/02
6933	Less Flammable Transformer Fluids 5/79
6934	Nonflammable Transformer Fluids 11/83
6945	Fire Retardant Wrapping for Roll Paper 1/70
7151	56, 57 LP-Gas Vaporizers, Gas-뺙 Mixers, & Vaporizer-Mixers 1/90
7260	Electrostatic Finishing Equipment 3/96
7400	Liquid and Gas Safety Shutoff Valves 4/98
7420	Gas Safety Control Cocks (FM Cocks) 6/62
7422	Electric Interlocking Fuel Gas & Fuel Oil Cocks 11/73
7431	Earthquake Actuated Safety Devices 7/98
7440	Firesafe Valves 5/81
7605	Programmable Logic Control (PLC) Based Burner Management Systems 12/99
7610	Combustion Safeguards and Flame Sensing Systems 6/97
7710	Low Water Level Limit Controls for Boilers 12/03

PROBLEMS

1. 해외 유명기관의 소방관련기준에 대하여 아는 대로 서술하시오.

2. 다음 용어에 대한 원어와 기관에 대해 설명하시오.
   ① NFPA
   ② FM
   ③ UL

3. 다음의 관련되는 시설에 대한 NFPA Code를 찾아보시오.
   ① 반도체공장에 적용되는 Code
   ② 렉창고에 적용되는 Code
   ③ 특수건물의 위험용도분류에 대한 Code
   ④ 건축방화설비에 대한 Code
   ⑤ 청정소화약제에 대한 Code
   ⑥ 이산화탄소 소화설비의 CO_2 노즐의 분구면적에 대한 Code
   ⑦ 물분무 소화설비에 대한 Code
   ⑧ 자동화재탐지설비에 대한 Code
   ⑨ 소화펌프에 대한 Code
   ⑩ 엔진펌프에 대한 Code

4. 다음의 FM Code를 찾아보시오.
   ① 쿨링타워에 적용되는 Code
   ② VIKING社의 Dry-Pipe 밸브에 적용되는 Code
   ③ 청정소화약제에 대한 Code
   ④ Dry Chemical System에 대한 Code

CHAPTER 05

도면검토기준(시방서)

5.1 소화기 설치 시방서

5.1.1 일반사항

(1) 본 시방서에 명기되지 않은 사항은 소방관계법규(화재안전기준)에 따른다.
(2) 사용재료가 발주처 및 감독자의 제규정을 적용받을 때에는 그 규정에 적합하거나 또는 사용승인을 받은 것으로 한다.
(3) 이 설비 공사에 사용하는 기계 및 재료는 소화설비 기능에 영향을 주지 않는 구조 또는 재질로 한다.

5.1.2 소화기의 설치기준

(1) 소방대상물에 따라 적합한 종류의 것으로 한다.
(2) 연면적 33 m² 이상인 특정소방대상물에 설치한다.
(3) 소화기구는 각층마다 설치하되 소방대상물의 각 부분으로부터 1개의 소화기구까지의 보행거리가 소형 소화기에 있어서는 20 m 대형 소화기에 있어서는 30 m 이내가 되도록 배치한다.
(4) 소화기는 바닥으로부터 1.5 m 이하의 곳에 비치하고 소화기에 있어서는 "소화기"라고 표시한 표식을 보기 쉬운 곳에 설치한다.
(5) 이산화탄소 또는 할로겐화물 1301을 제외한 할로겐화물을 방사하는 소화기는 지하층 및 무창층과 거실 또는 사무실로서 그 바닥면적이 20 m² 미만의 장소에는 설치할 수 없다. 다만 분사식 자동확산 소화용구는 그러하지 아니한다.

5.2 옥내소화전설비 공사 시방서

5.2.1 일반사항

(1) 본 시방에 명기되어 있지 않은 사항은 소방관계법규(화재안전기준)에 따른다.
(2) 사용재료가 발주처 또는 감독자의 제규정을 적용받을 때는 그 규정에 적합하거나 또는

사용승인을 받은 것으로 한다.

(3) 이 설비 공사에 사용하는 기계 및 재료는 소화설비 기능에 영향을 주지 않는 구조 또는 재질로 한다.

5.2.2 기기공사

(1) 펌프

전동기와 커플링에 의하여 직결된 원심수평형 펌프를 주철제 공통가대에 부착한 것으로서, KSR 6316(소형다단원심펌프)규격에 적합한 것으로 하고 이 규격에 맞는 재질 및 구조로 하고 운전시에 소음 및 진동이 작은 것으로 한다.
해당 설비가 요구하는 최대토출량 및 최대 토출량일 때의 전양정을 각기 100%라 할 때, 최대토출량이 150%가 되는 토출량에 대한 전양정이 최대 토출량일 때의 전양정의 65% 이상이 되는 것으로 한다(체절운전시 정격 토출압력의 140%를 초과하지 않을 것).

(2) 기동장치

기동용 수압개폐 장치 및 기동 스위치에 보호판을 부착하여 사용한다.

(3) 옥내소화전함

옥내소화전함은 두께 1.5 mm 이상의 강판 또는 스테인리스제로서 40A × 15 m 호스 2본, 40A 혼합형 노즐 1개, 40A 앵글밸브를 내장하여야 한다.
각 층마다 설치, 소방대상물 각 부분으로부터 방수구까지 거리는 25 m 이하

(4) 위치 표시등

옥내소화전 함의 위치표시등은 옥내소화전 함의 상부에 설치하는 적색 램프로 한다.

(5) 물올림 장치(Primming Tank)

수원의 수위가 펌프보다 낮은 위치에 있는 가압송수장치에는 물올림장치를 설치하여야 하며 그 유효수량을 100 LIT 이상으로 하고 자동적으로 감수 보충할 수 있는 구조로서 소화설비 전용이어야 한다.

5.2.3 배관 공사

(1) 배관재료

종 류	명 칭	규 격	비 고
강 관	배관용 탄소강 강관	KSD 3507	백관(아연도금)

(2) 펌프주위의 배관

① 펌프의 토출구에는 수온상승을 방지하도록 배관하고 신축튜브, 체크밸브, 펌프시험배관 연결구, 게이트 밸브(개폐표시형)의 순으로 부착하며 위치는 가능한 한 펌프에 가깝고 또한 용이하게 조작이 가능한 장소로 한다.

② 펌프의 흡입구로부터 신축튜브, 걸름쇠(Strainer), 게이트밸브(개폐표시형)의 순으로 부착하며 흡입하는 수평관은 될 수 있는 한 짧게 하고 펌프를 향하여 적당한 상향구배로 배관한다. 또한 펌프의 흡입구의 구경과 흡입측 배관의 구경이 다를 경우에는 편심 레듀서를 사용하여 배관함으로써 흡입측 배관 내에 에어포켓이 생기지 아니 하도록 한다(수평회전축 펌프의 경우).
펌프 토출측 주배관 유속은 4 m/sec 이하

(3) 기타 기기주위의 배관

① 플랜지이음 및 밸브를 사용하여 기기류가 용이하게 분리되도록 한다.

② 그 중량이 기기에 직접하중을 받지 않도록 적절하게 지지, 고정시킨다.

(4) 밸브류

모든 밸브류는 펌프 흡입측과 토출측에는 1 MPa 이상의 OUTSIDE SCREW & YORK 밸브(OS & Y)를 사용하며 50A 이하는 나사형, 65A 이상의 관에는 플랜지형 밸브를 사용한다(양정이 100 m를 초과할 때에는 2 MPa 이상을 사용한다).

5.2.4 기타사항

(1) 펌프의 흡입측과 토출측에는 후렉시블 튜브를 설치하여 펌프의 심한 진동으로 부터 배관을 보호하여야 한다.

(2) 모든 배관은 동결하지 않도록 보온을 하여야 하며 특수한 경우에는 다른 방법으로 관

내의 동파를 방지하여야 한다(열선으로 보강하는 방법 등).

(3) 제어방식은 소화전함 또는 부근의 기동스위치의 조작에 의한 원격조작 운전방식과 소화전 개폐밸브를 개방함으로써 감압되어 기동용 수압개폐 장치를 작동시켜 펌프를 가동시키는 운전방식 중에서 택일한다(반드시 현장여건을 고려한다).

5.2.5 시험

(1) 기동장치시험 및 펌프 기동표시시험, 직접조작 또는 원격조작에 의하여 기동과 정상조작을 했을 때 펌프의 기동 및 정상, 기동표시의 점등 또는 점검이 확실하여야 한다.
(2) 펌프 시험기기 및 장치가 시방에 표기한 기능과 능력을 만족시켜야 한다.
(3) 방수시험 규정개수 옥내소화전을 동시에 사용하였을 때나 1개를 사용하였을 때 각 노즐에 있어서의 방수압력이 0.17∼0.7 MPa 이하이고, 법적방수량은 130 LPM 이상이어야 한다.

5.2.6 감시제어반

(1) 감시제어반에서 옥내소화전 각 펌프의 작동 여부를 확인할 수 있는 표시등 및 음향경보 장치를 설치한다.
(2) 각 펌프를 자동 및 수동으로 작동 또는 중단시킬 수 있게 한다.
(3) 비상전원의 공급여부를 확인할 수 있게 하고 자동 및 수동으로 상용전원 또는 비상 전원으로의 전환이 가능하게 한다.
(4) 수조, Primming 탱크가 저수위로 될 때 표시등 및 음향경보 장치를 설치한다.
(5) 확인회로마다 도통시험 및 작동시험이 될 수 있게 한다.
(6) 감시제어반은 옥내소화전 전용으로 하고 전용실 안에 설치한다.
(7) 동력제어반은 他 동력제어반과 식별가능토록 적색으로 도색하도록 한다.

5.3 옥외소화전설비 공사 시방서

5.3.1 일반사항

(1) 본 시방에 명기되어 있지 않은 사항은 소방관계법규(화재안전기준)에 따른다.
(2) 사용재료가 발주처 또는 감독자의 제규정을 적용받을 때는 그 규정에 적합하거나 또는 사용승인을 받은 것으로 한다.
(3) 이 설비 공사에 사용하는 기계 및 재료는 소화설비 기능에 영향을 주지 않는 구조 또는 재질로 한다.

5.3.2 기기공사

(1) 펌프

전동기와 커플링에 의하여 직결된 원심수평형 펌프를 주철제 공통기대에 부착한 것으로서 KSB 6303(소형다단원심펌프), KSB 6316(소형다단 원심펌프) 및 KSB 6318(양흡입원심펌프) 규격에 적합한 것으로 하고 이 규격에 맞는 재질 및 구조로 하고 운전시에 소음 및 진동이 작은 것으로 한다. 해당 설비가 요구하는 최대 토출량 및 최대 토출량일 때의 전양정을 각각 100%라 할 때 최대 토출량이 150%가 되는 토출량에 대한 전양정이 최대 토출량일 때의 전양정의 65% 이상이 되는 것으로 한다(체절운전시 정격 토출압력의 140%를 초과하지 않을 것).

(2) 기동장치

기동용 수압개폐장치 및 기동 스위치에 보호판을 부착하여 사용한다.

(3) 옥외소화전 함

① 옥외소화전으로부터 5미터 이내에 소화전함을 설치하고, 함의 표면에 "옥외소화전"이라고 표시한다. 소화전의 호스 접결구는 소방대상 물의 각 분으로부터 수평거리가 40 m 이하가 되도록 하고 호스는 구경 65 mm가 되게 한다. 관창은 혼합형으로 한다.
② 옥외소화전이 10개 이하 설치된 때에는 옥외소화전마다 5미터 이내의 장소에 1개 이상의 옥외소화전함을 설치하여야 한다.
③ 옥외소화전이 11개 이상 30개 이하 설치된 때에는 11개의 옥외소화전 함을 분산하여

설치하여야 한다.

④ 옥외소화전이 31개 이상 설치된 때에는 옥외소화전 3개마다 1개 이상의 옥외소화전함을 설치하여야 한다.

5.3.3 배관 공사

(1) 배관재료

종류	명 칭	규 격	비 고
강관	배관용 탄소강 강관	KSD 3507	백관(아연도금)
	압력배관용 탄소강관	KSD 3562	백관(아연도금)
	배관용 스테인리스 강관	KSD 3576	백관(아연도금)
	스테인리스 강관		백관(아연도금)

(2) 펌프주위의 배관

① 펌프의 토출구에는 수온상승을 방지하도록 배관하고 신축튜브, 첵크 밸브, 펌프시험배관 연결구, 게이트 밸브(개폐표시형)의 순으로 부착하며 위치는 가능한 한 펌프에 가깝고 또한 용이하게 조작이 가능한 장소로 한다.

② 펌프의 흡입구로부터 신축튜브, 걸음쇠, 게이트밸브(개폐표시형)의 순으로 부착하며 흡입하는 수평관은 될 수 있는 한 짧게 하고 펌프를 향하여 적당한 상향구배로 배관한다. 또한 펌프의 흡입구의 구경과 흡입측 배관의 구경이 다를 경우에는 편심리듀서를 사용하여 배관함으로써 흡입측 배관 내에 에어포켓이 생기지 아니하도록 한다(수평회전축 펌프의 경우).

(3) 기타 기기주위의 배관

① 플랜지이음 및 밸브를 사용하여 기기류가 용이하게 분리되도록 한다.

② 그 중량이 기기에 직접하중을 받지 않도록 적절하게 지지, 고정시킨다.

5.3.4 기타사항

(1) 펌프의 흡입측과 토출측에는 후렉시블 튜브를 설치하여 펌프의 심한 진동으로부터 배

관을 보호하여야 한다.

(2) 모든 배관은 동결하지 않도록 보온을 하여야 하며 특수한 경우에는 다른 방법으로 관내의 동파를 방지하여야 한다.

(3) 제어방식은 소화전함 또는 부근의 기동스위치의 조작에 의한 원격조작 운전방식과 소화전 개폐밸브를 개방함으로서 감압 되어 기동용 수압개폐 장치를 작동시켜 펌프를 가동시키는 운전방식 중에서 택일한다.

5.3.5 시험

(1) 기동장치시험 및 펌프 기동표시 시험

직접조작 또는 원격조작에 의하여 기동과 정상조작을 했을 때 펌프의 기동 및 정상, 기동표시의 점등 또는 점감이 확실하여야 한다.

(2) 펌프 시험

기기 및 장치가 시방에 표기한 기능과 능력을 만족시켜야 한다.

(3) 방수 시험

규정 개수 옥외소화전을 동시에 사용하였을 때나 1개를 사용하였을 때 각 노즐에 있어서의 방수압력이 0.25 MPa이고, 방수량은 350 LPM 이상이어야 한다.

5.4 스프링클러설비

5.4.1 일반사항

(1) 본 시방에 평가되어 있지 않은 사항은 소방관계법규(화재안전기준)에 따른다.

(2) 사용재료가 발주자 또는 감독의 제규정을 적용받을 때는 그 규정에 적합하거나 또는 사용승인을 받은 것으로 한다.

(3) 이 실비 공사에 사용하는 기계 및 재료는 소화설비 기능에 영향을 주지 않는 구조 또는 재질로 한다.

5.4.2 기기공사

(1) 펌프

전동기와 커플링에 의하여 직결된 원심수평형 펌프를 주철제 공통기대에 부착한 것으로서 KSB 6318(양 흡입원심펌프)또는 수직시류 펌프의 규격에 적합한 것으로 하고 이 규격에 없는 것은 이 규격에 맞는 재질 및 구조로 하고 운전시에 소음 및 진동이 적은 것으로 한다.

최대 토출량이 150%가 되는 토출량에 대한 전양정이 최대 토출량일 때의 전양정의 65% 이상이 되는 것으로 한다(체절운전시 정격 토출압력의 140%를 초과하지 않을 것).

(2) 물올림 장치(Primming Tank)

수원의 수위가 펌프보다 저위치에 있는 가압 송수장치에는 물올림 장치를 하여야 하며, 유효수량이 100 LIT 이상으로 하고 자동적으로 감수 보충을 할 수 있는 구조로서 소화전용이어야 한다.

(3) 스프링클러 헤드

① 폐쇄형 : 폐쇄형 헤드는 본체, 프레임, 디플렉터 및 감열기구 등으로 구성되며 한국 소방검정공사의 개별검정에 합격한 것이어야 한다.

② 개방형 : 개방형헤드는 폐쇄형과 같은 감열부가 없으며 방수구가 개방된 것으로서 ①과 동등한 성능이어야 한다.

설치장소별 폐쇄형스프링클러헤드 적용기준

<table>
<tr><th colspan="3">스프링클러설비 설치장소</th><th>기준개수</th></tr>
<tr><td rowspan="6">지하층을 제외한 층수가 10층 이하인 소방대상물</td><td rowspan="2">공장 또는 창고(랙크식 창고를 포함한다)</td><td>특수가연물을 저장ㆍ취급하는 것</td><td>30</td></tr>
<tr><td>그 밖의 것</td><td>20</td></tr>
<tr><td rowspan="2">근린생활시설ㆍ판매시설 ㆍ 운수시설 또는 복합건축물</td><td>판매시설 또는 복합건축물 (판매시설이 설치되는 복합건축물을 말한다.)</td><td>30</td></tr>
<tr><td>그 밖의 것</td><td>20</td></tr>
<tr><td rowspan="2">그 밖의 것</td><td>헤드의 부착높이가 8 m 이상인 것</td><td>20</td></tr>
<tr><td>헤드의 부착높이가 8 m 미만인 것</td><td>10</td></tr>
<tr><td colspan="3">아파트</td><td>10</td></tr>
<tr><td colspan="3">지하층을 제외한 층수가 11층 이상인 특정소방대상물(아파트를 제외한다)
ㆍ지하가 또는 지하역사</td><td>30</td></tr>
</table>

비고 : 하나의 특정소방대상물이 2 이상의 "스프링클러헤드의 기준개수"란에 해당하는 때에는 기준개수가 많은 난을 기준으로 한다. 다만, 각 기준개수에 해당하는 수원을 별도로 설치하는 경우에는 그러하지 아니하다.

③ 스프링클러헤드를 설치하는 천장・반자・천장과 반자사이・덕트・선반 등의 각 부분으로부터 하나의 스프링클러헤드까지의 수평거리는 다음 각호와 같이 하여야 한다. 다만, 성능이 별도로 인정된 스프링클러헤드를 수리계산에 따라 설치하는 경우에는 그러하지 아니하다.

㉠ 무대부・소방기본법시행령 별표 2의 특수가연물을 저장 또는 취급하는 장소에 있어서는 1.7 m 이하

㉡ 랙크식 창고에 있어서는 2.5 m 이하 다만, 특수가연물을 저장 또는 취급하는 랙크식 창고의 경우에는 1.7 m 이하

㉢ 공동주택(아파트) 세대 내의 거실에 있어서는 3.2 m 이하(스프링클러헤드의 형식승인 및 제품검사의기술기준 유효반경의 것으로 한다)

㉣ 제1호 내지 제3호 외의 소방대상물에 있어서는 2.1 m 이하(내화구조로 된 경우에는 2.3 m 이하)

(4) 자동경보 밸브

경보밸브, 압력스위치 및 작동시험 밸브 등으로 구성되며 게이트밸브, 배수밸브. 압력계 등의 부속품을 구비한 성능이 확실한 것으로서 한국소방검정공사의 개별 검정에 합격한 것이어야 한다.

(5) 준비작동식 밸브

준비작동식 밸브는 몸체 외에 밸브감시함, 밸브개방장치, 압력스위치 및 조정밸브를 갖추어야 한다.

(6) 건식(압축공기 채움식)밸브

밸브 몸체 외에 익죠스트 밸브 또는 엑셀레이더 밸브, 프리밍컵, 수입계기, 공기압계기 및 걸름망 밸브를 갖추어야 하며 부속장치로는 공기압조절용 챔버 및 공기 압축기를 설치하여야 한다.

(7) 기동용 압력 탱크

용량 100 LIT 이상으로 하고 최고위에 설치된 폐쇄형 스프링클러설 헤드에 0.1 MPa 이상의 방수압력을 가할 수 있는 강도의 것으로서 구조는 압력용기 구조 규격에 적합하여야 하며 압력계, 안전장치, 압력스위치 및 드레인 밸브 등의 부속품을 구비하여야 한다.

(8) 연결송수구

연결송수구는 황동주물 또는 청동주물제로서 표시압력 이상의 것으로 한다.

5.4.3 배관공사

(1) 배관 재료

종 류	명 칭	규 격	비 고
강관	배관용 탄소강 강관	KSD 3507	백관(아연도금)
	압력배관용 탄소강 강관	KSD 3562	백관(아연도금)
	배관용 스테인리스 강관	KSD 3576	백관(아연도금)
	스테인리스 강관		백관(아연도금)

(2) 펌프 주위의 배관

① 펌프의 토출구에는 수온 상승을 방지하도록 배관하고 신축튜브, 체크 밸브펌프시험 배관 연결구, 게이트 밸브(개폐표시형)의 순으로 부착하며 위치는 가능한 한 펌프에 가깝고 또한 용이하게 조작이 가능한 장소로 한다.

② 펌프의 흡입구로부터 신축튜브, 걸름쇠, 게이트 밸브(개폐표시형)의 순으로 부착하며 흡입하는 수평관은 될 수 있는 한 짧게 하고 펌프를 향하여 적당한 상향구배로 배관한다. 또한 펌프의 흡입구의 구경과 흡입측 배관의 구경이 다를 경우에는 편심 레듀셔를 사용하여 배관함으로써 흡입측 배관 내에 에어포켓이 생기지 아니하도록 한다(수평회전축 펌프의 경우).
수리계산의 경우 가지관은 6 m/sec, 기타 배관은 10 m/sec 이하로 할 것

(3) 기타기기 주위의 배관

① 플랜지 이음 및 밸브를 사용하여 기기류가 용이하게 분리되도록 한다.

② 그 중량이 기기에 직접 하중을 받지 않도록 적절하게 지지, 고정시킨다.

(4) 밸브류

모든 밸브류는 펌프흡입측에는 1 MPa용, OUTSIDE SCREW & YORK (OS & Y) 밸브를 사용하며 50A 이하는 나사형, 65A 이상의 관에는 플랜지형 밸브를 사용한다.

(5) 지지철물

관의 신축, 동요 및 하중 등에 견딜 수 있는 것으로서 관경 또는 관의 재질에 적합하고 충분한 지지강도가 있는 구조의 것으로 하고 진동의 전달을 막을 필요가 있을 때에는 방지재가 붙은 것으로 한다.

① 인서어트 철물 : 주철재 및 가단주철대로 하고 관의 지지에 충분한 강도를 가지며 행거 등의 연결에 편리한 구조의 것으로 한다.
② 행거철물 : 관경에 적합한 철제품으로 하고 관, 내용물 및 피복의 전중량을 지지하거나 또는 관의 지지간격 또는 관열을 제 위치에 놓는데 충분한 강도가 있는 구조로 한다.
③ 수직관 지지철물 : 관경에 적합한 철제품으로 하고 관, 내용물 및 피복의 전중량을 지지 하거나 또는 관의 지지간격 또는 관열을 위치에 놓는데 충분한 강도가 있는 구조로 한다.

[6] 관의 접합

관경이 65A 이상은 용접 또는 플렌지, 카프링 이음으로 하며, 그 이하는 나사이음으로 한다(글로브 조인트).

5.4.4 시공

(1) 습식 스프링클러설비에 있어서 하향식 스프링클러 헤드는 회향식 배관(리턴밴드)으로 하여야 한다.
(2) 입상관의 최하단은 소재 구조로 하여야 한다.
(3) 습식 스프링클러설비의 경우에 지관을 교차시켜 분기코자 할 때에는 주관의 상부에서 수평주행 배관으로 시공되어야 한다.
(4) 습식 스프링클러설비의 경우에는 교차관의 양단에 소재구가 장치되어야 한다.
(5) 천장부분이 2 m 이상인 경우에는 상, 하향식으로 하여야 한다.

5.4.5 기타사항

(1) 자동식 폐쇄형 스프링클러 헤드를 설치한 단말 시험밸브 및 기동장치를 조작하고, 개방형 스프링클러 헤드를 설치한 설비에서는 화재감지기의 작동과 기동장치를 시험한다.
(2) 수동식 직접 조작 또는 원격조작에 의하여 수동 개방밸브 또는 자동밸브의 개방이 확실하며 가압송수장치의 기동과 정지가 정확한가를 시험한다.
(3) 기타 시험은 관계 법규의 기준에 따른다.

5.4.6 보온 공사

(1) 전 배관은 동결되지 않도록 보온해 주어야 하며, 특수한 경우에는 다른 방법으로 관내의 동파를 방지하여야 한다.
(2) 기타 상세한 보온 사항은 건축 표준 시방서에 따른다.

5.4.7 감시제어반

(1) 유수검지장치 또는 일제 개방밸브의 작동여부를 확인하는 표시기능, 경보기능을 설치한다.
(2) 델류지밸브의 수동조작스위치를 설치하고 화재감지기는 각 경계회로 별로 화재표시가 되게 한다.
(3) 각 입력스위치, Primming탱크의 저수위 감시회로 및 화재 감지기 회로는 도통시험과 작동시험을 할 수 있게 한다.
(4) 감시제어반과 자동화재탐지설비의 수신기는 상호간 동시 통화가 될 수 있게 한다.
(5) 각 펌프의 작동여부를 확인할 수 있는 표시등 및 음향경보기능을 갖게 하고 펌프를 자동 및 수동으로 작동시키거나 중단시킬 수 있게 한다.
(6) 감시제어반을 전용실 안에 설치한다.

5.5 CO_2 소화설비 공사 시방서

5.5.1 일반사항

(1) 본 시방서에 명기되어 있지 않은 사항은 소방관계법규(화재안전기준)에 따른다.

(2) 사용재료가 발주자 또는 감독의 제규정을 적용받을 때에는 그 규정에 적합하거나 또는 사용승인을 받은 것으로 한다.

5.5.2 기기공사

(1) 저장용기

① 가스용기를 보관한 별도 구획된 방은 점검 보수를 할 수 있는 공간이 확보되어야 한다(300 mm의 공간을 확보한다).

② 압력용기는 소방기기 점검기준에 기준 합격한 제품이어야 한다.

(2) 용기밸브

① 용기 몸체의 용기 개방밸브는 가스압 또는 기계적인 방법에 의하여 개방되는 구조이어야 하며, 수동방식으로도 개방 가능하여야 한다.

(3) 분사노즐

① 방호 대상장소 및 방호 대상물의 형상 및 구조에 적합하여야 한다. 즉, 방호 대상물에 고루 분포되도록 설치하여야 한다.

② 분사헤드의 방사압력이 2.1 MPa(저압식에 있어서는 1.05 MPa) 이상의 것으로 하여야 한다.

(4) 선택밸브

① 선택밸브는 방호구획에서 화재시 연소할 우려가 없는 장소로서 사람이 수동으로 조작할 수 있는 위치에 설치한다.

5.5.3 배관공사

(1) 모든 배관은 이음이 없는 스케줄 80 이상의 강관 또는 이와 동등 이상의 강도를 가진 것을 사용하여야 한다.
(2) 구부러짐이 될 수 있는 대로 적도록 배관한다.
(3) 용기주위의 배관은 첫 방출시의 충격을 고려하여 벽, 기둥 등에 견고하게 부착하여야 한다.
(4) 모든 배관은 접합하기 전에 관 내부를 점검하고, 이물질이 없는지 확인 후 금속 등으로 완전히 폐쇄하고 이물질이 들어가지 않도록 잘 보호한다.

5.5.4 기타사항

(1) CO_2량은 전역방출 방식인 경우 방호구획의 용적 1 m^3당 소방법에 적합한 양이어야 한다.
(2) 방호구획의 개구부에 자동 폐쇄장치를 하지 아니한 경우 개구부의 면적 1 m^2당 소방법에 적합한 양이어야 한다.

5.6 CO_2 호스릴소화설비 공사 시방서

5.6.1 일반사항

(1) 본 시방서에 명기 되어 있지 않은 사항은 소방관계 법규(시설기준령)에 따른다.
(2) 사용재료가 감독 관공서의 제규정을 적용받을 때는 그 규정에 적합하거나 또는 사용승인을 받은 것으로 한다.

5.6.2 기기 공사

(1) 약제량

① 하나의 노즐에 대하여 90 kg 이상

(2) 분사헤드

① 방호대상물 각부로부터 하나의 호스접결구까지의 수평거리 1.5 m 이하
② 노즐은 섭씨 20℃에서 하나의 노즐마다 1분당 60 kg 이상의 소화약제를 방사할 수 있을 것
③ 약제 저장용기는 호스릴 설치 장소마다 설치할 것

5.7 NAFS-3설비 시방서

5.7.1 개요

일정한 장소에 하론1301과 동일한 방법으로 NAFS-III용기(하론용기와 동일)를 장착하고 이를 적절한 파이프 배관작업을 통하여 방호대상물의 천정 면에 설치한 분사헤드와 연결시켜 화재시 감지기의 연동에 의해 용기 내의 장착된 NAFS-III가스가 분사되도록 한다.

이 가스는 할로겐화합물로서 연소시 연쇄반응의 화학적인 억제작용과 열의 냉각작용 등에 의해 소화하는 것으로 소화능력이 크고 소화 후 잔사를 남기지 않으며 전기적으로 비전도성의 효과를 가진다.

5.7.2 방호구역 및 가스량

별첨 NAFS-III 용량 계산서를 참조한다.

5.7.3 설치방식

(1) 전역 방출 방식

전기실, 발전기실, 배터리실, 중앙감시실, 전산실, 교환실, 방재센터 등 용기실을 설치하여 배관을 통해서 방출한다.

5.7.4 기기사양

(1) 약제 저장 용기

한국고압가스안전관리공사의 합격품이어야 한다.

(2) 기동용기

한국고압가스안전관리공사의 합격품이어야 한다.

용 기	약 제 량	용기개방장치	비 고
고압용기 1 LIT	NAFS-III가스 0.65 kg	자동 : 전자변 개방	기동용기함, 릴리프밸브 전자변 압력스위치 개방

(3) 선택밸브

NAFS-III가스에 의한 개방 및 수동으로 인한 개방을 겸한 고압밸브로서 내압시 25 MPa 이상에 견디어야 하며, 담당 방호구역 마다 설치하고 방호구역 표지판을 설치한다.

(4) 분사헤드

소화약제가 방호구역에 균일하게 방사되도록 오리피스 구경을 배관 마찰손실계산에 의거 선정하여 설치한다(참조 : 컴퓨터 계산 프로그램을 활용할 수 있음).

(5) 기동장치

① 자동식 - 화재감지기 수신반에 의거
② 수동식 - 조작함 누름버튼 선택밸브의 수동조작에 의한 방식

(6) 작동설명판

용기실 내에는 작동설명판, 위험표시판을 설치한다.

5.7.5 배관사항

(1) 배관의 재질

재질은 KDS 3625 SCH# 40 이음매 없는 아연도 강관으로 용접 이음한다.

(2) 용기주위의 배관

첫 방출시의 충격음을 고려하여 용기 및 집합관 등을 견고히 지지한다.

(3) 배관의 지지

배관하중을 견딜 수 있고 배관의 설치 위치에서 안전하게 지지할 수 있으며, 가스 방출시 배관의 흔들림이 없어야 하므로 앵50 × 50 × 6 t 이상으로 BRACKET (L-TYPE)로 제작하여 설치한다.

5.7.6 시험

(1) 수압시험 또는 기압시험

① 수압시험 또는 기압시험은 그 일부 또는 전 배관에 대해 은폐 되메우기 전에 다음 표의 수압 또는 기압에 의해 시험을 하고 배관에서는 누수/누기를 감시한다. 그리고 최소 유지시간은 수압시험의 경우 60분, 기압시험시 10분으로 한다.

시 험 구 분			기 준		
소화설비의 종류			선택밸브가 있을 때		선택밸브가 없을 때
			용기출구로부터 선택밸브까지	선택밸브로부터 말단 분사헤드까지	용기출구로부터 말단 분사헤드까지
NAFS-III	2.5 MPa	35	35	최고 사용압력(초기압력강화 계산을 하여 얻은 값) × 1.1	
	4.5 MPa	40	40		

② 가스방출 시험 : 각 방호구역 또는 방호대상물마다 설치되어 있는 수동 기동 장치를 조작하고 자동기동장치에 있어서는 감지기를 작동시켰을 때 소정 음량의 음향정보 장치가 울린 후에 방출용 스위치를 조작했을 경우 방호구역 또는 방호대상물에 적용 하는 선택 밸브가 정확하게 작동하고 분사헤드에서 가스가 방출되지 않으면 아니된다. 이 경우 방호구획의 출입구 등에 설치된 "NAFS-III가스방 등" 표시등이 정확하게 점등하지 않으면 아니된다. 다만, 4.2 MPa 가압의 NAFS-III를 사용하는 것에 있어서는 약제량의 1/30 이상의 이산화탄소를 각 구역으로 방출한다.

5.8 INERGEN소화설비 시방서

5.8.1 일반사항

이 시방서는 내무부 고시 제1995-28 (1995.8.11)에 명시된 「청정소화약제의 종류 및 소화설비의 기술기준」 중 불연성 · 불활성기체 혼합가스(IG-541)의 모든 사항에 준용한다.

5.8.2 기술 시방서

(1) 청정소화약제

미국 ANSUL사 특허 INERGEN GAS로서 한국소방검정공사 검정품이어야 한다.

① 약제성분 : N_2 52%, AR 40%, CO_2 8%
② 용기당 약제량 : 12.4 m^3
③ 용기 내 저장압력 : 15.3 MPa

(2) 저장용기

INERGEN GAS를 저장하는 Cylinder로서, 한국고압가스 안전관리법에서 정하는 용기 검사에 합격한 제품이어야 한다. 화재시 해당 CO_2기동용기의 압력을 이용하여 방호구역별 Master Cylinder가 기동 방출되고, 이 방출된 INERGEN GAS는 옆에 위치한 필요한 수량의 Slave Cylinder를 개방시켜 선택밸브를 통하여 방호구역으로 INERGEN GAS를 방출한다.

(3) 용기밸브

ANSUL사의 Model CV-90으로 GAS충전압력게이지와 안전밸브가 장착된다.
Master Cylinder의 용기밸브에는 수동기동장치(Lever Release Actuator)를 부착하여 수동으로 용기밸브 개방이 가능하여야 한다.

① 재질 : Brass
② 안전밸브 작동압력 : 204~232 kg/cm^2
③ 수동기동장치 : Lever Release 타입
(방호구역별 Master Cylinder에만 부착되며, Slave Cylinder에는 부착되지 않음)

(4) 프랙시블 튜브(Flexible Tube)

실린더 밸브와 집합관을 연결하는 튜브로서, 자체로서는 용기밸브연결구쪽에 용기 분리시 사용되는 역지변의 구조를 갖추나, 용기밸브와 체결된 상태에서는 역지변 기능이 없다.

① 재질 : Wire Braided 고무호스/Brass Coupling
② 내압시험압력 : 250 kg/cm²
③ 규격 : 15A × 480 mmL

(5) 집합관 역지밸브(Manifold Check Valve)

실린더 집합관에 설치하여 화재시 CO_2기동용기에 의하여 개방된 Master Cylinder에 방출된 INERGEN GAS로 해당방호구역의 Slave Cylinder만을 개방시키도록 유도하는데 사용된다.

① 재질 : S25C(주강)
② 내압시험압력 : 250 kg/cm²
③ 규격 : 25～150A 후렌지식밸브(상대후렌지 포함)

(6) 기동용기 SET

기동용기 SET는 CO_2 기동용기, Solenoid Valve, Pressure Switch, 외함으로 구성되며, 화재시 Solenoide Valve의 기동으로 CO_2 Pilot Cylinder의 봉판을 파괴시켜 CO_2를 방출시킨다.
6 mm 동관을 통하여 방출된 INERGEN GAS의 압력을 받아 가스방출표시등 점등 및 환기휀의 정지, 자동문폐쇄, 경보용의 출력접점을 준다.

① CO_2기동용기 : 1 L/CO_2 0.65 kg
② Solenoid Valve : DC24V / 1.5A
③ Pressure Switch : 1.5 kg/cm² 작동
④ 외함 : 360 mmW × 110 mmD × 460 mmH

(7) 동관 역지밸브(Pilot Check Valve)

CO_2기동용기와 선택밸브 및 Master Cylinder사이의 CO_2기동관에 설치하는 역지밸브는 해당 방호구역의 선택밸브와 Master Cylinder기동에 필요한 CO_2 가스압력을 유도하는데 사용된다.

① 재질 : Brass
② 내압시험압력 : 165 kg/cm²

③ 규격 : 6A 동관연결식 밸브

(8) 릴리프밸브 (Relief Valve)

릴리프 밸브는 CO_2 누설로 인한 INERGEN Cylinder의 오동작을 방지하기 위하여 CO_2 기동관에 부착된다.

릴리프 밸브는 저압시 개방되고 고압시 폐쇄된다.

① 재질 : Brass
② 내압시험압력 : 165 kg/cm²
③ 폐쇄압력 : 1.5～3 kg/cm²
④ 규격 : 6A 동관연결식 밸브

(9) 선택밸브(Selector Valve)

단일집합관으로 다수의 방호구역을 방호하는 경제적인 System을 구성하는 경우에, 선택밸브를 이용하여 화재시 해당방호구역에만 약제를 방출한다.

선택밸브의 기동은 CO_2기동용기의 압력을 이용한다.

① 구동방식 : Pneumatic Operation
② 재질 : Brass(15～100A)
탄소강 SCPH2 (125～150A)
③ 내압시험압력 : 250 kg/cm²
④ 수동기동장치 : Lever Release 타입
⑤ 규격 : 15～40A NPT 나사식밸브
50～150A 후렌지식밸브(상대후렌지 포함)

(10) 감압장치

선택변 전단에 설치되며, 방출되는 INERGEN GAS의 흐름을 제한시켜서 분사헤드까지의 배관에 필요한 압력으로 적절히 감압하는 역할을 한다. 감압장치의 Orifice 크기는 ANSUL사의 Computer Flow Calculation에 의하여 산정되어야 한다. 기동은 CO_2기동용기의 압력을 이용한다.

① 감압방식 : Orifice형 감압
② 재질 : Brass (15～40A), 단조강 SFVC 2A (50～150A)
③ 내압시험압력 : 250 kg/cm²

④ 규격 : 15~40A NPT나사식 Orifice Union
50~150A Orifice Plate(선택변 상대후렌지 사이에 끼움)

(11) 안전밸브

선택밸브 헤다(Header)에 설치하여 과대한 압력발생시 밸브내부 봉판을 파괴하여 배관을 보호하는 역할을 한다.

① 재질 : Brass
② 작동압력 : 153~230 kg/cm²
③ 규격 : 15A 나사식 밸브

(12) 분사헤드

한 개의 분사헤드가 방호할 수 있는 최대범위는 가로 9.8 mm × 높이 3.7 mm이며, 천정높이가 3.7 m 이상일 경우는 3.7 m 이하의 높이에 분사헤드를 측벽형으로 별도 설치한다.

분사헤드의 Orifice크기(분구면적)는 ANSUL사의 Computer Flow Calculation에 의하여 선정되어야 한다.

① 재질 : Brass
② 방출압력 : 22.8 kg/cm² 이상
③ 규격 : 15~40A 나사식 노즐

(13) 담파폐쇄장치(Piston Releaser)

방호구역에 방출된 INERGEN GAS 누설을 차단하기 위하여 공조용 등으로 설치된 Damper를 폐쇄시키는 장치이다. 방출배관에서 6A 동관으로 Damper에 연결하여 INERGEN GAS의 압력을 이용한다. 폐쇄된 Damper를 복구시키기 위한 복구조작함도 설치하여야 한다.

① 재질 : Brass
② 내압시험압력 : 165 kg/cm²
③ 작동압력 : 7 kg/cm²
④ 규격 : Piston Releaser Strock 56.5 mm/복구조작함
100 W × 60 D × 120 mmH

(14) 가스방출표시등

INERGEN GAS 방출시 INERGEN 수신기는 INERGEN GAS 방출을 표시하는 가스방출

표시등을 점등시켜야 한다.

방호구역의 출입구 상단에 설치한다.

① 재질 : Steel Enclosure with Plastic Board
② 정격 : DC24V / 0.85A
③ 규격 : 300 mmW × 75 mmD × 100 mmH

(15) 수동조작함

화재시 수동으로 INERGEN System을 기동시킬 수 있는 수동조작함을 방호구역의 출입구에 설치하여야 한다. 조작부의 설치 높이는 바닥면에서 0.8 m 이상 1.5 m 이하로 한다.

① 재질 : 난연성 ABS 수지
② 정격 : DC24V
③ 규격 : 160 mmW × 85 mmD × 200 mmH

(16) 전자사이렌

INERGEN Gas의 방출 전에 음향을 발하여, 방호구역내의 모든 사람에게 INERGEN Gas 방출을 알리기 위한 것으로서, 수동식에 있어서는 수동조작함과 연동하고, 자동식에 있어서는 화재감지기와 연동한다.

① 재질 : 난연성 ABS 수지
② 정격 : DC24V / 0.92A
③ 규격 : 115 mmDia 원형, 93 dB at 1m

(17) 화재감지기

연기식, 열식, 불꽃감지기 등 방호구역에 적합한 한국소방검정공사 검정품이어야 하며 2개의 회로구성(A · B 교차회로)에 적합하여야 하며, 30초 이내의 방출시간 지연을 위한 Timer 기능이 있어야 한다.

① 재질 : Manufacturer's Standard
② 정격 : DC24V
③ 제조업체 : 신화전자 또는 동방전자

5.8.3 공사 시방서

(1) 저장용기의 설치

공급된 용기고정철물(Cylinder Bracketing)을 현장조립하여 기초 볼트를 견고하게 조인 후 저장용기를 Cylinder Clamp 등으로 고정시킨다. 용기 저장실이 협소하여 2층으로 배열하는 경우에는 2층 저장용기의 무게를 견딜 수 있는 견고한 2층 구조물을 현장에서 설계 및 설치하여야 한다.

(2) 배관의 설치

① 배관재료 : 파이프 및 부속은 아연도금의 방식처리를 한 것이어야 하며 상세 재질은 다음과 같다.

DESCRIPTION	ORIFICE UNION 전단	ORIFICE UNION 후단
PIPE FITTING 80A 이하 FITTING 100A 이상	Seamless Steel Sch 80 Socket Weld 3000 Ib Butt Weld Sch 80	Seamless Steel Sch 40 Butt Weld Sch 40 Butt Weld Sch 40

② 배관지지 : INERGEN 방출시의 충격을 고려하여 용기 집합관 및 선택밸브헷다 등을 견고하게 지지한다. 분기배관의 관하중을 견딜 수 있고 배관의 설치위치에서 안전하게 지지되어야 하며, 가스 방출시 배관의 흔들림이 없어야 하므로, 현장에서 앵글 500 mm × 50 mm × 6 mmt 이상으로 BRACKET를 제작 설치하여 U-BOlt로 고정한다. 배관지지 간격은 다음과 같다.
상세재질은 다음과 같다.

배 관 경	간 격
15～20A 25～40A 50A 이상	2m 3m 5m

③ CO_2기동관(Pilot Tube) : CO_2 기동관은 열처리 동관(외경 6 mm, 내경 4 mm)을 사용하여야 하며, 소정의 공구를 사용하여 직각으로 절단 후, 내면의 흠집은 깎아내고 동관 Flare 가공시 흠이나 편심 등이 없도록 주의하여야 한다. 동관작업을 할 때는 몇 번 구부렸다 펴서 경화되지 않도록 한다.

(3) 화재감지기 및 INERGEN제어반의 설치

화재감지기는 방호구역의 여건을 감안한 적용감지기를 설치하고 2개의 회로구성(A · B 교차회로)을 한다. INERGEN 제어반은 화재시 연소위험이 적은 장소로서 관리를 충분히 할 수 있는 장소에 설치한다. INERGEN 소화설비 제어반에 연동회로를 설치하여 방재실과 연동회로를 구성한다.

(4) 시험

① 배관누설시험 : 모든 배관을 폐쇄된 상태에서 공기압력을 10 kg/cm²으로 10분간 유지시켜 누설이 없어야 한다.

② 기동장치시험 : Solenoid Valve를 CO_2기동용기로부터 분리하여 수동조작함 또는 INERGEN 제어반에서 조작할 때, Solenoid Valve가 확실하게 기동하는지를 확인한다. 자동기동장치에 있어서는 감지기 등을 작동시켰을 때 Solenoid Valve가 기동되어야 한다.

③ 방출시험 : 각 방호구역 마다 설치되어 있는 수동 조작함을 작동시켰을 때 또는 감지기를 작동시켰을 때, 음향경보 장치가 울리며 INERGEN Cylinder가 개방되고 해당 방호구역의 선택변이 확실하게 작동하여 분사헤드에서 Iinergen Gas가 방출되어야 한다. 이 경우 방호구역의 출입구 등에 설치된 INERGEN 방출을 표시하는 표시등이 점등되지 않으면 안 된다. 방출시 모든 개구부는 폐쇄되어야 하며, 이때의 방출시간(1분 이내)과 방출농도(부피기준 37.5～42.8%)가 설계계산서와 일치하는지를 확인한다.

5.9 FM-200 화재진압설비

5.9.1 기술적 요건

(1) 시스템 구성품

본 시방서는 소화약제로 FM-200을 사용하는 고정식 자동소화설비에 대하여 그 요건들을 규정한다. FM-200 자동소화설비는 아래와 같이 장비가 들어있는 주거 지역에서 사용할 수 있게끔 설계되어야 한다.

① 통신장비
② 전자 데이터 처리장비
③ 공정 제어실
④ 전기 스위치 기어
⑤ 고가 또는 중요한 장비
⑥ 고가의 의료설비
⑦ 도서관, 박물관, 화랑
⑧ 가연성 액체

① FM-200 소화설비를 구성하는 감지설비, 저장용기, 밸브, 경보장치 및 방출장치 등의 주요 구성품들은 소방시스템의 신뢰성을 증대시킬 수 있고 소방의 보전성을 향상시킬 수 있는 가능한 최선의 방책으로서 단일 통합시스템을 조달할 수 있도록 단일 제조회사가 설계, 제조, 공급하는 것이어야 한다.

구성품들은 U.L 또는 F.M의 인증을 취득한 것으로서 특히 감지장치, 제어반, 경보장치, 방출장치 및 신호기기 등은 1개의 시스템의 구성품으로서 서로 호환성이 있는 것이어야 한다.

② 연소 및 화재로 인한 발생되는 연기 또는 열의 감지기는 U.L 또는 F.M의 인증을 취득한 장치로 이루어져야 한다.

③ 경보신호, 시스템의 감지 및 약제 방출 등의 출력은 U.L 또는 F.M.의 인증을 취득한 장치로 이루어져야 한다.

④ 경보신호, 시스템의 감지 및 약제방출등의 출력은 U.L 또는 F.M의 인증을 취득하고 예비용 배터리를 가진 제어반에 의해 이루어져야 한다.

⑤ FM-200 약제의 방출은 제어반에서 솔레노이드 기동방출장치로 나가는 전기적 출력에 의해 이루어져야 하며, NFPA 2001 및 국내 청정소화약제 소화설비기술 기준에 규정된 요건에 따라 이루어져야 한다.

(2) 시스템의 고려사항 및 요건

시스템의 효율과 발주자의 만족을 보장하기 위하여, 시공자는 시방에 들어가 있는 모든 장비와 관련품들을 관련 도면들에서 기술된 바대로 전기적으로 완벽히 감시되는 시스템이 구성될 수 있도록 설계, 공급, 설치 및 시험하여야 한다.

① 시스템의 도면 : 계약자는 특히 1/8″ 이상의 문자로 된 치수가 매겨지고 복사하기에 용이한 도면들을 작성하여야 한다. 이들 도면에는 모든 시스템 구성품 각각의 수량, 위치 및 마크 등이 표시될 것이다. 또한 모든 배관에 대한 설명과 관로도 포함시켜야 한다. 컴퓨터 유속계산에서는 압력의 변화, 흐름율, 배관 및 노즐의 크기 등을 상세히 기술하여야 한다. 방호구역의 특수한 경우를 제외하고는 소화약제가 10초 이내에 방출될 수 있도록 보장하기 위하여 모든 약제저장용기를 가급적 방호구역 가까이에 위치하도록 주의를 기울여야 한다. 모든 연동기능에 대한 설명을 비롯하여, 시스템의 전기배선도를 제공하여야 한다.

제작에 앞서 승인을 받을 수 있도록, 전체 도면 4부를 발주자와 관계기관에 제출하여야 한다.

② 시스템의 점검, 발주자 교육 및 승인 : 설치가 완료된 후에는, 현장에서 계약자와 회의가 열려야 한다. 이 회의에는 장비 공급자 및 발주자측 담당요원도 함께 참석하여야 한다. 계약자는 발주자측에 담당요원들에게 시스템의 기능에 대한 시험도 실시될 것이다. 계약자는 이러한 시험을 실시하기 위해 필요한 인원과 장비를 제공하여야 한다. 계약자는 실시된 기능시험에 대한 문서상의 개요는 물론이고 완전한 작동 및 유지보수 매뉴얼을 발주자에게 제공할 것이다. 계약자는 시스템에 대한 반기별 검사를 수행할 수 있는 역량이 있어야 하고 또 한 시스템이 작동되었을 때 24시간 이내에 시스템 전체를 개보수 할 수 있는 장비를 갖추고 있어야 한다.

③ 시스템의 유지관리 : 발주자가 검토할 수 있도록 유지관리 계약서 1부를 제출하여야 한다. 그러나 이 계약서는 수용될 수도 있고 수용되지 않을 수도 있다.

④ 설치 : 모든 작업은 NFPA 2001 및 NFPA 72과 국내 소방법규에 따라 고도의 숙련도로 수행하여야 한다. 방호구역의 특수한 상황을 제외하고는, 모든 개구부는 시스템 설치시 밀폐시켜 누설을 방지하고 완벽한 시스템을 유지하도록 하여야 한다.

⑤ 하자보증 : 시스템은 준공일로부터 적어도 1년간 부품 및 작업에 대한 보증이 이루어져야 한다. 계약자는 보증상태를 유지하기 위하여 보증기간 동안 실시하여야 할 유지관리 사항들을 명시하여야 한다.

5.9.2 일반적 사항

(1) FM-200 소화설비 시스템에는 예비경보와 자동약제방출을 위한 장치의 제공과 함께 감지 및 제어설비가 포함되어야 한다.

(2) 이러한 감지 및 제어설비에는 열감지기 또는 광전식 및 이온화식 연기감지기를 사용하여야 한다. 1개의 감지기가 작동되면 경보신호가 발하고, 두 번째 감지기가 작동되면 예비방출상황이 개시되어야 한다. 단, 1개 감지회로의 경보만 수신하더라도 즉시 제어반이 방출기능을 작동시킬 수 있도록 현장에서 프로그래밍 가능한 선택사양을 사용할 수도 있어야 한다.

(3) 화재진압설비의 부설비는 FM-200을 고속으로 방출하여야 한다. FM-200의 균일한 소화농도는 70°F(21℃)에서 7% 부피농도 또는 시스템/약제 제조회사가 이보다 높은 농도를 권장할 경우에는 그 농도 수준을 유지하여야 한다.

(4) FM-200은 미 교통부 사양(D.O.T. Specification) 4BA 또는 4BW를 준수하는 모듈식 또는 중앙저장식 합금철재 저장용기에 하여야 하며 또한 차압밸브를 장착하고 있어야

한다. FM-200용기를 재충전하는데 있어서 교체부품은 필요치 않아야 한다.

(5) FM-200은 차압밸브를 통해 약제를 방출시키는 솔레노이드 기동장치를 작동시켜 방출되어야 한다. 폭발성 또는 불꽃성 장치들을 사용하는 시스템은 허용되어서는 안 된다. 방호구역의 특성상 연장방출이 필요한 경우를 제외하고는, NFPA표준2001 및 국내 청정소화약제 소화설비기술기준에 따라 설비의 방출시간은 10초 이내이어야 한다.

(6) 모든 시스템 구성품은 신품으로 현재 제조되는 것이어야 하며, 또한 국내 소방법규에 따라 설치되어야 한다.

5.9.3 구성품

(1) 이온식 연기감지기

필요한 경우, 계약자는 도면에 표시된 지점에 이중실 구조의 이온식 연기감지기를 공급하고 설치할 수도 있다. 감지기 몸체와 회전잠금식 베이스의 혼합은 FM-200제어반과 호환성이 있는 것으로서 U.L의 인증을 취득한 것이어야 한다.

감지기는 육안으로 감시할 수 있도록 LED가 점멸상태이어야 한다. 감지기가 작동하면 점멸하는 LED는 지속적으로 밝게 반짝일 것이다.

감지기는 제어반의 'RESET' 스위치를 작동시켜 재 Setting 할 수 있다. 감지기는 감도는 몸체를 분리하지 않고서도 모니터링 할 수 있어야 한다. 계측기 시험지정은 감지기 몸체 외부상의 접근하기 쉬운 곳이 되어야 한다.

(2) 광전식 연기감지기

필요한 경우, 계약자는 연기감지기를 도면상 표시된 지점에 공급하고 설치 할 수 있다. 감지기 몸체와 회전잠금식 베이스의 혼합은 FM-200 제어반과 호환성이 있는 것으로서 U.L의 인증을 취득한 것이어야 한다.

감지기는 육안으로 감시할 수 있도록 LED가 점멸상태이어야 한다. 감지기가 작 동하면 점멸하는 LED는 지속적으로 밝게 반짝일 것이다. 감지기는 제어반의 'RESET' 스위치를 작동시켜 재 Setting 할 수 있어야 한다. 감지기의 감도는 몸체를 분리하지 않고서도 모니터링 할 수 있어야 한다. 계측기 시험 지점은 감지기 몸체 외부상의 접근하기 쉬운 곳이 되어야 한다.

(3) 감지기

몸체는 소제, A/S 또는 계측기로 이온화식 및 광전식 감지기의 감도를 모두 점검할 수 있다. 감지기는 입력전압 범위 10.2～36.8 VDC 이상에서 작동하여야 한다. 오경보의 가능성을 최소화하기 위해 20 volt/meter까지 견딜 수 있는 전압 및 과도전류 억제기술이 사용되어야 한다. 감지기는 U.L의 인증을 취득한 것이어야 한다.

(4) 열감지기

열감지기는 보상식－정온식의 것이어야 한다. 정온 온도의 세팅은 NFPA 72 권고사항에 따라야 한다.

(5) 수동조작함

수동조작함은 주요 출구지점과 도면에 나와 있는 지점에 또는 시스템 구성상에 나타나 있는 대로 위치하여야 한다. 수동조작함은 제어반과 함께 사용될 때 자동소화설비를 수동으로 방출시키는 수단을 제공하여야 한다. 수동조작함은 우연에 의한 작동을 방지하기 위하여 이중 작동식이어야 한다. 열쇠 또는 특수한 공구로 재 Setting 할 때까지는 작동이 된 스위치는 작동된 위치에 그대로 두어져 있어야 한다.

(6) 시스템 작동중지장치

시스템 작동 스위치는 각 출구지점과 도면에 나와 있는 대로 또는 시스템 구성상에 나타나 있는 대로 설치되어야 한다. 화재상황일 때 이 시스템 작동중지스위치를 작동할 경우 제어반에 "시스템 작동중지"신호가 보내져야 한다. 경보 상황이 아닌 때 이 시스템 작동중지스위치를 작동할 경우에는 별도의 "고장" 표시가 나타나야 한다. 시스템 작동스위치가 작동될 때 제어반이 작동중지신호를 수신했음을 인지하는 음향인지의 일종으로서 음향경보표시가 바뀌어져야 한다. 시스템 작동스위치는 순간적으로 "dead man"식(손을 눌렀다 뗄 때까지 소화 약제의 방출이 중지됨)이어야 하며 또한 작동스위치에 놓여 있을 때 소화 약제의 방출을 중지하도록만 되어있어야 한다.

(7) 시청각 경보장치

경보모드에 돌입즉시, 경보음향이 울려야 한다. 이 경보장치는 충분히 감시할 수 있도록 분극되어야 하고 청각 장애자들을 위한 신호장치로서 U.L의 인증을 취득한 것이어야 한다.

시청각 경보장치는 단일 신호회로에서 작동될 수 있어야 하며, 청각장애자들을 위한 높은 dBA를 선택할 수 있는 것이어야 한다.

(8) 전기제어장비

① 계약자는 화재진압제어반을 공급하고 설치하여야 한다. 제어반은 U.L표준 864에 따라 U.L의 인증을 취득하고 또한 F.M.의 인증을 취득한 것이어 야 한다.

② 제어반은 NFPA 2001에 따라 청정소화약제 소화설비에 사용될 수 있도록 인증을 취득한 것이어야 한다.

③ 2개의 감시용 경보감지회로가 제공되어야 한다. 각 감지회로는 접촉형 감지장치와 호환성이 있어야 한다. 2개의 감지회로 가운데 어느 1개 회로로부터 첫 번째 경보 신호가 발하면 첫 번째 경보 릴레이가 작동되고 신호출력회로에 펄스식 신호가 개시되어야 한다.

남은 감지회로에 두 번째 경보신호가 발하면 예비방출타이머가 카운트다운 순서를 개시하고 그리고/또는 신호회로출력에 계속적으로 신호가 울리도록 작동시켜야 한다. 1개 감지회로의 경보만 수신하더라도 즉시 제어반이 방출기능을 작동시킬 수 있도록 현장에서 프로그래밍 가능한 선택사양을 사용할 수도 있어야 한다.

이러한 방식으로 프로그래밍 되었을 경우, 제어반의 신호출력 및 경보 릴레이는 두 번째 감지회로가 경보상태에 이미 돌입한 때와 마찬가지의 반응을 보여야 한다.

④ 현장에서 선택할 수 있는 시간지연 기능이 두 번째 감지회로의 작동으로 개시될 수 있어야 한다. 시스템을 작동 중지시키거나 또는 적절히 재 Setting 하지 않는 한, 기능이 완료되는 즉시 방출 출력과 지속적인 방출경보신호가 개시되어야 한다.

⑤ 감시용 시스템 작동중지회로는 제어반 전면에 설치될 수 있는 시스템 작동중지스위치 또는 원격설치용 시스템 작동중지 스위치를 통하여 작동될 수 있어야 한다. 이 스위치가 작동되면, 약제의 방출 카운트다운 타이머가 가동을 중지하고 한 가지 프로그래밍 모드로 10초단위에서 멈추고 또 다른 프로그래밍 모드로 초기값으로 재 Setting 되어야 한다.

열감지기와 같은 N.O.접촉형 경보입력장치를 연결할 수 있도록 감시용 수동 방출 회로를 제공되어야 한다. 수동방출스위치는 제어반에 전면에 설치할 수도 있어야 한다.

수동방출스위치 또는 수동방출 입력회로에 의해 작동되는 방출출력은 시스템 작동 중지스위치와 시간지연 타이머 기능을 무효화시키는 것이어야 한다.

⑥ 방출출력은 감시되어야 하며 청정소화약제 소화설비와 호환성이 있는 것이어야 한다.

⑦ 감지회로, 경보회로 및 방출회로에 연결되는 모든 연결부위는 단락과 접지사고 여부를 감시할 수 있어야 한다.

⑧ FM-200 약제방출밸브를 작동시키는 솔레노이드 제어헤드가 제공되어야 한다. 제어헤드출력은 감시되어야 하며 또한 제조 회사의 전기기동식 솔레노이드 제어헤드와 호환성이 있는 것이어야 한다.

⑨ 경보 및 고장표시는 단일의 시스템 'RESET' 스위치에 의해 재 Setting 되어야 한다.

⑩ 모든 배터리 연결부위와 플러그는 단락 여부를 감시할 수 있어야 한다. 배터리 전압, 극성 및 입력전원 등은 감시할 수 있어야 한다. 고장상태는 음소거 할 수 있는 음향신호 및 LED 고장신호의 점멸로 표시되어야 한다. 경보상태는 고장상태는 고장표시를 무효화시킬 수 있어야 한다.

제어장치는 전자적으로 보호조치가 24 VDC 전원장치를 포함하여야 한다.

제어장치에 퓨즈가 사용되어서는 안 된다. AC 전원이 손실될 경우 자동으로 예비용 배터리로 전환되는 것과 함께, 일체구비형의 배터리 충전기가 제공되어야 한다.

(9) 부소화설비

① 시스템은 최소한 7% 부피농도의 소화약제를 제공할 수 있도록 설계되어야 한다. 시스템은 NFPA 2001의 성능 매개변수를 충족할 수 있어야 한다. 소화시스템은 아래의 구성품들을 포함하는 것이어야 한다.

- 밸브가 장착된 약제저장용기
- 분사노즐
- 솔레노이드 기동식 방출장치
- 설치용 브라킷
- FM-200 약제

② FM-200 약제는 저장용기에 저장되어야 한다. 이 저장용기는 FM-200을 1파운드씩 충전할 수 있는 것이어야 한다. FM-200 약제는 제어반으로부터의 직접적인 출력에 의하여 방출되어야 하며, 그러할 경우 방출 장치의 솔레노이드가 작동될 것이다. FM-200 약제는 액체상태로 용기에 저장되며, 77°F(25℃)에서 66.4 psi의 자체 증기압을 갖고 있다.

약제의 방출과 분산을 원활히 하기 위하여, 용기는 건조한 질소가스로 70°F(21℃)에서 360 psi로 가압되어야 한다. 저장용기는 미 교통부의 인증을 취득한 4 BA 또는 4 BW구조로 된 것이어야 한다. 고압의 이음매 없는 철재용기는 사용되어서는 안 된다. 용기의 밸브는 황동으로 된 것이어야 한다. 기타 재질로 된 밸브는 사용되어서는 안 된다.

③ 방출장치는 용기를 비우지 않고서도 쉽게 용기로부터 분리할 수 있어야 한다. 용기

로부터 분리되어 있는 동안, 방출장치는 작동될 수 있는 것이어야 하며, 또한 작동 후에도 부품을 교체할 필요가 없는 것이어야 한다.

약제를 방출시키기 위하여 폭발장치를 사용하는 것은 허용되어서는 안 된다. 시스템이 방출된 후에도 가스켓, 윤활유 및 FM-200약제를 제외하고는 어떠한 부품도 교체할 필요가 없는 것이어야 한다. 디스크, 도화폭관 또는 재충전 비용에 추가되는 기타부품 등의 교체를 요하는 시스템은 사용되어서는 안 된다. 날짜가 적혀진 수명이 있고 정기적으로 교체해야 하는 구성품을 갖고 있는 시스템은 사용되어서는 안 된다.

④ 방출장치 또한 전체적인 전기장치의 고장 발생시 방출수단을 제공할 수 있도록 직접 기계적으로 작동될 수 있는 것이어야 한다. 이 장치는 수동레버와 그리고 시스템을 기계적으로 작동시키는 방법에 관한 명확한 지침이 적힌 표찰과 함께 제공되어야 한다.

⑤ FM-200저장용기는 안전파열판과 함께 제공되어야 한다. 고온으로 인하여 내부압력이 증가할 경우, 이 안전판이 파열되어 그 내용물이 용기의 파열압력에 도달하기 전에 배출될 수 있어야 한다. 이러한 압력계는 용기의 필수부분이어야 하며, 압력눈금을 빨리 인지할 수 있도록 칼라코드로 되어 있어야 한다.

⑥ 모든 용기의 표준장비로서 저압 스위치(감시용 압력스위치)가 제공되어야 한다. 압력이 감소할 경우, 제어반에 고정상태가 표시될 것이다.

⑦ FM-200을 분사하기 위하여 분사노즐이 사용되어야 한다. 노즐은 암나사산을 가진 황동으로 된 것이어야 하며, 1～2″ 크기로 구입 가능한 것이어야 한다.

노즐의 크기는 각각 180° 및 360° 분사패턴의 2가지 유형으로 사용 가능하여야 한다. 사용되는 노즐은 F.M 및/또는 U.L의 인증을 취득한 것이어야 한다.

⑧ 각 FM-200시스템은 시스템 내의 모든 저장용기를 방출시키는 솔레노이드 기동식 방출장치 1개를 사용하여야 한다. 각 방출장치는 별도로 직렬 배선으로 감시되어야 하고 또한 제어반으로부터 직접 작동되어야 한다.

⑨ 소화약제는 FM-200이어야 한다.

5.9.4 작동순서

시스템은 경보상태에 있는 2개의 감지기에 의하여 작동되도록 설계 및 설치되어야 한다.

(1) 1개의 감지기의 작동

① Horn and strobe가 단속음을 발한다.
② 필요한 경우, HVAC장비의 차단과 같은 필요한 제어기능을 수행한다.
③ 필요한 경우, 모든 비상 발전기의 시동을 차단 및/또는 정지시킨다.
④ 방호지역 내로 들어가는 문이 있을 경우 모든 문을 닫는다.

(2) 두 번째 감지기의 작동시

① 단속적으로 울리던 Horn and strobe는 계속적으로 울리는 상태로 전환되어야 한다.
② 필요할 경우 시간지연장치를 작동시킨다. 시간지연장치는 FM-200의 방출을 지연시켜야 한다. 시스템 작동중지스위치가 시간지연기능이 진행되는 동안 작동되지 않는 한 FM-200은 이러한 시간지연이 끝났을 경우 방출되어야 한다.
시스템 작동중지스위치를 놓을 때까지 이 모드를 유지시켜야 한다. 시간 지연을 재 Setting 시킨 후 풀카운트까지 유지시켜야 한다. 시간지연상태가 카운트다운 되어 10초단위로 유지될 수 있도록 하여야 한다. 시스템상태가 카운트다운 되어 10초 단위로 유지될 수 있도록 하여야 한다. 시스템 작동중지스위치를 놓자마자 FM-200 제어반에 있는 "RESET" 스위치를 작동시켜 전체 시스템을 정상으로 복구시키지 않는 한 시간지연 사이클이 재개될 것이다.
③ 시스템 작동중지스위치를 작동할 경우, 적절한 작동중지 상태를 인지하여 음향 신호가 바뀌게 될 것이다.

(3) 약제의 방출

① 적절한 라벨이 붙은 플래시라이트에 전원이 공급된다.
② 필요한 경우, 건물주의 모니터링 장비에 신호를 보낸다.
③ 전자발신 장치로부터 출력을 계속 제공한다.
④ 시스템은 각 방호 구역마다 수동조작함에 의하여 작동될 수 있어야 한다.
수동조작함을 작동시킬 경우, 시스템이 자동으로 작동된 것과 똑같이 경보장치와 차단장치가 작동되어야 하고 또한 약제가 즉시 방출되어야 한다. 시간지연 순서가 시작되어야 한다. FM-200은 이러한 시간지연이 끝났을 때 방출되어야 한다. 수동조작함을 작동할 경우, 모든 시스템 작동중지 스위치를 무효화 시켜야 한다.

5.9.5 시스템의 설계

(1) 시스템의 설계와 흐름 계산은 시스템의 신뢰도와 보전성을 보장하기 위하여 U.L의 인증을 취득하고 또한 F.M의 인증을 취득한 컴퓨터 설계 소프트웨어를 사용하여 이루어져야 한다(국내 소방검정공사로부터 FI인증을 득한 프로그램).
(2) 컴퓨터의 설계 소프트웨어를 사용한 설계 및 유속계산의 결과 NFPA2001 및 국내 청정 소화약제 소화설비기술기준에 의거하여 소화약제의 방출이 10초 이내에 이루어짐을 입증하여야 한다.
(3) 계약자는 컴퓨터 설계 소프트웨어를 사용한 설계 및 유속계산의 결과로 산출된 아래와 같은 사항이 포함된 자료시트를 제출하여야 한다.

① 최저설계농도와 예상농도
② 필요한 약제량
③ 방출시간
④ 배관사양
⑤ 배관부속류의 수량
⑥ 각 노즐별 약제방출 필요량과 예상방출량
⑦ 배관 설계도면
⑧ 각 노즐별 압력과 규격

5.9.6 시험 및 승인

(1) 최종적인 시험 및 승인은 발주자의 대표(대리인) 및 관계기관이 참석한 가운데 실시되어야 한다.
(2) 시험에서는 전체 제어시스템이 의도된 대로 기능하는 것이 입증되어야 한다.
모든 회로, 즉 자동방출, 수동방출, 장비의 차단, 경보장치 및 저장용기의 압력 등을 시험하여야 한다. 또한 각 회로의 감시기능에 대한 시험도 이루어져야 한다. 각 감지장치는 NFPA 72E에 의거하여 재조회사가 권고하는 절차에 따라 시험하여야 한다.
(3) 배관은 폐쇄회로에서 150 psi에서 10분간 공기를 넣어 시험하여야 한다. 10분의 시간이 경과한 후 압력의 하강이 시험압력의 20%를 초과해서는 안 된다. 배관에 압력을 가할 경우, 압력은 50 psi씩 증가하도록 하여야 한다.

(4) 최종 승인의 한 가지 조건으로 계약자는 발주자 요원들에게 시스템 가동에 관한 교육을 실시하여야 한다. 이러한 교육에는 비상절차, 작동중지기능, 제어반 작동, 고장처리 절차 및 안전요건 등이 포함되어야 한다.

(5) 발주자에 의하여 승인되었을 경우, 전체 시스템은 가동상태 위치에서 두어져야 한다.

5.10 포소화전설비 공사 시방서

(1) 수원의 종류, 위치, 수량, 급수방법

① 수원은 지하 저수조를 사용하며 지하저수조에 30 m³ 이상을 항상 저장한다.

② 급수방법은 보일러실에 설치된 옥내소화전 펌프와 겸용한다.

③ 소화 수량

(2) 배관재료 및 부속

① 배관재 : KSD-3507(배관용 탄소강관) 백관을 사용한다.

② 밸브류 : 50 mm 이하는 KSD-2311(청동제 나사식 10 kg/m²) 밸브로 한다.
65 mm 이상은 KSD-2354(주철제 후렌지식 10 kg/m²) 개폐시형밸브로 한다.

③ 기타 상세한 부속 및 자재는 공통사항 참조

(3) 포 소화전

① 소화전의 규격은 1,530 × 1,200 × 380(1.5 t) 철판으로 용접 제작하며 지정색으로 마감한다.

② 소화전의 외부 및 내부는 스테인리스 철판(STS 304) 1.5 t으로 제작한다.

③ 철판 부분에는 SILK PRINT로 "포소화전"을 분명하게 명기하도록 한다.

(4) 호스 및 노즐

① 호스 : 공칭 40 mm로 길이 15 m × 2본으로 하고 소방자재 검정품으로 한다.

② 노즐 : 공칭 40 mm 황동제로서 결합금속구는 나사식이며 호스와 결합부분은 삽입식으로 한다.

(5) 포소화전 수량

6개

(6) 소화전 개폐발브

청동제 나사식으로 호칭지름 40 mm 앵글밸브로 소방자재 검정품으로 한다.

(7) 배관시공

① 포소화전은 소방대상물의 각 부분으로부터 1개의 호스 접결구까지의 거리는 25 m를 초과하지 말아야 한다.

② 포소화전설비는 당해 층의 소화전(5개 이상일 경우는 5개)을 동시에 사용하는 경우 각선단의 방수 압력이 3.5 kg/m² 이상으로 방수량이 300 Lpm 이상이어야 한다.

③ 수원에 연결하는 가압송수장치는 점검하기 편리하고 화재 등으로 인하여 피해를 받을 우려가 적은 장소에 설치하여야 한다,

④ 포소화전 개폐밸브의 위치는 바닥으로부터 1.5 m 이하에 부착하여야 한다.

⑤ 배관이 동결되지 않도록 동결방지 조치를 취하여야 한다.

⑥ 가압송수장치의 체철운전시 수온의 상승을 방지하기 위하여 체크밸브와 펌프 사이에 분기한 20 mm 이상의 배관에 체절압력 미만에서 개방되는 릴리프 밸브를 설치한다.

⑦ 가압송수장치의 작동을 나타내는 표시등은 적색으로 한다.

(8) 압력 탱크

용량 100 LIT로 하고 옥내소화전에 2 kg/m² 이상의 압력을 가할 수 있는 정도의 것으로서 압력계, 안전장치, 압력스위치 및 드레인밸브 등의 부속품을 구비한 것으로 한다.

(9) 포말소화약제 혼합장치

혼합방식의 종류 및 소화약제의 종류에 적당한 금속제로 하며 배관에 나사 또는 플렌지로 접속시킨다. 다만, 격막이 있는 혼합방식에 있어서의 격막은 금속제 이외의 재료로 하고 사용하는 포말소화약제의 종류에 적합한 유연성이 있는 것으로 한다.

(10) 포말소화약제 저장탱크

사용하는 포말소화약제의 종류에 적합한 금속제 또는 FRP제의 것으로 하고 저장하는 포말소화약제의 액압 상승 및 충격에 견딜 수 있어야 하며 포 소화전 내에 설치한다.

5.11 포소화설비 공사 시방서

5.11.1 일반사항

(1) 본 시방서에 명기되지 않은 사항은 소방관계법규(화재안전기준)에 따른다.
(2) 사용재료가 발주자 또는 감독의 재규정을 적용 받을 때에는 그 규정에 적합하거나 또는 사용승인을 받은 것으로 한다.
(3) 이 설비 공사에 사용하는 기계 및 재료는 소화설비기능에 영향을 주지 않는 구조 또는 재질로 한다.

5.11.2 기기공사

(1) 포말 헤드

황동청동, 알루미늄, 합금의 주물 또는 다이케스트, 일반구용 압연강재 등을 주재료로 하는 금속제이어야 하며 헤드를 구성하는 부품에는 기타의 금속선재, 판재 등으로서 주 재료외 동계통의 것을 사용한다.

(2) 포말소화약제 혼합장치

혼합방식의 종류 및 소화약제의 종류에 적당한 금속재로 하며 배관에 나사 또는 플랜지로서 접속시킨다. 다만, 격막이 있는 혼합방식에 있어서의 격막은 금속재 이외의 재료로 하고 사용하는 포말소화약제의 종류에 적합한 유연성이 있는 것으로 한다. 혼합방식은 프레셔프로포셔(차압혼합)방식으로 한다.

(3) 포말소화약제 및 저장탱크

사용하는 포말소화약제의 종류에 적합한 금속제 또는 F.R.P제의 것으로 하여 저장하는 포말소화약제의 액압상승 및 충격에 견딜 수 있어야 하며 약제는 AFFF(수성막포) 3%로 한다.

(4) 펌프

KSR 6303(소형원심펌프), KSB 6316(소형다단식 원심펌프), KSB 6318(양흡입 원심 펌프)의 규격에 따른다.

(5) 물올림장치(Primming Tank)

수원의 수위가 펌프보다 저위치에 있는 가압송수 장치에는 물올림장치를 하여야 하며, 유효수량이 100 L 이상으로 하고 자동적으로 감수보충을 할 수 있는 구조로서 소화전용이어야 한다.

5.12 소화용수설비 공사 시방서

소화수조 소방펌프 자동차가 채수구로부터 2 m 이내의 지점까지 접근할 수 있는 위치에 설치하여야 한다.

5.12.1 소화수조 설치

(1) 소화수조는 다음 각호의 기준에 의하여 설치하여야 한다.

① 지하에 설치하는 소화용수설비의 흡수관 투입구는 그 한 변이 0.6 m 이상이거나 직경이 0.6m 이상인 것으로 하고, 소요수량이 80 m^3 미만인 것에 있어서는 1개 이상, 80 m^3 이상인 것에 있어서는 2개 이상을 설치하며, “흡수관투입구”라고 표시한 표지를 설치하여야 한다.

② 소화용수설비에 설치하는 채수구는 소방용 호스 또는 소방용흡수관에 사용하는 구경 65 mm 이상의 나사식 결합금속구를 설치하여야 한다.

③ 채수구는 지면으로부터의 높이가 0.5 m 이상 1 m 이하의 위치에 설치하고 “채수구”라고 표시한 표지를 설치하여야 한다.

5.13 상수도소화전소화설비 공사 시방서

5.13.1 일반사항

(1) 본 시방에 명기되어 있지 않은 사항은 소방관계 법규(화재안전기준)에 따른다.

(2) 사용재료가 발주자 또는 감독의 제 규정을 적용받을 때에는 그 규정에 적합하거나 또는 사용승인을 받은 것으로 한다.

(3) 이 설비 공사에 사용하는 기계 및 재료는 소화설비 기능에 영향을 주지 않는 구조 또는 재질로 한다.

5.13.2 상수도소화용수설비 규정

(1) 상수도소화용수설비는 수도법의 규정에 의한 기준 외에 다음 각호의 기준에 의하여 설치하여야 한다.

① 상수도소화용수설비에 사용하는 소화전은 화재안전기준(NFSC 401)의 규정에 의한 것으로 하여야 한다.

② 제1호의 규정에 의한 소화전은 상수도 양수기 이후의 배관에서 분기하고 소방자동차 등의 진입이 쉬운 도로변 또는 공지에 설치하여야 한다.

③ 상수도 소화 용수설비는 당해 소방대상물의 각 부분으로부터 하나의 상수도 소화전까지의 수평거리가 상업지역, 공업지역 및 주거지역은 100 m 이내, 그 밖의 지역은 140 m 이내이어야 한다.

④ 상수도소화용수설비로서 소화수조를 설치할 경우에는 화재안전기준(NFSC 402)을 준용하여야 한다.

(2) 소화전은 소방용기계・기구의 형식승인 등에 관한 규칙에 의하여 형식승인 및 검정을 받은 것이어야 하고, 도시계획법에 의한 상업지역 및 공업지역에 있어서는 지름 250 mm 이상의 수도배관에 200 mm 이상의 소화전 또는 급수탑을 부설하여야 하며, 그 밖의 지역에 있어서는 지름 80 mm 이상의 수도배관에 호칭 지름 80 mm 이상의 소화전 또는 급수탑을 부설하여야 한다.

5.14 상수도소화용수설비 공사 시방서

상수도소화용수설비는 수도법의 규정에 의한 기준 외에 다음 각호의 기준에 의하여 설치하여야 한다.

(1) 상수도소화용수설비에 사용하는 소화전은 화재안전기준(NFSC 401)의 규정에 의한 것으로 하여야 한다.
(2) 1호의 규정에 의한 소화전은 상수도 양수기 이전의 배관에서 분기하고, 소방 자동차 등의 진입이 쉬운 도로변 또는 공지에 설치하여야 한다.
(3) 상수도소화용수설비는 당해 대지에 접하고 있는 도로 또는 공지 경계선에 따라 140 m 마다 1개 이상 설치할 것
(4) 상수도소화용수설비로서 소화수조를 설치하는 경우에는 소화용수설비에 규정된 기준을 준용할 것
(5) 소방본부장 또는 소방서장은 당해 건축물의 대지경계선으로부터 180 m 이내에 구경 75 mm 이상인 상수도용 배관이 설치되어 있지 아니한 지역의 경우에는 화재안전기준에 따른 소화수조 또는 저수조를 설치하여야 한다.
   ① 연면적 5천m² 이상인 것(위험물 저장시설 중 가스시설, 지하가 중 터널, 지하구는 제외한다)
   ② 가스시설 노출된 탱크의 저장용량 합계가 100톤 이상인 것

5.15 연결송수관설비 공사 시방서

5.15.1 일반사항

(1) 본 시방서에 명기되지 않은 사항은 소방관계법규(화재안전기준)에 따른다.
(2) 사용재료가 발주자 또는 감독의 제규정을 적용받을 때에는 그 규정에 적합하거나 또는 사용승인을 받은 것으로 한다.
(3) 이 설비 공사에 사용하는 기계 및 재료는 소화설비 기능에 영향을 주지 않는 구조 또는 재질로 한다.

5.15.2 기기 공사

(1) 송수구

① 연결송수구는 지반면 또는 바닥으로부터 0.5 m 이상 1 m 이하에 설치하여야 한다.
② 연결송수구는 쌍구형으로 하고 소형펌프 자동차가 쉽게 접근할 수 있는 위치에 설

치하여야 한다.

③ 연결송수구의 부근에는 체크밸브를 설치하여야 한다. 다만, 건식설비의 경우에는 그러하지 아니한다.

(2) 방수구

① 방수구는 바닥으로 부터 높이 0.5 m 이상, 1 m 이하의 위치에 설치할 것

② 11층 이상의 부분에 설치하는 방수구는 쌍구형으로 하여야 한다.

5.15.3 배관공사

(1) 배관공사

종류	명 칭	규 격	비 고
강관	배관용 탄소강 강관	KSD 3507	백관(아연도금)
	압력 배관용 탄소강 강관	KSD 3562	백관(아연도금)

(2) 기타 기기주위의 배관

① 플랜지 이음 및 밸브를 사용하여 기기류가 용이하게 분리되도록 한다.

② 그 중량이 기기에 직접하중을 받지 않도록 적절하게 지지, 고정시킨다.

(3) 밸브류

펌프의 흡입측에는 버터플라이 외의 밸브를 사용하며 모든 밸브류는 사용압에서 이상이 없는 구조의 것으로는 FLANGE형, 나사형을 사용한다.

(4) 지지철물

관의 신축, 동요 및 하중에 견딜 수 있는 것으로서 관경 또는 관의 재질에 적합한 충분한 지지 강도가 있는 구조의 것으로 하고 진동의 전달을 막을 필요가 있을 때 방진재가 붙은 것으로 한다.

① INSERT 철물 : 주철재 및 가단 주철재로 하고 관의 지지에 충분한 강도를 가지며 행거 등의 연결에 편리한 구조의 것으로 한다.

② 행거 철물 : 관경에 적합한 철제품으로 하고 관, 내용물 및 피복의 전중량을 지지하거나 또는 관의 지지간격 또는 관열을 제 위치에 놓는데 충분한 강도가 있는 구조로 한다.

③ 수직관 지지철물 : 관경에 적합한 철제품으로 하고 관내용물 및 피복의 전중량을 지지

하거나 또는 관의 지지간격 또는 관열을 제 위치에 놓는데 충분한 강도가 있는 구조로 한다.

(5) 관의 접합

용접 또는 FLANGE, 카프링 이음 및 나사이음으로 한다.

5.15.4 기타사항

(1) 방수 기구함은 방수구가 가장 많이 설치된 층을 기준하여 3개층마다 방수구로부터 설치하되 보행거리가 5미터 이내가 되도록 한다.
(2) 호스격납함에는 호스는 방수구에 연결하였을 때 그 방수구가 담당하는 구역의 각 부분에 유효하게 물이 뿌려질 수 있는 개수 이상을 비치하여야 한다. 이 경우 쌍구형 방수구는 단구형 방수구의 경우의 2배 이상의 개수를 설치하여야 한다.
방사형 관창을 단구형 방수구의 경우에는 1개, 쌍구형 방수구의 경우에는 2개 이상이 비치하여야 한다.
(3) 송수구 및 방수구에는 보기 쉬운 곳에 "송수구" 또는 "방수구"라고 표시하여야 한다.
(4) 동결의 우려가 있는 배관은 동결하지 않도록 보온을 하여야 한다.
(5) 높이 70 m 이상인 소방대상물에는 가압펌프를 설치하여야 한다.
(6) 최상층에 설치된 노즐선단에서의 방수 압력이 3.5 MPa 이상이어야 한다.

5.16 연결살수설비 공사 시방서

5.16.1 일반사항

(1) 본 시방에 명기되어 있지 않은 사항은 소방관계법규(화재안전기준)에 따른다.
(2) 사용재료가 발주자 또는 감독의 제 규정을 적용 받을 때는 그 규정에 적합하거나 또는 사용승인을 받은 것으로 한다. 이 설비 공사에 사용하는 기계 및 재료는 소화설비 기능에 영향을 주지 않는 구조 또는 재질로 한다.

5.16.2 기기 공사

(1) 연결살수설비

① 지하층에 개방형 살수헤드를 설치한다.

② 반자 또는 천장에 설치할 것

③ 헤드 간의 수평거리

- 연결살수설비전용헤드 : 3.7 m 이하
- 스프링클러헤드 : 2.3m 이하

④ 하나의 송수구역에 연결하는 살수 헤드는 개방형의 경우 10개 이하, 폐쇄형의 경우 20개 이하가 되도록 설치할 것

(2) 연결송수구

① 소방차가 진입하기 좋은 곳에 설치하여야 하며 구경은 100A × 65A × 65A 쌍구형으로서, 설치위치는 지면으로부터 0.5～1.0 m 이내의 위치에 설치하고 연결 살수용 송수구라고 표기한다.

② 소방 펌프자동차가 쉽게 접근할 수 있는 위치에 설치할 것

③ 쌍구형으로 할 것(단 하나의 송수구 구역에 부착하는 살수헤드 수가 10개 이하일 경우는 단구형 가능)

④ 각 송수구역마다 지면으로부터 높이 0.5 m 이상 1 m 이하의 위치에 설치하여야 한다.

(3) 기타

① 연결살수설비의 배관은 전용으로 하여야 한다.

② 개방형 헤드를 사용하는 연결살수설비의 배관은 다음 표에 의한 구경 이상의 것으로 하여야 한다.

하나의 배관에 부착하는 살수헤드의 개수	1개	2개	3개	4개 또는 5개	6개 이상 10개 이하
배관의 구경(A)	32	40	50	65	80

5.16.3 배관 공사

(1) 강관

모든 배관은 KSD 3507 배관용 탄소강관 백관을 사용한다.

(2) 배관 부속

구경 50A 이하의 것은 나사용 KS 백관부속을 사용하고, 구경 65A 이상은 용접 KS 백관부속을 사용하되 관이음은 구경 50A 이하는 나사식 소켓 또는 유니온을 사용하며, 구경 65A 이상은 내압 10 kg/cm² 용접용 후렌지를 사용한다.

(3) 밸브류

게이트밸브의 구경 50A 이하는 청동나사식 10 kg/cm²을 사용하고, 65A 이상은 10 kg/cm² 주철 후렌지 타입(개폐표시형)밸브를 사용하며, 체크밸브는 10 kg/cm² 스모렌스키형 체크밸브를 사용한다.

(4) 후렌지

모든 후렌지는 사용압력에 맞는 적합한 타입을 사용한다.

(5) 선택 밸브

① 화재시 연소의 우려가 없는 장소로서 조작 및 점검이 쉬운 위치에 설치하여야 한다.
② 송수구의 부근에 설치하고 "송수구역"이라고 표시한 표지를 하여야 한다.

5.16.4 시공 시방

관경(A)	25 이하	32	40	50	65	80	100	125	150 이상
지지간격(A)	1.5	2	2	3	3	3	4	4	4

(1) 행가 설치

모든 배관은 위 도표와 맞게 설치한다. 상기 행가에 대한 환봉의 굵기는 80A 이하는 9 mm, 100A 이상은 12 mm로 사용한다.

(2) 도장

배관용접 부위는 녹막이 페인트를 2회 도장한다.

(3) 배관 소제

각 가지관의 말단에는 소제구를 설치하여 배관공사 완료 후 배관 내에 청소가 가능하도록 하여야 한다.

(4) 나사 접합 방법

나사형 배관에는 테프론 테이프로 7회 이상 감아야 하며 콤파운드를 칠하여 이음하여야 한다.

(5) 헤드 접속 방법

연결살수 헤드의 접속은 25A × 15A 레듀샤에 직접 연결하며 나사부는 테프론 테이프로 7회 이상 감아 누수가 없도록 하며, 연결공구로는 헤드전용 스패너를 사용하고 취부시 헤드에 손상이 가지 않도록 한다.

5.17 전실제연설비 공사 시방서

5.17.1 일반사항

(1) 본 시방서에 명기되지 않은 사항은 소방관계법규(화재안전기준)에 따른다.
(2) 사용재료가 발주자 또는 감독의 제규정을 적용 받을 때에는 그 규정에 적합하거나 또는 사용 승인을 득한 것으로 한다.
(3) 이 설비 공사에 사용하는 기계 재료는 소화설비 기능에 영향을 주지 않는 구조 또는 재질로 한다.

5.17.2 닥트 공사

(1) 급기닥트는 아연도금 강판 또는 이와 동등 이상의 내식성 내열성이 있는 것으로 하며 내열성의 단열재도 유효한 단열처리를 하고 강관의 두께는 배출풍도의 크기에 따라 다음 표에 의한 기준 이상으로 한다.

풍토 단면의 긴 변 또는 직경의 크기	450 m 이하	450 mm~ 초과 750 mm~ 이하	750 mm~ 초과 1500 mm~ 이하	1500 mm~ 초과 2500 mm~ 이하	2500 mm 초과
강판 두께	0.5 mm 이상	0.6 mm 이상	0.8 mm 이상	1.0 mm 이상	1.2 mm 이상

(2) 배연기와 배연풍도의 접속부분에 사용하는 캔버스는 석면을 제외한 내열성이 있는 것으로 한다.
(3) 배연풍도가 벽 등을 관통하는 경우에는 벽 등과 틈이 없도록 한다.
(4) 배연풍도가 방화구획을 관통하는 곳에 있어서는 1.5 mm 이상의 철판 또는 동등 이상의 내열, 내각이 있는 방화댐파를 부착한다.

5.17.3 기타사항

(1) 배연설비는 소방대상물의 용도, 구조 또는 규모에 따라 화재가 발생할 때에 생기는 연기를 유효하게 배제할 수 있도록 설치하여야 한다.

5.18 피난설비 공사 시방서

5.18.1 적용범위

시방은 특기 시방서에 기재한 사항을 제외하고는 소방기본법, 소방공사업법, 소방시설 설치유지 및 안전관리에 관한 법, 화재안전기준 및 건축설비 공사 표준시방서(기계부분)에 준한다.

5.18.2 일반사항

(1) 본 시방에 명기되지 않은 사항은 소방관계법규(화재안전기준)에 따른다.
(2) 사용재료가 발주자 또는 감독 재규정의 적용을 받을 때에는 그 규정에 적합하거나 또는 사용승인을 받은 것으로 한다.
(3) 이 설비 공사에 사용하는 기기 및 재료는 소화설비 기능에 영향을 주지 않는 구조 또는 재질로 한다.

5.18.3 설치기준

(1) 피난기구는 계단, 피난구 기타 피난시설로부터 적당한 거리에 있는 안전한 구조로된 피난 또는 소화활동상 유효한 개구부에 고정하여 설치하거나 필요한 때에만 신속하고 유효하게 설치할 수 있는 상태에 둘 것
(2) 피난기구를 설치하는 개구부는 서로 동일 직선상이 아닌 위치에 있을 것. 다만, 미끄럼봉 · 피난교 · 피난용트랩 · 호텔 객실에 설치되는 피난밧줄 또는 간이완강기 기타 피난상 지장이 없는 것에 있어서는 그러하지 아니하다.
(3) 소방대상물의 기둥 · 바닥 · 보 기타 구조상 견고한 부분에 볼트조임, 매입, 용접 기타의 방법으로 견고하게 부착할 것
(4) 4층 이상의 층에 피난사다리를 설치하는 경우에는 급속성 고정 사다리를 설치하고, 당해 고정사다리는 쉽게 피난할 수 있는 구조의 노대를 설치할 것
(5) 완강기는 강하시 로프가 소방대상물과 접촉하여 손상되지 아니하도록 할 것
(6) 완강기의 미끄럼봉 및 피난로프의 길이는 부착위치에서 지면 기타 장착면까지의 길이로 할 것
(7) 미끄럼대는 안전한 강하속도를 유지하도록 하고, 전락방지를 위한 안전조치를 할 것
(8) 구조대의 길이는 피난상 지장이 없고 안전한 강하속도를 유지할 수 있는 길이로 할 것
(9) 인명 구조 기구는 층수가 7층 이상인 관광호텔 및 5층 이상인 병원에 설치하여야 한다. 다만, 병원의 경우에는 인공 소생기를 제외한다.
(10) 인명 구조 기구는 방열복, 공기 호흡기(보조 마스크 포함) 및 인공소생기 각 2개 이상 비치하여야 한다.
(11) 화재시 쉽게 반출 사용할 수 있는 장소에 비치하여야 한다.

5.18.4 완강기의 구조 및 성능

(1) 완강기는 안전하고 쉽게 사용할 수 있어야 하며 사용자가 타인의 도움 없이 자기의 몸무게에 의하여 자동적으로 연속하여 교대로 강하할 수 있는 기구이어야 한다.
(2) 완강기는 속도조절기, 속도조절기의 연결부, 로프, 연결금속구 및 벨트로 구성되어야 한다.

(3) 속도조절기는 다음 각목에 적합하여야 한다.
① 견고하고 내구성이 있어야 한다.
② 평상시에 분해 청소 등을 하지 아니하여도 작동할 수 있어야 한다.
③ 강하시 발생하는 열에 의하여 기능에 이상이 생기지 아니하여야 한다.
④ 기능에 이상이 생길 수 있는 모래나 기타의 이물질이 들어가지 아니하도록 견고한 덮개로 덮어져 있어야 한다.
⑤ 강하시 로프가 손상되지 아니하여야 한다.

(4) 속도조절기의 연결부는 사용 중에 분해, 손상, 변형되지 아니하여야 하고 또한 속도조절기의 이탈이 생기지 아니하여야 한다.

(5) 완강기에 사용하는 로프는 와이어로프이어야 하며 다음 각목에 적합하여야 한다.
① 와이어로프의 지름은 3밀리미터 이상이어야 하며 전체길이에 걸쳐 균일한 구조이어야 한다.
② 와이어로프에 외장을 하는 경우에는 전체길이에 걸쳐 균일하게 외장하여야 한다.

5.18.5 인명 구조기구의 종류 및 성능

인명 구조기구의 종류에는 방열복, 인공 소생기, 공기 호흡기, 산소 발생기, 방연 마스크, 휴대용 로프 등이 있다.

(1) 방열복이라 함은 고온의 복사열에 가까이 접근할 수 있는 내열 피복으로 방열상의, 방열하의, 방열 장갑, 방열 두건 및 속복형 방열복을 말한다.

(2) 휴대용 로프의 길이는 15 m 길이로 한다.

5.18.6 기타사항

피난기구를 설치한 장소에는 가까운 곳의 보기 쉬운 곳에 피난기구가 있다는 뜻을 표시한 발광식 또는 축광식표지와 그 사용방법을 표시한 표지를 부착하여야 한다.

5.19 유도등설비 공사

5.19.1 피난구 유도등

(1) 피난구 유도등은 다음 각호의 장소에 설치하여야 한다.
 ① 옥내로부터 직접 지상으로 통하는 출입구 및 그 부속실의 출입구
 ② 직통계단, 직통계단의 계단실 및 그 부속실의 출입구
 ③ 제1호 및 제2호의 규정에 의한 출입구에 이르는 복도 또는 통로로 통하는 출입구, 안전구획된 거실로 통하는 출입구
(2) 피난구 유도등은 피난구의 바닥으로부터 높이 1.5 m 이상의 곳에 설치하여야 한다.
(3) 피난구 유도등의 조명도는 피난구로부터 30 m의 거리에서 문자 및 색채를 쉽게 식별할 수 있는 것으로 하여야 한다.

5.19.2 통로 유도등

(1) 통로 유도등은 다음 각호의 기준에 의하여 설치하여야 한다.
 ① 옥내로부터 직접 지상으로 통하는 출입구. 다만, 부속실을 경유하여 지상으로 통하는 경우에는 그 부속실의 출입구에 설치할 것
 ②의 2. 복도 통로유도등은 복도에, 거실 통로유도등은 거실의 통로에, 계단 통로 유도등은 계단 및 경사로에 설치할 것. 다만, 거실의 통로가 벽체 등으로 구획된 통로의 경우에는 복도 통로유도등을 설치할 것
 ③ 계단에 있어서는 각 계단층마다 기타의 것에 있어서는 각층의 복도 통로, 경사로의 부분으로부터 하나의 통로 유도등까지의 보행거리가 20 m 이하가 되는 곳과 구부러진 모퉁이에 설치할 것
 ④ 통행에 지장이 없도록 할 것
 ⑤ 바닥으로부터 높이 1 m 이하의 위치에 설치할 것
 ⑥ 주위에 이와 유사한 등화, 광고물, 게시물 등을 설치하지 아니할 것
(2) 조명도는 통로 유도등의 바로 밑의 바닥으로부터 0.5 m 떨어진 지점에서 수평으로 측정하여 1룩스 이상(바닥에 매설한 것에 있어서는 통로유도등의 직상부 1 m의 높이에서 측정하여 1룩스 이상)이어야 한다.

(3) 통로 유도등은 피난의 방향을 표시한 백색바탕의 녹색등으로 하여야 한다. 다만, 계단에 설치하는 것에 있어서는 피난의 방향을 표시하지 아니할 수 있다.
(4) 바닥에 설치하는 통로 유도등은 하중에 의하여 파괴되지 아니하는 강도의 것으로 하여야 한다.

5.19.3 객석유도등설비 공사

(1) 객석 유도등은 다음 각호의 기준에 의하여 설치하여야 한다.
   ① 객석유도등은 객석의 통로, 바닥 또는 벽에 설치하여야 한다.
   ② 객석 내의 통로가 경사로 또는 수평로로 되어 있는 부분에 있어서는 다음의 식에 의하여 산출한 수(소수점이하의 수는 1로 본다)의 유도등을 설치하고, 그 조도는 통로 바닥의 중심선에서 측정하여 0.2룩스 이상이어야 한다.
   - 객석의 통로의 직선부분의 길이(m)
   - 설치개수 = [객석의 통로의 직선부분의 길이(M) / 4] − 1
(2) 객석 내의 통로가 옥외 또는 이와 유사한 부분에 있는 경우에는 당해 통로 전체에 미칠 수 있는 수의 유도등을 설치하되, 그 조도는 통로바닥의 중심선에서 측정하여 0.2룩스 이상이 되어야 한다.

5.19.4 유도등의 전원

(1) 유도등의 전원은 축전지 또는 교류 전압의 옥내 간선으로 하고 전원까지의 배선은 전용으로 하여야 한다.
(2) 비상전원은 축전지로 하고, 그 용량은 당해 유도등을 유효하게 20분 이상 작동시킬 수 있는 것으로 하여야 한다.
(3) 배선은 전기설비기술기준에 관한 규칙에서 정한 것 외에 다음 각호의 기준에 의하여야 한다.
   ① 유도등의 인입선과 옥내 배선은 직접 연결할 것
   ② 유도등의 전기회로에는 점멸기(유도등이 축전지설비에 내장한 것 또는 3선식 배선에 의하여 상시 충전되어 있는 것을 제외한다)를 설치하지 아니할 것. 다만, 소방대

상물 또는 그 부분에 사람이 없거나 피난구 또는 피난방향을 쉽게 식별할 수 있는 경우에는 그러하지 아니하다.

5.19.5 유도표지는 다음 각호의 기준에 의하여 설치하여야 한다.

(1) 계단에 설치하는 것을 제외하고는 각층마다 복도 및 통로의 각 부분으로부터 하나의 유도표지까지의 보행거리가 15 m 이하가 되는 곳과 구부러진 모퉁이의 벽에 설치할 것
(2) 피난구에 설치하는 유도표지는 바닥으로부터 높이 1.5 m 이상의 위치에 설치할 것
(3) 주위에는 이와 유사한 등화 · 광고물 · 게시물 등을 설치하지 아니할 것
(4) 유도표지는 부착판 등을 사용하여 쉽게 떨어지지 아니하도록 설치할 것
(5) 피난방향을 표시하는 통로유도등을 설치한 부분에 있어서는 유도표지를 설치하지 아니할 수 있다.
(6) 유도표지는 다음 각호의 기준에 적합한 것이어야 한다.
  ① 방사성물질을 사용하는 유도표지는 쉽게 파괴되지 아니하는 재질로 처리할 것
  ② 유도표지는 주위 조도 0룩스에서 20분간 발광 후 직선거리 20 m 떨어진 위치에서 보통시력으로 표시면의 문자 또는 화살표 등을 쉽게 식별할 수 있는 것으로 할 것
  ③ 유도표지의 표시면은 쉽게 변형 · 변질 또는 변색되지 아니할 것
  ④ 유도표지의 표지면의 휘도는 주위 조도 0룩스에서 20분간 발광한 1제곱미터 당 24 m 칸델라 이상으로 할 것

5.20 비상조명설비 공사

5.20.1 기준

(1) 소방대상물의 각 거실과 그로부터 지상에 따르는 복도, 계단 및 그 밖의 통로에 설치하여야 한다.
(2) 조도는 비상조명등이 설치된 장소의 각 부분의 바닥에서 1룩스 이상이 되도록 하여야 한다.
(3) 예비전원을 내장하는 비상 조명등에는 평상시 점등 여부를 확인할 수 있는 점검 스위

치를 설치하고 당해 조명등을 20분 이상 유효하게 작동시킬 수 있는 용량의 축전지와 예비전원 충전장치를 내장하여야 한다.

(4) 예비전원을 내장하지 아니하는 비상조명등의 비상전원은 아래의 각 호의 기준에 의하여 비상전원 수전설비, 자가발전설비 또는 축전지설비(내연기관에 의한 펌프를 사용하는 경우에는 내연기관 기동 및 제어용 축전지를 말한다)에 의한 비상전원을 설치하여야 한다.

① 상용전원이 정전된 경우 자동적으로 비상전원으로 전환되는 것으로 하여야 한다.

② 축전지설비를 설치하는 경우에는 축전지실의 벽과의 거리가 0.1 m 이상이 되게 하고 누수의 우려가 없도록 할 것

③ 비상전원을 설치하는 장소에는 점검 및 조작에 필요한 조명설비와 비상전원의 표시를 할 것

④ 비상전원전용수전설비는 다른 전기회로 등의 개폐기 또는 차단기에 의하여 차단되지 아니하도록 할 것

⑤ 배선은 전기설비 기술기준에 관한 규칙 기준령에서 정한 것을 사용하여야 한다.

⑥ 또는 이와 동등 이상의 내열성을 가진 전선을 사용하고 내화 구조로 된 주요 구조부에 매설하거나 이와 동등 이상의 내열효과가 있는 방법에 의하여 보호하도록 할 것

5.21 비상콘센트설비 공사

5.21.1 기준

(1) 비상콘센트는 11층 이상의 각 층에 설치하되 당해 층의 각 부분으로부터 하나의 비상콘센트까지의 수평거리가 50 m 이하가 되도록 하고 바닥으로부터 높이 1 m 이상 1.5 m 이하의 위치에 설치하여야 한다.

(2) 비상콘센트의 플럭접속기는 단상교류 220V의 것에 있어서는 접지형 2극 플럭접속기(KS C 8305)로 한다.

(3) 비상콘센트의 플럭접속기의 칼받이의 접지극에는 접지공사를 하여야 한다.

(4) 비상콘센트설비의 전원회로는 다음과 같다.

① 비상전원은 당해 설비를 유효하게 20분 이상 작동할 수 있는 용량의 것으로 한다.

② 상용전원이 정전된 경우 자동적으로 비상전원으로 전환되는 것으로 한다.

③ 축전지설비를 설치하는 경우에는 축전지실 벽과의 거리가 0.1 m 이상이 되게 하고, 침수의 우려가 없도록 한다.

④ 비상전원을 설치하는 장소에는 점검 및 조작이 필요한 조명설비와 비상전원의 표시를 한다.

(5) 배선은 내열성을 가진 전선을 사용하고, 내열효과가 있는 방법에 의하여 보호하도록 한다.

(6) 비상콘센트의 보호함은 아래와 같이 설치한다.

① 비상콘센트를 보호하기 위하여 비상콘센트 보호함을 설치하여야 한다.

② 보호함에는 쉽게 개폐할 수 있는 문을 설치하여야 한다.

③ 비상콘센트 보호함에는 그 표면에 “비상콘센트”라고 표시한 표지를 하여야 한다.

④ 비상콘센트의 보호함에는 그 상부에 적색의 표시등을 설치하여야 한다. 다만, 비상콘센트의 보호함을 옥내소화전함등과 접속하여 설치하는 경우에는 옥내소화전함등의 표시등과 겸용할 수 있다.

5.22 비상방송설비 공사

5.22.1 기준

(1) 방송에 의한 비상 경보설비의 방송설비는 다음 각호의 기준에 의하여 설치하여야 한다.

① 확성기의 음성입력은 3W(실내에 설치하는 것에 있어서는 1W) 이상일 것

② 확성기는 각층마다 설치하되, 그 층의 각 부분으로부터 하나의 확성기까지의 수평거리가 25미터 이하가 되도록 하고, 당해층의 각 부분에 유효하게 경보를 발할 수 있도록 설치할 것

③ 음량 조정기를 설치하는 경우 음량 조정기의 배선은 3선식으로 할 것

④ 조작부의 조작스위치는 바닥으로부터 0.8 m 이상 1.5 m 이하의 높이에 설치할 것

⑤ 조작부는 기동장치의 작동과 연동하여 당해 기동장치가 작동한 층 또는 구역을 표시할 수 있는 것으로 할 것

⑥ 증폭기 및 조작부는 수위실 등 상시 사람이 근무하는 장소로서 점검이 편리하고 방화상 유효한 곳에 설치할 것

⑦ 2층 이상의 층에서 발화한 때에는 발화층 및 그 직상층에, 1층에서 발화한 때에는

발화층 그 직상층 및 지하층에, 지하층에서 발화한 때에는 발화층 그 직상층 및 기타의 지하층에 우선적으로 경보를 발할 수 있도록 할 것

⑧ 다른 방송설비와 공용하는 것에 있어서는 화재시 비상경보외의 방송을 차단할 수 있는 구조로 할 것

⑨ 다른 전기회로에 의하여 유도장애가 생기지 아니하도록 할 것

⑩ 하나의 소방대상물에 2 이상의 조작부가 설치되어 있는 때에는 각각의 조작부가 있는 장소 상호간에 동시통화가 가능한 설비를 설치하고, 어느 조작부에서 당해 소방대상물의 전 구역에 방송을 할 수 있도록 할 것

⑪ 기동장치에 의한 화재신고를 수신한 후 필요한 음량으로 방송이 개시될 때까지의 소요시간은 10초 이하로 할 것

5.22.2 비상경보설비 기술기준에 관한 규칙

비상경보설비의 배선은 전기설비 기술기준에 관한 규칙에서 정한 것 외에 다음 각 호의 기준에 의하여 설치하여야 한다.

(1) 화재로 인하여 하나의 층의 확성기 또는 배선이 단락 또는 단선되어도 다른 층의 화재통보에 지장이 없도록 할 것

(2) 기타는 소방설비 기술기준 관한 규칙 제90조 제1호, 제5호 및 제6호의 규정을 준용할 것

(3) 비상전원은 방송설비를 유효하게 10분 이상 작동할 수 있는 용량으로 할 것

5.23 무선통신보조설비 공사

5.23.1 무선통신보조설비의 설치 기준

무선통신보조설비의 누설 동축케이블 등은 다음의 규정에 의하여 설치하여야 한다.

(1) 소방서장이 지정하는 주파수대에서 전파의 전송 또는 복사에 적합한 것으로서 소방전용의 것으로 할 것. 다만, 소방대상 상호간의 무선 연락에 지장이 없는 경우에는 다른 용도와 겸용할 수 있다.

(2) 누설동축케이블과 이에 접속하는 공중선 또는 동축케이블과 이에 접속하는 공중선에 의한 것으로 할 것

(3) 누설동축케이블은 불연 또는 난연성의 것으로서 습기에 의하여 전기의 특성이 변질되지 아니하는 것으로 하고, 노출하여 설치한 경우에는 피난 및 통행에 장애가 없도록 할 것

(4) 누설동축케이블은 화재에 의하여 당해 케이블의 피복이 소실된 경우에 케이블 본체가 떨어지지 않도록 4 m 이내마다 금속제 또는 자기제등의 지지금구로 벽, 천정, 기둥 등에 견고하게 고정시킬 것. 다만, 불연 재료로 구획된 반자 안에 설치하는 경우에는 그러하지 아니하다.

(5) 누설 동축 케이블 및 공중선은 금속관 등에 의하여 전파의 복사 또는 특성이 현저하게 저하되지 아니하는 위치에 설치할 것

(6) 누설 동축 케이블 및 공중선은 고압의 전로로부터 1.5 m 이상 떨어진 위치에 설치할 것. 다만, 당해 전로에 정전기 차폐장치를 유효하게 설치한 경우에는 그러하지 아니하다.

(7) 누설동축케이블의 끝부분에는 무반사 종단저항을 견고하게 설치할 것. 누설동축 케이블 또는 동축케이블의 임피던스는 50옴으로 하고, 이에 접속하는 공중선, 분배기, 기타의 장치는 당해 임피던스에 적합한 것으로 하여야 한다.

5.23.2 무선기기 접속단자의 설치기준

(1) 지상에서 유효하게 소방활동을 할 수 있는 장소 또는 수위실 등 상시 사람이 근무하고 있는 장소에 설치할 것

(2) 단자는 한국공업규격에 적합한 것으로 하고, 바닥으로부터 높이 0.8 m 이상 1.5 m 이하의 위치에 설치할 것

(3) 지상에 설치하는 접속단자는 보행거리 300 m 이내마다 설치하고, 다른 용도로 사용되는 접속단자에서 5 m 이상의 거리를 유지할 것

(4) 지상에 설치하는 단자를 보호하기 위하여 견고하고 함부로 개폐할 수 없는 구조의 보호함을 설치하고 먼지, 습기 및 부식 등에 의하여 영향을 받지 아니하도록 조치할 것

(5) 단자의 보호함의 표면은 적색으로 도색하고 "무선기기 접속단자"라고 표시한 표지를 할 것

5.23.3 분배기, 분파기, 혼합기의 설치

(1) 먼지, 습기 및 부식 등에 의하여 기능에 이상을 가져오지 아니하도록 할 것
(2) 임피던스는 50옴의 것으로 할 것
(3) 점검이 편리하고 화재 등의 재해로 인한 피해의 우려가 없는 장소에 설치할 것

5.23.4 증폭기의 설치기준

(1) 전원은 전기가 정상적으로 공급되는 축전지 또는 교류전압 옥내간선으로 하고 전원까지의 배선은 전용으로 할 것
(2) 증폭기의 전면에는 주회로의 전원이 정상인지의 여부를 표시할 수 있는 표시등 및 전압계를 설치할 것
(3) 증폭기에는 비상전원이 부착된 것으로 하고, 당해 비상전원 용량은 무선통신보조설비를 유효하게 30분 이상 작동할 수 있는 것으로 할 것

5.24 자동화재탐지설비 공사

5.24.1 자동화재탐지설비의 경계구역 설치기준

(1) 하나의 경계구역이 2개 이상의 건축물에 미치지 아니하도록 할 것
(2) 하나의 경계구역이 2개 이상의 층에 미치지 아니하도록 할 것. 다만, 500제곱미터 이하의 범위 안에서는 2개의 층을 하나의 경계구역으로 할 수 있다.
(3) 하나의 경계구역의 면적은 600제곱미터 이하로 하고 한 변의 길이는 50 m 이하로 할 것. 다만, 당해 소방대상물의 주된 출입구에서 그 내부 전체가 보이는 것에 있어서는 1천 제곱미터 이하로 할 수 있다.
   - 지하구에 있어서 하나의 경계구역의 길이는 700 m 이하로 한다.
(4) 계단(직통계단 외의 것에 있어서는 떨어져 있는 상하계단의 상호간의 수평거리가 5 m 이하로서 서로 간에 구획되지 아니한 것에 한한다), 경사로, 엘리베이터 권상기실, 린넨슈트, 파이프덕트, 기타 이와 유사한 부분에 대하여는 별도로 경계구역을 설정하되,

하나의 경계구역은 높이 45 m 이하(계단 및 경사로에 한한다)로 하고, 지하층의 계단 및 경사로(지하층의 층수가 1개층일 경우는 제외한다)는 별도로 하나의 경계구역으로 하여야 한다. 이 경우 하나의 건축물의 수평거리가 50 m의 범위 안에 2 이상의 계단, 경사 로 등이 있는 경우에는 이를 하나의 경계구역으로 할 수 있다.

(5) 외기에 면하여 상시 개방된 부분이 있는 차고, 주차장 창고 등에 있어서는 외기에 면하는 각 부분으로부터 5 m 미만의 범위 안에 있는 부분은 경계구역의 면적에 산입하지 아니한다.

(6) 스프링클러설비, 물분무 등 소화설비의 감지장치로서 자동화재탐지설비의 감지기를 설치한 경우의 경계구역은 당해 소화설비의 방사구역과 동일하게 설정할 수 있다.

5.24.2 자동화재 탐지설비의 수신기 설치기준

(1) 수위실 등 상시 사람이 근무하고 있는 장소에 설치하고 그 장소에는 경계구역 일람도를 비치할 것

(2) 수신기의 음향기구는 그 음량 및 음색이 다른 기기의 소음 등과 명확히 구별될 수 있는 것으로 할 것

(3) 수신기는 감지기, 중계기 또는 발신기가 작동하는 경계구역을 표시할 수 있는 것으로 할 것

(4) 화재, 가스, 전기 등에 대한 종합방재반을 설치한 경우에는 당해 조작반에 수신기의 작동과 연동하여 감지기, 중계기 또는 발신기가 작동하는 경계구역을 표시할 수 있는 것으로 할 것

- 하나의 경계구역은 하나의 표시등 또는 하나의 문자로 표시되도록 할 것

(5) 수신기의 조작 스위치는 바닥으로부터 높이가 0.8 m 이상 1.5 m 이하인 장소에 설치할 것

(6) 하나의 소방대상물에 2 이상의 수신기를 설치하는 경우에는 수신기가 설치된 장소 상호간에 동시 통화가 가능한 설비를 설치할 것

5.24.3 감지기의 설치기준

(1) 삭제

(2) 감지기(차동식 분포형의 것을 제외한다)는 실내로의 공기 유입구로부터 1.5 m 이상 떨어진 위치에 설치할 것

(3) 감지기는 천정 또는 반자의 옥내에 면하는 부분에 설치할 것

(4) 보상식 스포트형 감지기는 정온점이 감지기 주위의 평상시 최고온도보다 섭씨 20도 이상 높은 장소에 설치할 것

- 정온식 감지기는 주방, 보일러실 등으로서 다량의 화기를 단속적으로 취급하는 장소에 설치하되 공칭작동온도가 최고주위온도보다 섭씨 20도 이상 높은 감지기를 설치하여야 한다.

(5) 차동식 스포트형, 보상식 스포트형 및 정온식 스포트형 감지기는 그 부착 높이 및 소방대상물에 따라 다음 표에 의한 바닥면적마다 1개 이상을 설치할 것. 다만, 주방, 보일러실 등으로서 다량의 화기를 단속적으로 취급하는 장소에는 정온식 감지기를 설치하여야 한다.

(6) 스포트형 감지기는 45도 이상 경사되지 아니하도록 부착할 것

(7) 연기 감지기는 다음의 기준에 의하여 설치할 것

① 감지기는 복도 및 통로에 있어서는 보행거리 30 m (3종에 있어서는 20 m)마다 계단 및 경사로에 있어서는 수직거리 15 m (3종에 있어서는 10 m)마다 1개 이상으로 할 것

부착 높이 및 소방 대상물의 구분		감지기의 종 류						
		차동식 스포트형		보상식 스포트형		정온식 스포트형		
		1종	2종	1종	2종	특종	1종	2종
4 m 미만	주유구조구를 내화구조로 한 소방 대상물 또는 그 부분	90	70	90	70	70	60	20
	기타 구조의 소방 대상물 또는 그 부분	50	40	50	40	40	30	15
4 m 이상	주요 구조부를 내화 구조로 한 소방 대상물 또는 그 부분	45	35	45	35	35	30	
8 m 미만	기타 구조의 소방 대상물 또는 그 부분	30	25	30	25	25	15	

② 천정 또는 반자가 낮은 실내 또는 좁은 실내에 있어서는 출입구의 가까운 부분에 설치할 것
③ 천정 또는 반자 부근에 배기구가 있는 경우에는 그 부분에 설치할 것
④ 감지기는 벽 또는 보로부터 0.6 m 이상 떨어진 곳에 설치할 것

5.24.4 자동화재 탐지설비와 음향장치의 설치기준

(1) 주음향장치는 수신기의 내부 또는 그 직근에 설치할 것
(2) 5층(지하층을 제외한다) 이상으로서 연면적이 3,000제곱미터를 초과하는 소방 대상물 또는 그 부분에 있어서는 2층 이상의 층에서 발화한 때에는 발화층 및 그 지상층에 한하여, 1층에서 발화한 때에는 발화층 그 직상층 및 지하층에 한하여, 지하층에서 발화한 때에는 발화층 그 직상층 및 기타의 지하층에 한하여 경보를 발할 수 있도록 할 것
(3) 지구음향장치는 소방대상물의 층마다 설치하되 당해 소방대상물의 각 부분으로부터 하나의 음향장치까지의 수평거리가 25 m 이하가 되도록 하고, 당해층의 각 부분에 유효하게 경보를 발할 수 있도록 설치할 것. 다만, 제97조 규정에 적합한 방송설비를 자동화재탐지설비의 감지기와 연동하여 작동하도록 설치한 경우에는 지구음향장치를 설치하지 아니할 수 있다.
(4) 하나의 소방대상물에 2 이상의 수신기가 설치된 경우 어느 수신기에서도 지구 음향장치를 작동할 수 있도록 할 것
(5) 음향장치는 다음 각호의 기준에 의한 구조 및 성능의 것으로 하여야 한다.
① 정격전압의 80% 전압에서 음향을 발할 수 있는 것으로 할 것
② 음량은 부착된 음향장치의 중심으로부터 1 m 떨어진 위치에서 90폰 이상이 되는 것으로 할 것
③ 감지기의 작동과 연동하여 작동할 수 있는 것으로 할 것

5.24.5 자동화재 탐지설비의 발신기 설치기준

(1) 조작이 쉬운 장소에 설치하고, 스위치는 바닥으로부터 0.8 m 이상 1.5 m 이하의 높이에 설치할 것
(2) 소방대상물의 층마다 설치하되 당해 소방대상물의 각 부분으로부터 하나의 발신기까

지의 수평거리가 25 m 이하가 되도록 할 것

(3) 발신기의 위치표시는 발신기의 상부에 설치하되, 부착면과 15도 이상의 각도로 10 m 거리에서 쉽게 식별할 수 있는 적색등이나 발광식 또는 축광식표지로 하여야 한다.

5.24.6 자동화재 탐지설비의 상용전원 설치기준

(1) 전원은 전기가 정상적으로 공급되는 축전지 또는 교류전압의 옥내간선으로 하고, 전원까지의 배선은 전용으로 할 것

(2) 개폐기에는 "자동화재탐지설비용"이라고 표시한 표지를 할 것

(3) 자동화재탐지설비에는 그 설비에 대한 감시상태를 60분간 지속한 후 유효하게 10분 이상 경보할 수 있는 축전지설치(수신기에 내장하는 경우를 포함한다)를 설치할 것

5.24.7 배선 설치기준 및 규칙

배선은 전기설비 기술기준에 관한 규칙에서 정한 것 외에 다음 각호의 기준에 의하여 설치하여야 한다.

(1) 전선은 내열성이 있는 전선을 사용하고, 내화구조로 된 주요 구조부에 매설하거나 이와 동등 이상의 내열효과가 있는 방법에 의하여 보호하도록 할 것. 다만, 감지기 사이의 배선은 그러하지 아니하다.

(2) 금속관공사, 가요전선관공사, 합성수지관공사, 금속닥트공사 또는 케이블 공사의 방법에 의할 것

(3) 감지기 회로의 도통시험을 위한 종단저항은 다음의 기준에 의할 것

① 점검 및 관리가 쉬운 장소에 설치할 것

② 전용함을 설치하는 경우 그 설치 높이는 바닥으로부터 1.5 m 이내로 할 것

③ 감지기 회로의 끝부분에 설치하며, 종단감지기에 설치할 경우에는 구별이 쉽도록 해당 감지기의 기판 등에 별도의 표시를 할 것

(4) 감지기 사이의 회로의 배선은 송배선식으로 할 것

(5) 전원회로의 전로와 대지 사이 및 배선상호간의 절연저항은 전기설비기준기술에 관한 규칙이 정하는 바에 의하고 감지기회로 및 부속회로의 전로와 대지사이 및 배선상호

간의 절연저항은 1경계 구역마다 직류 250V의 절연저항측 정기를 사용하여 측정한 절연저항이 0.1메가옴 이상이 되도록 할 것

(6) 자동화재탐지설비의 배선은 다른 전선과 별도의 관, 닥트(절연효력이 있는 것으로 구획한 때에는 그 구획된 부분은 별개의 닥트로 본다) 몰드 또는 풀박스 등에 설치할 것. 다만, 60볼트 미만의 약전류회로에 사용하는 전선으로서 각각의 전압이 같을 때는 그러하지 아니하다.

(7) P형 수신기 및 G.P형 수신기의 감지기회로의 배선에 있어서 하나의 공통선에 접속할 수 있는 경계구역은 7개 이하로 할 것

(8) 자동화재탐지설비의 감지기회로의 전로저항은 50옴(Ω) 이하가 되도록 할 것

5.25 배선 공사 시방서

5.25.1 전선 입선

(1) 전선이 전선관 내에 입선 도중 외부피복 및 도체에 손상 또는 절단될 우려가 있을 때는 즉시 입선을 중지하고 새로운 제품으로 교체 입선하여야 한다.

(2) 전선 입선시 윤활제를 사용하여야 할 경우는 절연 피복에 침해가 없는 것을 사용하여야 한다.

(3) 강전 전선과 약전 전선은 분리하여 배선하여야 한다.

(4) 소화전 및 수신반 내 전선처리는 충분한 공간을 확보하여 점검 보수가 용이하도록 하여야 한다.

(5) 소화전 및 단자함, 수신반 내 전선 처리는 회로별로 질서정연하게 배열하고 회로명을 표시하여야 한다.

(6) 감지기 배선은 열려있는 방식의 배선으로 하고 도통 시험을 할 수 있도록 하여야 한다.

5.25.2 전선의 접속

(1) 전선을 접속할 때에는 전기 저항을 증가시키지 않도록 하고 전선의 인장강도를 20% 이상 감소시켜서는 안 된다.

(2) 합성수지관(HI PVC전선관), 금속관, 가요전선관, 닥트 내부에서는 전선 접속을 하지 않아야 한다.

(3) 전선의 단말 처리는 심선을 상하지 않게 하여야 한다.

(4) 전선의 접속은 전선의 허용 전류에 의하여 접속 부분의 온도 상승값이 접속부 이외의 온도 상승값을 넘지 않아야 한다.

(5) 전선 상호간의 접속은 압착단자, 나사형 전선콘넥타, 슬리브 등을 사용하며 절연테이프로 절연하여야 한다.

① 압착 접속은 전선에 적합한 압착 단자를 사용하고 압착 공구에 의하여 단단히 압착한다.

② 나사형 전선 콘넥타에 의한 접속은 전선 및 그 시공 장소에 따라 적합한 나사형 전선 콘넥타를 사용하여 단단히 조인다.

③ 슬리브 접속은 전선 및 그 시공 장소에 적합한 슬리브를 사용한다.

④ 비닐 전선의 접속 부분은 전선의 절연 부분 이상의 절연 효력이 있도록 테이프 폭 2분의 1 이상을 겹쳐 감던가, 절연 부분 이상의 효력을 갖는 절연물을 감아 씌우는 등의 방법으로 절연한다.

(6) 소화전 내 수동발신기함의 전선처리는 단자대를 설치하여 접속하고 점검 및 보수가 용이하도록 전선 및 단자대에 번호를 부착하여야 하며 노출배선은 미려하게 정돈하여야 한다.

5.26 전선관 공사

5.26.1 공통사항

전선관 시공은 설계 도면에 의하여 시공할 것이며, 도면에 표시되지 않은 세 부적인 것을 건물 또는 구조물 등의 구조를 고려하여 배선 공사를 할 때 지장이 없도록 하여야 한다.

(1) 전선관 및 부속품의 연결과 지지

① 전선관과 박스류와의 연결 부분은 일렬로 배열하며 전선관을 박스에 견고히 고정시켜야 한다.

② 매입 배관 공사시 전선관은 결속선 등을 사용하여 철근에 튼튼히 묶어야 한다.

③ 철근 콘크리트 내에 전선관이 매입될 경우에는 전선관의 직경이 스라브 두께의 1/3

이상을 점유하지 않아야 하며 스라브 중심에 전선관이 배관되도록 작업시 유의하여야 한다.

④ 지하의 전선관 배관은 방수층 마감이 끝난 후 방수층 상부에 배관하여야 한다.

⑤ 옥상층의 배관은 노출 배관을 원칙으로 하고 방수층의 손상이 없도록 하여야 한다.

⑥ 습기가 침투할 우려가 있는 부분에서의 관 및 부속품의 연결은 가급적 피하되 불가피할 경우에는 완전 방수가 되도록 시공하여 한다.

(2) 관의 굴곡

① 28C 이상 전선관의 굴곡 개소는 노말밴드를 사용하고 28C 미만의 전선관은 관내경의 6배 이상의 곡률 반경으로 밴딩하여야 한다.

② 박스 상호간 1관로에 있어서 직각 또는 직각에 가까운 굴곡 개소가 3회 이상일 때 또는 1관로의 길이가 30미터가 넘는 경우에는 풀박스를 설치하여야 한다.

(3) 관의 청소

① 콘크리트 타설시 관 끝에 캡 등을 사용하여 이물 유입을 방지하고 거푸집 철거 직후 관 내부 관통 상황을 신속히 조사하여 입선시 지장을 받지 않도록 한다.

② 배관 후 전선을 인입할 때까지 관 내에 습기 및 먼지 등이 침입하지 못하도록 목대, 헝겊 및 캡 등으로 예방 조치를 하고 또한 전선 입선 직전에 걸레 관통 또는 Air Blowing 등의 방법으로 청소하여야 한다.

(4) 박스류 설치공사

① 전선관이 3조 이상 연결되는 박스는 4각 박스를 사용한다.

② 콘센트용 매입 박스는 4각 박스를 사용하여야 한다.

③ 노출 박스 설치는 스라브, 기타 구조물에 고정 설치하며 지지점은 4개소로 한다.

④ 벽면 취부 박스가 통신 공사용 박스와 동일 가시권내에 있을 때 관련 공사 감독원과 협의하여 높이와 간격을 일정하게 시공한다.

5.26.2 금속관 공사

(1) 부식 방지

① 노출 장소에 사용되는 금속관은 녹이나 부식이 발생할 우려가 있는 부분(가공에 의하여 도금이 벗겨진 부분 포함)에는 도료를 도포하여 부식 방지를 하여야 한다.

(2) 노출 배관

① 배관은 천정 및 벽면에 따라 부설하고 관을 지지하는 부품 철물은 강재로서 관의 배열 및 이를 지지하는 개소의 상황에 따라 미관을 고려하여 설치한다.

② 관 지지물 또는 새들 지지물의 설치 간격은 2 m 이하로 한다.

(3) 관 고정 및 관단에서의 전선 보호

① 각종 박스와 전선관의 접속은 LOCK NUT로 고정하여 기계적 전기적으로 완전하게 시공하여야 한다.

② 관단은 전선의 인입 또는 교체시 전선의 피복이 손상되지 않게 절단한 후 리밍 처리하고 반드시 붓싱을 사용하여야 한다.

5.26.3 합성수지관 공사

(1) 관 및 부속품의 연결과 지지

① 관 상호 접속은 합성수지 카플링을 사용하며 카플링의 중심 부분에서 관 상호가 닿도록 하며 접착제로 접착하여야 한다.

② 관과 박스류 접속은 카플링 및 콘넥타를 써서 접속하여야 한다.

③ 합성 수지관의 밴딩시 화염에 의한 과열로 합성수지 전선관 표면이 손상되지 않도록 주의한다.

5.26.4 가요관 공사

(1) 관 및 부속품의 연결과 지지

① 가요관과 금속관의 접속은 카플링으로 박스류와 관의 접속은 콘넥타를 사용한다.

② 가요관의 지지 간격은 1 m 이하로 한다.

5.27 전기 시방서

5.27.1 일반사항

(1) 적용

① 본 공사의 시방은 이 표준시방서에 의한다. 단, 본 공사에 관계없는 사항은 적용하지 아니한다.

② 공사장에서 직공, 인부 기타 출입인이 단독의 화기취급 등 보안위생에 대한 세밀한 주의로서 사고를 미연에 방지할 것이며, 만약 사고시에는 수급자가 신속히 응급조치를 취한다.

③ 본 공사 시공상 건축물 기타를 파괴 또는 훼손하였을 경우에는 현장 감독원의 지시에 의하여 이의 없이 즉시 원상태로 복구한다.

④ 재료 및 제작품은 현장감독원의 검사 또는 시험을 받은 후 사용할 것이며, 필요시에는 사전에 견품 또는 현장 취부도를 제출하여 승인을 받아야 한다.

⑤ 설계도서시방서 및 내역서 등의 해석은 현장 감독원이 행하며 설계도의 오차, 누락 등이 있을 경우라도 현장감독원이 필요하다고 인정시에는 추가 또는 변경시공을 명할 수 있으며 수급자는 이에 응하여야 한다.

⑥ 본 공사장 내에 감독원 지시에 응하지 아니한 직공이나 감독원이 미숙련공으로 인정한 직공과 인부를 교체 요구하면 즉시 이에 순응하여야 한다.

⑦ 공사 시공 중에도 모든 재료를 항상 정리하여 현장 내외를 깨끗이 청소할 것이며, 공사 완성 후에는 가설물 철거, 기타 잔재일체를 현장 외로 반출한 후 준공검사를 받아야 한다.

⑧ 공사현장에는 본 공사에 적합한 기술자를 상주케 하고 그 중 1인을 현장 대리인으로 한다.

⑨ 수급자는 설계도를 충분히 검토하여야 하며 만약 설계도에 잘못이 있을 경우에는 즉시 감독원에게 보고하여야 한다.

⑩ 본 공사의 시공용 재료는 K.S를 득한 품종은 K.S 규격품으로 사용하여야 한다.

⑪ 건물 공사 공정에 차질이 없도록 지정된 공기 내에 시공하여야 한다.

5.28 접지 시방서

5.28.1 접지설비 공사

(1) 일반사항

① 적용범위 : 이 시방은 건축물 또는 구내 시설물에 설치되는 접지설비 공사에 적용한다.

② 관련시방 : 이 공사와 관련이 있는 사항에 대해서는 이 시방서에서 언급한 것을 제외하고, 배선은 '옥내배선 공사'의 해당사항에 따른다.

③ 참조규격

- 한국산업규격 - KS C 0804 : 접지선 및 접지측 전선의 색별 통칙
  - KS C 3302 : 600V 비닐 절연 전선(IV)
- 국제규격 - NEC 250 : Grounding, Grounding Conductors

④ 제출물

- 제품자료 - 접지단자함 외형도
  - 접속도
- 시공상세도 - 접지극 매설도(접지선 연결도)
  - 접지단자 배치도
  - 기타 공사시방서에서 정한 도면
- 준 접지저항 측정자료 - 접지설비 유지관리 설명서

⑤ 공사기록서류 : 시공계획서를 작성하여 감리원의 승인을 받아야 한다.

(2) 재료

① 품질수준

- 전기를 사용하는 모든 기계기구, 전기기계기구 사고시 충전될 우려가 있는 모든 도체, 피뢰설비, 중성점을 갖고 있는 저압회로의 중성점 등은 반드시 전기설비기술기준 및 내선규정이 정한 바에 따라 접지한다. 단, 사용전압이 150V 이하로서 건조한 장소에 시설되거나 사람의 혼촉이 거의 불가능한 개소 또는 법이 정하고 있는 불가피한 개소 등과 제반 규정이 인정하는 고속형 누전차단기를 시설하는 경우 등에는 접지공사를 하지 아니할 수 있으나 감리원과 협의하여 결정한다.
- 접지공사는 모든 전기공사에 적용되며, 공사시방서 및 설계도서에 따라 시설장소에 적합하게 시공한다.

- 접지공사에 사용되는 접지선, 접지극은 KS 또는 이와 동등 이상으로 인정되는 것으로 한다.

(3) 접지선

① 접지선은 KS C 0804의 규격에 적합한 제품을 사용하며, 접지선은 수전실, 전기실에 시설한 것을 제외하고 KS C 3302에 의한 IV전선 또는 이와 동등 이상의 절연 효력이 있는 전선을 사용하는 것을 원칙으로 한다.

② 접지공사의 접지선에는 다음 각호의 경우를 제외하고는 녹색표식을 한다.

- 접지선이 단독으로 배선되어 있어 접지선을 한눈에 쉽게 식별할 수 있을 경우
- 다심케이블, 다심캡타이어케이블 또는 다심코드의 1심선을 접지선으로 사용하는 경우로서 그 심선이 나전선 또는 황록색의 얼룩무늬 모양으로 되어 있는 경우
- 부득이 녹색 또는 황록색 얼룩무늬 모양인 것 이외의 절연전선을 접지선으로 사용할 경우는 말단 및 적당한 개소에 녹색테이프 등으로 접지선임을 표시한다.

(4) 접지극

① 매설 또는 타입식(打入式) 접지극으로는 동판, 동봉, 철관, 철봉, 동복강판(銅覆鋼板), 탄소피복강봉 등을 사용하고, 접지극은 다음 각호의 것을 원칙으로 하며, 이와 동등 이상의 접지성능이 있는 것으로 한다.

- 동판을 사용하는 경우에는 두께 0.7 mm 이상, 면적 900 m^2(편면 : 片面) 이상의 것
- 동봉, 동피복강봉을 사용하는 경우에는 지름 8 mm 이상, 길이 0.9 m 이상의 것
- 철판을 사용하는 경우는 외경 25 mm 이상, 길이 0.9 m 이상의 아연도 금 가스철관 또는 후강전선관일 것
- 철봉을 사용하는 경우에는 지름 12 mm 이상, 길이 0.9 m 이상의 아연 도금한 것
- 동복강판을 사용하는 경우에는 두께 1.6 mm 이상, 길이 0.9 m 이상, 면적 250 cm^2 (한쪽 면) 이상의 것
- 탄소피복강봉을 사용하는 경우에는 지름 8 mm 이상, 길이 0.9 m 이상의 것

② 지중에 매설되어 있는 수도관이 있으며, 대지간의 전기저항치가 3Ω 이하를 유지하는 금속제 수도관로는 수도관로 관리자의 승낙을 얻어서 이것을 제1종 접지공사, 제2종 접지공사, 제3종 접지공사, 특별 제3종 접지공사 기타의 접지극으로 사용할 수 있다.

③ 접지단자는 KS C 0804의 규격에 적합한 구조의 것을 사용한다.

(5) 시공

① 시설조건

- 모든 접지공사는 전기설비기술기준, 내선규정, 배전규정에서 규정하고 있는 기준에 적합하게 시공한다. 단, 경우에 따라 NEC 250 규정의 접지 항목을 적용할 수 있다.
- 접지공사에는 제1종 접지공사, 제2종 접지공사, 제3종 접지공사 및 특별 제3종 접지공사의 4종류가 있으며, 전기설비기술기준에서 정하고 있는 접지저항값은 최대값이므로 필요개소의 접지저항은 이 값보다 항상 적은 값으로 유지될 수 있도록 접지공사를 한다. 단, NEC 250 규정에 따를 경우 접지공사 종류를 구분할 필요가 없다.
- 접지공사는 공사시방서 및 설계도서에 따라 접지봉을 설치하여도 소정의 접지저항값을 얻을 수 없는 경우는 소정의 접지저항을 얻을 수 있을 때까지 접지봉을 추가로 설치하거나 위치 및 시공방법을 조정하여 필요한 접지저항값을 얻도록 한다. 접지봉 매설시 감리원이 입회하여야 하며, 정확한 매설위치를 준공도면에 표시하여 제출한다.
- 제규정이 요구되는 접지저항값은 언제 시험하여도 소정의 저항값 이하를 얻을 수 있어야 하며, 접지극 및 접지모선의 설치위치는 준공도면에 명확히 표시되어야 하고, 준공 후 측정된 저항값은 감리원에게 제출한다. 또한 준공 후 하자보수기간 이내에 소정의 저항값을 얻을 수 없는 경우에 는 재시공하여 소정의 저항값을 얻을 수 있도록 한다.
- 접지와 전기적 접속(본딩)의 목적과 의미는 크게 다르므로 이를 혼용하여 시설하지 않는다.
- 접지는 이상전류를 대지로 방류하기 위한 의도적인 설비로 항상 전압이 인가되거나 발생될 수 있는 설비를 대상으로 하고 전기적 접속(본딩)은 평상시 전압이 인가되지 않는 단순 금속체를 낮은 저항으로 서로 연결함을 원칙으로 한다.

② 접지선의 시설

접지공사의 접지선의 굵기 선정 및 시설방법은 내선규정에서 정한 방법(제1종, 제2종, 제3종 및 특별 제3종 접지공사의 시설방법)의 규정에 따라 다음과 같이 적합하게 시공할 수 있으며, NEC250 기준에 따를 경우 예외로 한다.

- 제1종 접지공사, 제3종 접지공사 및 특별 제3종 접지공사의 접지선은 다음의 각 호에 적합하게 시설한다.

- 접지선이 외상을 받을 우려가 있는 경우에는 금속관(가스철관 등을 포함 한다), 합성수지관 등에 넣는다. 단, 피뢰침, 피뢰기용 접지선은 노출시공을 원칙으로 한다.
- 접지선은 피접지 기계기구에서 60 cm 이내의 부분과 지중부분을 제외하고는 금속과, 합성수지관 등에 넣어 외상을 방지한다.
- 접지하는 전기기계기구의 금속제외함, 배관 등과 접지선과의 접속은 전기적으로나 기계적으로 확실하게 한다.

- 특별고압전로 또는 고압전로와 저압전로를 결합하는 변압기의 저압측 중성점에는 제2종 접지공사를 시행한다. 단, 저압전로의 사용전압이 300V 이하의 경우에 있어서 당해 접지공사를 중성점에 시설하기 어려울 경우는 저압측의 임의의 일(−) 단자에 시설할 수 있다.
- 전기실 이외에 접지선을 전주, 옥측(屋側) 기타 사람이 접촉될 우려가 있는 장소에 시설하는 제1종 및 제2종 접지공사의 접지선은 다음 각 호에 의한다.
  - 접지극은 지하 75 cm 이상의 깊이로 매설한다.
  - 접지선은 접지극에서 지표상 60 cm까지의 부분에는 절연전선, 캡타이어 케이블(3종 캡타이어케이블, 3종 클로로프렌 켑타이어케이블, 3종 클로로설폰화 폴리에틸렌캡타이어케이블, 4종 캡타이어케이블, 4종 클로로프 렌캡타이어케이블 또는 4종 클로로설폰화 폴리에틸렌 캡타이어케이블에 한한다) 또는 케이블(클로로프렌외장케이블 및 비닐외장케이블에 한한다)을 사용한다.
  - 접지선의 지표면 하 75 cm에서 지표상 2 m까지의 부분에는 합성수 지관(두께 2 mm 미만의 합성수지제전선관 및 콤바인덕트관을 제외한다) 또는 이와 동등 이상의 절연효력 및 강도가 있는 것으로 덮는다.
  - 전등전력용, 소세력회로용 및 출퇴근표시등 회로용의 접지극 또는 접지선은 피뢰침용의 접지극 및 접지선에서 2 m 이상 이격하여 시설한다. 단, 건축물이 철골 등을 각각의 접지극 및 접지선에 사용하는 경우나 NEC 기준에 따를 경우 예외로 한다.

(6) 접지극의 시설

① 접지극은 가급적 물기가 있는 장소로서 가스, 산(酸) 등으로 인하여 부식될 우려가 없는 장소를 선정하여 지중에 매설하거나 타입(打入)한다.

② 접지선과 접지극은 납땜 기타 확실한 방법에 의하여 접속한다. 단, 피뢰침, 피뢰기용 접속은 납땜 접속을 하지 않는다.

③ 금속제 수도관로를 접지극으로 사용하는 경우의 공사방법은 다음의 각호에 적합하게 시설한다.

- 접지선과 금속제 수도관로와의 접속은 안지름 75 mm 이상의 금속제 수도관로의 부분에 또는 여기에서 분기된 안지름 75 mm 미만인 금속제 수도관로의 분기점에서 5 m 이내의 부분에서 한다. 단, 금속제 수도관로와 대지간의 전기저항치가 2 Ω 이하일 경우에는 분기점에서의 거리는 5 m를 초과할 수 있다.
- 접지선과 금속제 수도관로와의 접속개소를 수도계량기에서 수도수용가 측에 설치할 경우에는 수도계량기를 사이에 두고 견고한 본드선을 부착한다.
- 접지선과 금속제 수도관로와의 접속개소를 사람이 접촉될 우려가 있는 곳에 설치할 경우는 손상을 방지하기 위하여 방호장치를 시설한다.
- 접지선과 금속제 수도관로의 접속에 사용하는 접지금구는 접속부에 전 기적 부식이 발생되지 아니하는 것을 사용한다.

(7) 현장품질관리

① 현장시험 및 검사는 각 기기 및 기구가 정상으로 견고하게 설치되어 있는지 검사한다.

② 접지저항 측정 및 접속부 검사

- 각 접지공사의 접지저항값은 다음 표의 값을 참고한다.
- 지상 각 접속부분을 검사하고, 기타 손상된 곳이 없는가를 점검한다.

접지공사의 종류	접 지 저 항 값
제1종 접지공사	10Ω 이하 (NEC 규정 적용시 권고 : 5Ω 이하)
제2종 접지공사	현장 사정에 따라 계산된 접지 저항값 (NEC 규정 적용시 권고 : 5Ω 이하)
제3종 접지공사	10Ω 이하 (NEC 규정 적용시 권고 : 5Ω 이하)
특별 제3종 접지공사	10Ω 이하 (NEC 규정 적용시 권고 : 5Ω 이하)

5.29 전기방식설비 공사 시방서

5.29.1 일반사항

(1) 적용범위

이 시방은 배관의 부식을 막고 배관의 내용년한을 증가시키기 위한 전기방식설비 공사에 한한다.

(2) 관련시방

이 공사와 관련이 있는 사항에 대해서는 이 시방서에서 언급한 것을 제외하고 배선은 "옥내배선 공사"의 해당사항에 따른다.

(3) 참조규격

① 한국산업규격 KS D 7031 : 방식용 마그네슘 양극

② 국제규격

- NACE (National Association of Corrosion Engineers) : RP-01-69 Revised 1976 Recommended Procrices of Submerged Metallic Piping Systems.
- ASTM (America Society for Testing & Materials) : A 518-80, G-2 Standard Specification for Corrosion-Resistant High Silicon Iron Castings.
- BSI CPI 1021

(4) 희생양극식 양극의 보관

① 양극이 시설되기 전에는 보관에 주의하여 채움재가 고체화되지 않도록 습기에 주의하여 보관한다.

② 양극은 가능한 비, 눈 및 습기 등으로부터 보호될 수 있는 창고 내에 보관한다.

③ 양극을 야적할 경우에는 나무 받침반이나 다른 절연제 위에 적재하고 비를 맞지 않도록 비닐 등으로 포장한다.

④ 현장 보관시에는 지정된 장소에 보관한다.

(5) 제출물

① 제품 자료 : 외형도, 접속도

② 시공상세도 : 함류 설치도, 공사시방서에서 정한 도면

③ 준공 서류 : 운전설명서, 유지관리(보수, 교환)설명서

5.29.2 재료

(1) 공급배관

PE 코팅된 배관으로서 임시 방식 및 영구방식 대상 배관이다.

(2) 측정함

공급배관의 방식상태, 양극의 전류발생 등 음극방식에 필요한 각종시험을 하기 위한 주 철제함이다(맨홀 커버는 주철재질로서 식별표식을 하여야 한다).

(3) 양금함

방식방법이 다른 배관의 점핑 부식을 방지하기 위한 장치이다.

(4) 정류기

배관방식용 직류전원을 공급하기 위하여 교류를 직류로 변환시키는 장치이다.

(5) HSCI 양극

토양 중에 매설되어서 정류기로부터 전선을 통하여 (+)전류를 토양을 통하여 배관으로 보내기 위하여 설치되는 양극이다(고규소주철양극).

(6) 코크스 분탄

HSCI 양극 주위에 충전시켜서 양극의 접지저항을 줄이고 양극의 소모를 균일하게 해주는 자재이다.

(7) 접속함

정류기의 (+)극에 연결된 전선과 많은 리드선을 연결하기 위한 함이다.

(8) 화약용접

배관과 전선을 연결하기 위한 순간 용접제이다.

5.29.3 시공

(1) 시설조건

① 마그네슘 양극 등 방식시설을 설치 완료하고 방식전위를 측정하여 제출한다.

② 다른 시설물과의 관계를 정확히 파악하여 어떤 문제가 있는가를 검토해야 하며 만일 직류전원시설이 인접해 있을 경우 또는 고전압 교류전원이 있을 경우에는 그에 대한 특별한 대책이 세워져야 하며 이 관계에 대한 보고서를 작성 제출한다.
③ 공사시 안전사항을 철저히 준수해야 하며, 본 방식공사로 인하여 다른 설비에 손상을 입히는 일이 있어서는 안 된다.
④ 자재 및 시공시에 문제가 발생할 시 시공자가 감리원에게 서면 보고서를 제출하여 감리원의 공사지시서나 승인을 득한 후에 시공한다.

(2) 희생양극식 양극의 설치

① 마그네슘 양극은 파이프에서 약 0.3 m 이상 떨어진 지점에서 수평으로 설치하며 한 지점에 2개 이상 설치시 양극과 양극은 0.3 m 이상의 간격을 유지하여 설치한다.
② 원칙적으로 마그네슘 양극은 배관의 밑면보다 높아서는 안 되나 부득이한 경우에는 감리원의 승인을 받아 변경할 수 있다.
③ 양극 리드선과 파이프선의 접속은 측정함을 이용하여 측정함에서 직접 연결한다.
④ 파이프선의 연결점은 원칙적으로 파이프와 파이프의 연결부위에서 행해져야 하며 연결방법은 용접 후에도 그 부위를 컴파운드로 코팅 또는 테이핑 한다.
⑤ 양극의 성능은 마그네슘 양극 제품과 동등 이상이어야 하며, 양극 매설시 양극 주위를 고운 흙으로 채워 주고 필요에 따라 양극 주위에 물을 부어 다져 주면서 나머지 흙을 덮는다.

(3) 희생양극방식용 측정함 설치

① 측정함은 전기방식 설치 완료 후 방식전위 양극의 출력전류 및 방식상태를 측정하기 위하여 설치되어야 한다.
② 이 측정함의 위치는 승인된 도면에 의해 엄격하게 시설되어야 하며, 변경할 시에는 감리원의 승인을 받아야 한다.
③ 측정함은 차량 운행이나 사람들의 통행에 지장이 없도록 설치하며, 또한 외부로부터 손상을 입지 않도록 설치한다.

(4) 외부전원식 전원장치

① 현장의 교류전원을 이용 가능한 경우, 가장 가까운 전원에서 인입하고 정류기를 이용하여 음극방식용 전원으로 이용한다.
② 정류기는 지정된 장소에 지정된 방법으로 견고하게 설치한다.

(5) 외부전원식 양극 BED

① HSCI 양극이 장착되는 홀의 지하 15 m부터 토양 비저항측정기를 사용하여 1 m간격마다 토양 비저항을 측정한다.

② 홀의 지하 15 m 이하 지점에서부터 토양 비저항이 가장 적은 지점에 양극 블록의 중심이 위치하도록 양극 블록을 장착한다.

③ 홀에 장착될 양극은 2~3개를 한 블록으로 하여 필요한 만큼의 양극블록을 삽입한다.

④ 홀의 양극블록이 삽입 완료되면 코크스분탄을 홀의 밑바닥에서부터 홀의 제일 윗부분에 위치한 양극블록의 위 3 m까지 채우고 비표면까지는 자갈을 채운다.

⑤ 완공 후 예비 검사과정에서 전 구간 방식전위의 측정결과를 제출하여야 하며, 방식전위 (−)859 mV 이하로 검측되지 않으면 국부적인 방식보강 작업을 시행한다.

⑥ 완공 후의 준공검사에서는 정류기의 가장 먼 부분의 전위가 (−)850 mV 이하가 검출되어야 하며 측정결과를 제출한다.

⑦ 홀의 굴착은 지하 15 m부터 지정된 시방에 따라 토양비 저항을 측정하여야 하며 토양비 저항이 규정값 혹은 설계값 이하로 감소하면 홀의 굴착을 중지한다.

⑧ 홀의 깊이를 설계깊이까지 굴착하여도 토양비 저항이 규정값 혹은 설계값 이하로 감소하지 않으면 감리원의 승인 하에 제2의 홀을 굴착할 수 있으며, 이때의 비용은 실적에 따라 정산한다.

(6) 외부전원식 케이블 매설 및 (−)선의 연결

① 모든 케이블은 CV 또는 동등 이상의 전선으로서 정류기의 최대출력보다 50% 이상의 허용 전류용량이 되어야 하며, 그 최소 크기는 14 mm^2 이상으로 한다.

② 모든 전선은 0.6 m 이상의 깊이로 매설되어야 하며, 그 주위는 모래로 300 × 300 크기로 채우거나 또는 PVC관 내부 배선을 한다. 단, 양식과 연결부분 주위는 1000 × 1000 × 150 이상의 콘크리트로서 대신할 수 있다.

③ 모든 전선은 300 m 이내에서는 절단 또는 연결되어서는 안 되며 양극과 연결부는 정크션박스 또는 연결자재로서 절연한다. 300 m를 넘는 경우에는 양극선 연결부와 같이 연결한다.

④ (−)선을 배관과 연결할 때는 용융접속으로 연결한 후 컴파운드로써 도장손 상부를 복구한다.

(7) 현장 품질관리

① 검사 및 기록 제출

- 시공사는 전기방식 설치공사가 완료되면 감리원에게 준공 검사원을 제출한다.
- 시공사는 전기방식 시설에 대하여 감리원 입회하에 시공사항을 검사 확인한다.
- 현장 여건상 부득이 하게 설계도서와 다르게 시공된 경우에는 발주청 및 감리원과 협의하여 처리한다.
- 주요 지입자재에 대한 재질을 증명할 수 있는 서류 및 시험성적서 등을 제출한다.
- 검사가 완료되면 결과보고서를 기록으로 제출한다.

② 시운전 및 각종 시험

- 전기방식 시공상태 검사가 완료되면 감리원 입회하에 방식전위를 측정한다.
- 방식전위는 황산동 기준전극 기준으로 (−)850 mV 이하이다.
- 방식전위 측정은 다음과 같은 순서로 한다.
  - 방식전위 측정(임시 방식 상태)
  - 결선 해체(임시 양극 분리)
  - 자연전위 측정
  - 정류기 전원 투입
  - 방식전위 조정 및 측정
- 임시방식 및 영구방식을 포함한 전위측정표를 감리원에게 제출한다.
- 전기방식 시설현황(사진 첨부)을 별도로 제출한다.

5.30 감시제어반 공사

감시제어반의 기능은 다음 각호에 적합하여야 한다. 단,

(1) 제9조 제2항의 규정에 해당하지 아니하는 소방대상물에 설치되는 소화전 및 스프링클러

(2) 내연기관에 의한 가압송수장치를 사용하는 소화전 및 스프링클러

(3) 고가수조에 의한 가압송수장치를 사용하는 소화전 및 스프링클러에 해당하는 경우에는 제3호 내지 제6호의 규정을 적용하지 아니한다.

① 각 펌프의 작동여부를 확인할 수 있는 표시등 및 음향경보기능이 있어야 한다.

② 각 펌프를 자동 및 수동으로 작동시키거나 작동을 중단시킬 수 있어야 한다.

③ 비상전원을 설치한 경우에는 상용전원 및 비상전원의 공급여부를 확인할 수 있어야 하고 자동 및 수동으로 상용전원 또는 비상전원으로의 전환이 가능하여야 한다.

④ 수조 또는 물올림탱크가 저수위로 될때 표시등 및 음향으로 경보되어야 한다.

⑤ 각 확인회로(기동용 수압개폐장치의 압력스위치회로, 수조 또는 물올림탱크의 감시회로를 말한다)마다 도통시험 및 작동시험을 할 수 있어야 한다.

⑥ 예비전원이 확보되고 예비전원의 적합여부를 시험할 수 있어야 한다.

감시제어반은 다음 각호의 기준에 의하여 설치하여야 한다.

(1) 화재 및 침수 등의 재해로 인한 피해를 받을 우려가 없는 곳에 설치하여야 한다.

(2) 감시제어반은 전용으로 하여야 한다. 다만, 전용설비의 제어에 지장이 없는 경우에는 다른 설비와 겸용할 수 있다.

감시제어반은 다음 각목의 기준에 의한 전용실 안에 설치해야 한다. 단,

(1) 다른 부분과 방화구획을 하여야 한다. 이 경우 전용실의 벽에는 기계실 또는 전기실 등의 감시를 위하여 두께 7 mm 이상의 망입유리(두께 16.3 mm 이상의 접합 유리 또는 두께 28 mm 이상의 복층유리를 포함한다)로 된 4제곱미터 미만의 붙박이창을 설치할 수 있다.

(2) 피난층 또는 지하 1층에 설치하여야 한다. 다만, 건축법시행령 제37조의 규정에 의한 특별피난계단이 설치되고 그 계단 출입구로부터 보행거리 5미터 이내에 전용실의 출입구가 있는 경우에는 지상 2층에 설치하거나 지하 1층 외의 지하층에 설치할 수 있다.

(3) 비상조명등 및 급·배기설비를 설치하여야 한다.

(4) 화재안전기준의 규정에 의한 무선기기 접속단자(소방시설설치유지 및 안전관리에 관한 법률시행령의 별표 4의 규정에 의한 무선통신보조설비가 설치된 특수장소에 한한다)를 설치하여 한다.

(5) 바닥면적은 감시제어반의 설치에 필요한 면적 외에 화재시 소방대원이 그 감시 제어반의 조작에 필요한 최소면적 이상으로 하여야 한다.

※ 제3호의 규정에 의한 전용실에는 소방대상물의 기계·기구 또는 시설 등의 제어 및 감시설비 외의 것을 두어서는 아니된다.

PROBLEMS

1. 시방서의 종류에 대하여 설명하시오.

2. 시방서의 활용방법에 대하여 설명하시오.

3. 성능시험배관에 대해 다음을 설명하시오.
   ① 소화펌프 토출배관에서 분기되는 계통도를 그리시오.
   ② 성능시험배관경의 크기를 계산하시오.
   ③ 유량계의 종류에 대해 설명하시오.
   ④ 유량계 전, 후에 부착된 개폐밸브의 명칭과 역할을 설명하시오.
   ⑤ 유량계로부터 시험밸브와 유량제어밸브와의 적정 이격거리는?
   ⑥ 시험밸브 및 유량제어밸브가 왜 직관상에 설치되어야 하는가?

4. 성능시험하는 절차를 설명하시오.

5. 가압송수장치의 3요소에 대해 계통도를 그리고 설명하시오.
   ① 고가수조방식
   ② 압력탱크방식
   ③ 펌프방식

6. 압력챔버의 저압식과 고압식에 대해 설명하시오.
   ① 10 kg/cm^2용
   ② 20 kg/cm^2용

7. 압력챔버 상부에 공기압이 필요한 이유에 대해 설명하시오.

8. 압력챔버의 공기압 셋팅방법에 대해 설명하시오.

9. NFPA Code 20에 언급된 압력감지배관에 대해 다음을 설명하시오.
   ① 감지배관상에 체크밸브가 2개 필요한 이유는 무엇인가?
   ② 체크밸브 클래퍼에 2.4 mm 오리피스 구멍 설치 이유는 무엇인가?
   ③ 시험결과 맥동현상이 발생했다면 문제점은 무엇인가?

CHAPTER 06

소방시설의 용량계산 검토

I 소방시설의 용량계산

6.1 소화기구

(1) 연면적 33 m² 이상 소방대상물

(2) 대상물별 분류

소방대상물	기준면적(능력단위 기준)
위락시설	바닥면적 30 m²
공연장, 집회장, 관람장, 문화재,장례식장 및 의료시설	바닥면적 50 m²
근린생활시설, 판매시설, 운수시설,숙박시설, 노유자시설, 전시장, 공동주택, 업무시설, 방송통신시설, 공장, 창고시설, 항공기 및 자동차 관련시설 및 관광휴계시설	바닥면적 100 m²
그 밖의 것	바닥면적 200 m²

(3) 소요능력단위 계산

① 일반소방대상물 소화능력단위 계산

$$F \geq S / F_s$$

여기서, F : 소화기구의 필요능력단위

S : 소방대상물의 연면적

F_s : 소화기구 능력단위 기준면적

※ 건축물 주요구조부가 내화구조, 벽, 반자 등 실내에 면하는 부분이 불연재료, 준불연재료로 된 소방대상물은 기준면적의 2배로 한다.

6.2 수원

구 분	소 화 수 조	
	저수조 유효수량	옥상수조
옥내소화전	2.6 m³ × 소화전 수량(최대 5개)	유효수량 × 1/3 이상

옥외소화전	7 m³ × 소화전 수량(최대 2개)	유효수량 × 1/3 이상
스프링클러	기준헤드수 × 1.6 m³	
물분무설비	바닥면적(m²) × 10 Lpm × 20분	특수가연물 저장창고
	바닥면적(m²) × 20 Lpm × 20분	차고, 주차장
	원주둘레 길이(m) × 37 Lpm × 20분	위험물 저장탱크

6.3 가압송수장치

6.3.1 고가수조방식

(1) 고가수조방식

규격방수압력(0.17 MPa 이상), 규격방수량(130 L/min 이상)

- $H = h_1 + h_2 + 17\,\mathrm{m}$
- 낙차 = 호스 + 배관, 관부속품 + 노즐선단방수압력환산수두
- 수위계, 배수관, 급수관, 오버플로우관, 맨홀 설치

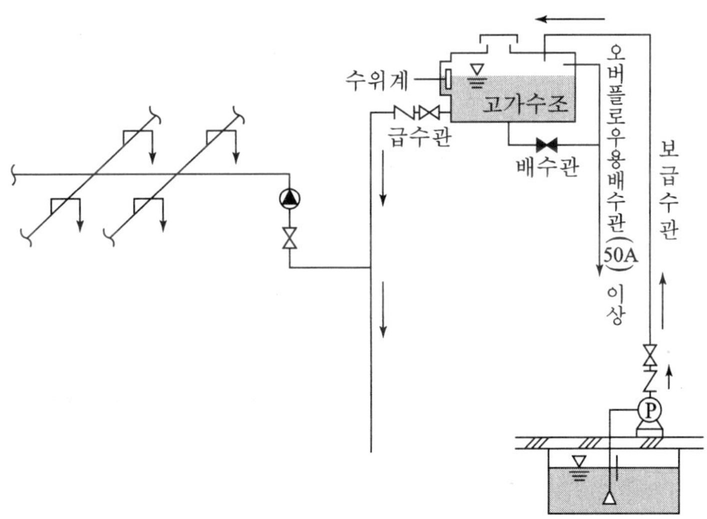

고가수조방식

(2) 주요체크사항

① 고가수조와 직하층에 있는 설비에서 방수되는 압력은 법적압력이 확보될 수 있도록 충분한 높이를 확보하여야 한다.

② 고가수조가 옥상 또는 옥외 노출되는 곳에 위치할 때에는 동파대책을 강구하여야 한다.

6.3.2 압력수조방식

(1) 압력수조방식

- $P = P_1 + P_2 + P_3 + 1.7\text{kg/cm}^2$
- 압력 = 호스 + 배관, 관부속품 + 낙차환산 + 노즐선단방수압력수두압
- 수위계, 급수관, 급기관, 맨홀, 압력계, 안전장치, 자동식에어콤프레샤

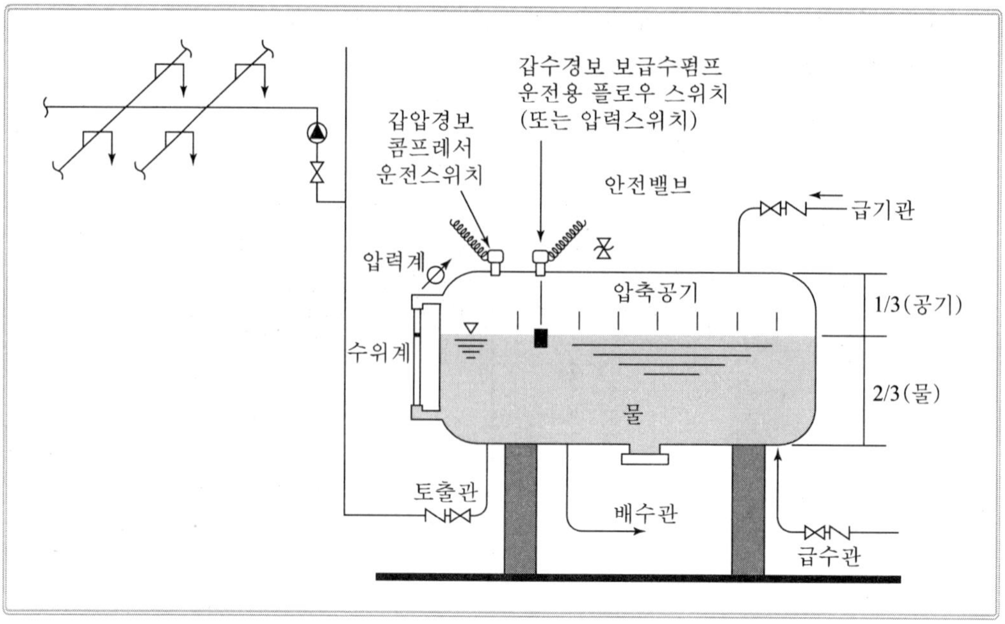

(2) 주요체크사항

① 압력탱크에 공급되는 Compressure의 상태를 항시 점검하여야 한다.

6.3.3 펌프방식

(1) 펌프방식

가장 보편적, 볼류트 · 터빈펌프

- $H = h_1 + h_2 + h_3 + 17\text{m}$
- 전양정 = 호스 + 배관, 관부속품 + 실양정(흡입 + 토출양정) + 노즐선단방수압력

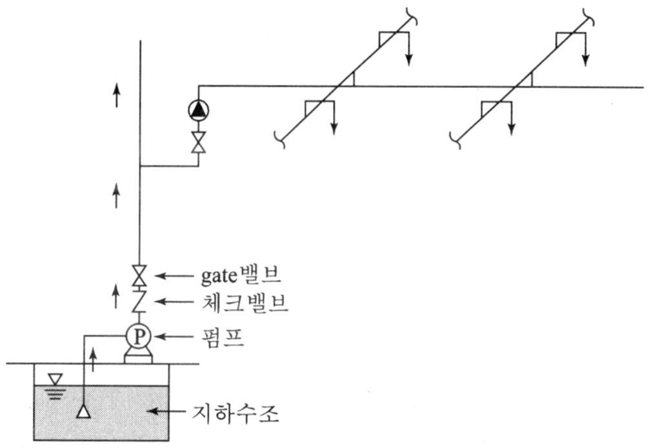

(2) 주요체크사항

① 가장 높은 최상층의 헤드에서 법적 방수압력이 확보될 수 있어야 한다.

② 최저층부에서 법적 제한압력이 초과되는지 체크하여야 한다. 만약 최저층부에서 법적 제한압력인 1.2 MPa이 초과될 경우 배관상의 압력을 감압할 수 있는 대책을 강구하여야 한다.

6.3.4 스프링클러 개수별 급수관 구경(단위 : mm)

	25A	32A	40A	50A	65A	80A	90A	100A	125A	150A
가	2	3	5	10	30	60	80	100	160	161 이상
나	2	4	7	15	30	60	65	100	160	161 이상
다	1	2	5	8	15	27	40	55	90	90 이상

(1) 폐쇄형 헤드일 때 설치 : "가"를 적용
(2) 병설시 설치 : "나"를 적용
(3) 개방형 헤드 설치시 : 헤드 수 30개 이하일 때 "다"를 적용
(헤드 수가 30개 초과하면 수리계산 방법에 따를 것)

II Pipe Schedule System과 Hydraulically Designed System이란 무엇인가?

6.4 개요

SP설비의 배관구경을 결정하는 방법은 모든 헤드에서 압력에 관계없이 일정 유량이 균등하게 방사된다는 가정 하에 주어진 표에 의해 관경을 결정하는 Pipe Schedule 방식과 실제로는 유량이 압력에 따라 변하게 되는데 이를 수리학적으로 해석하여 관경을 결정하는 Hydraulically Designed System이 있다.

6.5 Pipe Schedule System

현재 이 방식은 국내에서 많이 이용되고 있는 방법으로 용도와 면적에 대한 헤드의 방수밀도로 결정된다. 이 방식은 SP헤드 중 가압송수장치에서 가장 먼 거리에 있는 것을 기준으로 한다.

(1) 장점

① 배관경 결정이 간단하고 표준화되어 보편적으로 많이 쓰이고 있다.
② 소규모 건물(바닥면적 465 m^2 이하)에 편리하다.

(2) 단점

① 헤드에 작용하는 압력에 관계없이 배관경이 일정하게 결정되므로 펌프로부터 가까

운 헤드나 저층부의 압력이 많이 작용하는 헤드에는 유량이 과도하게 방출되어 수원의 규정 방사 시간보다 빨리 고갈될 염려가 있다.

6.6 Hydraulically Designed System

가장 말단의 헤드에서 규정 방수 압력과 방수량이 나올 수 있도록 결정하고 그 직전 헤드부터는 유량과 압력의 관계식은 $Q = K\sqrt{10P}$ 에 의한 수리계산에 의한 배관결정방식이다.

(1) 장점

① 배관 내의 관마찰손실은 Hazen-Williams의 공식에 의거 계산한다. 따라서 관경 이 다소 작아지고 배관재질의 선택이 자유롭다.

② NFPA는 주로 이 방식을 채택하고 있다.

(2) 단점

① Hydraulically Designed System은 과학적인 방법이지만 계산이 번거롭고 많은 시간이 필요 하므로 수작업으로는 거의 불가능하며 Program에 의해 계산된다.

② 그러나 Program을 운용함에 있어서 입력 Data를 정확히 파악하지 못할 때나 입력 오류가 계산에 심각한 영향을 끼치므로 주의를 요한다.

6.7 격자배관방식의 장점

(1) Grid System에서는 한 스프링클러헤드에 도달하는 물의 경로가 복수이므로, 압력손실이 다른 System보다 적다. 따라서 배관의 크기가 작게 되는 장점이 있다.

(2) 배관 내의 마찰손실은 Hazen & Williams의 공식을 이용한다.

(3) NFPA에서는 주로 이 방식을 채택하고 있다.

III NFPA의 밀도 / 면적곡선

NFPA의 밀도/면적곡선에 의한 스프링클러설비의 배관경을 결정하는 방법과 수력계산 방법이 있다.

6.8 개요

SP설비의 배관구경을 결정하는 방법은 모든 헤드에서 압력에 관계없이 일정 유량이 균등하게 방사된다는 가정 하에 주어진 표에 의해 관경을 결정하는 Pipe Schedule 방식과 실제로는 유량이 압력에 따라 변하게 되는데, 이를 수리학적으로 해석하여 관경을 결정하는 Hydraulically Designed System이 있다. 한편 NFPA에서는 스프링클러설비의 소화급수량을 위험용도등급에 따라 밀도/면적곡선에 의해 산출하고 있으며 위험용도등급을 5등급으로 분류하고 있다.

6.9 Pipe Schedule방식

용도와 면적에 따라 헤드의 방수밀도를 결정한다. 즉, 모든 헤드에서 압력에 관계없이 일정유량이 균등하게 방사된다는 가정 하에 주어진 표에 의해 관경이 결정된다.

(1) 주수밀도

① 7.56 Lpm (2.3 m기준)

② 방호반경 2.3 m기준이므로 $2r\cos 45^{\circ}$를 적용하면

3.25 m × 3.25m = 10.56 m², 80 Lpm ÷ 10.56 m² = 7.57 Lpm/m²

(2) 주수면적

① 316.8 m²(10.56 m² × 30개)

② 316.8 m² × 7.57 Lpm = 2,398Lpm (80 Lpm × 30 = 2400 Lpm과 동일)

(3) 적용대상

소규모 건물(바닥면적 465 m²)에 적합

6.10 Hydraulically Designed방식

(1) 방호구역의 위험등급에 따라 주수율이 결정된다.
(2) 가장 말단의 헤드에서 규정방수압력과 방수량이 나올 수 있도록 결정하고 그 직전 헤드부터는 $Q = K\sqrt{10P}$ 에 의한 수리계산에 의해 배관경을 결정하는 방식이다.
(3) 관 마찰손실은 Hazen-Williams의 공식으로 계산한다. 즉, 수압과 재질에 따라 관경이 결정된다.

6.11 위험용도의 분류

용도분류는 내용물의 양과 가연성, 열방출률, 에너지 방출 잠재력, 적재물의 높이 및 인화성, 가연성 액체의 유무에 따라 분류하여야 한다.

6.12 소화급수량

수력계산에 의해 설계된 위험용도 화재제어 SP설비에 대한 최소한의 급수요구사항은 NFPA13에 의한 면적/밀도 곡선에 의해 결정된 SP의 급수량에 Code 13에 의한 호스 방수소요량을 더하여 산출하여야 한다.

(1) Area/Density Methed

스프링클러의 소화수공급량을 결정하며, 다음 그래프는 스프링클러 1개당 밀도를 나타낸다.

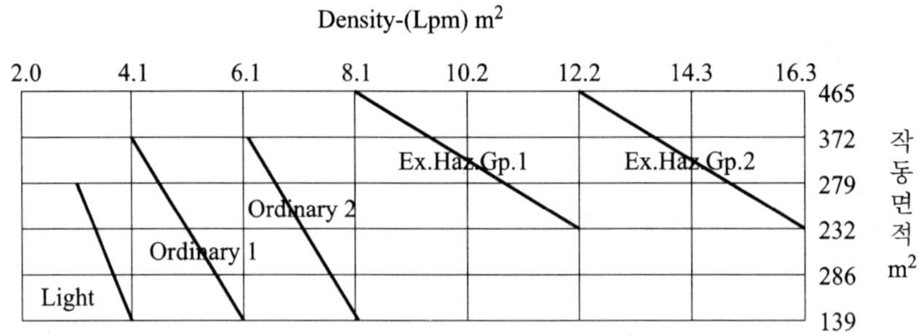

(2) 구역별 Density와 방사 Arear

① Light Hazard

- 공급량 : (3Lpm × 279 m²)~(4.1 Lpm × 139 m²)
- 대상 : 전산실, 교회, 박물관 등

② Ordinary Hazard(Group 1)

- 공급량 : (4.1 Lpm × 372 m²)~(6.1 Lpm × 139 m²)
- 대상 : 통조립 공장, 제과점, 세탁소 등

③ Ordinary Hazard(Group 2)

- 공급량 : (6.1 Lpm × 372 m²)~(8.1 Lpm × 139 m²)
- 대상 : 무대부, 목재 가공소 등

④ Extra Hazard(Group 1)

- 공급량 : (8.1 Lpm × 461 m²)~(12.2 Lpm × 232 m²)
- 대상 : 비행기 격납고, 인쇄소 등

⑤ Extra Hazard(Group 2)

- 공급량 : (12.2 Lpm × 465 m²)~(16.3 Lpm × 232 m²)
- 대상 : 플라스틱 생산장소 등

(3) 호스소요수량 및 급수지속시간 요구사항

위 험 분 류	내부 및 외부호스의 총합계량(gpm)	지속시간(분)
경급	100	30
중급	250	60~90
상급	500	90~120

IV 배관의 부식원인 및 전기방식(외부전원법)

6.13 정의

부식이란 금속이나 합금이 환경과의 화학작용 또는 전기작용에 의해 표면으로부터 소모, 파괴되어 가는 현상을 말한다.

6.14 부식의 원인

(1) 금속전위차에 의한 부식

아연은 50～60℃ 이상의 온도가 되면 온수 중에서 급속히 용해되며, 아연은 철보다 귀의 전위가 되고 철을 심하게 부식시킨다.

(2) 용존산소로 인한 부식

가열로 인해 물속의 용존산소가 유리되기 전에 부근에 있는 금속의 표면을 부식시킨다.

(3) 응력이 있을 경우의 부식

잔류응력이 남아 있는 부분은 부식이 심하다.

(4) 유속과대로 인한 부식

산화작용으로 인한 보호피막의 박리가 일어나 금속표면을 침식시킨다.

6.15 방지책

(1) 전기방식에 의한 부식제어 : 금속에 일정한 전위를 주어 부식을 방지한다.

(2) 유속제어 : 유속을 1.5 m/sec 이하로 억제

(3) 용존산소의 신속한 제거

(4) 절연에 의한 외부 부식제어

6.16 전기방식

6.16.1 개요

지하에 매설된 배관의 보호를 위해 가장 널리 채택되고 있는 방식방법은 피복과 음극방식을 병행하는 것이다. 일차 방식효과는 피복층을 통해서 얻게 되나 피복은 자체적으로 Pinhole과 같은 결함을 갖고 있을 뿐만 아니라 작업 중의 물리적 손상이나 사용 중의 열화에 의해 어느 정도 금속표면이 토양에 노출된다. 이때 구조물에 음극방식을 실시하고 있다면 피복층은 큰 저항을 가지고 있으므로 방식전류는 피복의 결함부를 통하여 금속 구조물로 유입되고, 전류 유입에 따라 전위가 낮아지게 되어 방식효과가 나타난다.

한편 피복이 없는 구조물에 음극방식만 할 경우에는 방식대상 면적이 넓어 소요되는 방식전류량이 매우 커지게 되어 경제적으로 적절치 못하다.

6.16.2 종류

전기방식에는 여러 가지 방법이 있으나 최근 대단위 사업장에서 많이 사용되고 있는 외부전원법에 대해서 설명하면 다음과 같다.

(1) 희생양극법 : 양극자체와 철금속 자체가 가지고 있는 전위차에 의해 방식하는 방법

(2) 외부전원법 : 양극에 강제로 직류전원의 (+)극을 연결하고 배관에 (−)극을 연결하여 방식

6.16.3 비교

	장 점	단 점	사용양극의 종류
희생양극법	• 외부 전원공급 불필요 • 설계와 설치 간단 • 간섭현상 없다. • 양극수명동안 유지보수 불필요 • 전류분포가 균일하다.	• 토양비 저항이 높은 곳에서는 비경제적 • 대용량에서 부적합 • 유효전위가 제한되어 있다.	• 마그네슘합금양극 • 아연합금양극 • 알루미늄합금양극

	장 점	단 점	사용양극의 종류
외부전원법	• 거대한 구조물도 하나의 방식시설로 보호가능 • 토양비 저항값의 크기에 관계없이 적용 • 자동화방식이 가능	• 설계가 복잡 • 타 인접시설물에 전기적 간섭현상이 야기될 수 있다 • 유지관리 필요 • 전원공급이 상시 필요 • 과방식이 야기될 수 있다	• 고규소철양극 • 백금양극 • 연－은 양극

6.16.4 원리(외부 전원법)

피방식체인 금속에 직류전원의 (－)극을 전기적으로 완전히 연결하고, 외부전원용 전극을 설치하여 직류전원의 (＋)극을 접속, 전해질을 통하여 방식전류를 피방식체인 금속에 유입시켜 부식을 방지하는 방법이다.

6.16.5 계통도(외부전원법)

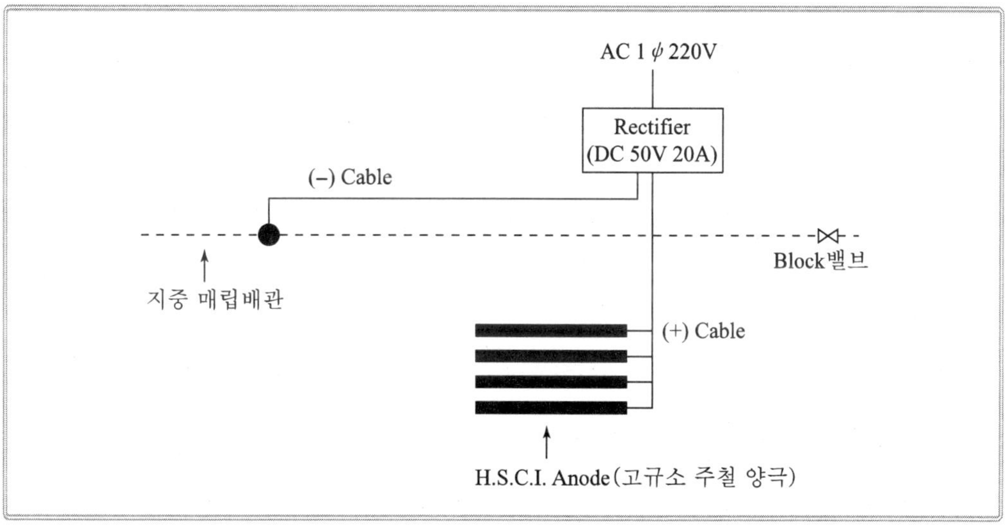

6.16.6 도면 검토시 주의사항

(1) 전위측정터미널(T/B)을 적당한 거리마다 설치한다.

① 전기방식시설의 유지관리 도모
② 약 500 m 이내의 간격마다 설치

(2) 타 시설물에 간섭방지 위한 절연조치

① 배관 등과 철근콘크리트 구조물 사이
② 배관과 강재 보호관 사이
③ 지하에 매설된 배관의 부분과 지상에 설치된 부분과의 경계
④ 타 시설물과 접근 교차지점
(다만, 타시설물과 약 30 cm 이상 이격 설치된 경우에는 제외)
⑤ 배관과 배관지지물 사이
⑥ 저장탱크와 배관 사이
⑦ 지타 절연이 필요한 장소

6.16.7 유지관리시 주의사항

(1) 전위의 적합성 유지관리

① 방식전류가 흐르고 있는 상태에서 자연전위와의 전위변화가 최소한 −300 mV 이하이어야 한다.
② 방식전류가 흐르고 있는 상태에서 토양 중에 있는 배관 등의 방식전위는 포화 황산동 기준전극으로 −0.85V 이하여야 하며, 황산염 환원 박테리아가 번식하는 토양에서는 −0.95V 이하여야 한다.
③ 배관 등에 대한 전위측정은 가능한 가까운 위치에서 기준전극으로 실시한다.

(2) 전기방식시설의 유지관리시 주의사항

① 전기방식시설의 관대지전위 등은 1년에 1회 이상 점검하여야 한다.
② 외부전원법에 의한 전기방식시설은 외부전원점 관대지전위, 정류기의 출력, 전압, 전류, 배선의 접속상태 및 계기류 확인 등을 3개월에 1회 이상 점검하여야 한다.
③ 절연부속품, 역전류 방지장치, 결선 및 보호절연체의 효과는 6개월에 1회 이상 점검하여야 한다.

6.17 헤드의 간격 계산

(1) 정사각형(정방형) 배치시 헤드간격 계산

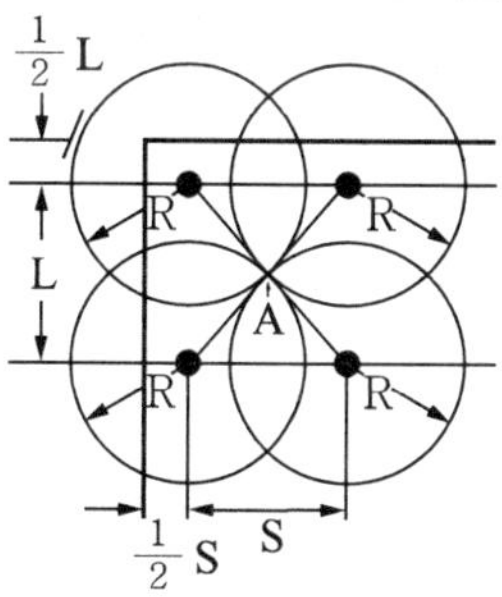

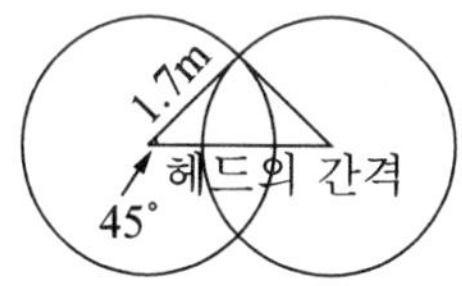

L : 배관 간격
S : 수평 헤드 간격
R : 수평거리(m)
S = L
S = 2Rcos 45°

(2) 직사각형(장방형) 배치시 헤드간격 계산

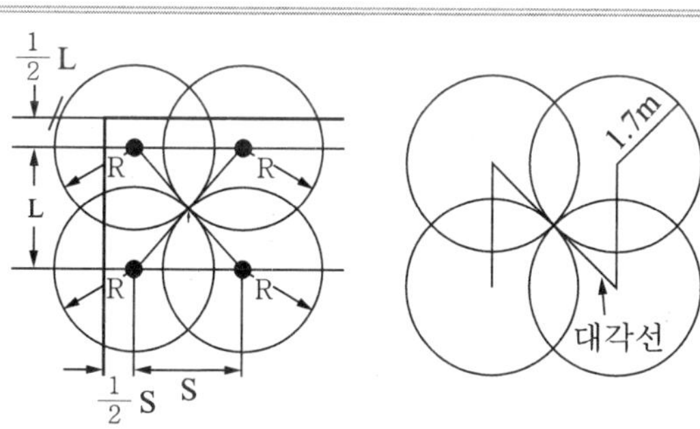

(3) 지그재그형(나란히꼴형) 배치시 헤드간격 계산

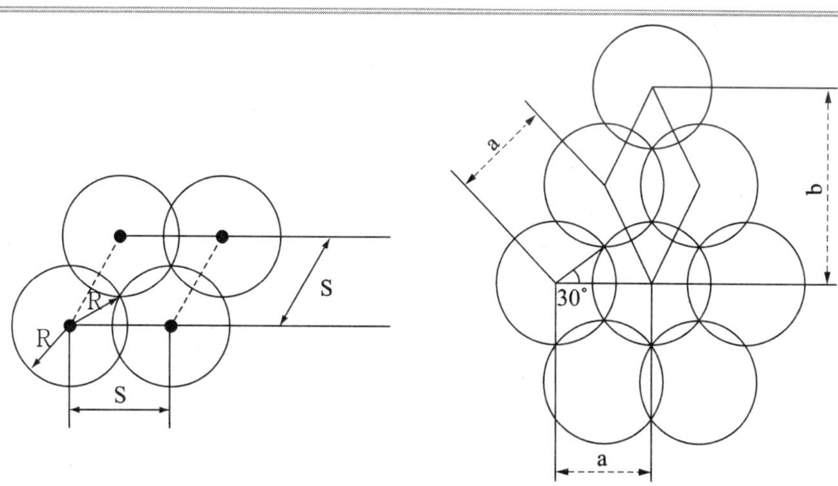

(4) 잡형 배치시 헤드간격 계산

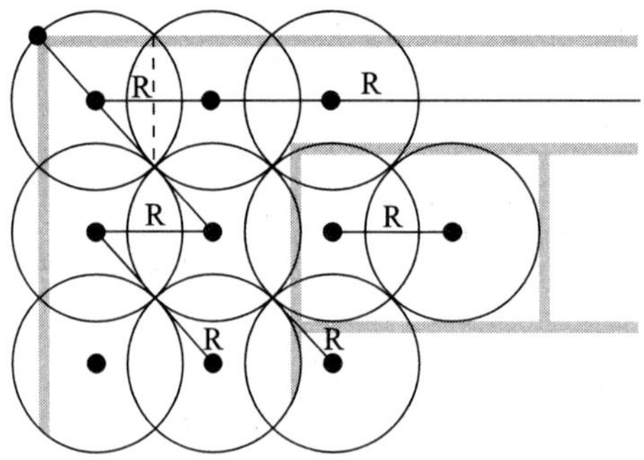

(5) 헤드의 간격에 따른 방호면적

헤드 배치형	수평거리	헤드 1개의 방호면적
정방형	2.5 m	12.49 m²
	2.3 m	10.5 m²
	2.1 m	8.82 m²
장방형	2.5 m	16.24 m²
	2.3 m	13.74 m²
	2.1 m	11.46 m²

6.18 포(Foam)

(1) 약제량 및 수원의 양

소방대상물	적용설비	수원의 양	약제량
특수가연물 저장 취급하는 공장, 창고	포워터스프링클러설비 포헤드설비 고정포 방출설비	1) 포헤드설비 바닥면적(200 m² 이상일 때 200) $\times K \times$ 10분 2) 포워터 스프링클러설비 헤드수 × 75 Lpm × 10분 (표준방사량 K값) Lpm	수원의 양 × 약제농도
차고, 주차장	홈헤드설비 고정포 방출설비		
위험물 제조소 등	포헤드설비 포워터스프링클러설비 고정포 방출설비		

표준방사량 *K*값(Lpm)

차고, 주차장	단백포 소화약제	6.5
	합성계면활성제 포소화약제	8.0
	수성막포 소화약제	3.7
위험물, 특수가연물	단백포 소화약제	6.5
	합성계면활성제 포소화약제	6.5
	수성막포 소화약제	6.5
알코올류	알코올형포 소화약제	13

(2) 헤드수량 산출

① 홈헤드일 경우 : 1개 / 9 m^2

② 홈워터스프링클러 헤드일 경우 : 1개 / 8 m^2

6.19 Halon설비

(1) 약제량 계산

① [방호구역 체적 × 기준약제량(0.32 kg/m^3)] + {개구부 면적 × 가산량(2.4 kg/m^2)]

② 유량(kg/sec) = 총약제량 ÷ 30 sec

(2) CO_2설비

(3) 약제량 계산

① [방호구역 체적 × 기준약제량(1.3 kg/m^3)] + [개구부 면적 × 가산량(10 kg/cm^2)]

② 실린더 용기수 계산 = 가스량 ÷ 45 kg

③ 유량(kg/sec) 계산 = 가스량 ÷ (7 × 60 sec)

④ 분사헤드의 분구면적(cm^2) 계산(헤드 8개일 때)

- 심부화재 : 195 kg ÷ 8개 ÷ 1.3 kg · mm^2 · 분 · 개 ÷ 7분 = 2.679 mm^2 = 0.027 cm^2
- 표면화재 : 195 kg ÷ 8개 ÷ 1.3 kg · mm^2 · 분 · 개 ÷ 1분 = 18.75 mm^2

(4) 피압구 계산

① 배출방식

- 인접실 배출방식
- Duct 배출방식

② 배출설비 형식

- 중력식 Louber 댐퍼
- 전기식 또는 구동식 댐퍼
- 압력구동 댐퍼
- 자연환기식

③ 압력배출구 크기 계산

$$X = (2.39Q) / \sqrt{P}$$

여기서, X : 자유벤팅 면적(cm^2)

Q : 계산된 이산화탄소 유량(kg/min)

P : 방호구역의 허용압력(kg/cm^2)

여기서, 구조물에 따른 피압구 산정기준 압력은 다음 표와 같다.

건축물구조	Windage	Pressure	In.Water	Psi	KPA-Gauge	kg/cm^2
경량구조물	100 mph	25 ib/ft^3	5	0.175	1.2	0.012
일반구조물	140 mph	50 ib/ft^3	10	0.35	2.4	0.025
둥근구조물	200 mph	100 ib/ft^3	20	0.70	4.8	0.049

(5) Program

① 가스계의 관경이나 오리피스 계산은 수리계산에 의해 마찰손실을 구하여 관경을 구하는 것이 최근의 추세이다.

② 가스계설비는 노즐로부터 방사되는 가스량이 중요하기 때문에 오리피스의 가공시 각별한 검토가 필요하다.

③ 오리피스는 노즐에서의 방출가스압력과 분구면적이 생명이므로 수리계산에 의해 정확한 자료가 확보되어야 한다.

④ 수리계산에 이용하는 Software는 Kidde Program이 있다.

⑤ Program에 의해 구해진 노즐번호는 NFPA Code 12의 Data를 참고한다.

(6) CO_2 Program 용량계산서

약제량 계산서(사례 : FI인증을 득한 국내 화인텍의 용량계산서임)

FINETEC

FINETEC Gas Agent Calculation Result

$FINECO_2$ 약제량계산 결과

PROJECT명 :

방호구역명 : 전기실

① 방호구역체적 : 2,467.4 m^3
(300.9 × 1 m 층고 : 8.2 m)
② 개구부면적 : 0.94 m^2
(0.9 × 2.1 × 5 m)
③ 개구부보정량 : 94.5 kg
(② × 10 kg)
④ 소요약제량 : 3,207.6 kg

계산공식

표면화재 방호구역 체적별 소요약제량	심부화재 대상물별 소요약제량
45 m^3 미만 : 1 kg/m^3	유압기기를 제외한 전기설비 케이블실 : 1.3 kg/m^3
45～150 m^3 : 0.9 kg/m^3	체적 55 m^3 미만의 전기설비 : 1.6 kg/m^3
150～1,450 m^3 : 0.8 kg/m^3	서고, 전자제품창고, 목재가공품창고, 박물관 : 2.0 kg/m^3
1,450 m^3 이상 : 0.75 kg/m^3	고무류, 면화류창고, 모피창고, 석탄창고 : 2.7 kg/m^3

※ 명기되지 않는 소화농도는 Design Manual 참조

⑤ 총소요약제량 : 3,302.1 kg (③ + ④)
⑥ 노즐수량 : 9개

파일명 :
① 약제량 합계 : 3302.09998 kg
② 용기 수량 : 74병
(3302.09998 kg/45 kg)
③ 실제 저장량 : 3330 kg
④ 최대 방출시간 : 216초
⑤ 피압구 면적 : 1구역 503.35 cm^2

FINETEC

FINETEC Gas Agent Calculation Result

FINECO₂ 배관계산 결과

방호구역명 : 전기실		파일명 :	
저장압력 : 750 psi		저장용기 : FTC-68	
용기수량 : 74병		약제량 : 3330 kg	
방출시간 : 216 sec		노출수량 : 9개	
용기밸브 : FTV-15		배관규격 : # 80	

배관체적 대비 용기체적 : 2.4%

입력 DATA

구간	시점	종점	배관경	길이(m)	높이(m)	엘보	분지	유니온	연결
1	1	2	FTV-15	2	1.8	0	N	0	T
2	2	3	65	30.2	5.7	5	N	0	W
3	3	4	50	0.2	0.2	0	S	0	W
4	4	5	40	3.75	0	0	S	0	W
5	5	6	32	3.1	0	0	S	0	W
6	6	7	25	3	−0.2	1	S	0	W
7	6	8	25	2.7	−0.2	1	S	0	W
8	5	9	32	3.1	0	0	S	0	W
9	9	10	25	3	−0.2	1	S	0	W
10	9	11	25	2.7	−0.2	1	S	0	W
11	4	12	32	3.75	0	0	S	0	W
12	12	13	25	3.3	−0.2	1	S	0	W
13	12	14	25	3.3	−0.2	1	S	0	W
14	3	15	40	9.5	0.2	1	T	0	W
15	15	16	32	1.25	0	0	S	0	W
16	16	17	25	0.2	−0.2	0	S	0	W
17	16	18	25	5.5	−0.2	1	T	0	W
18	15	19	25	3.95	−0.2	1	S	0	W

분지 : N(분지 없음), S(분류티), T(직류티)

구간	시점	종점	약제량 (kg/분)	배관경	시작압력 (kg/cm²)	종단압력 (kg/cm²)	오리피스 (mm)
1	1	2	12.5	FTV-15	47.3	47.1	
2	2	3	925	65	47.1	43.7	
3	3	4	616.7	50	43.7	43.4	
4	4	5	411.1	40	43.4	42.3	
5	5	6	205.6	32	42.3	41.7	
6	6	7	102.8	25	41.7	41.1	9
7	6	8	102.8	25	41.7	41.1	8.9
8	5	9	205.6	32	42.3	41.7	
9	9	10	102.8	25	41.7	41.1	9
10	9	11	102.8	25	41.7	41.1	8.9
11	4	12	205.6	32	43.4	42.8	
12	12	13	102.8	25	42.8	42.2	8.8
13	12	14	102.8	25	42.8	42.2	8.8
14	3	15	308.3	40	43.7	42.5	
15	15	16	205.6	32	42.5	42.2	
16	16	17	102.8	25	42.2	42.1	8.8
17	16	18	102.8	25	42.2	41.3	8.9
18	15	19	102.8	25	42.5	41.7	8.8

ISOMETRIC

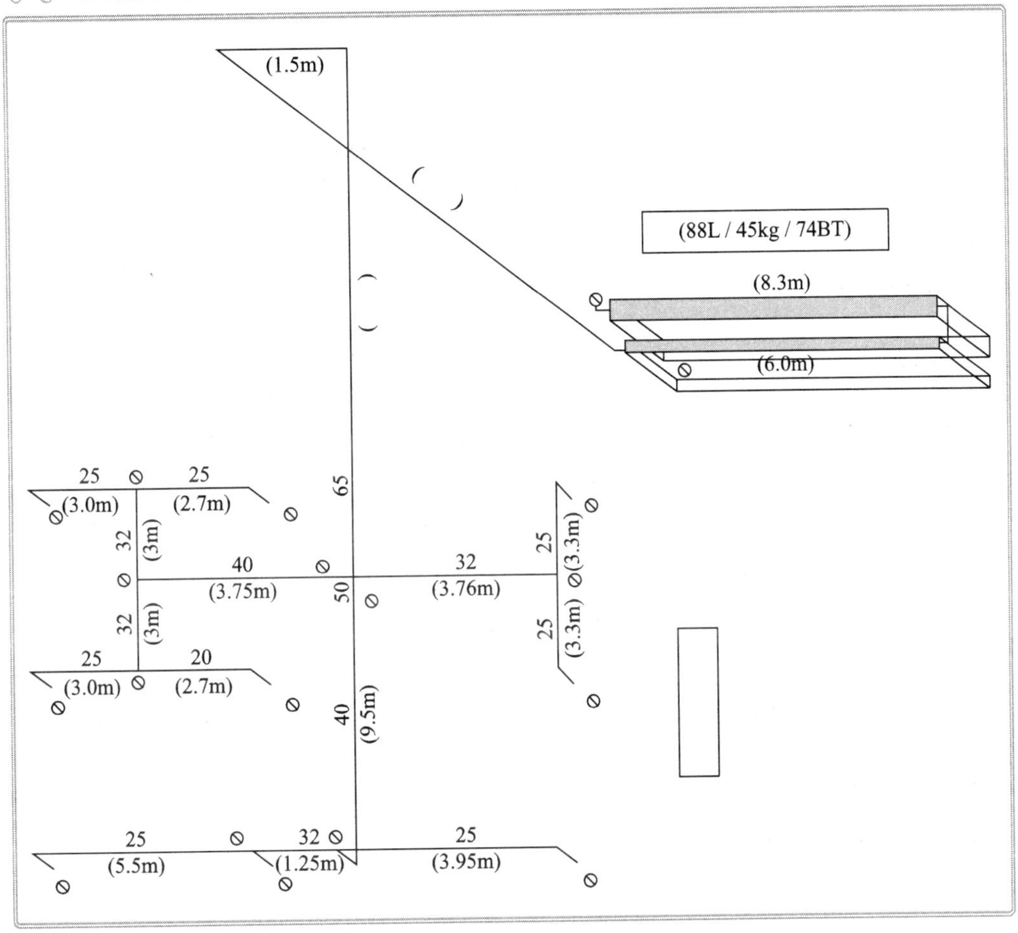

검토요령

(1) 오리피스는 버어니어캘리퍼스로 1/10까지 오차가 없도록 검수한다.

(2) 입력데이터 값의 각 Node별 값이 Isometric의 각 Node값과 일치하는지의 여부를 정확하게 체크하도록 한다.

(3) 현장에서 시공 중인 배관상에는 모든 공사를 진행하도록 하되, 오리피스 가공시점은 현장에서의 모든 배관공사가 끝나는 시점에서 외주로 발주 나갈 수 있도록 주의하여야 한다. 다만, 이 때 주의할 사항은 모든 공사가 끝나는 시점에서 초기 출도된 Isometric과 현장에서 공사가 완료된 시공상태가 일치하는지 최종 확인을 해보아야 한다.

6.20 FM-200설비

(1) 약제량 계산

① 가스량 계산 = [체적(m^3) × 0.5498 kg] + [개구부 면적(m^2) × 4.8 kg]

② 실린더 용기수 계산 = 가스량 ÷ (50 kg, 75 kg, 100 kg)

6.21 Inergen

(1) 약제량 계산

① Inergen 가스량 계산 = 방출계수에 의한 약산 = UL Inergen Gas(m^3)

= V × 0.479

= 소방기술기준의 계산

= 2.303 × V/S × (Log100/100 − C) × Vs

② 실린더 용기수 계산 = UL Inergen Gas(m^3) ÷ 12.4 m^3

(용기당 UL Inergen Gas 충전량)

③ 한 개의 헤드가 방호할 수 있는 범위 = 가로 9.8 m × 세로 9.8 m × 높이 3.7 m

(2) 피압구 계산

① 압력배출구 크기 계산

$$A = 42.9 \times Q \times \sqrt{P}$$

여기서, A : 압력배출구 면적(cm^2)

Q : Inergen의 방출량(m^3/min)

P : 방호구역의 허용압력(kg/m^2)

여기서 P의 값은 다음의 수치를 적용한다.

- 경량 칸막이 = 10 kg/m^2
- 블록마감 = 50 kg/m^2
- 철근콘크리트벽 = 100 kg/m^2

6.22 제연설비

(1) 제연설비의 특수성

① 제연설비는 소방설비 중에서 이론 및 시공방법이 가장 난해하기로 정평이 나 있으며, 최근 준공된 일부 건물에서도 성능에 문제가 제기되고 있어 이에 대한 설계, 감리역할의 중요성이 부각되고 있는 실정이다.

② 다음의 서술한 계산식은 흔히 사용되고 있는 "특별피난계단과 비상용승강기의 제연설비"를 중심으로 계산과정의 방법 및 요령에 대해서만 서술하기로 한다.

(2) 용어의 정리

① 차압 : 일정한 기압의 차이

- 설계기준
  - 차압 : 40~60 Pascal(4.1~6.1 mmAq)
  - 설계기준 : 50 Pascal
  - 출입문 개방시 차압 : 차압의 70% 이상 유지

② 방연풍속 : 피난을 위하여 제연구역의 출입문이 일시적으로 개방되는 경우 옥내로부터 제연구역 내로 연기의 유입을 유효하게 방지할 수 있는 풍속(0.5~0.7 m/s)

③ 급기량 : 제연구역에 공급하여야 할 공기의 양

- 급기량 = 누설량 + 보충량

④ 누설량 : 제연구역에 설치된 출입문이 틈새를 통하여 제연구역으로부터 흘러나가는 공기량

⑤ 보충량 : 방연풍속을 유지하기 위하여 제연구역에 보충하여야 할 공기량

⑥ 과압방지장치 : 자동차압자동조절형 급기댐퍼

- 차압범위의 수동설정기능과 설정범위의 차압이 유지되도록 개구율을 자동 조정된다.
- 옥내와 면하는 출입문이 완전히 닫히기 전에 개구율을 감소시켜 가압을 예방한다.
- 기능원리의 타당성 여부를 중앙소방안전기술위원회 심의를 받아야 한다.

⑦ Flap Damper(과압배출장치)

- 기능 : 제연구역의 보충량을 자동으로 배출한다.
- 기준 : 60파스칼의 차압에 의해 자동으로 개방되어야 한다.
- 댐퍼의 날개면적 계산 $A = q / 5.85(\mathrm{m^2})$

  여기서, q : 제연구역에 대한 보충량($\mathrm{m^3/s}$)

⑧ 누설틈새의 면적 : 출입문 틈새면적 산출

$A = (L/\ell) \times Ad \, (m^{22})$

이 부분은 계산식만 서술한다.

(3) 계산방법(부속실만 가압)

① 급기량 계산 = 누설량 + 보충량(m³/s = CMH)

- 누설량 = $0.827 \times A \sqrt{P} \times 1.25$(m³/s)
- 보충량 = $0.827 \times As \times \sqrt{P - P_o} \times 1.25$(m³/s)

② 그릴 사이즈 계산

- 크기 = 소요급기량 / (전실수) × 5 m/s(풍속)

③ 급기송풍기 선정

- 송풍기 풍량 : 급기량에 15%의 여유치를 준다.
- 풍도 내부 사이즈 : 소요급기량 / 12 m/s(풍속)

④ 송풍기 정압손실 계산

- 여유치를 10% 정도 준다.
- 직관덕트 길이 : 마찰손실(mmAq)
- 부속덕트 길이 : 비율(50%)
- 수직덕트 길이 : 마찰손실(mmAq)

⑤ 송풍기 동력

- 동력(KW) = Q (CMM) × P (mmAq) × 여유율(1.1) / (6120 × 효율)

⑥ 배기시스템

- 상기와 같은 방법에 의해 산출한다.

⑦ 주의사항

- 상기와 같은 계산식은 계산식이 복잡한 까닭에 최근에는 계산이 편리하도록 Program화 한 Soatware가 많이 있으므로 실무에 참고하기 바란다.
- 계산식 중 누설량 산출근거는 관련된 행정자치부고시의 "별표"에 상세히 서술되어 있으니 참고하기 바라며, 특히 주의할 사항은 다음 제연방식을 정확히 파악하여 적용하여야 한다는 것이다.
  - 부속실만의 제연인가의 여부
  - 단실 및 부속실의 동시 제연인가의 여부

(4) 가스계 소화약제

구 분	Halon 1301	NAFS-III	FM-200	CO_2(고압식)	INERGEN
소화약제	CF_3Br	HCFC-BLEND. A	HFC-227ea	CO_2	IG-541
약제부피 비율	1	1.4	2.55	4	Halon의 7배
소화원리	부촉매 효과 (10초)	부촉매 (10초)	냉각작용 (10초)	질식효과 (1~7분)	질식소화 (60초)
소화농도	5~10%	8.6~10%	7~9%	34~75%	37~43%
안전성	550℃에서 열분해 불화수소가스 방출			질식위험, −80℃ 정도의 냉각피해	
인체위험성	농도 20%에서 실신 위험			농도 20%에서 단시간 내 사망	
환경문제	ODP 가장 높다.			GWP 가장 높다.	
충전압력	42 kg/cm²	42 kg/cm²	25 kg/cm²	53 kg/cm²	153 kg/cm²
충전비	0.9~1.6			1.5~1.9	
방출계수		0.363	0.5498		0.479
배관	Sch 40 이상	Sch 40 이상	Sch 40 이상	Sch 80 이상	Sch 80 이상
분사헤드	방사압력 9 kg/cm²	8.3	13.8	방사압력 14 kg/cm²	22.9
설계 가능거리	80 m	40 m	40 m	80 m	300 m
체적/약제량	68 L/50 kg	68/50	68/50	68/45	80 L/12.4 m³
용기 내 상태	액체	액체	액체	액체	기체
약제가격	원/kg	원/kg	원/kg	원/병	원/병
장점	소화성능 가장 효과적인 소화약제		소화성능 우수하여 세계적으로 많이 사용	침투성 우수	천연청정가스 ODP, GWP가 0
단점	오존층 파괴물질	2030년 사용제한	원거리 배관 불가능	고압배관	고압배관 사용

(5) 가스계 소화설비 Orifice 크기(NFPA Code Table 1-9.4.4)

Orifice Code No	Equivalent Single Orifice Diameter inches	mm	Equivalent Single Orifice Area $inches^2$	mm^2
1	1/32	0.79	0.0008	0.49
1.5	3/64	1.79	0.0017	1.11
2	1/16	1.59	0.0031	1.98
2.5	5/64	1.98	0.0047	3.09
3	3/32	2.38	0.0069	4.45
3.5	7/64	2.78	0.0094	6.06
4	1/8	3.18	0.0123	7.94
4.5	9/64	3.57	0.0155	10.00
5	5/32	3.97	0.0192	12.39
5.5	11/64	4.37	0.0232	14.97
6	3/16	4.76	0.0276	17.81
6.5	13/64	5.16	0.0324	20.90
7	7/32	5.56	0.0376	24.26
7.5	15/64	5.95	0.0431	27.81
8	1/4	6.35	0.0491	31.68
8.5	17/64	6.75	0.0554	35.74
9	9/32	7.14	0.0621	40.06
9.5	19/64	7.54	0.0692	44.65
10	5/16	7.94	0.0767	49.48
11	11/32	8.73	0.0928	59.87
12	3/8	9.53	0.1105	71.29
13	13/32	10.32	0.1296	83.61
14	7/16	11.11	0.1503	96.97
15	15/32	11.91	0.1725	111.29
16	1/2	12.70	0.1964	126.71
18	9/16	14.29	0.2485	160.32
20	5/8	15.88	0.3068	197.94
22	11/16	17.46	0.3712	239.48
24	3/4	19.05	0.4418	285.03
32	1	25.40	0.785	506.45
48	1 1/2	38.40	1.765	1138.71
64	2	50.80	3.14	2025.80

(6) 스프링클러헤드 일람표

스프링클러 형태			모델 NO	승인인증	K-Factnr	오리피스(m)	작동온도	PT(in)	반음속도	헤드표면처리	레차
하향형 및 상향형	표준형	하향	FH121 시리즈	Fi	BC	11.1	72/105/143/183	1/2	STD	B	Y형
			FH151 시리즈		114	13.5	72/105/143/183	3/4			
		상향	FH111 시리즈	Fi	80	11.1	72/105/143/183	1/2			
			FH141 시리즈		114	13.5	72/105/143/183	3/4			
	후레쉬형	하향	FH321 시리즈	Fi	80	11.3	72/105	1/2	STD	C	R형
			FH321CR시리즈				72/105		QR		
	원형	하향	FH221시리즈	Fi	80	11.3	72/105	1/2	STD	C	R형
			FH221CR시리즈			12.2	72/105				
			FH125 시리즈			11.3	72/105		QR		
	유리밸브형	하향	FH211 시리즈	Fi	80	11.1	68/93	1/2	STD	B/C	Y형
			FH211CR 시리즈				68/93		QR		
			FH251 시리즈		114	13.5	68/93	3/4	STD		
		상향	FH121E시리즈	Fi	80	11.1	68/93	1/2	STD	B/C	Y형
			FH221F 시리즈						QR		
	리세스드형		FH241시리즈 FH211시리즈	-	14	13.5	68/93 72/105/143/183	3/4	STD	B	Y형
		하향	FH221E시리즈		80	11.1	68/93 68/93	1/2	STD	B/C	
			FH221CR 시리즈						QR	B/C	
	컨설트형	하향	FH621 시리즈	Fi	BO	11.3	72/105	./2	STD	W/C	R형
	개방형	하향	FH12C 시리즈	Fi	80	11.1	-	1/2	-	B/C	Y형
			FH15C 시리즈		114	13.5		3/4			
		상향	FH11C 시리즈		80	11.2		1/2		B/C	
			FH14C 시리즈		114	13.5		3/4			
측벽형	표준형	수평	FH131 시리즈	Fi	80	11.1	72/105/143/183	1/2	STD	B	Y형
		수직	FH131 시리즈				72/105				
	유리밸브형	수평	FH231 시리즈	Fi	80	11.1	68/93	1/2	STD		Y형
			FH231C 시리즈						QR	C	
		수직	FH131 시리즈				68/93 72/105/143/183		STD		
			FH231CR 시리즈						QR	B	
			FH131 시리즈		80	11.1			STD		
		수평	FH231E 시리즈	-			68/93	1/2		C	
	리세스드형		FH231CR 시리즈				68/93		QR	C	
주 거 형		하향	FH231 CR시리즈	H	BC	10.5	72/105	./2	QR	C	R형
드라이형	유리밸브형	하향	FH471 시리즈	H	BC	11.2	68/93	1	STD	B	Y형
	후레쉬형	하향	FH473 시리즈	H	BC	11.2	72/105	1	STD	C	R형
특수형	랙크형	하향	FH1211R 시리즈	Fi	BC	11.1	72/105/143/183	-/2	STD	B	Y형
			FH2111R 시리즈				68/93			C	
			FH1511R 시리즈		14	13.5	72/105/143/183	3/4	STD	B	
			FH2511R 시리즈				68/93			C	
		상향	FH1111R 시리즈	Fi	BC	11.1	72105/143/183	1/2	STD	B	Y형
			FH2111R 시리즈				68/93			C	
			FH1211R 시리즈		-/14	13.5	72/105/143/183	3/4	STD	B	
			FH241R 시리즈				68/93			C	Y형
	EBFR	하향	FH921시리즈	Fi	203	17.9	68/93	3/4	QR	B	Y형

PROBLEMS

1. 이산화탄소 소화설비의 약제량 산출방식에 대하여 설명하시오.

2. 폼설비의 수원, 약제량 및 폼헤드의 산출방식에 대하여 설명하시오.

3. 가스계 소화약제의 종류 및 장·단점에 대해 설명하시오.

4. 일반적으로 사용되고 있는 청정소화약제의 종류 3가지에 대하여 아는 대로 설명하시오.

5. FI인정제도의 도입배경 및 절차에 대하여 설명하시오.

6. FI인증이 적용되는 설비에 대하여 아는 대로 설명하시오.

7. 전역방출방식과 국소방출방식에 대하여 설명하시오.

8. Package 소화설비에 대하여 설명하시오(소방검정기술기준을 중심으로).

9. 다음 분류별 소화수원 설계 방법에 대해 설명하시오.
   ① 국내법규(기술기준에 관한 규칙)
   ② NFPA Code 13에 의한 「면적/밀도곡선」
   ③ 보험개발원의 「소화설비 할인규정」

10. 소화설비 할인규정에 대하여 아는 대로 설명하시오.

11. NFPA Code 13에 언급된 「면적/밀도곡선」을 참조하여 다음의 물음에 답하시오.
    ① 위험등급을 용도별로 예를 들어 분류하시오.
    ② 그래프를 설명하시오.

12. 상기의 도표를 이용하여 반도체 제조공장의 위험등급을 결정하고 소요급 수량을 계산하시오.

13. 수리계산에 대해 설명하시오.

14. Under Ground배관의 부식방지방법에 대하여 설명하시오.

CHAPTER 07

전기실무

7.1 자동화 탐지설비의 입출력 신호방식

(1) 일반신호방식

기기 작동신호를 ON, OFF 방식의 접점 신호로 송수신한다.

(2) 주소화방식(Addressable Type)

자기 자신이 고유주소를 가지고 있어 기기 작동시 자신의 고유주소와 함께 작동상황에 대한 부호를 수신반에 통보하고 수신기에서 해당 주소에 따라 제어신호를 전송하는 방식을 말한다.

(3) 아날로그 방식(Analogue Addressable Type)

자기 자신의 고유주소와 함께 감지기 자신이 감지한 연기농도나 온도에 대한 아날로그 값을 수신반에 전송하는 방식이다.

7.2 자동재탐지설비의 국내법과 NFPA 기준과의 비교

(1) 국내법

① 구성 : 수신기, 감지기, 중계기, 발신기의 4요소로 구성되어 있다.

② 설비의 구성

- 수신기 : P, R, M형 수신기가 있다.
- 감지기 : 열, 연기, 불꽃감지기가 있다.
- 감시 및 제어 기능의 중계역할을 하는 장치를 말한다.
- 발신기 : P, M, T형이 있다.

(2) NFPA

① 구성 : 입력장치, 통보장치, 신호선로장치의 3가지로 구분한다.

② 설비의 구성

- 입력장치회로(IDC-Initiating Divice Circuit)
  수신기에 화재발생을 통보하는 장치를 말한다(감지기, 발신기 등)
- 통보장치회로(NAC-Notification Appliance Circuit)
  화재발생을 알리는 장치를 말한다(Bell, Siren 등)

• 신호선로회로(SLC-Signaling Line Circuit)
R형 수신반에서 통신선로를 이용한 다중통신회로를 말한다. 즉, 아날로그 및 주소형감지기, R형 수신기 및 중계기까지 연결되는 통신선로를 말한다.

7.3 Style과 Class방식의 이해

(1) 기본이해

NFPA Code 72에서는 화재경보설비의 기동장치, 통보장치, 신호라인이 특정 고장상태 동안 작동을 계속 할 수 있는 지의 기능에 따라 Class와 Style로 지정한다.

① Class 방식 : 배선방식을 말한다. 즉, 단일회로 고장상태에서 경보 및 장애신호를 송신하는 기능에 따라 Class A와 Class B로 구분한다.

② Style 방식 : 수신기의 능력과 설치방법을 말한다. 즉, 단일회로와 동시 고장상태에서 경보 및 장애신호를 송신하는 능력에 따라 Style로 지정한다.

(2) Class A 방식(Loop배선방식)

Analogue Loop를 4선식 배선으로 구성하여 양방향 통신에 의한 Loop Back 기능을 유지할 수 있으며 일방에 Trouble이 발생하여도 System은 정상적인 동작을 할 수 있는 배선방식이다. 즉, 단선 또는 지락의 경우에도 경보신호를 송신할 수 있는 회로를 말한다.

① 장점 : Trouble 발생시 수신기에 장애신호를 보내어 경보 및 Message를 표시한다.

② 단점 : 배선비용이 큰 반면 System 안전성이 양호하다.

(3) Class B 방식(송배전방식)

Analogue Loop를 2선식 배선으로 구성하여 단일방향 통신을 하게 되므로 라인 Trouble의 발생시 System작동이 불가능한 배선방식이다. 즉, 단선 또는 지락상태 이후에서는 경보신호를 송신할 수 없는 회로를 말한다.

① 장점 : Trouble 발생시 수신기에 장애신호를 보내어 경보 및 Message를 표시한다.

② 단점 : 배선비용이 작은 반면 System 안전성이 떨어진다.

(4) Style

수신기의 능력을 말하는 것으로 일반적으로 미국제 수신기의 Pannel전면에 보면 기동장치의 표가 그려져 있는데 이 표를 표고 그 수신기의 능력을 알 수가 있다. 즉, 등급이 A, B급인지 Style이 A2인지 B6인지를 알 수 있다.

① 입력장치회로 : 단선, 지락, 단락 등의 고장 중 공장표시 및 경보능력에 따라 입력장치를 A, B, C, D, E의 5가지로 구분한다.

② 통보장치 : 단선, 지락, 단락 등의 고장 중 경보능력에 따라 통보기구회로를 W, X, Y, Z 4가지로 구분한다..

③ 신호선로 : 단선, 지락, 단락 등의 고장 중 경보능력에 따라 신호선로를 10가지로 구분한다(0.5, 1, 2, 3, 3.5, 4, 4.5, 5, 6, 7).

7.4 Peer to Peer 기능과 Stand Alone 기능의 이해

(1) Peer to Peer 기능

R형 System에서 수신기를 여러 대 Network로 구성할 때 수신기를 Maste와 Slave로 구성하여 주 수신기가 고장이 나도 Slave수신기에 영향을 미치지 않고 각각 수신기는 완전히 독립적인 감시제어기능을 갖는 대등한 관계의 Network상의 기능을 말한다.

(2) Stand Alone 기능

Master 또는 Slave 수신기의 고장 또는 통신선로의 이상전원 공급 차단 등에 의해 수신기의 감시제어를 받지 못할 경우, Slave 수신기 자체에 CPU (Central Processing Unit)와 전원 공급장치를 갖고 있어 독립적으로 감시제어를 계속 수행할 수 있는 기능을 말한다.

① P형과 R형의 수신기 비교

	R형	P형
System구성	수신기, 중계기, CRT로 구성	수신기로만 구성
신호전달방식	다중통신방식(Multiplexing)	개별신호선방식
화재표시방법	CRT화면, Lamp점등식	Lamp 점등식
선로고장검출	자동으로 검출	도통시험S/W에 의하여 수동으로 체크
증축시 회로증설	Local 기기는 동별 중계기에 접속하고, 중계기와 수신반 사이에는 신호선만 접속	별도의 수신반 설치
유지관리	선로고장 자동검출로 관리 쉽다	간선수가 많으므로 유지관리 어렵다
회로수용능력	1면당 1000회로 수용	1면당 180회로 수용

	R형	P형
경제성	중계기에서 수신기까지 2선으로 연결되므로 배관, 배선, 인건비 등 절감	각층 단말까지 수신기에서 실선으로 연결되므로 배관, 배선, 인건비 등이 많이 소요됨
대상건물	초고층, 대단위 사업장에 유리	규모가 작은 건축물
참고	※ Multiplexing이란? 1통신 회선으로 동시에 많은 통신이 가능하게 하는 방법	
	※ 국내 수입된 외국산 R형 수신기의 회로수용량 비교 1. Simplex (Version 4100) - 1000 Point 2. MXL (Version 2040) - 2040 Point 3. Notifier (Version 2020) - 1980 Point 4. Hi-Mux (국내 동방전자) - 1000 Point	

② 국내 · 외 R형 수신기비교

회사명	Simens (미)	Notifier (미)	Simplex (미)	동방전자산업	신화전자	금성방재공업
주요기능	MXL	AM2020	2120	HI-MUX	SRE	SMART-500
Data 전송방식	CSMA/CD (RS-485)	Token Ring (RS-485)	Token Ring (RS-485)	Polling Address	Polling Address	N-Mast 시분할 다중접속
최대감시회로	2040	1980	2040	1000	1008	3328
최대제어회로	2040	990	1024	1000	1008	1792
최대채널수	50채널	2채널	2채널	8채널	16채널	8채널
채널별회로	60회로	198회로	1020회로	126회로	63회로	416회로
중계기접속수	2040	990	2040	500	1008	12801
아날로그 감지기접속수	2040	990	2040	500	252	1280
사건기록보유	800건	400건	600건	4000건	없음	없음
사용 중 프로그래밍	가능	가능	가능	없음	없음	없음
단락회로 보호기능	유 (LIM-1)	유 (ISO-X)	유	유	유	유
비상방송기능	유	유	유	무	무	무
1인 Work TEST기능	유	유	유	무	무	무

주소입력	소프트웨어 (FPI-32)	DIP S/W	DIP S/W	DIP S/W	DIP S/W	DIP S/W
중계기종류	5종	3종	3종	1종	4종	3종
	TRI-B6R (1/1)	FMM-101 (1/0)	IAM (입력중계기)			
	TRI-B6D (2/0)	FZM-1 (일반감지기)	Monitor Zam (1/0) (일반감지기)			
	TRI-B60 (1/0)	FRM-1 (제어용)	Control Zam (0/1)(출력용)			
	CZM-1 (일반)	FCM-1 (출력용)	Single Zam (0/1)(제어용)			

7.5 전압 강하방식 계산

(1) 전선굵기 계산

단상 2선식의 전압강하 $e = 35.6\,LI \div 1{,}000A$(V)

여기서, e : 전압강하(V)

A : 전선의 단면적(mm^2)

L : 전선의 길이(m)

I : 소요전류(A)

(2) 전압강하 허용치

자탐설비의 정격전압은 24V이며, 관련설비의 시험기준에서 정격전압의 ±20%에서도 정상적인 기능을 유지되어야 하고, 허용치는 20%인 4.8V로 한다.

(3) 소요전류 계산

① 조건 : 거리 500 m, 회로 25회로, 경종 50 mA, 표시등 40 mA

② 계산 : (50 mA + 40 mA) × 25회로 = 2.5A

(4) 소요전류와 전선 단면적 계산

① 경종 : 50 mA

② 표시등 : 40 mA

$\therefore$ A = 35.6 × 500 × 2.5A / (1,000 × 4.8) = 9.27 mm^2 ≒ 14 mm^2

(5) P형 수신기 선정시 최소전선 소요본수 계산

① 수량산출

- 기본
  - 경종 : 2선
  - 표시등선 : 2선
  - 전화선 : 2선
- 신호선
  - 1~7회로 : 공통선 1선, 신호선 7선
  - 8~14회로 : 공통선 1선, 신호선 7선
  - 15~21회로 : 공통선 1선, 신호선 7선
  - 22~25회로 : 공통선 1선, 신호선 4선
- 계
  - 기본 6선
  - 신호선 29선(공통선 4선, 신호선 25선)
- 수신기와 건물간 최소 전선본수
  - 35선 + 예비선(소요전선의 10%) + 접지선 1선 = 40선

② 요약

기본	
벨선	1가닥
표시등선	1가닥
공통	1가닥
전화선	1가닥
신호선	1가닥
공통	1가닥

→

25회로 기준		
1~7회로	공통선 1	신호선 7
8~14회로	공통선 1	신호선 7
15~21회로	공통선 1	신호선 7
22~25회로	공통선 1	신호선 4

=

계	
기본선	4가닥
공통선	4가닥
신호선	25가닥

7.6 결선

(1) 결선시 숙지사항

① 수신기에 외부선로를 결선시에는 정격전류를 초과하지 않도록 주의하여야 한다. 만약 정격사양을 초과할 경우 퓨즈단선, 부품의 소손 및 이상현상의 발생 등이 우려되므로 다음의 내용을 충분히 숙지하여 검토하도록 한다.

기기명	회로당 정격전류	접속제한조건	비 고
감지기	감시전류 1 mA	회로당 열연감지기	감시전류 : 50 uA × 20개 = 1 mA
경종	1 A	회로당 20배까지 접속	감시전류 : 5 mA × 20개 = 1 A
표시등	30 mA	독립된 표시등전원 공급용량 검토	LED형 표시등을 사용할 것
Siren	1 A	동시경보수량은 3개 이하	감시전류 : 300 mA × 개 = 0.9A
출력용기기 (소화, 제연)	300 mA		
Pump MCC 기동출력	1 A		
유도등출력	1 A		

(2) 소화전 간선 구성도

P형	R형 (NO tifier 수신반 기준)
1. 2. PBL 1개 추가시 증가하는 배선은 감지기 회로, 경종선 3. 7 경계구역마다 공통선 추가	1. 2. 1채널당 198회로 수용(감지기 99, 중계기 99) 3. 신호선은 차폐선(AWG)을 사용한다.

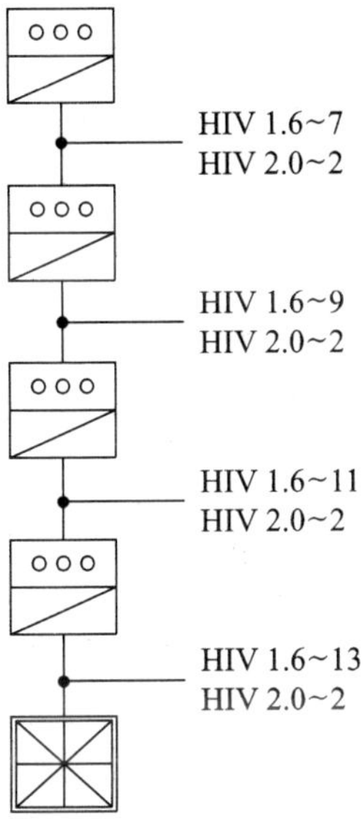

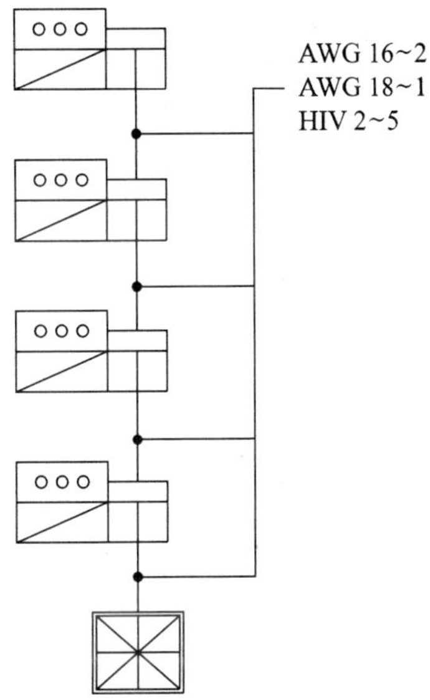

감지기 회로	7선
공통	
경종	
표시등	
전화	
응답	
공통	

신호선(IN)	2	11선
신호선(OUT)	2	
중계기 전원	2	
표시등 전원	2	
전화	2	
HPL	1	

(3) 알람밸브 간선도

P형

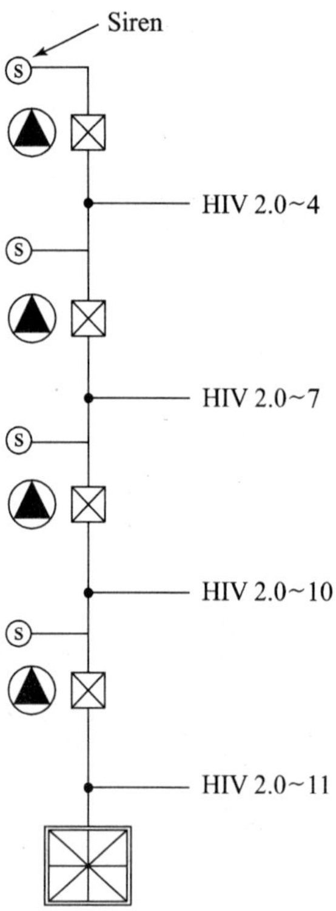

R형(Notifier 수신반 기준)

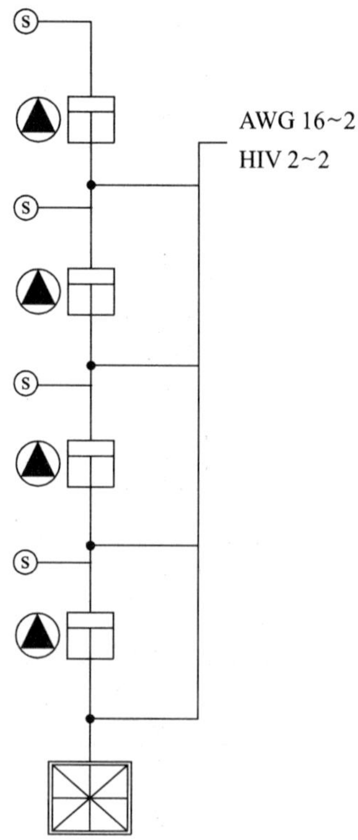

PS	
TS	
Siren	
공통	4선

신호선(IN)	2	
중계기 전원	2	
중계기 수량 (TS, PS, Siren)	3	4선

(4) 준비작동식밸브간선도

P형

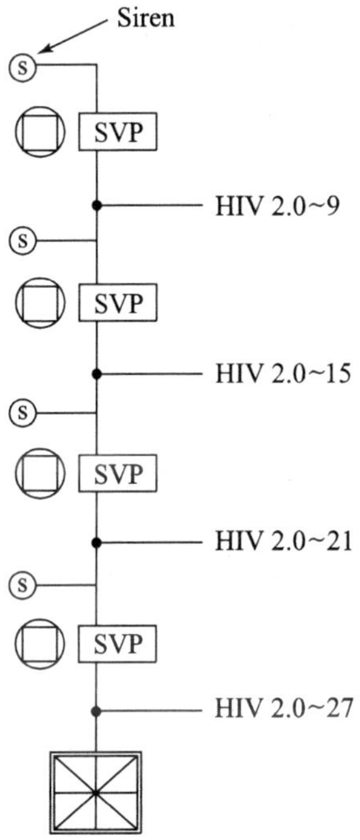

R형(Notifier 수신반 기준)

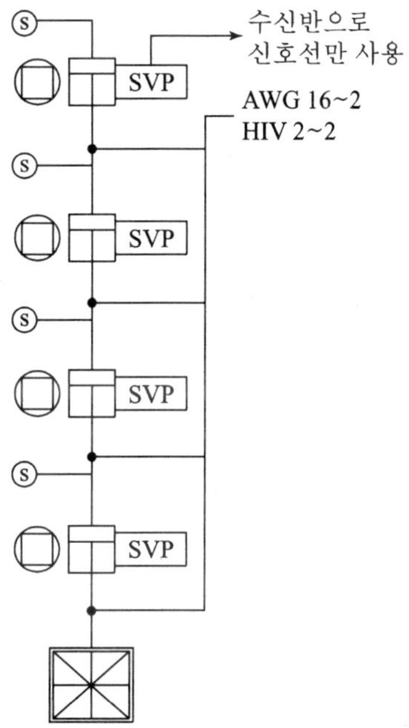

1.

감지기 A	9선
감지기 B	
감지기 공통	
+	
−	
기동	
확인	
T/S	
Siren	

2. SVP 1개 추가시 증가하는 배선은 감지기 A, B, 기동 확인, TS, Siren 6본이 추가됨

신호선(IN)	2	4선
중계기 전원	2	
중계기 수량 (TS, PS, Siren SOL)	3	
SVP(주소형)	1	

2. 1채널당 198회로 수용 (감지기 99, 중계기 99)
3. 신호선은 차폐선(AWG)을 사용한다.

(5) 방화셔터 간선구성도

P형

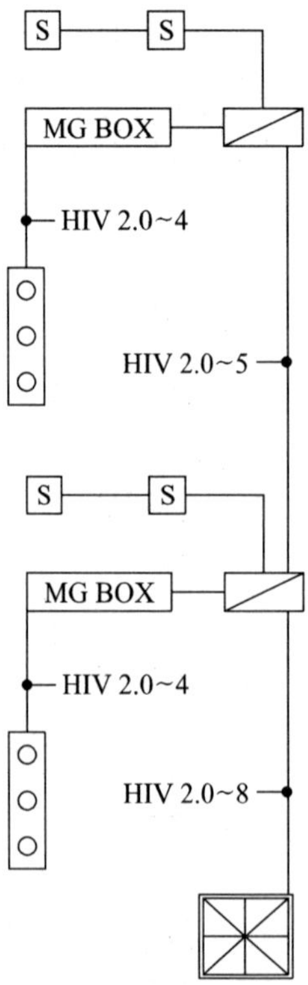

R형(Notifier 수신반 기준)

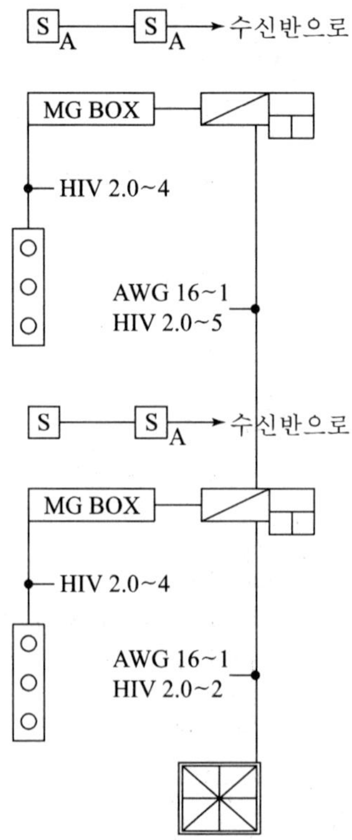

1.

감지기 회로	5선
공통	
기동	
확인	
공통	

2. 셔터 1개 추가시 증가하는 배선은 감지기회로, 확인, 기동 3본이 추가됨

신호선(IN)	2	4선
중계기 전원	2	

2. 1채널당 198회로 수용 (감지기 99, 중계기 99)
3. 신호선은 차폐선(AWG)을 사용한다.

PROBLEMS

1. 자탐설비의 입출력신호방식에 대하여 설명하시오.

2. P형과 R형의 차이점을 설명하시오.

3. R형 수신반의 설치시 예상되는 장점에 대하여 설명하시오.

4. P형 수신반 설치시 기본 간선에 대하여 설명하고 작도하시오(5회로 기준).

5. R형 수신반의 종류에 대하여 설명하시오.

6. 현재 국내에서 사용되어지고 있는 중계기의 종류에 대하여 아는 대로 설명하시오.

7. 다중전송방식으로 가장 많이 사용되고 있는 방식에 대해 설명하시오.

8. K-factor에 대해 설명하시오.

9. 스프링클러헤드를 감도특성에 따라 살펴보고 다음을 답하시오.
   ① Fast Response Sprinkler헤드
   ② Special Response Sprinkler헤드
   ③ Standard Response Sprinkler헤드

10. 현장에서 가장 많이 적용되는 소화배관상에 감압조치에 대해서 설명하시오.

11. NFPA Code 20에 의한 감압밸브를 설치할 때, By-Pass배관이 필요한 이유에 대해 설명하시오.

12. 상기에서 감압밸브와 By-Pass배관이 구성된 후 Relief밸브를 추가로 설치해야 하는 이유에 대해 설명하고, 적합한 설치위치에 대해 설명하시오

CHAPTER 08

착공신고

8.1 구비서류

(1) 감리업체

① 감리배치신고서
② 감리자지정신고서
③ 감리계획서
④ 감리공정 및 일정표
⑤ 산출표
⑥ 감리업등록증 사본
⑦ 책임감리원 자격수첩 사본
⑧ 보조감리원 자격수첩 사본
⑨ 감리계약서

(2) 공사업체

① 공시착공신고서
② 공사업 면허증 사본
③ 공사업 면허수첩 사본
④ 면허수첩 원본 사본
⑤ 산출표
⑥ 시방서 및 각종 용량계산서
⑦ 설계도면
⑧ 공사를 책임 관리하는 기사의 자격수첩
⑨ 건축도면(위치도, 배치도, 평면도, 단면도 등)

8.2 착공신고의 주체

착공신고는 감리기관, 공사업체 개별적으로 신고할 수 있으나, 업무의 편의성 및 효율성을 제고하기 위하여 일반적으로 감리기관에서 제반서류를 검토한 뒤 동시에 신고하는 것이 보편화되어 있다. 공사업체에서 선 착공하였을 경우에는 다음과 같은 문제점을 예상할 수 있다.

① 설비의 누락에 의한 설계변경신고로 공사착공신고의 2중 신고
② 감리지정신고 완료시까지 선 착공 불가

8.3 착공신고의 시기

(1) 설비,전기 : 소화용배관을 공사하기 직전
(2) 공통 : 신고는 상기사항을 고려하여 일반적으로 기계, 전기를 동시에 신고한다.

8.3.1 감리원 지정신고 서류

(1) 소방공사감리원 배치통보서

■ 소방시설공사업법 시행규칙 [별지 제24호 서식]

소방공사감리원 배치통보서

(앞쪽)

접수번호	접수일자	처리기간 즉시

특정소방대상물	상호(명칭)	용도 구분
	소재지 (전화번호 :)	
	구조 지하 층, 지상 층, 연면적 m², 바닥면적 m², 개동	
	대지면적 m², 연면적 m², 건축면적 m²	
관계인	성명 (기관 또는 법인명) (서명 또는 인)	생년월일 (외국인등록번호)
	주소 (전화번호 :)	

	성명	분야/등급	감리원 구분
소방공사 감리원			
감리원의 감리기간	년 월 일부터 년 월 일까지		
감리대상 소방시설 종류			

「소방시설공사업법 시행규칙」 제17조 제1항에 따라
위와 같이 감리원 배치를 통보합니다.

년 월 일

소방공사감리업자 (서명 또는 인)

소방공사감리원 (서명 또는 인)

소방본부장/소방서장 귀하

첨부서류	1. 「소방시설공사업법 시행령」 별표 4의2 제3호 나목에 따른 감리원의 등급을 증명하는 서류 2. 소방공사 감리계약서 사본 1부	수수료 없음

210mm×297mm (백상지 80g/m² 또는 중질지 80g/m²)

(2) 감리자 지정신고서

■ 소방시설공사업법 시행규칙 [별지 제21호 서식]

소방공사감리자 지정신고서

※ [ ]에는 해당되는 곳에 √표를 합니다. (앞쪽)

<table>
<tr><td>접수번호</td><td colspan="2">접수일자</td><td colspan="2">처리기간 2일</td></tr>
<tr><td rowspan="3">특정소방
대상물</td><td colspan="3">상호(명칭)</td><td>용도 구분</td></tr>
<tr><td colspan="4">소재지
(전화번호 :)</td></tr>
<tr><td colspan="4">구 조 지하 층, 지상 층, 연면적 m², 바닥면적 m², 개동</td></tr>
<tr><td rowspan="2">관계인</td><td colspan="2">성명 (기관 또는 법인명)</td><td colspan="2">생년월일 (외국인등록번호)</td></tr>
<tr><td colspan="4">주소
(전화번호 :)</td></tr>
<tr><td rowspan="2">소방공사
감리업자</td><td>상호 (기관명)</td><td colspan="2">등록번호 (제 호)</td><td>대표자</td></tr>
<tr><td colspan="4">소재지
(전화번호 :)</td></tr>
<tr><td rowspan="3">소방공사
감리원</td><td>성명</td><td colspan="2">분야/등급</td><td>감리원 구분</td></tr>
<tr><td></td><td colspan="2"></td><td></td></tr>
<tr><td></td><td colspan="2"></td><td></td></tr>
<tr><td>감리원의
감리기간</td><td colspan="4">년 월 일부터 년 월 일까지</td></tr>
<tr><td>감리대상
소방시설종류</td><td colspan="2"></td><td colspan="2">감리구분 상주감리[ ]
일반감리[ ]</td></tr>
</table>

「소방시설공사업법」 제17조 제2항 및 같은 법 시행규칙 제15조 제1항에 따라 위와 같이 신고합니다.

년 월 일

신고인 (서명 또는 인)

소방본부장/소방서장 귀하

<table>
<tr><td>신고인
첨부서류</td><td>1. 소방공사감리업 등록증 사본 1부 및 등록수첩 사본 1부
2. 해당 소방시설공사를 감리하는 소속 감리원의 감리원 등급을 증명하는 서류 각 1부
3. 「소방시설공사업법 시행규칙」 별지 제22호 서식의 소방공사감리계획서 1부
4. 소방시설설계 계약서 사본 1부 및 소방공사감리 계약서 사본 1부</td><td rowspan="2">수수료
없 음</td></tr>
<tr><td>작성요령</td><td>1. 연면적 : 동일 구역 내에 둘 이상의 특정소방대상물이 있는 경우에는 연면적이 가장 넓거나 층수가 가장 높은 것을 기준으로 적으십시오.
2. 연면적 합계 : 동일 구역 내에 둘 이상의 특정소방대상물이 있는 경우 각각 동의 연면적 합계를 적으십시오.</td></tr>
</table>

210mm×297mm [백상지 80g/m² 또는 중질지 80g/m²]

(3) 작성요령

① 준비사항

- 건축허가서 사본
- 설치계획서
- 공사업체 공사업등록서류

② 작성방법

- ①의 서류를 준비하여 기재토록 한다.
- 건축허가서는 최종변경된 것이어야 하며, 설치계획서의 수량은 도면의 수량과 일치하는지 주의 깊게 검토하여야 한다.

(4) 감리계획서

■ 소방시설공사업법 시행규칙 [별지 제22호서식] (1쪽)

소방공사감리계획서

구분	항목	내용	항목	내용
특정소방대상물	상호(명칭)		용도구분	
	소재지	(전화 :)		
	구조	지하 층, 지상 층, 연면적 m^2, 바닥면적 m^2, 개동		
관계인	성명 (기관 또는 법인명)			
	주소	(전화 :)		
소방시설의 종류			감리구분	[ ] 상주감리 [ ] 일반감리

구분	항목	내용	항목	내용	항목	내용
소방공사 감리업자	상호(기관명)		등록번호	제 호	대표자	(서명 또는 인)
	업종		소재지 (전화 :)			
소방시설 공사업자	상호(기관명)		등록번호	제 호	대표자	(서명 또는 인)
	업종		소재지 (전화 :)			
소방시설 공사기간			감리기간			

소방공사 감리원 배치계획		성명	분야/등급	감리원 구분	담당소방시설	배치기간
	상주감리					

210mm×297mm [백상지(80g/m^2) 또는 중질지(80g/m^2)]

(5) 작성요령

① 준비사항

- 소방설비감리자 지정사항과 동일

② 작성방법

- 소방설비감리자 지정사항과 동일
- 상주감리와 일반감리의 내용은 관계인(발주자)과 계약된 내용을 참고하여 기재토록 한다.

(2쪽)

		성명	분야/등급	감리원 구분	담당 소방시설	배치기간
소방공사 감리원 배치 계획	일반감리					
현장방문 감리계획		감리원			현장방문	주 회 이상

기재 요령

감리대상 특정소방대상물 및 소방시설: 동일 구내에 둘 이상의 특정소방대상물이 있는 경우 감리할 특정소방대상물 및 소방시설명을 정확히 적고, 기계분야 소방시설 중 부대전기시설물을 전기분야 소방공사감리업자가 감리하는 경우 해당 시설명 뒤에 "(부대전기시설)"을 표기하여야 합니다.

210mm×297mm [백상지(80g/m²) 또는 중질지(80g/m²)]

(6) 감리일정표

(3쪽)

소방시설의 공정 및 감리일정									
설치대상 소방시설의 종류	공사 및 감리일정								
	연월일	연월일	연월일	연월일	연월일	연월일	연월일	연월일	연월일
소화기구	... ←	...	...	...	...	...	...	... →	...
자동소화장치	... ←	...	...	...	...	...	...	... →	...
옥내소화전설비	... ←	...	...	...	...	...	...	... →	...
스프링클러설비등	...	...	...	...	...	...	...	...	...
물분무등소화설비	...	...	...	...	...	...	...	...	...
옥외소화전설비	...	...	...	...	...	...	...	...	...
단독경보형감지기	...	...	...	...	...	...	...	...	...
비상경보설비	... ←	...	...	...	...	...	...	... →	...
시각경보기	...	...	...	...	...	...	...	...	...
자동화재탐지설비	...	...	...	...	...	...	...	...	...
비상방송설비	...	...	...	...	...	...	...	...	...
자동화재속보설비	...	...	...	...	...	...	...	...	...
통합감시시설	...	...	...	...	...	...	...	...	...
누전경보기	...	...	...	...	...	...	...	...	...
가스누설경보기	...	...	...	...	...	...	...	...	...
피난기구	...	...	...	...	...	...	...	...	...
인명구조기구	...	...	...	...	...	...	...	...	...
유도등	...	...	...	...	...	...	...	...	...
비상조명등	...	...	...	...	...	...	...	...	...
휴대용비상조명등	...	...	...	...	...	...	...	...	...
상수도소화용수설비	...	...	...	...	...	...	...	...	...
소화수조 · 저수조, 그 밖의 소화용수설비	...	...	...	...	...	...	...	...	...
제연설비	... ←	...	...	...	...	...	...	... →	...
연결송수관설비	... ←	...	...	...	...	...	...	... →	...
연결살수설비	...	...	...	...	...	...	...	...	...

210mm×297mm[백상지(80g/㎡) 또는 중질지(80g/㎡)]

(4쪽)

설치대상 소방시설의 종류	공사 및 감리일정								
	연월일	연월일	연월일	연월일	연월일	연월일	연월일	연월일	연월일
비상콘센트설비	. . .	. . .	. . .	. . .	. . .	. . .	. . .	. . .	. . .
무선통신보조설비	. . .	. . .	. . .	. . .	. . .	. . .	. . .	. . .	. . .
연소방지설비	. . .	. . .	. . .	. . .	. . .	. . .	. . .	. . .	. . .
피난시설, 방화구획 및 방화시설	. . .	. . .	. . .	. . .	. . .	. . .	. . .	. . .	. . .
방염물품 사용 및 실내장식물 불연화	. . .	. . .	. . .	. . .	. . .	. . .	. . .	. . .	. . .
	. . .	. . .	. . .	. . .	. . .	. . .	. . .	. . .	. . .
	. . .	. . .	. . .	. . .	. . .	. . .	. . .	. . .	. . .
	. . .	. . .	. . .	. . .	. . .	. . .	. . .	. . .	. . .
	. . .	. . .	. . .	. . .	. . .	. . .	. . .	. . .	. . .
	. . .	. . .	. . .	. . .	. . .	. . .	. . .	. . .	. . .

작성 요령 : 공사 및 감리일정은 해당 연월일에 "↔ ( ) ( )" 표시하되,

"( )" 안에는 시작과 휴무 또는 끝나는 날짜를 적으십시오.

210mm×297mm[백상지(80g/㎡) 또는 중질지(80g/㎡)]

(7) 작성요령

감리대상인 소방시설의 종류를 전체 기재토록 하고, 공사완료기간을 상정하여 도표와 같이 줄로써 표시한다.

(8) 산출표소방시설(기준·일람)산출표

층별	면적 (m^2)	증감면적 (m^2)	용도		소화설비								경보설비							피난설비						소화활동상 필요설비						
			용도	수용인원	소화기	할론소화기	옥내소화전	스프링클러 습식	스프링클러 건식	물분무소화설비	할론	이산화탄소	자동화재탐지설비	경보설비	방송설비	제연댐퍼	스프링클러감지기	방화샷다	NAFIS III	피난구유도등	통로유도등	객석유도등	유도표지	비상조명등	기타	연결송수관	연결살수설비	방수기구함	제연설비	상수도	비상콘센트	부선통신보조설비
					문발 / 자동확산	계	계소	헤드 / 알람밸브	헤드 / F.V밸브	헤드 / 밸브	헤드 / 용기량	헤드 / 용기량	감지기 / 회로	조	계	감지기 / 회로	계 / 회로	감지기 / 회로	감지기 / 조작반	계	계	계	계			방수구	헤드 / 선택밸브		댐화	소화전		
계					9		2		176 / 1				29 / 5	5	4		90 / 1			4												
1층													23																			
2층					3		2						6 / 3	3	4																	
3층													1	1																		
4층					6				176 / 1				1	1			90 / 1			4												

(9) 작성방법

작성시에는 다음의 절차를 따르도록 한다.

① 도면을 검토한다.

② 누락된 설비 및 간선을 보완토록 설계변경을 요청한다.

③ 설치계획서의 수량과 차이를 확인한다.

④ 도면의 변경내용 중 설비의 누락 등 중요설비가 Revision될 경우에는 설계업체로부터 설계변경신고를 하도록 한다.

⑤ 최종 결정된 수량을 확인하여 산출서에 도면과 일치되도록 기재한다.

⑥ 층별면적과 용도를 건축허가서의 내용과 동일하게 기재한다.

8.4 공사업체 서류

(1) 착공신고서

■ 소방시설공사업법 시행규칙 [별지 제14호 서식]

소방시설공사 착공(변경)신고서

접수번호		접수일			처리기간	2일
특정소방 대상물	상호(명칭)				용도 구분	
	소재지				(전화번호:)	
	구조 지하 층, 지상 층, 연면적 m², 바닥면적 m², 개동					
	대지면적		연면적		건축면적	
관계인	성명(기관 또는 법인명)				(서명 또는 인)	
	주소				(전화번호:)	
소방시설 공사업자	상호(명칭)		등록번호 (제 호)		대표자	
	소재지				(전화번호:)	
소방시설의 종류						
책임시공 및 기술관리 소방기술자	성명				분야/등급	
착공일			완공일			
공사 종류	신설 [ ] 증설 [ ] 개설 [ ] 이전 [ ] 정비 [ ] 그 밖의 공사 [ ]					
변경사항	구분	날짜	제목	내용	사유	비고
	변경 전					
	변경 후					

「소방시설공사업법」 제13조 및 같은 법 시행규칙 제12조 제1항에 따라
소방시설공사 착공(변경) 내용을 신고합니다.

년 월 일

신고인 (서명 또는 인)

소방본부장/소방서장 귀하

첨부서류 (변경신고인은 변경된 사항의 서류만을 첨부합니다)	첨부 서류 목록	수수료
	1. 공사업자의 소방시설공사업 등록증 사본 1부 및 등록수첩 사본 1부 2. 해당 소방시설공사의 책임시공 및 기술관리를 하는 기술인력의 기술등급을 증명하는 서류 사본 1부 3. 소방시설공사 계약서 사본 1부 4. 설계도서(설계설명서를 포함하되, 「화재예방, 소방시설 설치·유지 및 안전관리에 관한 법률 시행규칙」 제4조 제2항에 따라 건축허가등의 동의요구서에 첨부된 서류 중 설계도서가 변경된 경우에만 첨부합니다) 1부 5. 소방시설공사를 하도급하는 경우 다음 각 목의 서류 가. 제20조 제1항 및 별지 제31호 서식에 따른 소방시설공사등의 하도급통지서 사본 1부 나. 하도급대금 지급에 관한 다음의 어느 하나에 해당하는 서류 1) 「하도급거래 공정화에 관한 법률」 제13조의2에 따라 공사대금 지급을 보증한 경우에는 하도급대금 지급보증서 사본 1부 2) 「하도급거래 공정화에 관한 법률」 제13조의2제1항 각 호 외의 부분 단서 및 같은 법 시행령 제8조 제1항에 따라 보증이 필요하지 않거나 보증이 적합하지 않다고 인정되는 경우에는 이를 증빙하는 서류 사본 1부	수수료 없음

210mm×297mm[백상지80g/㎡ 또는 중질지80g/㎡]

PROBLEMS

1. 착공신고의 시기에 대하여 설명하시오.

2. 착공신고시 구비서류를 설명하시오(감리가 취합할 경우).

3. 감리원배치통보서류를 작성하시오.

4. 감리자 지정신고서류를 작성하시오.

5. 감리계획서 작성시 필수 참조자료 2가지를 설명하시오.

6. 감리계획서를 작성하시오.

7. 공사변경 및 설계변경이 필요한 경우와 변경신고의 절차 및 방법에 대하여 설명하시오.

CHAPTER 09

현장감리실무

I 도면 Check List의 활용법

9.1 중요사항의 설명 및 교육

(1) 교육의 중요성

착공신고의 절차가 완료된 뒤 시공과 관련된 전체 회의를 소집하여 감리 Check List를 1부씩 배부한 뒤 Check List의 설비별 중요사항을 선별하여 읽어가면서 현장 공사단계에서 간과하기 쉬운 법조문과 책임의 소재 등에 대해서 교육을 실시하도록 한다.

(2) Check List의 효용성

시공단계에서 상기의 절차는 공사도중 발생하는 설계도면과 시공과의 상이성 또는 세부적인 법조항을 간과하여 법에 위반되게 시공하였을 때, 상기의 교육이 선행되었다면 감리측의 책임은 근거자료의 확보로서 상쇄될 수 있으나 상기의 절차가 생략되게 되면 감리수행 중 기동성과 신뢰성에 문제가 제기될 수 있다. 따라서 상기의 절차는 반드시 필요하다.

(3) 절차

첨부한 서식의 견본을 참조토록 한다.

○○ 방재 주식회사

○○ FIRE PROTECTION CO., LTD.

서울특별시 ○○구 000-00　　TEL. (00) 000－0000, FAX (00) 000－0000

년　월　일

문서번호 :　-　-　호
수신 : 시공사 및 공사업체
첨부 : 감리 Check List
제목 : 현장 착공시 협조 전

1. 귀 사의 협조에 진심으로 감사드립니다.
2. 당사는 본 건설현장의 소방공사를 감리함에 있어 공사의 효율성을 제고하기 위하여 소방공사시에 간과하기 쉬운 중요사항 및 문제점을 정리하여 별첨으로 첨부하오니, 내용을 참조하시어 시공에 적극 반영하여 주시기 바랍니다.

※ 별첨 : 소방감리 체크리스트 1부. 끝.

대표이사 ○○○ (인)

9.2 현장감리 Check List

Check List (1)

체크리스트

일자	. . .	점검자			
소화설비종류	옥내소화전설비 (1)				
내 용		양호	불량	문제점 및 대책	체크일자
1. 소화전의 위치 도면과 일치여부 2. 고가수조의 실제 측정용량이 도면의 용량과 일치여부 3. 저수조의 실제용량이 도면과 일치여부 4. 소화전의 배관재질 5. 입상관의 관경 도면과 일치여부(연결송수관 공유시 100A) 6. 펌프 주위배관계통의 부속설비는 기술기준 에 적합하게 설치되었는지 여부 7. 설치된 펌프의 사양이 도면의 사양과 일치하는지 여부 8. 성능시험배관의 관경이 양정 65%에서 유량 150%로 토출시킬 수 있는 관경인가? 9. 유량계는 펌프 정격토출량의 175% 이상 측정할 수 있는 Size인가? 10. 펌프의 흡입측 배관에는 개폐표시형밸브를 사용하였는지 여부(버터플라이밸브 사용 금지) 11. 유량계의 설치위치는 성능시험배관의 1, 2차측 개폐밸브로부터 관경이 8 : 5배를 유지하고 있는가? 12. 최저층의 압력이 0.7 MPa 초과시 감압밸브를 설치하였는지 여부 16. 옥내소화전 방수구의 높이가 1.5 m 이하로 설치되었는가? 17. 펌프의 진동방지에 따른 가대가 설치여부 18. 펌프의 상단과 입상관의 최상단에 수격방지기 설치여부 19. 저수조가 소화펌프보다 낮은 위치에 설치되었을 경우 물올림탱크 설치여부 20. 물올림탱크(Primming Tank)의 시공기준 • 급수관은 15 mm 이상인가 • 감수경보장치는 설치되어 있는지 • 감수경보장치는 설치되어 있는지 • 오버플로우관은 50 mm 이상인지 • Primming Tank의 용량은 100 L 이상인지 • Relief밸브는 설치되었는지 • 순환배관은 20 mm 이상인지 • Primming Tank의 높이는 1 m 이상의 위치에 설치되어 있는지					

Check List(2)

체크리스트

일자	. . .	점검자	
소화설비종류	옥내소화전설비 (1)		

내 용	양호	불량	문제점 및 대책	체크일자
1. 고가수조의 실제 측정용량이 도면의 용량과 일치여부 2. 지하저수조의 실제 측정용량이 도면의 용량과 일치여부 3. 배관의 재질, KSD 3507 사용여부 4. 펌프 주위배관의 부속설비는 법령에 적합하게 설치되었는지 여부 5. 설치된 펌프의 사양이 도면과 일치여부 6. 펌프의 진동방지에 따른 가대가 설치여부 7. 펌프의 상단과 입상관의 최상단에 수격방지기가 설치되었는가? 8. 성능시험배관의 관경이 양정 65%에서 유량 150%로 토출시킬 수 있는 관경인가 ? 9. 유량계는 펌프 정격토출량의 175%까지 측정할 수 있는 Size인가? 10. 펌프의 흡입측 배관에는 개폐표시형밸브를 사용여부 (버터플라이밸브 사용 금지) 11. 유량계의 설치위치는 성능시험배관의 1, 2차 측 개폐밸브로부터 관경이 8 : 5배를 유지하고 있는가? 12. 주방이나 보일러실에 103℃헤드를 취부하였는가? 13. 헤드와 천장사이의 거리가 30 cm 이하로 설치되었는가? 14. 상향식헤드의 경우 헤드의 살수장애가 발생되지 않았는가? 15. 알람밸브는 별도의 실로 구획하였는가? 16. 알람밸브실의 위치는 해당 방호구역내부에 설치하였는가? 17. 알람밸브실의 점검구 면적은 0.5 × 1.0 m 이상으로 확보되었는가? 18. 음향장치는 방호구역 각 부분으로부터 25 m 이내인가? 19. 유수검지장치의 높이가 0.8 ~ 1.5 m로서 밸브의 조작에 이상이 없는가? 20. 헤드의 도색이나 파손으로 인한 장애는 없는가? 21. 유수검지장치가 주배관에서 분기하여 방호구역을 형성하였는가? 22. 건식배관에서 주배관 및 가지배관의 기울기가 1/200 이상인가? 23. 건식배관에서 가지배관의 높이가 수평주행 배관의 높이보다 하향굴곡 되었을 경우 말단에 자동 배수처리를 하였는가?				

내 용	양호	불량	문제점 및 대책	체크일자
24. 헤드와 헤드사이의 거리가 적합한가? 25. 교차배관(수평주행배관)은 가지배관 밑에 수평으로 설치되고 교차배관의 말단에 40 mm 이상의 청소구를 설치하였는가? 26. 하향식헤드를 설치하는 경우 회향식으로 설치하였는가? (아파트의 경우 측면분기 가능) 27. SVP의 설치위치가 피난구 근처에 설치되었는가? 28. 각 개폐밸브에는 개폐상태를 감시반에서 확인할 수 있도록 스위치(Tamper S/W)를 설치하였는가? 29. 가지배관 연결시 65 mm 이상의 배관의 연결부분은 용접으로 시공하였는가? (50 mm 이하까지는 나사배관 결속 가능) 30. 용접이음시 잔유물(이물질) 제거유무 31. 용접이음 부분은 부식방지를 위한 도색처리를 하였는가?				

Check List (3)

체크리스트

일자	. . .	점검자	
소화설비종류	연결송수관설비		

내 용	양호	불량	문제점 및 대책	체크일자
1. 배관의 재질 2. 연결송수관설비의 입상관은 100A로 시공하였는가? 3. 송수구의 설치위치는 소화활동상 적합한 위치여부 4. 송수구는 다른 설비와 겸용하도록 계획되었는가? 5. 송수구의 높이는 0.5～1.0 m 이하로 설치되었는가? 6. 옥내소화전함과 분리 설치시에 방수구함에 표시등을 설치하였는가? 7. 방수구와 계단과의 수평거리가 5m 이내로 적합한가? 8. 방수기구함이 3층마다 설치되어 있는가? 9. 11층 이상인 경우 쌍구형 방수구인가? (아파트 제외) 10. 배관에 자동배수밸브 및 체크밸브가 적합하게 설치되었는가? 11. 지하 또는 지하층의 바닥면적합계가 3000 m² 초과시 방수구가 25 m 이하로 설치되었는가? 12. 송수구의 상단표지 및 방호구역 일람도가 비치되었는가? 13. 방수기구함 내부에 호스와 관창이 비치되어 있는가? 14. 방수구와 방수기구함의 거리가 수평거리 5 m 이내의 거리에 있는가?				

Check List(4)

체크리스트					
일자	. . .		점검자		
소화설비종류	유도등 및 비상조명설비				
내 용		양호	불량	문제점 및 대책	체크일자
1. 피난구유도등이 적합한 높이에 설치되었는가? 2. 통로유도등이 적합한 높이에 설치되었는가? 3. 거실이나 전실에 누락된 유도등이 없는가? 4. 유도등의 표지방향이 잘못된 곳은 없는가? 5. 통로유도등이 구부러진 모퉁이나 보행거리 20 m 이내에 설치되어 있는가? 6. 자탐설비와 연동되는가? 7. 계단통로유도등은 각층의 경사로 참 또는 계단참마다 설치하였는가? (1개층에 계단참이 2 이상 있는 경우에는 2개의 계단참마다 설치한다) 8. 비상조명등의 설치는 적합한가? 9. 비상조명등의 면제조항은 적용할 수 있는가?					

Check List (5)

체크리스트					
일자	. . .		점검자		
소화설비종류	연결살수설비				
내 용		양호	불량	문제점 및 대책	체크일자
1. 송수구의 설치위치가 소화활동상 적합한 위치인가? 2. 송수구의 높이가 바닥으로부터 0.5～1.0 m 이하에 설치되었는가? 3. 1경계구역당 헤드의 개수가 10개 이하인가? 4. 연결살수용 헤드에 따른 배관관경이 적합한가? 5. 폐쇄형헤드를 사용할 경우 송수구, 자동배수밸브, 체크밸브의 순으로 설치되었는가? 6. 개방형헤드를 사용할 경우 송수구, 자동배수밸브, 체크밸브, 자동배수밸브의 순으로 설치되었는가? 7. 1개의 송수구로 여러개의 경계구역을 담당시 각 경계구역당 개폐밸브가 올바르게 설치되었는가? 8. 말단배관의 관경이 32 mm인가? 9. 송수구의 상단표지 및 방호구역 일람도가 비치되었는가?					

Check List (6)

체크리스트

일자	. . .	점검자	
소화설비종류	피난기구		

내 용	양호	불량	문제점 및 대책	체크일자
1. 피난기구는 소방대상물에 적합하게 설계되었나? 2. 피난기구의 수량은 적합한가? 3. 피난기구의 설치위치는 적합한가? 4. 아파트의 경우 공기안전매트는 층수에 적합한 Size인가?				

Check List (7)

체크리스트

일자	. . .	점검자	
소화설비종류	비상콘센트설비		

내 용	양호	불량	문제점 및 대책	체크일자
1. 배선은 전력용 변압기 2차측의 주차단기 1차측 또는 2차측에서 분기하였는가? (저압수전인 경우 인입개폐기의 직후에서) 2. 하나의 전용회로의 콘센트 수량은 10개 이하인가? 3. 비상콘센트의 높이가 1~1.5 m 이하인가? 4. 비상콘센트간의 거리가 50 m 이하인가? 5. 비상콘센트함의 표지 및 표시등이 적합하게 부착되었는가? 6. 비상콘센트의 배선이 적합하게 시공되었는가? 7. 비상콘센트의 전압은 정격전압이 공급되고 있는가? 8. 비상콘센트의 전원회로는 적합한 전압이 확보되었는가?				

Check List (8)

체크리스트

일자	. . .	점검자	
소화설비종류	자동화재탐지설비 (1)		

내 용	양호	불량	문제점 및 대책	체크일자
1. 부착높이별로 감지기가 적합하게 설치되었나? 2. 경계구역의 면적, 길이가 적합하게 설치되었는가? 3. 자탐설비와 자동소화설비를 병용하는 경우 방사구역과 자탐경계구역이 적합하게 설정되었는가? 4. 수신기가 2 이상 설치된 경우 서로 통화장치가 가능한가? 5. 계단, 경사로, 엘리베이터 권상기실, 복도에 연기 감지기를 적합하게 설치하였는가? 6. 연감지기의 경우 보로부터 60 cm 이상 이격하였는가? 7. 지구 음향장치의 거리가 25 m로 적합한가? 8. 발신기의 경우 설치높이가 0.8～1.5 m로 적합한가? 9. 발신기의 상호간의 거리가 25 m로 적합한가? 10. 자탐설비의 배선의 사용은 규격품을 사용하고 있는가? 11. 배선이 노출배선일 경우 금속배관으로 시공하였는가? 12. 상용전원과 예비전원이 확보되었는가? 13. 수신기의 조작스위치의 높이가 0.8～1.5 m로 적합한가? 14. 교차회로의 경우 1개의 실의 감지기 구성은 A, B로 구성하였는가? 15. 수신기의 설치장소가 적합한가? 16. 환기불량장소, 실내용적이 협소한 장소에 감지기를 면제할 수 있는가? 17. 다음의 장소는 절대로 면제가 되지 않는 지역이므로 주의가 필요함 1) 계단 및 경사로(15 m 미만은 제외) 2) 복도(30 m 미만은 제외) 3) 엘리베이터 권상기실, 린넨슈트, 파이프닥트, 기타 이와 유사한 장소 4) 천장 또는 반자의 높이가 15～20 m 미만의 장소				

Check List (9)

체크리스트

일자	. . .	점검자	
소화설비종류	비상방송설비		

내 용	양호	불량	문제점 및 대책	체크일자
1. 각 층의 음향장치(스피커)의 유효거리가 25 m 이내인가 ? 2. 자동화재탐지설비의 동작시 적합한 방식으로 동작하는가? (스프링클러설비 설치대상으로서 계단실형아파트를 하나의 방호구역으로 하는 경우에는 전층경보를 발할 수 있는 구조) 3. 증폭기 및 조작부는 상시 사람이 상주하는 곳에 설치하였는가? 4. 다른 설비와 공용하는 경우 화재시 비상방송 외의 방송이 자동 차단되는가? 5. 다른 전기회로에 의해 유도장애가 발생되고 있지는 않은가?				

Check List (10)

체크리스트

일자	. . .	점검자	
소화설비종류	감시제어반 설치기준 (1)		

내 용	양호	불량	문제점 및 대책	체크일자
1. 감시제어반실은 화재 및 침수의 우려가 없는 곳에 설치되었는가? 2. 감시제어반은 상시 사람이 상주하는 곳인가 ? 3. 감시제어반실이 피난층이나 지하 1층에 설치되어 있는가, 또는 그 이외의 경우에는 특별 피난 계단으로부터 5 m 이내의 거리에 설치되었는가? 4. 감시제어반실은 방화구획 및 급배기시설이 설치되었는가? 5. 감시제어반실에 비상조명등이 설치되었는가? 6. 감시제어반실에 무선기기 접속단자가 설치되었는가?				

Check List (11)

체크리스트					
일자	. . .		점검자		
소화설비종류	제연설비				
내 용		양호	불량	문제점 및 대책	체크일자
1. 제연설비와 자탐설비가 연동이 되는가? 2. 내부풍도가 시멘트몰탈 또는 아연도금 강판으로 시공되었는가? 3. 제연풍도가 내화구조로 되어 있는가? 4. 댐퍼가 이, 탈착 구조로 되어 있는가? 5. 제연설비의 수동조작스위치가 0.8~1.5 m로 설치되었는가? 6. 배출기의 전동기 부분과 배풍기 부분은 분리하여 설치되어 있는가? 7. 배출기의 흡입측 풍도안의 풍속은 초속 15 m 이하이고, 배출측 풍속은 초속 20 m 이하로 되어 있는가? 8. 거실과 가압공간과의 차압이 50 Pa 이상 유지되었는가? 9. 급기팬의 마력수는 소방대상물에 적합한가? 10. 배연창의 경우 각 바닥면적에 비례하여 배연창의 수량이 확보되었는가? 11. 하나의 제연구역의 면적은 1000 m² 이내로 양호한가? 12. 제연구역이 올바로 구획되어 있는가? 13. 제연설비에 관한 고시의 기술기준에 적합하게 시공되었는가?					

Check List (12)

체크리스트					
일자	. . .		점검자		
소화설비종류	감시제어반의 기능 (2)				
내 용		양호	불량	문제점 및 대책	체크일자
1. 예비전원이 확보되고 예비전원의 적합여부를 확인할 수 있는 기능이 있는가? 2. 감시제어반과 자탐설비의 수신기를 별도의 장소에 설치하는 경우 상호간에 동시통화가 가능한가? 3. 압력스위치 및 각종 개폐밸브의 감시회로마다 도통시험 및 작동시험을 할 수 있는가의 여부 4. 수조 또는 물올림탱크가 저수위로 될 때 표시등 및 음향으로 경보를 발하는 기능이 있는가? 5. 비상발전기를 자/수동으로 기동시키고 상용전원 및 비상전원의 공급여부를 확인할 수 있는 기능이 있는가? 6. 각 펌프를 자동 및 수동으로 작동시키거나 작동을 중단시킬 수 있는 기능이 있는가? 7. 각 펌프의 작동여부를 확인할 수 있는 표시등 및 음향경보 기능이 있는가?					

Check List (13)

체크리스트

일자	. . .	점검자		
소화설비종류	비상전원설치기준			

내 용	양호	불량	문제점 및 대책	체크일자
1. 점검에 편리하고 화재 및 침수 등의 재해로 인한 피해를 받을 우려가 없는 곳에 설치하였는가? 2. 소화설비를 유효하게 20분 이상 작동할 수 있는 용량인가? 3. 상용전원으로부터 전력공급이 중단된 때에는 자동으로 비상전원으로부터 전력을 공급받을 수 있는가? 4. 비상전원의 설치장소는 다른 장소와 방화 구획하고, 그 장소에는 비상전원의 공급에 필요한 장애물은 설치되어 있지 않은가? 5. 비상전원을 실내에 설치시 그 실내에 비상조명등을 설치하였는가?				

Check List (14)

체크리스트

일자	. . .	점검자		
소화설비종류	건축 및 기타설비			

내 용	양호	불량	문제점 및 대책	체크일자
1. 비상발전기실이나 전기실의 관통부분의 마감처리는 완전 방화구획 하였는가? 2. 방화문 밑면 마감처리는 틈새가 없도록 시공하였는가? 3. 방화문의 여닫이 방향은 피난방향으로 적합하게 설치되었는가? 4. 방화셔터는 셔터감지기로 연동되는가? 5. 방화셔터는 수신반에서 수동으로 기동이 되고 있는가? 6. 각층 1000 m²마다 방화구획이 설정되었는가? (자동소화설비 설치시 3000 m²로 구획) 7. 펌프와 Pannel사이, 발전기의 배선은 모두 내화배선으로 시공되었는가? 8. 층별 방화구획이 올바르게 계획되었는가? 9. 자동폐쇄장치의 경우 수신반에서 수동기동이 원활하게 작동되는가? 10. 자동폐쇄장치의 경우 감지기와 연동이 원활하게 이루어지고 있는가?				

Check List (15)

체크리스트						
일자	. . .			점검자		
소화설비종류	피난기구					
내 용		양호	불량	문제점 및 대책		체크일자
1. 관계법규에 저촉되지 않는가? 2. 피난기구의 수량은 적합한가? 3. 피난기구의 설치위치는 적합한가? 4. 아파트의 경우 공기안전매트는 층수에 적합한 크기인가?						

9.3 시공관리

9.3.1 개요

(1) 일지작성 및 검토

일지는 공사현황 및 공정현황을 파악할 수 있도록 다음과 같은 내용을 간략하고 일목요연하게 기재한다.

① 회의내용(참석자 및 주요내용)
② 공정진행현황
③ 금일 작업현황
④ 자재검수 내용
⑤ System에 대한 검토내용

(2) 자료요청

시공신고가 완료되면 감리는 공사감리를 위하여 발주처, 설계기관, 공사업체로부터 다음과 같은 자료를 요청하도록 한다.

① 건축허가서 사본(최종변경분)
② 검토용 도면(소방설계도면 및 건축도면)
③ 도면의 상세도
④ 특수공법에 대한 상세도
⑤ 시방서 및 특기시방서
⑥ 각 설비에 대한 사양서
⑦ 각 설비 및 System에 대한 운영 매뉴얼
⑧ 공정일정표(설비/전기)
⑨ 작업일보(설비/전기)
⑩ 수입송장 사본(수입제품일 경우)
⑪ 형식승인서
⑫ 자재입고 반입 사본

⑬ 자재검수 요청서 ⑭ 검측요청서

⑮ 중요 공정별 촬영사진

(3) 시공감리 요령

공사가 진행되면 설계도면을 기본으로 하여 다음과 같은 요령으로 감리를 진행한다.

① 설계도면대로 시공하는지의 여부

② 관련법규정과 관련된 사항과의 일치여부

③ 현장여건의 특수성으로 인하여 도면대로의 시공이 불가피하다고 판단할 경우에는 감리는 감리지시문을 이용하여 특수성으로 인한 공사방법의 변경 또는 적절한 조치를 취할 수 있도록 발주처, 시공사, 공사업체에게 문서로서 지시토록 하여야 한다.

④ 감리결과 시공상태가 도면과 상이하거나 관련법규를 위반하였다고 판단될 경우에는 감리지시문을 발송하여 시정토록 하여야 한다.

⑤ 감리지시문에 대한 사항은 공정의 흐름상 바로 조치될 수 있는 사항과 그렇지 않은 사항이 있으므로, 발송한 감리지시문에 대해서는 "감리지시문 발송현황 LIST"를 작성하여 조치여부를 간과하지 않도록 꼼꼼하게 관리한다.

9.3.2 감리일지

(1) 공통사항(상주/일반)

(2) 일지는 첫 장(시공신고)과 마지막 장(감리결과 보고서)이 중요하며, 그 외에 중간지도 등의 일자를 정확하게 기재하여야 하며 작성하는 요령은 다음과 같다.

① 첫 장의 작성요령

소 방 공 사 감 리 일 지			
연월일	제목	내 용	작성자
. . (목)	착공 신고	* ○○소방서 방호구조과 A.M. 11 : 00 1. 특수장소 : ○○시장 2. 건물개요 : 지상 0층, 연면적 m² 1동 3. 설계기관 : ○○회사 4. 공사업체 : 전기 - ○○회사, 설비 - ○○회사 5. 공사범위 1) 수동식소화기 2) 옥내소화전 3) 스프링클러설비 4) 자동화재탐지설비 5) 소화용수설비	○○○
	비고		

② 평일의 작성요령

<table>
<tr><th colspan="4">소 방 공 사 감 리 일 지</th></tr>
<tr><th>연월일</th><th>제목</th><th>내 용</th><th>작성자</th></tr>
<tr><td rowspan="2">. .
(목)</td><td>업무협의
및
자재검수</td><td>1. 공정회의 A.M. 10 : 00
1) 참석자 - ○○회사 ○○○감리
- ○○회사 ○○○현장소장
- ○○회사 ○○○현장소장
2) 주요내용
① 자재검수 요청서, 제출 요망
② 수압시험 기준, 교육
2. 자재검수
1) 주요자재 ① 연기식감지기 - 150EA 확인</td><td>○○○</td></tr>
<tr><td>비고</td><td></td><td></td></tr>
</table>

③ 마지막 장 작성요령

<table>
<tr><th colspan="4">소 방 공 사 감 리 일 지</th></tr>
<tr><th>연월일</th><th>제목</th><th>내 용</th><th>작성자</th></tr>
<tr><td rowspan="2">. .
(목)</td><td>감리결과
보고서</td><td>* ○○시장의 소방공사는 0000년 00월 00일 시공신고를 하여 공사업체로 하여금 관련법규를 준용하고 설계도면대로 시공케 지도 · 감독하였으며, 시공설비는 소방시설설치유지 및 안전관리에 관한법률 시행령의 별표 2에 근거한
1) 수동식소화기 2) 옥내소화전
3) 스프링클러설비 4) 자동화재탐지설비
5) 소화용수설비를 적법하게 설치하고, 시공한 설비에 대해서는 0000.00.00～00까지 준공시험을 실시하여 설비의 작동 기능이 정상적으로 작동되었음을 확인하여 모든 공사가 완료되었기에 감리결과 보고서를 제출합니다.</td><td>○○○</td></tr>
<tr><td>비고</td><td></td><td></td></tr>
</table>

9.4 검토서와 지시문

9.4.1 검토서와 지시문의 차이

(1) 검토서

검토서는 법규의 개정, 설비의 시공기준 및 특기시방 등에 대해서 방향을 검토하여 주는 하나의 기준이므로 현장시공보다 선행하여 작성되어야 한다.

검토서의 적절한 활용은 공사업체에게 시공의 방향과 설치기준에 대한 개념을 전달하는 교육이므로 검토서의 작성은 정확한 근거와 자료를 토대로 작성되어야 한다.

따라서 검토서를 작성할 때 참조할 자료는 주로 다음과 같은 자료를 참조하도록 한다.

① 국내관련법규
② NFPA
③ 소방검정기술기준
④ 소방기술기준 자료집(화재보험협회)
⑤ 인터넷 관련 site상에서의 연구자료서

(2) 지시문

지시문의 작성은 설계검토단계 및 현장감리시의 시공상에서 하자를 발견하였을 경우 작성하는 것이므로 사후적인 것이라는 특성을 가지고 있다.

지시문이 사후적이라는 특성 때문에 내용에 따라서는 감리의 소홀 및 태만이라는 비난이 있을 수도 있고, 현장여건에 따라서는 타 공종과의 연관성으로 인하여 조치가 난이하다는 특수성이 있다는 점에 주의하여야 한다.

작성의 판단은 적법, 관리 및 효율성 등을 제고하여 합리적인 시공이 될 수 있도록 유도되어야 하므로 발견즉시 신속하게 관련 부서에 통보되어야 한다.

9.5 검토서와 지시문의 현장실무

다음에 첨부한 자료는 시공현장에서 사용되어진 자료이므로, 단계별로 검토하면서 공정의 흐름을 익히는 데 주의하시기 바란다.

① 검측요청서에 대한 공문

② 자재승인 요청서에 대한 공문

③ 시공신고 구비서류에 대한 공문

④ 도면검토서(설비)

⑤ 도면검토서(전기)

⑥ 검토서 견본

지시문 견본

○○ 방재 주식회사

○○ FIRE PROTECTION CO., LTD.

서울특별시 ○○구 000-00　　TEL. (00) 000－0000, FAX (00) 000－0000

년　　월　　일

문서번호 :　　-　　-　　호

수신 : ○○ 방재 주식회사

첨조인 : 소방담당자

제목 : 시공 검측 요청서 견본

1. 귀 사의 무궁한 발전을 기원합니다.
2. 상기 건은 감리업무 추진계획서 내용 중의 일부 양식입니다. 별첨과 같이 송부하오니, 검토하시어 업무에 적극 반영하여 주시기 바랍니다.
3. 별첨 - 시공 검측 요청서 견본 1부. 끝.

○○○

직책 / 소방감리

○○ 방재 주식회사

결재	감리	담당	파트장

검측	요청서
입회	

번호 :
일자 :
수신 : 책임감리원

다음과 같은 세부공종에 대하여 검측을 요청하오니 검사 후 승인하여 주시기 바랍니다.

공 종	
위 치	
검측부위(입회내용)	
검측(입회)요구일시	
검측(입회)사항	

첨부 : 1. 시공자의 시공점검표 점검결과
2. 검사 및 시험계획서
3. 검측부위의 Shop 도면
4. 사진(추후 제출)

○○방재 ○○사업장 ○○공사현장 현장대리인 (인)

검측	결과통보
입회	

번호 :
일자 :
수신 : 현장대리인

검측요청서 번호( )에 대하여 검측결과를 다음과 같이 통보합니다.

붙임 : 감리원의 Check List 검측결과

○○방재 ○○사업장 ○○공사현장 책임감리원 (인)

※ 재검측시에는 검측결과란에 붉은 글씨로 "재검측"을 기록함
※ 3부 작성하여 시공자, 삼성기계, 감리원 각 1부 보관

검사점검표(소방전기 배관공사)

○○방재 ○○사업장 ○○공사현장

공종			검사점검표		
위치/장소			NO		
번호	검사내용		검사결과		조치내용
			시공사	감리단	
1	사용자재의 규격과 치수는 도면과 시방에 적합한가?				
2	부속자재는 적정 부속품을 활용하였는가?				
3	설치위치는 도면과 일치하는가?				
4	매입BOX의 높이는 도면상의 치수와 일치하는가?				
5	매입BOX의 방향은 도면상의 방향과 일치하는가?				
6	배관 절단부위는 리이밍작업을 하였는가?				
7					
8					
첨부					
검측자		(인)	검측일시		
검측(입회)결과					

(보기) ○ : 합격　× : 불합격　瑕 : 하자로 인해 교체

시 공 사	감 리 원
(인)	(인)
/ 날짜	/ 날짜

○○방재 ○○사업장 ○○공사현장

공종		검사점검표		
위치/장소		NO		
번호	검사내용	검사결과		조치내용
		시공사	감리단	
1	사용자재의 규격과 치수는 도면과 시방에 적합한가?			
2	부속자재는 적정부품을 사용하였는가?			
3	설치위치는 도면과 일치하는가?			
4	홈파기는 단조에 의한 가공방식인가?			
5	건물의 Expansion joint 부위는 Expansion 자재를 사용하였는가?			
6	관의 굽힘반경은 호칭외경의 3.5～5배인가?			
7				
8				
9				
10				
첨부				

○○ 방재 주식회사

○○ FIRE PROTECTION CO., LTD.

서울특별시 ○○구 000-00　　TEL. (00) 000－0000, FAX (00) 000－0000

년　　월　　일

문서번호 :　　-　　-　　호

수신 : ○○ 방재 주식회사

참조인 : 소방담당자

제목 : 자재 검수 요청서 견본

1. 귀 사의 무궁한 발전을 기원합니다.
2. 상기 건은 감리업무 추진계획서 내용 중의 일부 양식입니다. 별첨과 같이 송부하오니, 검토하시어 업무에 적극 반영하여 주시기 바랍니다.
3. 별첨 － 자재 검수 요청서 견본 1부. 끝.

○○○
직책 / 소방감리
○○ 방재 주식회사

결재	감리	담당	파트장

자재 검수 요청서

(소방 전기공사)

공사명 : ○○방재 ○○사업장 ○○공사

(자탐설비 공사)

(주) ○○ 방재

자 재 검 수 요 청 서

번 호 : 00 - 00 - 00 년 월 일
수 신 : ○○ 방재 주식회사
참 조 : ○○ 공사 소방감리자

다음과 같이 반입자재에 대하여 검수 요청을 하오니 승인하여 주시기 바랍니다.

품명	규격	단위	반입수량	비고
감지기	연기식	EA	30	
피난유도등	20W	EA	10	
피난유도등	10W	EA	20	
SVP	DC24V	EA	5	

첨부 : 1. 거래명세표
2. 시험성적서
3. 사진(검수 후 첨부)

(주) ○○전자 ○○방재 ○○사업장 ○○공사 현장대리인 ○○○ (인)

검 수 결 과 통 보

번호 : - - 호
수신 : ○○방재 ○○사업장 ○○공사 현장대리인
년 월 일

검수요청서 번호 (00 - 00 00)에 대한 검수결과를 다음과 같이 통보합니다.

감리자	검토자	○○○ (인)	검토일시	년 월 일
	검토결과	적합함		

○○ 방재 주식회사

○○ FIRE PROTECTION CO., LTD.

서울특별시 ○○구 000-00　　TEL. (00) 000－0000, FAX (00) 000－0000

년　월　일
문서번호 :　-　-　호
수신 : ○○ 방재 주식회사
첨조인 : 소방담당자
제목 : ○○ 소방공사관련 자료요청 건

1. 귀 사의 무궁한 발전을 기원합니다.
2. ○○공사와 관련된 감리업무 협조전을 별첨과 같이 송부하오니, 업무에 적극 반영하여 주시기 바랍니다.
3. 별첨 － 시공신고 구비서류 1부. 끝

○○○
직책 / 소방감리
○○ 방재 주식회사

결재	감리	담당	파트장

착공신고 구비서류

	발주자	공사업체	감 리
요청자료	① 설계도면 및 소방시설계산서 ② 시방서 ③ 건축허가서 및 설치 계획서 ④ 특수공법과 관련된 자료 (FLEX헤드 Shop도면) (Mold bar Shop도면)	① 종합시공계획서(공정표, 비상연락망, 현장대리인 선임계, 안전관리 계획서, 작업인원 및 장비투입계획서, 현장기술자 경력사항 확인서 및 자격증사본, 시공계획, 공정관리, 품질관리 등 현장운영계획에 대해서 상세히 작성) ② 자재관리 및 검사계획표 ③ 특수공법과 관련된 작업 절차서	
신고서류		① 공사착공신고서 ② 공사업 면허수첩 사본 ③ 공사업 면허증 사본 ④ 공사업 면허수첩 원본 ⑤ 시공을 관리하는 기사의 자격증 사본 ⑥ 소방시설 산출표 ⑦ 설계도면(소방 : 비상방송 비상조명등, 무통설비 등 포함)(건축 : 위치도, 배치도, 평면도, 단면도 등) ⑧ 공사시방서 ⑨ 수리계산서(용량계산서 등) ⑩ 공사계약서 사본(내역서 포함)	① 감리자지정신고서 ② 감리계획서 ③ 소방시설의 공정 및 감리일정표 ④ 산출표 ⑤ 감리계약서 사본 ⑥ 감리업등록증사본 ⑦ 주인력 및 보조 인력 자격증 사본

○○ 방재 주식회사

○○ FIRE PROTECTION CO., LTD.

서울특별시 ○○구 000-00 TEL. (00) 000－0000, FAX (00) 000－0000

년 월 일

문서번호 : - - 호

수신 : ○○ 방재 주식회사

참조인 : 소방담당자

시공사 소방전기 담당자

제목 : 소방도면(전기) 검토 건

1. 귀 사의 무궁한 발전을 기원합니다.
2. 상기 관련된 검토서를 별첨과 같이 첨부하오니, 참조하시어 업무에 적극 반영하여 주시기 바랍니다.
3. 별첨 – 검토서 1부. 끝

○○○

직책 / 소방감리

○○ 방재 주식회사

※ 검토서

결재	감리	담당	파트장

○○ 방재 주식회사

NO	Dwg,N	위치	내용	비고
1	EF-303	1. (19, 20) × (C, D)의 SVP	(19 × C)열로 이설	
2		2. (21, 22) × B의 SVP	(21 × B)열의 출입문 밖으로 이설	
3		3. 옥외 CCSS 수동조작함, 방출표시등	전체 방수형(WP)으로 표기	
4		4. 상기관련, 중계기 수용함	전체 방수형(WP)으로 표기	
5	EF-305	5. 화학약품 저장실(UP/CEI)감지기	전체 ALD FP-11로 설치	
6				
7	EX-303	1. FAB의 유도표지 Simbol	1. 3, 4 Line과 통일(×)이 필요함	
8	참조	※ 통로유도등 및 유도표지 설치 개념정리(● : 설치, × : 설치하지 않음)		

	FAB	Plenum	Module(조립동)
통로 유도등	×	●	●
유도표지	●	×	×

○○ FIRE PROTECTION CO., LTD.

서울특별시 ○○구 000-00 TEL. (00) 000－0000, FAX (00) 000－0000

년 월 일

문서번호 : - - 호

수신 : ○○ 방재 주식회사

첨조인 : 소방담당자

제목 : 방화구획 검토 건

1. 귀 사의 무궁한 발전을 기원합니다.

2. 현재 시공 중에 있는 자재창고의 용도별 실(Room) 중 보세창고 ②와 렉 창고는 방화구획을 검토하지 않은 상태에서 시공이 추진되고 있습니다. 이 부분은 용도가 서로 다르기 때문에 관련법규를 준용하여 완전구획이 되도록 방화구획이 검토되어야 합니다.
   이와 관련된 검토서를 별첨과 같이 첨부하오니, 참조하시어 업무에 적극 반영하여 주시기 바랍니다.
   끝.

3. 별첨 － 1) 검토서 1, 1부
   2) 검토서 2, 방화구획에 대한 소고, 1부.
   끝.

○○ 방재 주식회사

9.5.1 검토서 (1)

(1) 현재의 건축물 시공도

- 보세창고 ①은 완전구획됨.
- 보세창고 ②와 렉창고는 구획되지 않은 상태임.

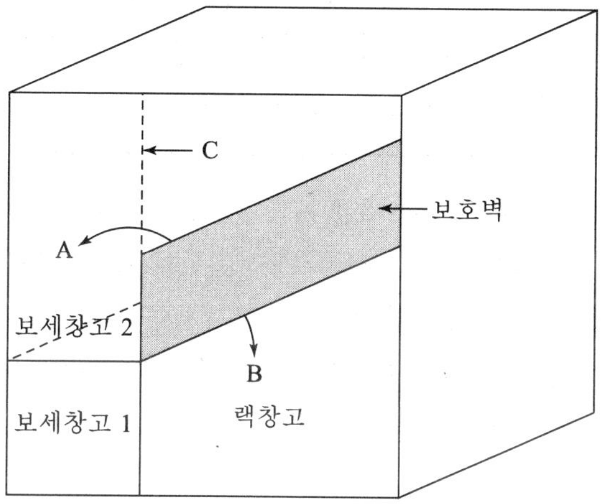

(2) 감리 건토안

- 보세창고 ②와 렉창고는 완전구획해야 함.
- 상기의 그림에서 구획선인 “C”를 중심으로 완전 구획이 되어야 함.
- 관련법규 - 건축법 시행령 제46조, 건축법 시행령 제46조 3항, 건축법 제40조 2항

9.5.2 검토서 (2)

(1) 방화구획에 대한 소고(遡考)

① 개요

소방 방화상 유효한 구획의 종류로는 방화구획, 방화벽, 경계벽, 칸막이 벽 등이 있으며, 방화구획이란 화재확대를 국부적으로 한정시키기 위하여

- 연면적이 1,000 m² 이상이고
- 주요구조부가 내화구조 또는 불연재료로 된 건축물을
- 내화성능을 가진 바닥, 벽 및 갑종방화문으로
- 일정 면적별, 층별, 용도별, 구조별 등으로 구획한 것을 말함.

② 구획기준

대상 건축물	구획종류	구 획 기 준	구획부분의 구조
주요구조부가 내화 구조 또는 불연재료로 연면적 1,000 m² 이상인 건축물	면적별	바닥면적 1,000 m² 이내마다	내화구조의 바닥, 벽, 및 갑종방화문과 자동방화셔터
	층별	3층 이상 또는 지하층 부분에서는 층마다	
	층/면적별	11층 이상의 모든 층에서는 바닥면적 200 m² 이내마다(다만, 내장재를 불연재료로 사용할 때는 500 m² 이내마다)	
건축물의 일부가 내화구조로 되어야 할 건축물	용도별	그 부분과 기타의 부분과의 경계	

③ 방화구획을 관통하는 설비에 대한 대책

- 급수관, 전선관 등이 방화구획을 관통하는 경우에는 관통되는 부위의 틈새를 내화충전구조로 완전 충진해야 함.
- 환기, 난방 또는 풍도가 방화구획을 관통하는 경우에는 관통되는 부위는 용도에 적합한 댐퍼를 설치해야 함.

○○ 방재 주식회사

○○ FIRE PROTECTION CO., LTD.

서울특별시 ○○구 000-00 TEL. (00) 000－0000, FAX (00) 000－0000

년 월 일

문서번호 : - - 호

수신 : ○○ 방재 주식회사

참조인 : 소방담당자

시공사 소방(설비) 담당자

제목 : ○○의 소화 주배관상에 감압변 설치에 대한 검토 건

1. 귀 사의 무궁한 발전을 기원합니다.
2. 상기 관련된 검토서를 별첨과 같이 첨부하오니, 참조하시어 업무에 적극 반영하여 주시기 바랍니다.
3. 별첨 － 검토서 1부. 끝

○○○

직책 / 소방감리

○○ 방재 주식회사

결재	감리	담당	파트장

※ 검토서 (예)

○○ 방재 주식회사

※ 검토서 (예)

1. 제목 : ○○의 소화주배관상에 감압변 설치에 대한 검토 건

2. 내용 : 소화펌프 정상화 상태에서의 최대압력에 대한 대비

3. 배관상의 압력으로부터의 보호 기준
   (1) 국내 및 NFPA Code 공통
      ① 펌프 체절운전시 압력은 정격압력의 140%를 초과하지 못하도록 하고 있음.
   (2) NFPA Code 13, Table 4-612 감압밸브의 설치 기준
      ① 압력이 175 psi (12.1 kg/cm²) 이하일 경우, 최대 압력이 165 psi (11.4 kg/cm²)가 초과하지 않도록 감압밸브를 설치하도록 하고 있음.

4. 당 사업장의 소화펌프에 대한 소고
   (1) 당 사업장은 수평원심펌프이므로
   (2) 양정이 110 m인 점을 감안하면, 체절시험시의 압력은 191.6 psi (13.2 kg/cm²)로서 법규정에 저촉된다는 문제점이 잠재되어 있음.
   (3) 즉, 양정이 지나치게 높다는 점은 차제에 참고하시기 바람.
   (4) 현재 소화펌프는 1대 기동시 최대압력은 약 10 kg/cm²가 소요되지만
   (5) 순차기동시 유량은 5,700 Lpm을 토출하므로
   (6) 압력은 유량의 평방근에 비례하여 증가할 것임.
   (7) 즉, 상기 (2)의 체절시험시의 압력인 191.6 psi (13.2 kg/cm²)보다 높은 값이라는 계산치가 나옴.
   (8) 따라서, ○○의 소화주배관의 인입측에 감압밸브를 설치하여야 할 것으로 사료됨.

消防 감리지시문

현장명	○○현장	지시일	년 월 일 금요일
명령인	감리원 ○○○	수령인	시공사 ○○○대리
발 신	○○ 방재 주식회사	참조인	○○ 방재 건축담당자
감리일	년 월 일 월요일	참조인	
제 목	현장감리결과 시정사항	참조인	

■ 다음의 사항을 보완하시기 바랍니다.

1. 쌍개방화문, 닫힘시에 약 7 mm 정도의 틈새가 발생하고 있습니다.
   (1) 3층, 5층 F2측의 쌍개방화문

2. 다음의 개소는 방화문 동작시 방화문이 완전 폐쇄되지 않습니다. 방화문상의 힌지를 조정하시어 완전 폐쇄가 되도록 조치하시기 바랍니다.
   (1) 사무동 3층 중앙계단 방화문

3. 다음의 개소는 층간방화구획이 되어 있지 않습니다. 현장을 확인하시어 층간 구획을 하시기 바랍니다.
   (1) 사무동 2층(4 × D)열
   (2) 사무동 6층의 방화구획상의 벽 부분

4. 기계동에 설치된 철 계단 부분은 Hatch Door를 사용하여 층과 층간을 완전 구획하시어야 합니다.

<table>
<tr><td>시 정</td><td colspan="2">년 월 일</td><td>현장대리인</td><td></td></tr>
<tr><td>결 과</td><td colspan="2"></td><td colspan="2"></td></tr>
<tr><td>조 치</td><td colspan="2"></td><td colspan="2"></td></tr>
<tr><td>확인자</td><td>책임감리원</td><td>○○○ (인)</td><td>보조감리원</td><td>○○○ (인)</td></tr>
</table>

消防 감리지시문

현장명	○○현장	지시일	년 월 일 화요일
명령인	감리원 ○○○	수령인	시공사 ○○○대리
발 신	○○ 방재 주식회사	참조인	시공사 담당 과장
감리일	년 월 일 화요일	참조인	공사업체 현장소장
제 목	Alarm밸브실에 대한 지시문	참조인	
내 용	1) Alarm밸브실에 전원등 누락		
위 치	1) B동 각층의 Alarm밸브실		
관계법	1) 소방기술기준에 관한 규칙 제5조 6항 5호		
지시사항	1) 유수검지자치가 실내에 설치될 경우에는 설비운영의 편익을 위하여 2) 실내에 조명등이 설치되어야 합니다. 3) 상기의 위치는 EPS실과 유수검지장치실이 상호 구획된 곳으로 4) 유수검지장치실에 조명등이 누락되어 있습니다. 5) 조명등과 전원 스위치를 설치하시고 6) 조치결과를 감리측에 서면으로 통보하여 주시기 바랍니다.		
시 정	년 월 일	현장대리인	
결 과			
조 치			
확인자	책임감리원 ○○○ (인)	보조감리원	○○○ (인)

消防 감리지시문

<table>
<tr><td>현장명</td><td colspan="2">○○현장</td><td>지시일</td><td>년 월 일 목요일</td></tr>
<tr><td>명령인</td><td colspan="2">감리원 ○○○</td><td>수 신</td><td>○○ 방재 ○○○대리</td></tr>
<tr><td>발 신</td><td colspan="2">○○ 방재 주식회사</td><td>참조인</td><td>시공사 소방담당자</td></tr>
<tr><td>감리일</td><td colspan="2">년 월 일 월요일</td><td>참조인</td><td>공사업체 현장소장</td></tr>
<tr><td>제 목</td><td colspan="2">수격방지기 설치 건</td><td>참조인</td><td></td></tr>
<tr><td></td><td colspan="4"></td></tr>
<tr><td>위 치</td><td colspan="4">1) 조립동 제품창고 공사구간</td></tr>
<tr><td></td><td colspan="4"></td></tr>
<tr><td>내 용</td><td colspan="4">1) 스프링클러 주배관상의 말단부위에 수격방지기 누락상태임
2) 수량 : 2개소(G × 13)열, (G × 16)열
3) 관련도면(MF-010), 참조</td></tr>
<tr><td></td><td colspan="4"></td></tr>
<tr><td>지시문</td><td colspan="4">1) 상기의 지시사항을 조치하시고, 조치된 내용을 감리측에 서면으로 통보하여 주시기 바랍니다.</td></tr>
<tr><td></td><td colspan="4"></td></tr>
<tr><td></td><td colspan="4"></td></tr>
<tr><td>지시사항</td><td colspan="4">1) 유수검지자치가 실내에 설치될 경우에는 설비운영의 편익을 위하여
2) 실내에 조명등이 설치되어야 합니다.
3) 상기의 위치는 EPS실과 유수검지장치실이 상호 구획된 곳으로
4) 유수검지장치실에 조명등이 누락되어 있습니다.
5) 조명등과 전원 스위치를 설치하시고
6) 조치결과를 감리측에 서면으로 통보하여 주시기 바랍니다.</td></tr>
<tr><td></td><td colspan="4"></td></tr>
<tr><td></td><td colspan="4"></td></tr>
<tr><td></td><td colspan="4"></td></tr>
<tr><td></td><td colspan="4"></td></tr>
<tr><td></td><td colspan="4"></td></tr>
<tr><td>시 정</td><td colspan="2">년 월 일</td><td>현장대리인</td><td></td></tr>
<tr><td>결 과</td><td colspan="2"></td><td colspan="2"></td></tr>
<tr><td>조 치</td><td colspan="2"></td><td colspan="2"></td></tr>
<tr><td>확인자</td><td>책임감리원</td><td>○○○ (인)</td><td>보조감리원</td><td>○○○ (인)</td></tr>
</table>

9.6 지시문의 관리

9.6.1 관리요령

(1) 누계된 감리지시문은 다음과 같은 서식을 이용하여 관리토록 한다.
(2) 발송된 지시문은 수시로 확인하여 결과를 Check토록 한다.
(3) 발송된 지시문의 지시내용이 시정되지 않고 누적될 때에는 회의를 소집하여 시정 일정 등에 관하여 교육을 실시토록 한다.
(4) 발송현황서는 발주자에게 주 및 월별로 보고토록 하여 발주자로부터 공사의 진행 현황 및 품질상태의 여부를 인식한다.

감리지시문 발송현황

발송 번호	발송연월일	공종	내 용	조치 결과
1호	. .	설비	1. 1층 사무실의 SP헤드 방호반경 법적기준 미달	○
2호	. .	전기	1. 5층 통신실의 감지기는 이온화식감지기로 교체	×
⋮				

9.6.2 감리지시문 월별 관리요령

(1) 누계된 지시사항은 월단위로 관리하여야 하며 관리기록된 현황은 월단위로 발주처에 보고토록 한다.

(2) 주간 및 월간보고서

소방감리업무 보고서

<table>
<tr><td>공사명</td><td colspan="4">○○ 방재 주식회사 ○○사업장 ○○신축공사</td></tr>
<tr><td>구 분</td><td colspan="4">감리업무(　　.　　.　　~　　.　　.　　)</td></tr>
<tr><td>구분 / 공종</td><td>발송현황(건)</td><td>보완사항(건)</td><td>미보완사항(건)</td><td>누계현황</td></tr>
<tr><td>설 비</td><td>75</td><td>66</td><td>9</td><td></td></tr>
<tr><td>전 기</td><td>119</td><td>102</td><td>17</td><td></td></tr>
<tr><td>건 축</td><td>38</td><td>33</td><td>5</td><td></td></tr>
<tr><td>공 종</td><td colspan="4">미 보 완 사 항</td></tr>
<tr><td>설 비</td><td colspan="4">1) 공문67호－준비작동식밸브 2차측 Leak감시를 위한 방안 검토 건
2) 공문143호－기계동 2층 전기실 증축공사 관련 건
3) 공문213호－감압변 설치에 대한 검토 건
4) 공문214호－소화전 주배관상에 설치된 개폐밸브의 T/S설치 건
5) 공문245호－가스계 방호구역의 기밀성에 대한 검토 건</td></tr>
<tr><td>전 기</td><td colspan="4">1) 공문18호－MOV PNL의 보완사항 검토 건
2) 공문22호－각종 제어PNL의 요건 검토서
3) 공문65호－비상방송설비도면 보완 건
4) 공문66호－MOV PNL의 보완사항 검토 건
5) 공문67호－준비작동식밸브 2차측 Leak감시를 위한 방안 검토 건
6) 공문143호－기계동 2층 전기실 증축공사 관련 건</td></tr>
<tr><td>건 축</td><td colspan="4">1) 공문42호－Shaft지역, 밸브실 등의 바닥마감재 검토 건
2) 공문77호－유수검지장치실의 위치 검토 건
3) 공문92호－방화셔터 설치 검토 건
4) 공문245호－가스계 방호구역의 기밀성에 대한 검토 건</td></tr>
</table>

(3) 지시문 누계치의 월별 관리요령

누계된 지시문은 조치여부를 백분율로 작성하여 조치여부가 파악될 수 있도록 다음과 같은 요령으로 관리한다.

감리공문 조치현황

부문	월	2004년 1	2	3	4	5	6	7	계	백분율(%)
설비	현황	11	3	3	6	15	8	3	76	88.16
	조치	9	3	3	3	11	8	3	67	
전기	현황	12	8	6	6	21	9	8	120	85.83
	조치	10	7	6	3	17	8	5	103	
건축	현황	4	1	0	3	5	3	3	38	86.84
	조치	3	0	0	2	5	3	2	33	
계	현황	27	12	9	15	41	20	14	234	86.75
	조치	22	10	9	8	33	19	10	203	

9.7 공사변경

9.7.1 변경 조치

(1) 공사변경신고서

① 시공 중 현장의 특수성으로 인하여 부득이 설비 및 수량의 증감이 예상될 경우에는 공사시공신고(변경)서를 작성하여 관할 관서에 신고토록 감리측에서 교육을 실시한다.

② 변경이 설계도면과 상이하게 이루어질 경우, 즉 방호구역의 증설 및 설비의 증설이 이루어질 경우에는 공사업체와 설계변경까지 함께 이루어져야 하므로 주의하도록 한다.

③ 변경신고의 민원처리기관은 다음과 같다

- 공사업체 시공변경신고 - 관할소방서 방호구조과
- 설계변경신고 - 관할소방서와 시청(또는 구청) 건축과

(2) 변경신고서 양식

■ 소방시설공사업법 시행규칙 [별지 제14호 서식] <개정 2020.1.15.>

소방시설공사 착공(변경)신고서

※ [ ]에는 해당되는 곳에 √표를 합니다.

접수번호	접수일	처리기간 2일

특정소방대상물	상호(명칭)		용도 구분
	소재지		(전화번호 :)
	구조 지하 층, 지상 층, 연면적 m², 바닥면적 m², 개동		
	대지면적	연면적	건축면적
관계인	성명(기관 또는 법인명)		(서명 또는 인)
	주소		(전화번호 :)
소방시설 공사업자	상호(명칭)	등록번호 (제 호)	대표자
	소재지		(전화번호 :)
소방시설의 종류			
책임시공 및 기술관리 소방기술자	성명		분야/등급
착공일		완공일	
공사 종류	신설[ ] 증설[ ] 개설[ ] 이전[ ] 정비[ ] 그 밖의 공사[ ]		

변경사항	구분	날짜	제목	내용	사유	비고
	변경 전					
	변경 후					

「소방시설공사업법」 제13조 및 같은 법 시행규칙 제12조 제1항에 따라 소방시설공사 착공(변경) 내용을 신고합니다.

년 월 일

신고인 (서명 또는 인)

소방본부장/소방서장 귀하

첨부서류 (변경신고인은 변경된 사항의 서류만을 첨부합니다)	내용	수수료
	1. 공사업자의 소방시설공사업 등록증 사본 1부 및 등록수첩 사본 1부 2. 해당 소방시설공사의 책임시공 및 기술관리를 하는 기술인력의 기술등급을 증명하는 서류 사본 1부 3. 소방시설공사 계약서 사본 1부 4. 설계도서(설계설명서를 포함하되, 「화재예방, 소방시설 설치·유지 및 안전관리에 관한 법률 시행규칙」 제4조 제2항에 따라 건축허가등의 동의요구서에 첨부된 서류 중 설계도서가 변경된 경우에만 첨부합니다) 1부 5. 소방시설공사를 하도급하는 경우 다음 각 목의 서류 가. 제20조 제1항 및 별지 제31호 서식에 따른 소방시설공사등의 하도급통지서 사본 1부 나. 하도급대금 지급에 관한 다음의 어느 하나에 해당하는 서류 1) 「하도급거래 공정화에 관한 법률」 제13조의2에 따라 공사대금 지급을 보증한 경우에는 하도급대금 지급보증서 사본 1부 2) 「하도급거래 공정화에 관한 법률」 제13조의2제1항 각 호 외의 부분 단서 및 같은 법 시행령 제8조 제1항에 따라 보증이 필요하지 않거나 보증이 적합하지 않다고 인정되는 경우에는 이를 증빙하는 서류 사본 1부	수수료 없 음

210mm×297mm[백상지80g/㎡ 또는 중질지80g/㎡]

9.8 소방시설 공사 위반사항에 대한 조치

9.8.1 소방공사 위반사항 통보서

■ 소방시설공사업법 시행규칙 [별지 제28호서식] <개정 2013.11.22>

소방시설공사 위반사항보고서

접수번호	접수일자	처리기간 즉시

구분	내용		
특수장소	상호(명칭)		
	소재지 (전화번호 :)		
	구조 지하 층, 지상 층, 연면적 m², 바닥면적 m², 개동		
관계인	성명(기관 또는 법인명)		
	주소 (전화번호 :)		
소방시설 공사업자	상호(명칭)	등록번호 (제 호)	대표자
	소재지 (전화번호 :)		
소방시설 도급인	성명(기관 또는 법인명)		
	주소 (전화번호 :)		

착공일		완공예정일	
위반사항			
조치하여야 할 사항			
시정기간			
참고자료			

「소방시설공사업법」 제19조 제3항에 따라 공사감리 중 위와 같이 위반사항이 발생하여 관계인에게 알리고 시공자에게 공사의 시정(보완)을 요구하였으나 요구를 이행하지 아니하고 공사를 계속하고 있어 이를 보고합니다.

년 월 일

소방공사감리업자 (서명 또는 인)

소방본부장/소방서장 귀하

첨부서류	위반사항을 확인할 수 있는 사진 등 증명서류(증명서류가 있는 경우에만 제출합니다) 1부	수수료 없 음

210mm × 297mm (백상지80g/m² 또는 중질지80g/m²)

9.9 자진설비 설치

9.9.1 개요

공사 중 또는 완공 이후에 법적인 모든 설비가 완벽하게 설치되었음에도 불구하고 각 방호구역의 특수성에 견주어 취약점을 보완하기 위한 개념으로 설비를 추가 설치하는 것을 말하며, 이럴 경우에는 소방법 시행규칙 제67조 [소방시설 공사의 시공신고] 제1항을 참조하여 시공신고를 하되 자진설치원을 첨부하여야 한다.

9.9.2 자진설치원의 작성요령

자진설치원은 건축주(발주처)에서 작성토록 하여야 하고, 필히 건축주의 날인이 필요하다. 작성요령은 다음과 같이 한다.

자 진 설 치 원

장소 : 서울특별시 ○○구 ○○동 00-00번지
대상명 : ○○○건물
용도 : ○○건물
내용 : 상기 대상에 대하여 SP설비는 설치되어 있으나 화재하중 및 화재 강도를 고려하여 추가로 Pre-Action밸브 1조를 증설하고자 이에 자진설치원을 제출합니다.

년 월 일

○○빌딩 대표 ○○○ (인)

○○소방서장 귀하

9.10 효율적 공정관리

9.10.1 시공신고 이후 공정관리 요령

시공신고가 완료된 뒤에는 전체회의를 소집하여 공사업체로부터 종합시공계획서를 요청하여 공정관리, 품질관리, 안전관리 등에 대한 지도를 계획한다.

(1) 중간지도 이후 공정관리 요령

해당소방관서로부터 중간지도 및 감독이 완료되고 나면 공사의 약 3분의 2가 완료된 상태이므로 이때부터는 예비 준공시험 및 누계된 감리 지시문의 이행 여부 등을 세심하게 검토하여 준공시점에서 업무가 밀리지 않도록 계획해야 한다.

도면은 준공과 관련된 AS-Built이므로 여러 번 검토토록 하여 현장과 일치토록 계획한다.

AS-Built도면을 검토할 때는 시공신고 당시의 도면과 변동이 있는지의 여부를 고려해야 하며, 경미한 변동은 관계없지만 설비의 증감이 있을 경우에는 설계 변경신고 및 공사변경신고 등의 절차를 반드시 거치도록 해야 한다.

9.10.2 준공시험 전후 공정관리 요령

(1) 준공계 제출 전후의 관리 요령

① 준공시험은 약 15일 전부터 일정 및 시험범위 등을 계획하여 공문으로 발송하여 공사업체로부터 사전 준비토록 계획되어야 한다.

② 준공시험시에는 관계인, 시공사 및 공사업체 모두가 입회토록 한다.

③ 시험시에 제기된 문제점은 별도의 List를 작성하여 관리토록 하고, 입회한 모두에게 배부하여 제기된 문제점이 조치될 수 있도록 일정과 내용에 대해서 협의가 되어야 한다.

④ 준공시험은 공사현장의 규모에 따라 차이가 있겠으나 충분한 시간을 확보하여 전체 설비의 작동유무 및 성능을 시험할 수 있도록 계획되어야 한다.

⑤ 준공시험이 끝나는 당일, 하루의 문제점을 협의 및 교육할 수 있는 회의시간을 계획토록 한다.

⑥ 제기된 문제점이 조치되면 준공서류를 준비하여 공사가 완료된 후 7일 이내에 해당 관서에 감리결과 보고서를 보고토록 한다.

⑦ 공사완료 후 관계인에게 공사와 관련된 제반서류 및 설비의 운영에 관한 사항들을 인수인계토록 한다.

9.11 자재검수

9.11.1 자재검수의 요령

자재검수는 시공자재의 검정품 및 불량자재의 검수를 위한 것으로서 준공 이후 설비의 기능에 영향을 좌우하는 만큼 신중한 검수가 뒤따라야 한다. 특히 자재검수는 감리단독에 의해서는 공사업체와의 마찰 및 비협조 등의 문제점이 있으므로 발부자와 시공사 및 공사업체간의 사전 협의를 조율할 필요가 있다.

현장에 입고된 자재의 검수는 다음과 같은 요령으로 진행한다.

① 자재입고 일정표 요청할 것
② 자재입고시 입고송장 사본 요청할 것
③ 검수는 품질, 적합성 및 수량의 일치성을 위주로 검수할 것
④ 검수는 입고현황을 사진으로 촬영하여 보관할 것

9.12 중간지도, 감독

(1) 중간지도의 계획

감리가 지정된 특수건설현장은 준공계를 제출하기 전 관할관서로부터 중간지도의 절차가 남아 있으므로 감리는 적절한 시기에 중간지도를 요청하여 준공시에 불이익을 받지 아니하도록 하여야 한다.

중간지도의 목적은 다음과 같다.

① 현장감리의 상주여부(상주감리현장일 경우)
② 감리의 서류기록 확인
③ 감리의 교육 하에 공사의 진행여부
④ 설계도면대로 시공되는지의 여부

중간지도의 일정 계획은 다음과 같은 시점에서 계획하여야 한다.

① 상주감리일 경우 : 공사의 진행이 1/2이 경과된 시점과 공정이 3/4이 경과된 경우
② 일반감리의 경우 : 공사의 진행이 3/4이 경과된 경우

9.13 준공시험

(1) 계획서의 작성

다음과 같은 일정표를 작성하여 관련업체에 사전 배부하고 준비토록 한다.

<table>
<tr><th>공사명</th><th>구분</th><th>인허가 절차</th><th>예정일</th><th>비고</th></tr>
<tr><td rowspan="10">기숙사동</td><td rowspan="10">소방공사
(일반감리)</td><td>검토용도면 제출</td><td>2005.01.07 (토)</td><td>설비 + 전기</td></tr>
<tr><td>준공서류취합</td><td>2005.01.20 (목)</td><td>도면 + 용량계산서</td></tr>
<tr><td>공사완료</td><td>2005.01.25 (화)</td><td></td></tr>
<tr><td>자체시험</td><td>2005.01.26～29</td><td>설비 + 전기</td></tr>
<tr><td>준공시험</td><td>2005.02.01～15</td><td>9일(설비 + 전기)</td></tr>
<tr><td>감리결과 보고서 접수</td><td>2005.02.16 (수)</td><td></td></tr>
<tr><td>중간지도, 교육</td><td>2005.02.17 (목)</td><td></td></tr>
<tr><td>소방준공필증교부</td><td>2005.02.18 (금)</td><td></td></tr>
<tr><td>경방검사</td><td>2005.03.18 이전</td><td>관할파출소</td></tr>
<tr><td>입주예정일</td><td>2005.04.01 (금)</td><td></td></tr>
<tr><td>기타</td><td colspan="4">※ 인허가 서류 관련
1. 검토용도면 제출일정 ① 1월 7일(토), ② A3, 백도 각 1부
2. 준공도면 제출일정 ① 1월 20일(목), ② A1, 백도 각 1부
3. 기타 제출서류
① 공통사항 : 산출서 각 1부
② 설비 : 수압시험 검수사진자료 1부, 용량계산서 1부(CO_2, 제연설비 및 소화펌프), 소화펌프 특성곡선도 1부
③ 전기 : 수신반 입출력표, 각 1부
※ 자체시험
1. 설비공통 : 자체시험실시하고 결과서를 감리측에 제출할 것
자체시험항목은 소화전 방출시험과 스프링클러 배관 수압시험자료
2. 전기공통 : 자탐은 각 동별 전층 전수검사서, 1부
경종 및 비상방송은 우선 경보방식에 의한 시험결과서, 1부
※ 준공시험
1. 준비사항 ① 설비 : 방수압측정계
② 전기 : 연기감지기 Spray(자석을 사용하지 아니함), 전화기
※ 중간지도, 교육 준비사항</td></tr>
</table>

(2) 주의사항

공사가 거의 마감된 시점에서 감리의 역할은 감리의 역할 중 가장 바쁘고 업무의 특성상 매우 중요하다고 할 수 있다. 특히 계획된 기간 내에 모든 공정이 완료되도록 공사의 전반적인 공정관리를 유도해야 하고, 설치된 모든 설비 및 System에 대해서는 작동기능시험 등을 실시하여 설비의 운영이 정상화될 수 있도록 시험확인이 반드시 필요하다.

준공시험에 대한 계획은 준공시험을 실시하는 일주일전에 사전에 통보되어야 하며, 준공시험은 발주자, 시공사, 공사업체 모두가 입회하여 정상여부 및 문제점 등이 검토되어질 수 있도록 하여야 한다. 또한 준공시험은 일정은 공사의 범위에 따라서 다소의 차이가 있겠지만, 모든 시험을 하루, 이틀로 마감하겠다는 자세보다는 일주일 정도의 기간을 두고 세심하게 확인할 수 있어야 한다.

또한 준공시험 중에 제기된 문제점은 당일 시험이 완료된 시점에서 발주처, 시공사, 공사업체 입회하에 협의하여 보완토록 하되 반드시 조치가 능한 일정을 조율하여야 한다.

9.14 준공도면(AS-Built도면)

9.14.1 AS-Built도면의 준비

(1) 도면검토

AS-Built도면은 준공도면이므로 현장시공과 일치되어야 하며, 시공 신고시의 설계도면 혹은 설계변경신고 후의 도면의 내용과 일치되어야 한다.

AS-Built도면의 검토는 공정의 특성상 다음과 같이 계획하여야 한다.

① 1차 검토 : 준공시험 일주일전에 검토(이때 검토된 문제점은 곧바로 Revision 되도록 한다)

② 2차 검토 : 준공시험 직후에 검토(이때는 준공시험시 제기된 문제점을 보완하도록 한다)

(2) 준공도면의 제본

준공도면을 관서에 제출하면 도면은 해당관서에서 3년간 보관되게 되므로 부피가 최대로 압축되어야 한다. 또한 부피가 많을 경우에는 한쪽으로 경사지게 되는 것을 방지하기 위하여 두꺼운 종이 등을 삽입하여 상단과 하단의 균형이 평평하게 되도록 한다.

일반적으로 제본은 다음과 같은 요령으로 한다.

① 수량 : 4부(관서제출용 1부, 감리보관용 1부, 발주처 보관용 2부)
② 크기 : 관서제출용 1부(A1용지를 A4크기로 접어서 제본을 한다)
- 감리보관용 1부(A1용지를 반절로 접어서 제본)
- 발주처 관리용 2부
  1부 : A1용지를 반절로 접어서 제본
  1부 : A4용지로 제본(또는 A3용지를 반절로 접어서 제본)

9.15 공사의 완료

9.15.1 감리결과 보고서의 통보절차

소방공사감리업자는 소방시설의 공사감리를 완료한 때에는 행자부령이 정하는 바에 따라 감리결과를 소방법 제65조의 5 및 소방법시행규칙 제69조의 7에 의거하여 다음과 같은 업체에 서면으로 통보하여야 한다.

(1) 특수장소의 관계인
(2) 소방시설 공사의 도급인
(3) 특수장소의 공사를 감리한 건축사
- 첨부서류 ① 감리결과 통보서(서식 제66호의 8)
  ② 감리일지(갑지, 서식 제66호의 10)
  ③ 소방시설성능시험 결과표

특수장소의 공사감리가 완료되었음에도 불구하고 상기와 같은 통보를 간과하였을 경우에는 소방법 제114조의 16항에 의거하여 1년 이하의 징역 또는 500만원 이하의 벌금을 부담하게 되므로 이 점을 주의하여야 한다.

9.15.2 구비서류

(1) 감리결과 보고서

(2) 감리결과 통보서

(3) 감리대장

(4) 감리일지(갑지)

(5) 감리업등록증 사본

(6) 책임감리원 자격수첩사본

(7) 보조감리원 자격수첩사본

(8) 산출표

(9) 성능시험 결과표

(10) 감리일지

(11) 준공도면

PROBLEMS

1. 다음의 계통도를 참조하여 각각의 장치에 대하여 장치명, 기능, 크기(size)를 상세하게 설명하시오.

2. 압력챔버의 작동원리에 대하여 설명하시오.

3. 압력챔버에 부착된 PS(Pressure Switch)의 Setting 방법에 대하여 설명하고 각 배관경의 크기를 기재하시오.

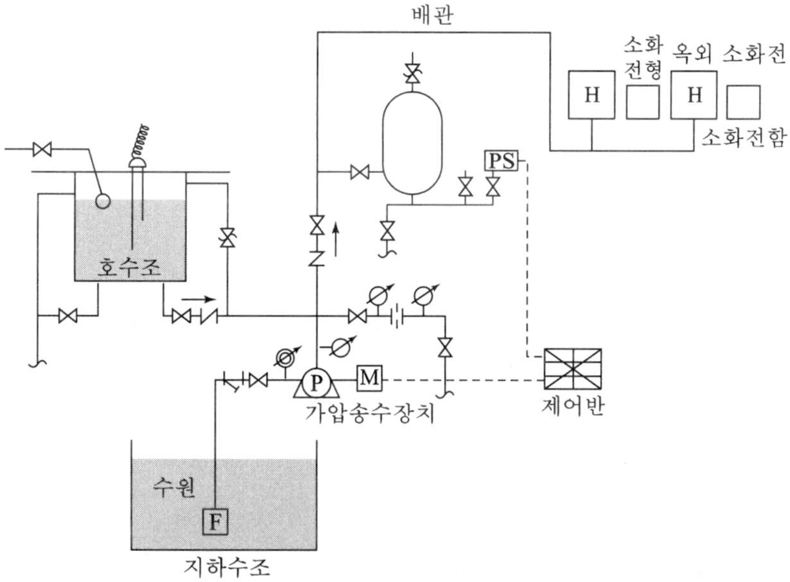

4. 펌프의 효율적인 구성방식에 대하여 설명하시오(NFPA Code 중심으로).

5. 펌프의 성능시험방법에 대하여 설명하시오.

6. 체절운전이란 무엇인가 설명하고, 체절운전시 3단계 확인사항에 대하여 설명하시오.

7. 상기의 도면에서 성능시험배관의 분기위치에 대하여 설명하여 보시오.

8. 엔진펌프에 대하여 설명하고, 사용시 장・단점 및 설치기준에 대하여 설명하시오.

CHAPTER 10

준공계획

I 준공계획

10.1 준공계획서의 작성

공사의 마감단계에서는 준공에 차질이 없도록 모든 단계가 짜임새 있는 계획에 의해 진행되도록 하여야 한다. 또한 준공을 계획할 때에는 공정의 현황, 준공도면의 준비상황 및 시공한 설비에 대한 기능 등이 완벽하게 보완이 된 상태에서 계획이 되어야 하며, 계획은 공사의 마감 약 1개월 전에 준비하도록 하는 것이 충분한 시간을 확보할 수가 있다.

계획은 다음과 같은 요령으로 한다.

① 감리업무일정표 작성
② 준공시험 계획서 작성
③ AS-Built도면 검토
④ 감리결과 보고서 작성
⑤ 인수인계서류 준비

10.2 감리업무일정표 작성

준공단계에서는 감리의 월 업무일정표를 작성하여 관계인(발주자)에게 보고토록 하여 관계인으로 하여금 예상 준공일정 및 공정의 흐름을 파악할 수 있도록 하여야 한다.

10.2.1 준공계획시 업무관련 계획(예)

① 준공계획흐름도
② 감리주간업무보고
③ 준공시험 추진일정표

일	월	화	수	목	금	토
	1	2	3	4	5	6
	회의소집			준공시험	준공시험	준공시험
7	8	9	10	11	12	13
	준공시험	준공시험	보완	보완	도면준비	도면준비
14	15	16	17	18	19	20
	준공계 작성		최종서류 보완		감리결과 보고	
21	22	23	24	25	26	27
	인수인계					

※ 일정표는 예상되는 준공일로부터 3개월을 계획하도록 한다.

	설 비	전 기	비 고
시험일정	1) 단독 - 3/27 2) 합동 - 3/30	1) 단독 - 4/10 2) 합동 - 3/30	
시험항목	1) CO_2 작동시험 2) 스프링클러 작동시험 3) 펌프성능시험	1) 감지기 작동시험 2) 기타설비 연동시험	
준비사항	1) 카메라 2) 무전기 3) 설계도면	1) 카메라 2) 무전기 3) 시험장비 4) 설계도면	
입 회 인	1) 관계인 2) 시공사 담당자 3) 공사업체 담당자	좌동	
세부사항	별첨자료, 참조	좌동	

※ 1개월 전 전체준공일정을 계획하도록 한다(아래는 시공현장의 견본임).

구 분	일정	요일	절 차	공정
폐수처리장	3/15	금	시공신고	
	3/29	금	설계변경신고(건축설계변경에 따른 조치)	
	3/30	토	증축공사 건축공사 완료	
	3/30	토	공동구 연결 소화배관공사	
	4/1	월	터파기 공사(하늘소방기계)	
	4/1	월	옥내 및 옥외 소화배관 및 MCC실 CO_2배관공사	
	4/10	수	상기공사 마감	
	4/23	화	탈수기실 및 Air Receive Tank 철거	
	4/30	화	상기공사 완료	
	5/1	수	CO_2용기 입고 및 용기실 마감공사	

구 분	일정	요일	절 차	공정
	5/6	월	CO_2용기실 공사 마감	
	5/15	수	준공시험	
	5/17	금	중간지도	
	5/21	화	소방준공	

※ 전기방식공사Scope의 확정이 필요함
① 사업장 전체 반영여부
② 폐수처리장만 반영여부
※ 공동구 소화배관 연결공사의 시기, 검토 요망
① 3/30(토)까지 완료 요망
② 하늘소방기계에서 터파기 공사보다 선행 조건(4/4)
※ 수동식 소화기 설치 Scope (형식승인제품 사용)

준공계획 예상 흐름도

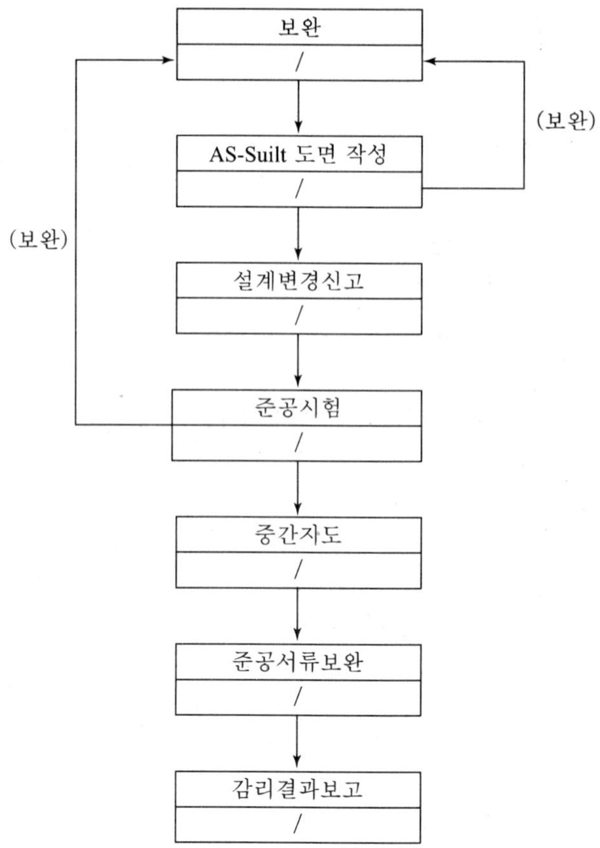

소방감리업무 주간보고서

<table>
<tr><td>공사명</td><td colspan="4">○○방재 주식회사 ○○사업장 ○○신축공사</td></tr>
<tr><td>구 분</td><td colspan="4">주간감리업무(　　.　.　~　　.　.　)</td></tr>
<tr><td>구 분 / 공 종</td><td>전주발송현황</td><td>보완사항</td><td>미보완사항</td><td>누계현황</td></tr>
<tr><td>전 기</td><td>5</td><td></td><td></td><td></td></tr>
<tr><td>설 비</td><td>2</td><td></td><td></td><td></td></tr>
<tr><td>건 축</td><td>2</td><td></td><td></td><td></td></tr>
<tr><td>전주추진사항</td><td colspan="4">1. 공문발송 및 협의 건
(1) 공문279호 - 제연설비 송, 배풍기 기동을 위한 연동 건 검토
(2) 공문278호 - 제연설비 제품선정 및 특기시방 검토 건
(3) 공문277호 - 제연설비 작동조건 검토 건
2. 자재승인요청서 건
(1) 설비 1부(결재요청)
(2) 전기 1부(결재요청)</td></tr>
<tr><td>차주추진사항</td><td colspan="4">1. 제연설비업체, 제품설명회(8/6, 월)
2. CO_2 수동조작함 제작 건 협의(월)
3. 전기공사방향 회의소집(회로관리 건)
4. CO_2 노즐 검수요청</td></tr>
<tr><td>검토시급사항</td><td colspan="4">1. 제연댐퍼 제품선정
2. 제연설비에 차압표시계 부착 건(전층)
3. 소방제어판넬의 관리방안(유도등, 소화펌프 제어PNL 등)
4. 수신기 및 CRT의 효율적인 배치방안</td></tr>
</table>

준공시험 추진일정표

1. 준공예정일
2. 세부일정

<table>
<tr><th rowspan="2">구분</th><th rowspan="2">항 목</th><th colspan="11">년 월</th></tr>
<tr><th>5</th><th>6</th><th>7</th><th>8</th><th>9</th><th>10</th><th>11</th><th>12</th><th>13</th><th>14</th><th>15</th></tr>
<tr><td>도면</td><td>○○주식회사</td><td></td><td></td><td></td><td></td><td></td><td></td><td></td><td></td><td></td><td></td><td></td></tr>
<tr><td>회의</td><td>공통</td><td></td><td></td><td></td><td></td><td></td><td></td><td></td><td></td><td></td><td></td><td></td></tr>
<tr><td>잔여공사</td><td>1) 수압시험
2) 설비, 기타
3) 펌프제어 PNL
4) D.S 감지기
5) FM-200설치
6) 6층 Siren
7) Graphic
8) CRT
9) 수신반보완
10) 전화송수신
11) PL연동
12) Trouble
13) 전기, 기타
14) 자동제어
15) 건축설비
16) 건축, 기타</td><td></td><td></td><td></td><td></td><td></td><td></td><td></td><td></td><td></td><td></td><td></td></tr>
<tr><td>준공시험</td><td>1) 전기
2) 수신반
3) FM-200 전층
4) 전기, 설비
5) CO_2방출시험
6) MOV
7) ①, ③, ⑤공통
8) 펌프제어 PNL
9) 펌프성능시험
10) ⑦, ,⑧공통</td><td></td><td></td><td></td><td></td><td></td><td></td><td></td><td></td><td></td><td></td><td></td></tr>
<tr><td>중간지도</td><td>CS-PJT관련</td><td></td><td></td><td></td><td></td><td></td><td></td><td></td><td></td><td></td><td></td><td></td></tr>
<tr><td>서류보완</td><td>1) 도면
2) 관서용서류
3) 성능시험서
4) 기타</td><td></td><td></td><td></td><td></td><td></td><td></td><td></td><td></td><td></td><td></td><td></td></tr>
<tr><td>대관업무</td><td>준공서류접수</td><td></td><td></td><td></td><td></td><td></td><td></td><td></td><td></td><td></td><td></td><td></td></tr>
</table>

10.3 준공시험 계획서 작성

10.3.1 준공시험의 범위

준공시험계획서의 작성시 주의사항은 설비, 전기의 설비에 대한 작동시험과 성능시험을 실시하도록 하되 설비단독에 의한 시험을 선행실시 하는 것을 원칙으로 하고 전기관련설비의 시험은 설비와 연동이 되도록 합동 실시계획이 계획되어야 한다. 또한 전기관련설비는 충분한 시간을 계획하여 수신반, 발신기, 감지기 및 비상방송연동시험 등 전반에 걸쳐 검수될 수 있도록 전수검사를 계획하도록 한다.

10.3.2 유관자 합동회의 소집

(1) 준공계획작성

준공계획서가 작성되면 준공관련회의를 소집하여 준공관련업무에 대한 교육을 실시토록 한다. 이때 주의할 사항은 준공시험실시전에 자체적으로 예비시험을 실시하도록 하여 사전에 문제점을 보완하도록 하여야 한다. 이렇게 하여야 본 준공시험을 실시하는 당일에는 순수한 작동, 성능시험을 원활하게 진행할 수 있으나, 자체시험을 실시하지 아니한 상태에서 본 준공시험을 실시하게 되면 순수한 작동, 성능시험을 위한 시험이 원활하게 진행되지 않게 된다.

(2) 입회인의 범위

준공시험시에 입회인의 범위는 관계인(발주자), 시공사, 공사업체(전기, 설비)담당자 및 공사업체의 작동시험요원 다수 등을 입회하여 해당 설비에 대 한 기능 및 성능에 대한 이상 유무를 상호간에 확인이 되도록 하여야 한다.

이때 주의할 사항은 입회인중 관계인(발주자)과 시공사의 담당자가 반드시 입회되도록 하여야 추후에 말썽의 소지를 해소할 수가 있으므로 이 점을 사전에 주의하여야 한다.

10.3.3 준공시험일정표

(1) 공종 - 감지(공통)

(2) 시험일정은 최소한 3~4일의 일정을 계획한다.

(3) 일정표 - 아래 참조

위치	시험항목	세 부 사 항	비고
1층	자탐설비	1) 감지기 작동시험 2) 발신기 작동시험	
2층	자탐설비 소화설비	1) 감지기 작동시험 2) 발신기 작동시험 3) SVP 작동시험	
3층	자탐설비 소화설비	1) 감지기 작동시험 2) 발신기 작동시험 3) SVP 작동시험	
4층	가스설비	1) 수동조작함 작동시험	
전층	비상방송설비	1) 층별우선(또는직상발화우선)시험	

(4) 시험범위 세부사항(소화설비)

위치	시험항목	세 부 사 항	비고
1층	소화설비	1) 소화전 방수압 측정 2) 알람밸브 작동시험	
2층	소화설비	1) 소화전 방수압 측정 2) 알람밸브 작동시험	
3층	소화설비	1) 소화전 방수압 측정 2) 알람밸브 작동시험	
4층	소화설비	1) 소화전 방수압 측정 2) 알람밸브 작동시험 3) 가스방출시험	
전층	수압시험	1) 옥내소화전 수압시험 2) 옥외소화전 수압시험	

(5) 시험범위 세부사항(소화설비)

위치	시험항목	문 제 점	대 책
1층	소화설비	알람밸브 Drain배관 누수	용접으로 마감
2층	소화설비	알람밸브 압력스위치 불량	부르동관 불량이므로 교체하기 바람
3층	소화설비	소화전 방수압 측정시 분사형으로는 정확한 압력측정이 어려움.	직사형 관창을 비치하기 바람
4층	소화설비	가스방출시험시 연결동관 연결부위에서 가스누출됨	견고하게 결속하기 바람
메모 사항	1) 배관의 용접부위는 부식방지를 위하여 광명단으로 도색이 필요합니다. 2) 소화배관과 일반배관의 식별을 위한 방안이 필요합니다. • 배관의 적색도색 • 일정거리별 스티커 부착		

II 준공시험결과 검토

(1) 준공시험을 실시하게 되면 해당 설비에 대한 문제점 및 기능의 작동불량 등 문제점 등이 발견되게 마련이다. 이럴 경우의 문제점은 어떻게 계획을 하여 공사업체로부터 보완하게 하는가가 관건이다. 보통 시험을 실시하게 되면 작동여부만 확인하기에도 시간이 촉박하므로 원인분석에 대한 문제는 차후에 이루어질 수 있도록 계획되어야 한다.

(2) 상기와 같은 경우에는 다음과 같은 요령에 의해 신속하게 계획이 추진되도록 한다.

① 준공시험이 완료되는 오후에 회의를 소집한다.
② 당일 시험시에 문제된 사항을 입회자들에게 환기시킨다.
③ 원인분석 등을 검토토록 한다.
④ 문제점의 조치 일정에 대해서 최종 협의한다.
⑤ 협의된 사항에 대해서는 입회인 모두의 Sign을 받도록 한다.
⑥ 협의된 회의록은 별첨의 Check List를 이용하여 익일 날 실시되는 준공시험 전에 각 담당자에게 배부토록 한다.

(3) Check List 활용법 이용

10.4 준공도면(AS-Built)

10.4.1 AS-Built도면의 필요성

(1) 공사현장에서 이루어지는 시공은 공사현장의 특수성 또는 관계인의 요청에 의해 설비의 증감이 빈번하게 발생되게 된다. 그러나 상기와 같은 경우 이외에 설계상의 오류 및 도면검토 단계에서 확인되지 못한 이유 등으로 인하여 누락된 설비를 추가로 시공하게 되는 게 일반적인 양상이다. 이런 까닭에 감리의 역할이 매우 중요하다고 할 수 있다.

(2) 시공 도중에 설계의 변경이 이루어 질 경우에는 변경즉시 다음과 같은 절차를 반드시 필요로 한다.

① 설계변경신고

- 주관자 : 감리
- 신고자 : 설계기관
- 신고서류 : 초기의 설치계획서를 토대로 비교표를 작성하여 변경 전후의 설비 및 수량이 확인되도록 작성한다.
- 신고기관 : 관할 구청 건축과 1부, 관할 소방서 예방계 1부

② 공사변경신고

- 주관자 : 감리
- 신고자 : 공사업체
- 신고서류 : 공사변경신고서를 작성하여 변경되는 설비 및 수량을 기재토록 한다.
- 신고기관 : 관할 소방서 예방계 1부

(3) AS-Built도면의 검토

① 검토시기

공사의 4/3 이상이 완료되는 시점에서 AS-Built도면의 관리가 계획되어야 한다. 공사도중 변경되는 부분들은 유관자 회의시간에 공사업체의 Shop기사에게 수시로 보완토록 하고 공사의 3/4 이상이 완료되는 시점에서는 준 AS-Built 도면을 출도토록 하여 현장과 일치여부 내지는 보완이 필요한 부분이 없는지 등을 상세하게 Check List토록 한다.

② 검토방법

이 단계에서는 설비의 추가 내지는 신규사항을 적용한다는 건 무리이며 행여 누락된 설비가 있다면 적법성 여부 또는 면제의 가능여부 등을 면밀하게 검토하여 시공에 반영토록 하여야 한다. 그러나 이럴 경우엔 관계인(발주자), 시공사, 공사업체로부터 감리의 신뢰도 저하 등의 문제가 제기될 수 있으므로 누락된 설비가 있다면 시공 초기에 반영될 수 있도록 충분한 시간을 갖고 도면을 검토하여야 한다.

이 단계에서의 검토는 현장의 시공상태와 일치되는지의 여부를 중점적으로 확인한다.

10.5 준공도면의 작성기준

10.5.1 관리측면의 제고사항

도면의 작성은 시행규칙 제69조의 5에 준하여 작성하되, 다음의 사항을 준수토록 한다.

① 방시설의 설계도면은 시설별로 작성한다.
② 축도면 중, 배치도, 위치도, 단면도, 평면도의 첨부
③ 배관계통도 및 계산서가 포함되어야 하고,
④ 소방시설의 표시는 행정자치부장관이 정하여 고시하는 바에 따라야 한다.
⑤ 시방서 및 설계도면은 소방시설설계업소명, 소방시설설계업소 대표자의 서명 또는 날인을 확인한다.

10.5.2 준공도면의 준비(AS-Built)

(1) 준비시기

준비는 여러 번 확인을 실시하여 최종검사까지 이상이 없을 경우 관서제출용의 도면을 계획토록 한다. 이때 다음과 같은 사항을 주의하여야 한다.

- 관계인(발주자)이 요청하는 도면의 수량 및 방법
  ① 관리용의 도면을 말하는 것으로서 Size A3크기의 백도1부가 일반적인 사항이다.
  ② 관서제출용은 Size A3크기의 백도를 준비하되 A4크기로 제본을 하도록 한다.
  ③ 특히 ②번을 주의하여야 한다. 해당 관서에 제출하는 도면은 관서에서 3년간 보관하는 것으로서, 크기를 A4크기로 제본이 되어야 관리에 편리성을 기할 수 있다. 상기와 같은 관서의 입장을 전혀 고려하지 않은 채 간혹 A1크기 혹은 A4크기로 할 경우에도 머리 부분과 끝부분의 균형이 맞지 않아 도면의 품질상태 등으로 인하여 문제가 제기 되기도 하므로 관서를 배려할 수 있는 세심한 부분도 있어야 한다.
  ④ 도면의 준비는 감리 결과보고서 접수 이틀 전까지 준비토록 한다.

III 감리결과 통보서의 통보절차

10.6 감리결과 통보서의 통보

소방공사감리업자는 소방시설의 공사감리를 완료한 때에는 행자부령이 정하는 바에 따라 감리결과를 소방법 제 65조의 5 및 소방법시행규칙 제69조의 7에 의거하여 다음과 같은 업체에 서면으로 통보하여야 한다(7일 이내에 통보한다).

(1) 특수장소의 관계인
(2) 소방시설 공사의 도급인
(3) 특수장소의 공사를 감리한 건축사

※ 첨부서류
① 감리결과 통보서(서식 제66호의 8)
② 감리일지(갑지, 서식 제66호의 10)
③ 소방시설성능시험 결과표

특수장소의 공사감리가 완료되었음에도 불구하고 상기와 같은 통보 등을 위반시에는 소방시설공사업법 제20에 의거하여 200만원 이하의 벌금이 부과되므로 이 점을 주의하여야 한다.

10.7 준공서류 종류

(1) 감리결과 보고서
(2) 감리결과 통보서
(3) 감리대장
(4) 감리일지(갑지)
(5) 감리업등록증 사본
(6) 책임감리원 자격수첩사본
(7) 보조감리원 자격수첩사본

(8) 산출표
(9) 성능시험 결과표
(10) 감리일지
(11) 준공도면

10.8 감리결과 보고서

10.8.1 준비서류

(1) 감리결과 보고서
(2) 감리결과 통보서
(3) 감리대장
(4) 감리일지(갑지)
(5) 감리일지
(6) 산출표
(7) 설계도면 - 시공신고의 도면과 상이할 때 작성한다.
(8) 감리업체 등록증 사본
(9) 책임기술사 자격수첩 사본
(10) 보조감리원 자격수첩 사본
(11) 성능시험 결과표

10.8.2 감리결과 보고(통보)서

(1) 작성요령
특수장소, 관계인 및 공사업자란은 시공신고시 작성하였던 감리계획서의 서류를 참조하여 기재토록 한다.
(2) 면허번호, 주민등록번호 및 전화번호란은 빠짐없이 기재토록 한다.
(3) 감리결과 보고서는 공사완료 후 작성하여 7일 이내에 보고토록 해야 한다.

■ 소방시설공사업법 시행규칙 [별지 제29호 서식]

소방공사감리 결과보고(통보)서

(앞쪽)

<table>
<tr><th colspan="2">접수번호</th><th colspan="2">접수일자</th><th colspan="2">처리기간 3일</th></tr>
<tr><td rowspan="3">특정소방
대상물</td><td colspan="3">상호 (명칭)</td><td colspan="2">주요용도</td></tr>
<tr><td colspan="5">소재지
(전화번호 :)</td></tr>
<tr><td colspan="5">구조 지하 층, 지상 층, 연면적 m², 바닥면적 m², 개동</td></tr>
<tr><td rowspan="2">소유자</td><td colspan="3">성명 (기관 또는 법인명)</td><td colspan="2">생년월일 (외국인등록번호)</td></tr>
<tr><td colspan="5">주소
(전화번호 :)</td></tr>
<tr><td rowspan="2">소방시설
공사업자</td><td>상호(명칭)</td><td colspan="2">등록번호 (제 호)</td><td colspan="2">대표자</td></tr>
<tr><td colspan="5">소재지
(전화번호 :)</td></tr>
<tr><td>시공한 소방시설</td><td colspan="5"></td></tr>
<tr><td rowspan="2">소방시설
도급인
(발주자)</td><td colspan="5">성명 (기관 또는 법인명)</td></tr>
<tr><td colspan="5">주소
(전화번호 :)</td></tr>
<tr><td>착공일</td><td></td><td colspan="2">소방시설완공일</td><td colspan="2">특정소방대상물 완공예정일</td></tr>
</table>

「소방시설공사업법」 제20조 및 같은 법 시행규칙 제19조에 따라
소방공사감리 결과(통보)보고서를 제출합니다.

년 월 일

소방공사감리업체 등록번호 제 호

대표자 (서명 또는 인)

책임감리원 (서명 또는 인)

소방본부장/소방서장
관계인/도급인/건축사 귀하

<table>
<tr><td>첨부
서류</td><td>1. 별지 제30호 서식의 소방시설 성능시험조사표 1부(소방청장이 정하여 고시하는 소방시설 세부성능시험조사표 1부를 첨부한다)
2. 착공신고 후 변경된 소방시설설계도면(변경사항이 있는 경우에만 첨부하며, 「소방시설공사업법」 제11조에 따라 설계업자가 설계한 도면을 말합니다) 1부
3. 「소방시설공사업법 시행규칙」 별지 제13호 서식의 소방공사 감리일지(소방본부장 또는 소방서장에게 보고하는 경우에만 첨부합니다) 1부</td><td>수수료
없 음</td></tr>
</table>

210mm × 297mm (백상지 80g/m² 또는 중질지 80g/m²)

10.8.3 감리일지(갑지)

소방시설공사업법 시행규칙 [별지 제13호 서식]

소방공사 감리일지

구분	항목	내용	항목	내용	항목	내용
업체명	상호 (기관명)		등록번호	제 호	대표자	(서명 또는 인)
	업종		소재지	(전화 :)		
책임감리원	성명		분야/등급		배치 기간	년 월 일 년 월 일
보조감리원	성명		분야/등급		배치 기간	년 월 일 년 월 일
특정소방 대상물	상호 (명칭)		주요용도			
	소재지	(전화 :)				
	구조	지하 층, 지상 층, 연면적 m², 바닥면적 m², 개동				
관계인 또는 도급인	성명 (기관 또는 법인명)	(서명 또는 인)				
	주소	(전화 :)				
소방시설 설계업자	상호 (기관명)		등록번호	제 호	대표자	
	업종/분야		소재지	(전화 :)		
소방시설 공사업자	상호 (기관명)		등록번호	제 호	대표자	(서명 또는 인)
	업종/분야		소재지	(전화 :)		
소방공사 감리기간		년 월 일부터 년 월 일까지				
소방시설개요						

소방공사 감리사항

날짜	감리사항	비고

※ 상세 내용은 별지 작성

210mm × 297mm (백상지 80g/m² 또는 중질지 80g/m²)

(1) 작성요령

① 감리결과 보고서의 내용과 동일하게 기재토록 한다.

② 공사감리 주요사항 개요란의 작성요령

※ 감리일지의 내용을 기재하는 곳으로서 감리기간 중 다음의 주된 사항을 기재토록 한다.

- 시공신고일자 및 내용
- 중간지도 일자 및 내용
- 설계변경신고, 공사변경신고 및 공사업체변경신고 등을 기재한다.
- 준공시험일자 및 내용을 기재한다.

10.9 잔여공사 관리방법

감리공문 발송 LIST

공사명 : ○○　　　　○ : 협의, × : 미협의

일자	공문	부 문	제목	내 용	결과
10.15	1호	설비	도면검토서	• 소화전의 이설 건	○
				• 감지기 건	○
				• 시험방수구의 배수관 Route 건	
				• 알람밸브의 MOV 설치 건	○
				• 밸브실의 구획 건	○
	2호	설비	자료 요청	• SP소화설비 설치 검토 건	○
				• 수리계산서 자료	○
10.19	3호	설비	검토자료서	• QRES 시공방법 그림으로 설명	○
				• 행거봉 크기(5~8" = 12.7 mm)	
				• U-후크봉 크기(2~6" = 9.5 mm)	
				• 수압시험 기준	○
				• 알람밸브 : 20 kg/cm² 사용	○
10.21	4호	설비	감리의견서	• 용도분류	○
				• 펌프의 송수량 건	○
				• 배관 연결 방법	○
				• 특기시방서 요청	
		전기	감리의견서	• 도면 요청 건	
				• 시방서 및 특기시방서 요청	
10.21	5호	설비	자료검토서	• 공장의 방호대책 건	○
				• 감지기 추가설치 건	
				• 비상시 행동기준 부착 건	
10.25	6호	설비	주 업무보고	• 2층 전기실의 I/O Room에 배기 시설	
		설비	주 업무보고	• 옥상 공조실의 Duct 밑의 SP가지관 말단 배수장치건	
		설비	주 업무보고	• 지하 저수조실 : 저수조 흡입측을 포함한 개폐밸브 상에 T/S 설치 건(5개소)	
		건축	주 업무보고	• 전기실의 방화구획 건	
		전기	주 업무보고	• 상기 지역의 설비 MCC PNL : 가스설비와 공조기와의 연동 관계 구성 건	
		전기	주 업무보고	• 상기지역의 CO_2 수신반의 위치 이설 건	
		방재	주 업무보고	• 전기실의 가스설비, 감지기와 연동 관계 건	
10.25	7호	방재	주 업무보고	• 기계동 1층 방출등 Cover 파손	
				• 기계동 2층 CO_2 수신반의 도통시험 단선	
10.25	8호	설비	검토서 건	• 소화용수 검토서 건(필요량 ≒ 523TON)	○

일자	공문	부 문	제목	내 용	결과
10.27	9호	설비	검토서 건	• 가연성 Duct 소화설비 설치 건	○
10.29	10	설비	자료 요청	• 수리계산서 제출 건(위험용도등급 및 펌프의 토출량 건)	○
11. 2	11	설비	자료 요청	• 공통 : 종합시공계획서	
				• 도면 요청 건(보완도면)	
				• 시방서(QRES 관련 특기시방서)	
				• 건축허가서와 설치계획서	
				• QRES관련 헤드 및 플렉시블 사양서(검정품 자료)	
				• 알람밸브 관련 사양서	
11. 4	18호	설비	시공계획의 보완 건	• 용접사 Test 실시 건 • 명찰 패용 건	○
				• SP배관의 Loop배관상에서 분기되는 가지관의 관경 : 수리계산에 의한 50 mm로 통일(압력 및 압력손실과 제반적인 사항은 수리계산에 의하고 수리계산서를 반드시 첨부)	
		전기	시공계획의 보완 건	• System 교육 실시 건 • 명찰 패용 건	
				• 감지기 배관 Route 건 (몰드바에 전등선로와 자탐간선 병행 건)	○
11. 9	회의	설비	전반적인 사항	• 스프링클러의 가지관경	○
				• Drain 배관경	○
				• 헤드 반사판 설치 건	○
11.10	21	전기	검토 건	• 자재창고의 MXLR 설치 건	○
				• 렉창고의 천장에 감지기 선정 건	○
11.12	23	공통	시공 보완	• 시공상 유지관리를 위한 방안 건	
			전기	• SVP PNL의 수동 작동Button은 자동 복구 Type	
11.16	26	공통	시공신고 검토	• 공사 전 구간	○
			전기	• 4건	
			환경	• 10건	
11.18	20	전기	공사주의 경고	• 소화전 이설 및 자탐선로 연결시에 확실한 시공요함	
				• 시공 미흡사항에 대한 구체적인 방안 제출건	
				• 작업일보 제출 건	
				• 종합시공계획서 제출 건	
11.19	29	공통	업무협조 전	• 일일작업일보 제출 건	

PROBLEMS

1. 다음의 설비방식에 대하여 장 · 단점을 설명하시오.

2. 준공시험시 다음의 설비의 성능시험 확인사항에 대하여 설명하시오.

3. 유수검지장치의 압력챔버 방식에 대하여 설명하시오.

4. 최근 많이 사용하는 지연타이머방식의 압력챔버 Setting 방법에 대하여 설명하시오.

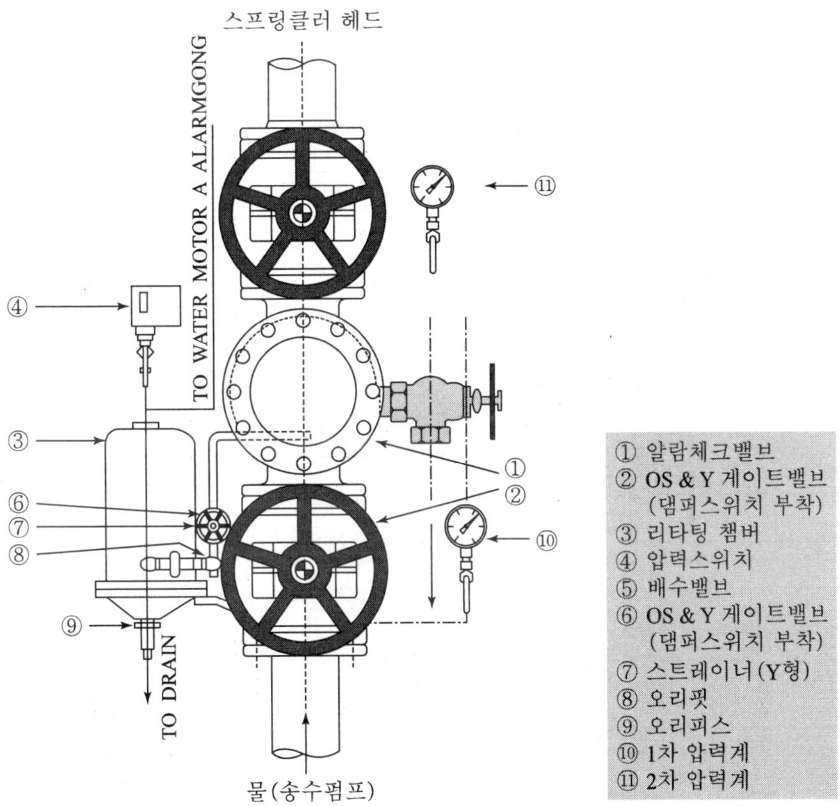

[유수검지장치]

5. 다음의 설비방식에 대하여 장·단점을 설명하시오.

6. 다음과 같은 설비에서 오동작방지를 위하여 사용되어지고 있는 Interlock Type의 3가지 방법을 설명하고 각각의 방식에 대하여 장·단점을 설명하여 보시오(NFPA Code 기준으로).

7. 준공시험시 다음의 설비에 대한 성능시험방법 및 작동방법에 대하여 설명하시오.

8. Pascal의 원리에 대하여 설명하시오(그림을 삽입하여 원리를 설명).

9. 시공시 공사업자의 부주의로 인하여 Setting배관의 2차측 배관이 Drain배관에 연결되지 아니하고 솔레노이드 배관에서 마감되었다. 이와 같은 경우 설비의 작동 가능성 및 Setting 가능성에 대하여 설명하시오.

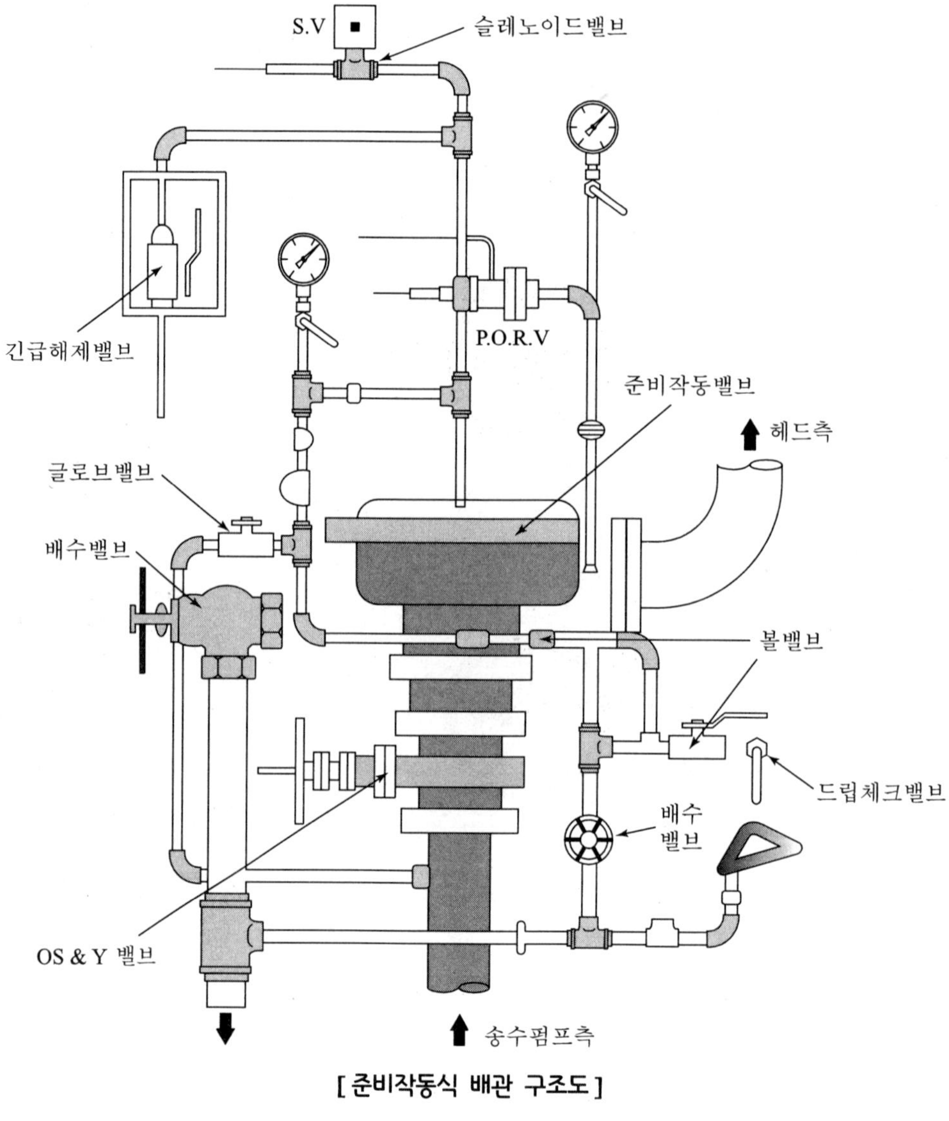

[준비작동식 배관 구조도]

10. 다음과 같은 설비방식을 사용하였을 경우 장·단점에 대하여 설명하시오.

11. 다음과 같은 설비를 사용하였을 경우 제한규정에 대하여 설명하시오(NFPA Code 기준으로).

12. QOD (Quick Opening Device)에 대하여 상세하게 설명하시오.

13. 준공시험시 성능시험 확인사항 및 작동방법에 대하여 설명하시오.

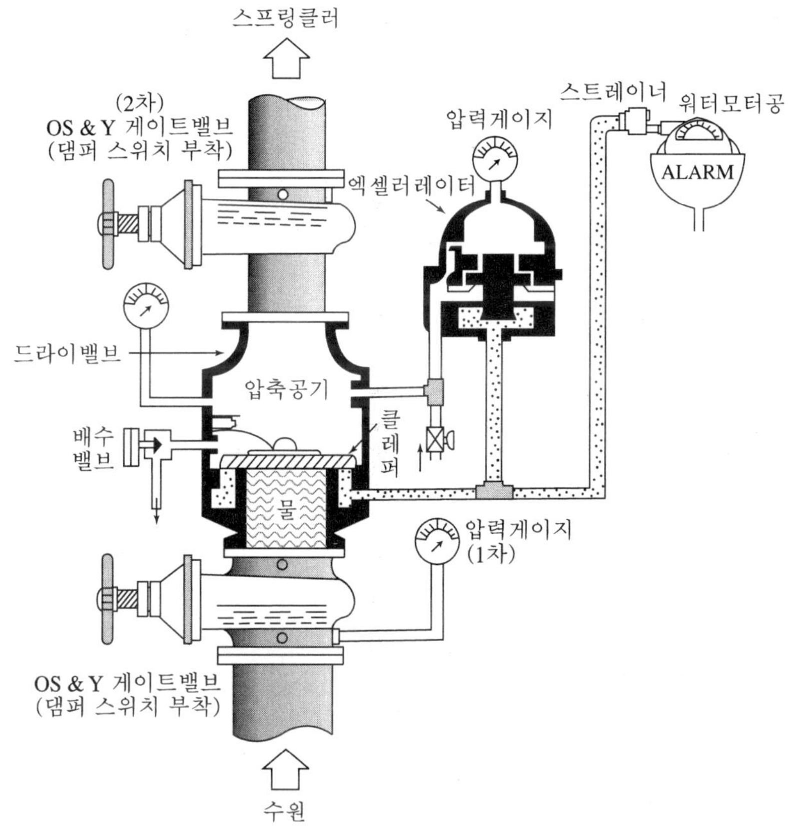

「건식스프링클러설비 구조도」

14. 다음은 Vertical 방식의 폼 탱크이다. 폼 약제량을 충전하는 방법에 대하여 설명하시오.

15. 폼 혼합장치의 종류에 대해서 설명하시오.

16. 혼합장치 중 벤츄리 효과를 이용하는 혼합장치에 대해서 설명하시오.

17. 관로혼합장치의 작동방법 및 일제개방밸브(감압식)에 대해서 설명하시오.

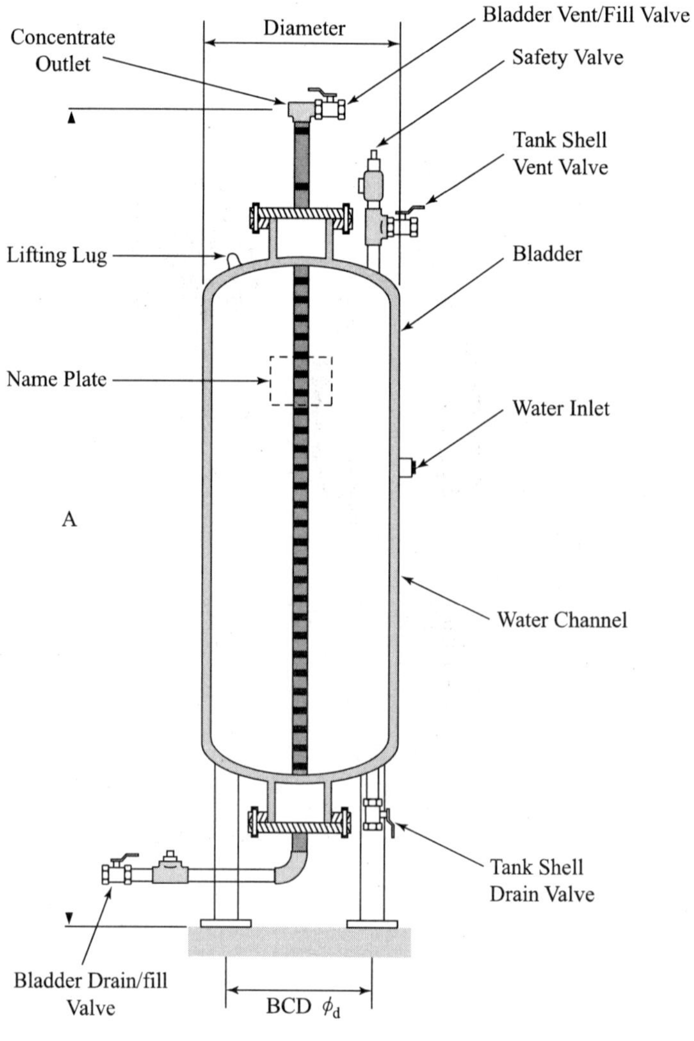

CHAPTER 11

소방시설 종합정밀점검표

11.1 소방시설 종합정밀점검표

11.1.1 성능시험표란

해당되는 소화설비를 관렵법규를 준용하여 적합하게 시공하였는지 확인하는 절차를 말한다. 즉, 시공한 설비의 사양 및 기능이 관련규격 및 조항에 적합한지의 여부를 확인하는 시험으로 시공의 품질 및 기능이 시험에 의하여 객관적으로 확인할 수 있다.

11.1.2 성능시험표의 범위

성능시험표는 최근 개정된 법규에 의하여 설비의 작성기준이 강화되었고 분량도 많아진 게 사실이다. 특수건물의 규모에 따라 다르겠지만 성능시험표상의 모든 설비가 설치되는 것이 아니므로 첨부한 자료는 일반적으로 사용되어지는 설비를 중심으로 서술하기로 한다.

11.1.3 양식의 관리 및 작성시기

광범위한 분량을 준공시에 작성한다는 것은 업무의 특성상 바람직하지 않을 뿐만 아니라 업무의 효율성도 떨어지므로 작성의 시기는 시공단계에서부터 관리되어야 한다. 즉, 도면검토, 용량계산서 검토, 자재검수, 검측, 현장감리시에 수시로 관리되어야 업무의 밸런스를 유지할 수 있다.

11.1.4 주요 관리양식

여러 성능시험표 중 다음의 양식은 해당업체에 초안을 작성토록 한다.

(1) 비상방송설비
(2) 변전설비 개요표(소방관련)
(3) 발전설비 개요표(비상전원용)
(4) 축전지설비 개요표(비상전원용)
(5) 부하설비 개요표(비상전원용)
(6) 전동기 펌프 운전시험성적표
(7) 엔진펌프 성능곡선(특히 소방펌프 성능곡선)

11.1.5 종합정밀점검순서

종합정밀점검(성능시험)을 실시하고자 하는 소방시설 명만을 순서대로 기재하고 종합정밀점검의 첨부서식은 종합정밀점검표를 첨부하며, 변전설비 개요표, 축전지설비 개요표, 부하설비 개요표, 각 펌프의 성능시험표 및 운전시험성적표 등은 감리결과 보고서 성능시험표의 첨부서식으로 한다.

(1) 성능시험표 작성예시

소방시설 자체점검사항 등에 관한 고시[별지 제3-1호 서식]

소방시설 성능시험조사표

□ 시험대상 : (소재지)

□ 소방시설 등 시험결과

구분	해당설비		점검결과	구분	해당설비		점검결과
소화설비	□소화기구	□소화기		피난설비	□피난기구	□피난사다리	
		□자동소화장치				□완강기	
		□간이소화용구				□구조대	
	□옥내소화전설비					□다수인피난장비	
	□옥외소화전설비					□승강식피난기	
	□스프링클러설비					□하향식내림식사다리	
	□간이스프링클러설비					□미끄럼대	
	□물분무소화설비					□피난로프	
	□포소화설비					□공기안전메트	
	□이산화탄소소화설비					□간이완강기	
	□할로겐화합물소화설비					□기타 :	
	□분말소화설비				□인명구조기구	□방열복	
	□청정약제소화설비					□공기호흡기	
	□미분무소화설비					□인공소생기	
	□화재조기진압용스프링클러설비				□유도등	□피난구유도등	
	□강화액소화설비					□통로유도등	
	□기타 :					□계단통로유도등	
경보설비	□자동화재탐지설비및시각경보기					□객석유도등	
	□통합감시시설				□유도표지		
	□자동화재속보설비				□비상조명등		
	□누전경보기				□휴대용비상조명등		
	□비상경보설비	□비상벨설비			□기타 :		
		□자동식싸이렌		소화용수설비	□상수도소화용수설비		
		□단독경보형감지기			□기타 :		
		□기타 :		소화활동설비	□제연설비		
	□비상방송설비				□연결송수관설비		
	□가스누설경보기				□연결살수설비		
	□기타				□연소방지설비		
기타	□방염물품 □비상전원				□무선통신보조설비		
□소방관련사항					□비상콘센트설비		
비고	※자동소화장치는 주방용・케비넷형・소공간 자동소화장치 및 자동확산소화장치를 말한다.						

시험기간 : 년 월 일부터 년 월 일 까지

시험자	주 인 력	기술사(기사)	(서명 또는 날인)
	보조인력	기사	(서명 또는 날인)
		기사	(서명 또는 날인)

※ 소방시설란의 □란에는 해당 시설에 V를 한다. 시험결과란은 양호○, 불량X, 해당없는 항목은 /표시를 한다.
※ 시험자는 자필로 서명한다.

210 mm × 297 mm (백상지 80 g/m²)

- 목 차 -

1. 소방대상물의 개요표
2. 소화기구 및 자동소화장치 성능시험조사표
3. 옥내소화전설비 성능시험조사표
4. 스프링클러설비 성능시험조사표
5. 간이스프링클러설비 성능시험조사표
6. 화재조기진압용 스프링클러설비 성능시험조사표
7. 물분무소화설비 성능시험조사표
8. 미분무소화설비 성능시험조사표
9. 포소화설비 성능시험조사표
10. 이산화탄소소화설비 성능시험조사표
11. 분말소화설비 성능시험조사표
12. 청정소화약제 소화설비 성능시험조사표
13. 옥외소화전설비 성능시험조사표
14. 자동화재탐지설비 · 시각경보기 성능시험조사표
15. 통합감시시설 성능시험조사표
16. 누전경보기 성능시험조사표
17. 가스누설경보기 성능시험조사표
18. 비상방송설비 성능시험조사표
19. 비상경보설비 · 단독경보형감지기 · 자동화재속보설비 성능시험조사표
20. 피난기구 및 인명구조기구 성능시험조사표
21. 유도등 및 유도표지 성능시험조사표
22. 비상조명등 · 휴대용비상조명등 성능시험조사표
23. 소화용수설비 성능시험조사표
24. 거실제연설비 성능시험조사표
25. 특별피난계단의 계단실 및 부속실의 제연설비 성능시험조사표
26. 연결송수관설비 성능시험조사표
27. 연결살수설비 성능시험조사표
28. 비상콘센트설비 성능시험조사표
29. 무선통신보조설비 성능시험조사표
30. 연소방지설비 성능시험조사표
31. 내진설비 성능시험조사표
32. 비상전원설비 성능시험조사표
33. 비상전원 부하설비 성능시험조사표
34. 기타 사항 확인표

11.2 특수장소의 개요표

11.2.1 건축물의 개요

건축물의 개요

<table>
<tr><td>건물명</td><td>○○빌딩</td><td>위치</td><td colspan="4">○○도 ○○시 ○○구 00가 00번지</td></tr>
<tr><td colspan="7">양식, 철근콘크리트조, 슬라브지붕, 지상 00층, 지하 00층, 연면적 : m² 1개동</td></tr>
<tr><td>건축물의 구분</td><td colspan="2">1. 내화건축물
2. 준내화건축물
3. 그 밖의 건축물</td><td>주요구조부의 구분</td><td colspan="3">1. 내화구조
2. 내화구조 이외의 구조</td></tr>
<tr><td>주된 용도</td><td colspan="2">근린생활 및 업무시설</td><td>그 밖의 사항</td><td colspan="3"></td></tr>
<tr><td rowspan="2">층별</td><td rowspan="2">바닥면적 (m²)</td><td rowspan="2">용도 또는 실명</td><td rowspan="2">구조 (내화구조/기타)</td><td colspan="2">내장마무리</td><td rowspan="2">비고</td></tr>
<tr><td>천정</td><td>벽</td></tr>
<tr><td>지하 2층</td><td></td><td>기계실
주차장</td><td>내화구조</td><td>철근콘크리트위 수성페인트</td><td>철근콘크리트위 수성페인트</td><td></td></tr>
<tr><td>지하 1층</td><td></td><td>판매시설
주차장</td><td>내화구조</td><td>철근콘크리트위 수성페인트</td><td>철근콘크리트위 수성페인트</td><td></td></tr>
<tr><td>지상 1층</td><td></td><td>업무시설</td><td>내화구조</td><td>불연재 텍스</td><td>철근콘크리트위 수성페인트</td><td></td></tr>
<tr><td>지상 2층</td><td></td><td>업무시설</td><td>내화구조</td><td>불연재 텍스</td><td>철근콘크리트위 수성페인트</td><td></td></tr>
<tr><td>지상 3층</td><td></td><td>업무시설</td><td>내화구조</td><td>불연재 텍스</td><td>철근콘크리트위 수성페인트</td><td></td></tr>
<tr><td>지상 4층</td><td></td><td>업무시설</td><td>내화구조</td><td>불연재 텍스</td><td>철근콘크리트위 수성페인트</td><td></td></tr>
<tr><td>지상 5층</td><td></td><td>회의실</td><td>내화구조</td><td>불연재 텍스</td><td>철근콘크리트위 수성페인트</td><td></td></tr>
<tr><td>지상 6층</td><td></td><td>근린생활시설
(식당)</td><td>내화구조</td><td>불연재 텍스</td><td>철근콘크리트위 수성페인트</td><td></td></tr>
</table>

※ 건축물의 구분, 주요구조부의 구분에 대하여는 해당번호에 ○표를 한다.
※ 비고란은 신축, 증축, 개축 등의 내용을 기재한다.
※ 시험결과를 2년간 보관하여야 한다.
1. 소방공사감리 결과보고(통보)서
2. 소방시설 성능시험조사표

11.2.2 특수장소의 개요표

(1) 건축물의 개요

■ 소방시설 자체점검사항 등에 관한 고시[별지 제4의1호 서식]

1. 소방대상물의 개요표

건축물의 개요			
건물명		소재지	
건축허가일			
	조　　지붕,　　지상　층, 지하　층,　　연면적 :　　　　m^2　　개동		
건축물의 구　분	1. 내화건축물 2. 그 밖의 건축물	주요구조부의 구분	1. 내화구조 2. 내화구조 이외의 구조
주된 용도		그 밖의 사항	

층별	바닥면적(m^2)	용도 또는 실명	구조 (내화구조/기타)	비고

※ 건축물의 구분, 주요구조부의 구분에 대하여는 해당번호에 ○표를 한다.
※ 비고란에는 신축, 증축, 개축 등의 필요사항을 기재하고 특정소방대상물의 위치 · 구조 · 용도 및 소방시설의 상황 등이 이 표의 항목대로 기재하기 곤란하거나 이 표에서 누락된 사항 등을 기재한다.

210mm×297mm [백상지(80g/㎡) 또는 중질지(80g/㎡)]

11.3 작성요령

11.3.1 자료요청

(1) 건축허가서 사본

건축주 및 발주처로부터 건축허가서 사본을 요청하여 참조한다.

① 건물명
② 위치
③ 주된용도
④ 층별 바닥면적 - 소수점까지 정확하게 기재한다.

(2) 건축도면

구조 및 내장마무리 등은 특수건물마다 마감조건이 다를 수 있으므로 건축도면을 참조하여 작성하도록 한다.

11.3.2 용어설명

(1) 내화건축물

① 내화구조
건축물의 주요 구조부재인 기둥 및 보 등의 철은 538°F의 고온에서 쉽게 변형이 되어 구조체의 인장력이 저하되기 때문에 건축물의 주요구조부인 기둥, 벽 등은 내화구조로 마감하여 철이 변태점 이하로 변형되는 것을 방지하도록 하여야 한다.

② 내장마무리
실내의 마감상태를 체크하는 항목으로 일반 실내의 경우 수성페인트로 마감 하였다면 수성페인트라고 기재하고, 콘크리트위에 벽지로 마감하였다면 벽지라고 기재하면 된다. 다만, 여기서 주의할 사항은 벽지류가 방염대상이 되는 건축물일 경우에는 방염필증을 득함이라고 하단에 별도 기재토록 한다.

11.3.3 소화기구 종합정밀점검표

(1) 설치상태 개요

소화기구(소화기, 자동확산소화기)

<table>
<tr><th colspan="9">항 목</th><th>비고</th></tr>
<tr><td colspan="3" rowspan="2">소요능력
단위의수</td><td colspan="6">[√] 내화구조 및 불연·준불연 또는 난연내장재의 것
[ ] 그 밖의 것</td><td rowspan="2"></td></tr>
<tr><td colspan="6">○ 연면적 : 75,900 m²
○ 산출근거 : (연면적/200) ÷ 3
○ 필요능력단위수 : 126 단위
○ 감소 대체 소화설비 : 소화전, 스프링클러설비</td></tr>
<tr><td colspan="3">부속용도의 종류</td><td colspan="6">[√] 화기사용설비 [ ] 전기설비 [ ] 소량위험물,
[ ] 특수가연물 [ ] 가스시설</td><td></td></tr>
<tr><td rowspan="6">소화기
설치
사항</td><td rowspan="2">층</td><td rowspan="2">실명
(용도포함)</td><td colspan="6">종별개수</td><td rowspan="2"></td></tr>
<tr><td>분말</td><td>이산화탄소</td><td>할론</td><td>자동확산소화기</td><td>기타</td><td>합계</td></tr>
<tr><td>1</td><td></td><td>10</td><td></td><td></td><td></td><td></td><td>10</td><td></td></tr>
<tr><td>2</td><td></td><td>10</td><td></td><td></td><td></td><td></td><td>10</td><td></td></tr>
<tr><td>3</td><td></td><td>10</td><td></td><td></td><td></td><td></td><td>10</td><td></td></tr>
<tr><td colspan="2">합계</td><td>30</td><td></td><td></td><td></td><td></td><td>30</td><td></td></tr>
</table>

소화기구(간이소화용구)

설치수량				항 목		비고
종류	에어로졸식	투척용소화용구	기타	설치장소	설치수량	
층＼계						

자동소화장치

설치수량							비고
종류	주거용	상업용	캐비닛형	가스식	분말식	고체에어로졸	
층＼계							

1. [ ]란에는 해당 √ 표를, “ : ” 다음에는 해당내용을 기입한다.
2. 소화기 설치사항란 중 합계란은 해당 층별로 기재하되, 최종합계란에는 해당 건축물(2이상의 건축물의 경우에는 동별) 총합계를 기재하고, 실명(용도포함)란에는 실별로 실명과 용도를, 소화기의 종별개수란에 적응소화기별 설치개수 적합 여부에 따라 적합한 경우에는 ○표를, 부적합한 경우에는 ×표를 기재한다.
3. 결과란에는 해당 층 또는 실명이 설치된 각종 소화기의 설치상태 적합여부를 종합적으로 판단하여 결과를 양호○, 불량 ×, 해당사항 없음/ 표를 기재하고, 불량 시 법적근거를 기재한다.
4. 부속용도의 종류란에는 소화기구의화재안전기준 별표 4의 규정에 의한 용도를 말한다.
5. 비고란에는 특정소방대상물의 위치・구조・용도 및 소방시설의 상황 등이 이 표의 항목대로 기재하기 곤란하거나 이 표에서 누락된 사항을 기재한다(이하 같다).

210mm×297mm [백상지(80g/㎡) 또는 중질지(80g/㎡)]

(2) 성능 및 종합정밀점검

(결과 : 양호 ○, 불량 ×, 해당없음 /)

번호	점 검 항 목	결과
1. 소화기구 (소화기, 자동확산소화기)	○ 설치장소	○
	○ 설치수량의 적정여부	○
	○ 설치거리(보행거리)	○
	○ 적응성	○
	○ 표시 및 표지	○
	○ 본체용기	○
	○ 누름쇠, 레바 등 조작장치	○
	○ 호스	○
	○ 혼, 노즐	○
	○ 지시압력계(축압식)	○
	○ 안전핀	○
	○ 차륜(대형 소화기에 한함)	/
	○ 수동식 분말소화기 내용연수 적정여부	○
2. 소화기구 (간이소화용구)	○ 설치장소	/
	○ 외형의 변형 및 부식	/
3. 자동소화장치	○ 설치장소	/
	○ 적응성	/
	○ 본체용기	/
	○ 감지부의 설치위치 및 적응성(화재감지기, 가스탐지부포함)	/
	○ 수신부 작동상태	/
	○ 가스 차단장치 작동상태	/
	○ 방출구, 분사헤드등	/
	○ 개구부등 폐쇄장치 작동상태(환기장치 포함)	/
비고	※ 수동식 분말소화기는 성능확인을 받은 경우 1회에 한하여 3년 연장 가능 [소방용품의 품질관리 등에 관한 규칙(행정안전부령)] (시행'17.2.15.)	

210mm×297mm [백상지(80g/㎡) 또는 중질지(80g/㎡)]

11.3.4 옥내소화전설비 종합정밀점검표

(1) 설치상태개요

<table>
<tr><th colspan="5">항 목</th></tr>
<tr><td rowspan="3">주된 수원</td><td>종별</td><td colspan="3">[√]일반수조 [ ]고가수조 [ ]압력수조 [ ]가압수조 [ ]그밖의 것 :</td></tr>
<tr><td>위치</td><td colspan="3">○설치장소 [√]지하 [ ]지상 [ ]옥상 [ ]그밖의 것 :
○펌프흡입방식에 의한 분류 [ ]부압흡입방식의 저수조 [ ]정압흡입방식의 저수조</td></tr>
<tr><td>수량</td><td colspan="3">○유효수량 : 61 m³ [√]전용 [ ]겸용( )</td></tr>
<tr><td rowspan="10">가압 송수 장치</td><td>설치위치</td><td>층 실</td><td colspan="2">압력조정장치 [ ]유 [ ]무</td></tr>
<tr><td rowspan="5">펌프방식</td><td rowspan="3">펌 프
전동기</td><td>[ ]전용 [√]겸용</td><td>○토출량 : 3050 L/min</td></tr>
<tr><td>○전양정 : 130 m</td><td>○토출구경 : 125 mm</td></tr>
<tr><td colspan="2">○출력 : 132 kw</td></tr>
<tr><td>물올림장치</td><td>○유효수량 : L</td><td>○급수배관구경 : mm</td></tr>
<tr><td>기동장치</td><td colspan="2">[ ]ON/OFF방식
[ ]압력챔버 ○용량 : L ○사용압력 : MPa
[√]기동용압력S/W [[ ]부르동관식 [√]압력검지신호제어장치(전자식) [ ]그밖의 것]</td></tr>
<tr><td>고가수조방식</td><td colspan="3">○유효낙차 : m</td></tr>
<tr><td>가압수조방식</td><td colspan="3">○수조용량 : ○수조의 가압압력 MPa
○압력방식 : ○가압원</td></tr>
<tr><td rowspan="2">압력탱크방식</td><td colspan="3">○탱크가압압력 : MPa ○용량 : L</td></tr>
<tr><td colspan="3">○에어콤푸레샤 용량 : m³/min ○동력 : kw</td></tr>
<tr><td colspan="2">보조용고가(옥상)수조</td><td colspan="3">○유효수량 m³</td></tr>
<tr><td>소화전</td><td colspan="2">○총 설치개수 : 40 개</td><td colspan="2">○가장 많이 설치된 층의 소화전수 : 10 개</td></tr>
<tr><td>표시등</td><td colspan="4">[ ]전용 [√]자동화재탐지설비와 겸용(점멸)</td></tr>
<tr><td rowspan="7">배관</td><td rowspan="2">배관</td><td>입상관</td><td colspan="2">[√]직경 : 150 mm [ ]전용 [ ]겸용</td></tr>
<tr><td>재 질</td><td colspan="2">[√]KSD 3562 [√]KSD 3507 [ ]그밖의 것 :</td></tr>
<tr><td>이음</td><td colspan="3">[√]용접/나사 [√]그루브 [ ]프랜지 [ ]그밖의 것 :</td></tr>
<tr><td rowspan="3">밸브</td><td>개폐밸브</td><td colspan="2">[√]규격 150 mm 1.6 MPa</td></tr>
<tr><td>체크밸브</td><td colspan="2">[√]규격 150 mm 1.6 MPa</td></tr>
<tr><td>그밖의 것</td><td colspan="2"></td></tr>
<tr><td>방식조치</td><td colspan="3">[ ]방식테이프감기 [ ]라이닝관 [ ]그밖의 것 :</td></tr>
<tr><td>송수구</td><td colspan="4">[ ]단구형 : 개 [√]쌍구형 : 2 개 [√]설치위치 : 지상1층 주 출입구</td></tr>
<tr><td rowspan="2">배선</td><td>비상전원회로</td><td colspan="3">[√]내화전선 [ ]전선관매설 [ ]그밖의 것 :</td></tr>
<tr><td>조작회로</td><td colspan="3">[ ]내열전선 [√]전선관노출 [ ]전선관매설 [ ]그밖의 것 :</td></tr>
<tr><td>비상전원</td><td colspan="4">[√]자가발전설비([ ]소방전용발전기 [√]소방부하겸용 발전기 [ ]소방전원 보존형 발전기 [ ]기타 발전기)
[ ]축전지설비 [ ]전기저장장치</td></tr>
<tr><td>비 고</td><td colspan="4"></td></tr>
</table>

※ [ ]란에는 해당 √ 표를, “:” 다음에는 해당내용을 기입한다(이하 같다)

210mm×297mm [백상지(80g/m²) 또는 중질지(80g/m²)]

(2) 성능 및 종합정밀점검

(결과 : 양호 ○, 불량 ×, 해당 없음 /)

번호	점 검 항 목	결 과
1	수원	
	• 주된 수원의 저수량	○
	• 옥상수조의 저수량	/
2	수조	
	• 점검의 편의성	○
	• 동결방지조치(또는 동결 우려 없는 장소의 환경)상태	○
	• 수위계(또는 수위확인 조치)	○
	• 수조 외측사다리(바닥보다 낮은 경우 제외)	○
	• 조명설비(또는 채광상태)	○
	• 배수밸브 또는 배수관	○
	• "옥내소화전용 수조"의 표지 설치상태	○
	• 수조내부 청소상태 및 방청조치	○
	• 다른 설비와 겸용의 경우 후드밸브 또는 흡수구의 위치	○
3	가압송수장치	
	• 펌프설치장소의 점검편의성 및 화재 · 침수등 재해방지환경	○
	• 동결방지조치(또는 동결의 우려가 없는 장소의 환경)상태	○
	• 옥내소화전 동시상용시 방수압 및 방수량	○
	• 다른 설비와 펌프를 겸용하는 경우 소화용으로 사용 시 장애 발생여부	○
	• 기동스위치 또는 수압개폐장치의 기능	○
	• 펌프성능시험배관 상태(유량계 용량 포함)	○
	• 펌프 흡입측 연성계 · 진공계 및 토출측 압력계 설치상태	○
	• 수온상승방지 밸브 설치위치 · 배관규격, 그 밖의 설치상태 및 릴리프밸브 개방압력	○
	• 충압펌프용량 · 양정 및 "옥내소화전용 충압펌프"의 표지 설치상태	○
	• 물올림장치 용량 · 배관 및 보급수 보급상태	/
	• 물올림장치의 감수 시 자동급수 및 저수위 경보작동상태	/
	• 내연기관의 경우 기동장치 및 축전지 상태	/
	• 가압송수장치의 "옥내소화전펌프"의 표지 설치상태	○
	• 고가수조의 경우 맨홀·배수관·수위계·낙차 · 급수관 및 오버플로우관의 상태	/
	• 압력수조의 경우 수조의 내용적 · 내용적과 저수량의 비율 · 가압가스의 평상시 수위계 · 급수관 · 급기관 · 배수관·맨홀 · 압력계 · 안전장치 및 압력저하방지장치 설치상태	/
	• 가압수조의 경우 수위계, 급수관, 배수관, 급기관, 압력계, 안전장치 및 기동장치 설치 상태	/
	• 가압수조의 경우 방화구획 여부	/
4	배관 및 밸브류	
	• 배관의 재질	○
	• 다른 설비와 급수배관을 겸용하는 경우 소화용으로의 사용 시 장애 발생여부	○
	• 흡입측 배관의 공기고임방지조치 및 여과장치 상태	○
	• 토출측 배관의 유속	○
	• 주배관 및 가지배관의 구경	○
	• 동결방지조치(또는 동결우려가 없는 장소의 환경)상태	○

번호	점 검 항 목	결 과
	• 개폐표시형 밸브의 종류 · 설치위치 및 기능 • 다른 설비의 배관과의 구분방식 및 상태 • 입상배관의 지지 및 수평배관의 행가의 배치간격 · 설치상태 • 후드밸브 기능의 적정여부 • 체크밸브의 종류 · 규격 · 설치위치 및 상태 • 배관시공의 적정여부	○ ○ ○ / ○ ○
5	옥외송수구 • 설치장소 및 위치(높이 포함) • 개폐밸브 설치금지 여부 • 송수구 사용 적합여부 • 송수구의 규격 및 접결나사의 보호상태 • 자동배수밸브 · 체크밸브의 설치위치 및 상태	 ○ ○ ○ ○ ○
6	함 등 • 함의 재질 · 두께 • 문의 크기 · 표지 및 개방의 용이성 및 장애물 설치여부등 사용상의 편의상태 • 기동스위치 방식의 경우 그 위치 및 기능 • 방수구의 규격 · 수평거리 · 높이 및 밸브조작의 부드러움 등 사용상의 편의성 • 방수압력이 0.7MPa초과하는 경우 감압조치 - 감압조치한 방수구의 위치 : - 감압조치후 방수압력 : • 방수구와 호스의 접결상태, 호스의 구경 · 적재상태(긴급사용 편의) 및 설치개수 • 호스와 관창의 접결상태 • 표시등의 설치상태	 ○ ○ ○ ○ ○ ○ ○ ○
7	전원 • 수전전압에 따른 배선방식 • 비상전원 설치장소의 점검편의성 및 화재 · 침수등 재해방지환경 • 비상전원의 종류 및 용량 • 상용전원의 전력공급중단시 비상전원의 자동 전력공급 상태 • 비상전원의 설치장소 · 조명 · 방화구획 및 비상전원설비외 다른 설비 · 물품의 설치 또는 비치 여부	 ○ ○ ○ ○ ○
8	제어반 [감시제어반] • 각 펌프의 작동표시등 및 음향경보기능 상태 • 각 펌프의 자동 및 수동으로의 작동 및 중단기능 • 비상전원이 있는 경우 상용 및 비상전원 공급여부 확인 • 수조 또는 물올림탱크의 저수위 표시 및 경보기능 • 예비전원 확보상태 및 적합여부 시험기능 • 전용실을 설치하는 경우 그 장소위치 · 방화구획 · 조명 · 급배기설비 · 무선통신기기접속단자 정리상태 • 모든 확인회로의 도통 · 작동시험기능 및 결과 • 설치장소의 점검의 편의성 및 화재 · 침수등 재해방지환경 • 다른 설비와 제어반을 겸용하는 경우 소화용으로의 사용시 장애 발생여부	 ○ ○ ○ ○ ○ ○ ○ ○ ○

번호	점 검 항 목	결 과
	• 각 배선의 절연저항 [동력제어반] • 소방용으로의 표시 • 외함의 재료, 두께 및 강도등 • 설치 장소 및 위치 • 각 펌프의 작동표시등 • 각 펌프의 자동 또는 수동의 작동 및 중단기능	○ ○ ○ ○ ○ ○
9	배선 • 비상전원으로부터 동력제어반 및 가압송수장치에 이르는 전원회로의 내화배선 공사의 종류 및 상태 • 그밖의 전기회로의 배선공사의 종류 및 상태 • 사용전선의 종류별 규격 • 과전류차단기 및 접속단자의 표지 상태	 ○ ○ ○ ○
10	전동기 • 베이스에 고정 및 커플링 결합상태 • 원활한 회전 여부(진동 및 소음 상태) • 본체의 방청상태	 ○ ○ ○
11	수압시험 • 가압송수장치 및 부속장치(밸브류 · 배관 · 배관부속류 · 압력챔버)의 수압시험(접속상태에서 실시한다. 이하 같다)결과 • 옥외연결송수구 및 연결배관의 수압시험결과 • 입상배관 및 가지배관의 수압시험결과(수압시험은 1.4MPa의 압력으로 2시간 이상 시험하고자 하는 장치의 가장 낮은 부분에서 가압하되, 배관과 배관 · 배관부속류 · 밸브류 · 각종장치 및 기구의 접속부분에서 누수현상이 없어야 한다. 이 경우 상용수압이 1.05MPa이상인 부분에 있어서의 압력은 그 상용수압에 0.35MPa을 더한 값)	 ○ ○ ○
12	※펌프성능시험결과표(펌프 명판 및 설계치 참조)	

구 분		체절 운전	정격운전 (100%)	정격유량의 150% 운전	적정여부
토출량 (L/min)	주	-	3050	4575	1. 체절운전 시 토출압은 정격토출압의 140% 이하일 것(○) 2. 정격운전 시 토출량과 토출압이 규정치 이상일 것(○) 3. 정격토출량 150%에서 토출압이 정격토출압의 65% 이상일 것(○)
	예비	-	3050	4575	
토출압 (MPa)	주	-	-	-	
	예비	-	-	-	

• 설정압력 :

• 주펌프
기동 : MPa
정지 : MPa

• 보조펌프
기동 : MPa
정지 : MPa

※릴리프밸브 작동 압력 : MPa

210mm×297mm [백상지($80g/m^2$) 또는 중질지($80g/m^2$)]

11.3.5 스프링클러설비 종합정밀점검표

(1) 설치상태개요

항 목			
방식	[√] 폐쇄형습식 [ ] 폐쇄형건식 [√] 준비작동식 [ ] 일제살수식 [ ] 부압식		
수원	종별		[√]일반수조 [ ] 고가수조 [ ] 압력수조 [ ] 가압수조 [ ] 그밖의 것 :
	위치		ㅇ설치장소 [√] 지하 [ ] 지상 [ ] 옥상 [ ] 그밖의 것 : ㅇ펌프흡입방식에 의한 분류 [ ] 부압흡입방식의 저수조 [√] 정압흡입방식의 저수조
	수량		ㅇ유효수량 : 61 ㎥ [ ] 전용 [√] 겸용
가압송수장치	설치위치		층 실 | 압력조정장치 [√]유 [ ] 무
	펌프방식	펌프 전동기	[ ] 전 용 [√] 겸 용 토출량 : 3050 L/min ㅇ 전양정 : 130 m ㅇ 토출구경 : 125 mm ㅇ 출 력 : 132 kw
		물올림장치	ㅇ 유효수량 : L ㅇ 급수방식 : ㅇ급수배관 : mm
		기동장치	[ ]압력챔버 ㅇ용량: L ㅇ사용압력: MPa [√]기동용압력S/W [[ ]부르동관식 [√]압력검지신호제어장치(전자식) [ ]그밖의 것]
	고가수조방식		ㅇ유효낙차 : m
	가압수조방식		ㅇ수조용량: ㅇ수조의 가압압력 MPa ㅇ압력방식: ㅇ가압원
	압력탱크방식		ㅇ탱크가압압력 : MPa ㅇ 용 량 : L ㅇ에어콤푸레샤 용량 : ㎥/min ㅇ 동 력 : kw
보조용고가(옥상)수조			ㅇ유효수량 : ㎥
헤드	[√] 폐쇄형설치층 :B3~16층(형식승인번호 헤11-20-1호 표시온도 : 68℃ 설치개수 : 895개) [ ] 폐쇄형설치층 : 층(형식승인번호 헤 호 표시온도 : ℃ 설치개수 : 개) [ ] 간이형설치층 : 층(형식승인번호 헤 호 표시온도 : ℃ 설치개수 : 개) [ ] 개방형설치층 : 층(형식승인번호 헤 호 설치개수 : 개) [ ] 드라이팬던트형 : 층(형식승인번호 헤 호 표시온도 : ℃ 설치개수 : 개)		
일제개방밸브	[ ] 감압개방 [ ] 가압개방 형식승인번호 제 호 [ ] 직경 mm ㅇ설치개수 : 개		
방수구역	ㅇ 방수구역수 : 19 구역 ㅇ 최대방수구역 : 2093.86㎡ ㅇ 헤드개수 : 282개 ㅇ 최소방수구역 : 519.56㎡ ㅇ 헤드개수 : 117개		
기동장치	펌프기동		[√] 기동용수압개폐장치 [√] 유수검지장치 [ ] 그 밖의 것 :
	방수기동		[√] 스프링클러헤드 [√] 감지기 [ ] 수동기동밸브
유수검지장치	습식밸브		[√] 직경 150 mm ㅇ 설치개수 : 15 개
	건식밸브		[ ] 직경 mm ㅇ 설치개수 : 개
	준비작동밸브		[√] 직경 150 mm ㅇ 설치개수 : 4 개
배관	배관	입상관	[√] 직 경 : 150 mm [ ] 전 용 [√] 겸 용
		재질	[√] KSD 3562 [√] KSD 3507 [ ] KSD 5301(동관) [ ] KSD 3576(스테인리스관) [ ] KSD 3595(스테인리스관) [ ] KSD 3583(아크용접관) [ ] 소방용합성수지배관 [ ]그밖의 것:
	이음		[√] 용접/나사 [√] 그루브 [ ] 프랜지 [ ] 그밖의 것:
	밸브	개폐밸브	[√]규격 150 mm 1.6 MPa
		체크밸브	[√]규격 150 mm 1.6 MPa
		그밖의 것	
	방식조치		[ ] 방식테이프감기 [ ] 라이닝관 [ ] 방청도장 [ ] 그밖의 것:
송수구	[√] 쌍구형: 2 개 [√] 설치위치 : 지상1층 주 출입구		
배선	비상전원회로		[√] 내화전선 [ ] 전선관매설 [ ] 그밖의 것:
	조 작 회 로		[ ] 내열전선 [√] 전선관노출 [ ] 전선관매설 [ ] 그밖의 것:
비상전원	[√] 자가발전설비([ ]소방전용발전기 [√]소방부하겸용 발전기 [ ]소방전원 보존형 발전기 [ ] 기타 발전기) [ ] 비상전원수전설비 [ ] 축전지설비 [ ] 전기저장장치		
비고			

210mm×297mm [백상지($80g/m^2$) 또는 중질지($80g/m^2$)]

(2) 성능 및 종합정밀점검

(결과 : 양호 ○, 불량 ×, 해당 없음 /)

번호	점검항목	결과
1	수원 • 주된 수원의 저수량 • 옥상수조의 저수량	 ○ /
2	수조 • 점검의 편의성 • 동결방지조치(또는 동결 우려 없는 장소의 환경)상태 • 수위계(또는 수위확인 조치) • 수조 외측사다리(바닥보다 낮은 경우 제외) • 조명설비(또는 채광상태) • 배수밸브 또는 배수관 • "스프링클러용 수조"의 표지 설치상태 • 수조와 주배관 접속부의 "스프링클러용 배관"의 표지 설치상태 • 수조내부 청소상태 및 방청조치 • 다른 설비와 겸용의 경우 후드밸브 또는 흡수구의 위치	 ○ ○ ○ ○ ○ ○ ○ ○ ○ ○
3	가압송수장치 • 펌프설치장소의 점검편의성 및 화재·침수등 재해방지 환경 • 동결방지조치(또는 동결의 우려가 없는 장소의 환경)상태 • 일제개방밸브 및 준비작동식밸브 작동시 펌프 순차기동 여부 • 헤드의 최고방수압력 제한(1.2MPa이하) 적합여부 • 기동스위치 또는 수압개폐장치의 기능 • 펌프성능시험배관 상태(유량계 용량 포함) • 펌프 흡입측 연성계(진공계) 및 토출측 압력계 설치상태 • 수온상승방지밸브설치위치·배관규격 그 밖의 설치상태 및 릴리프 밸브 개방압력 • 물올림장치 용량·배관 및 보급수 보충상태 • 물올림장치의 감수시 자동급수 및 저수위 경보작동상태 • 충압펌프용량·양정 및 표지 • 내연기관의 경우 기동장치 및 축전지 상태 • 가압송수장치의 소화용도 표지 • 고가수조의 경우 맨홀·배수관·수위계·낙차·급수관 및 오버플로우관의 상태 • 압력수조의 경우 수조의 내용적·내용적과 저수량의 비율·가압가스의 평상시 수위계·급수관·배수관·급기관·맨홀·압력계·안전장치 및 압력저하방지장치 설치상태 • 가압수조의 경우 수위계, 급수관, 배수관, 급기관, 압력계, 안전장치 및 기동장치 설치 상태 • 가압수조의 경우 방화구획 여부	 ○ ○ / ○ ○ ○ ○ ○ ○ ○ ○ / ○ / / / /
4	방호·방수구역 등 • 방호구역의 면적 • 유수검지장치 및 일제개방밸브의 배치 층의 구분(설치위치) • 유수검지장치 및 일제개방밸브의 설치높이·전용실 점검구의 규격·위치 및 표지 • 헤드로의 급수가 유수검지장치 및 일제개방밸브의 경과여부	 ○ ○ ○ ○

번호	점검항목	결과
	• 자연낙차에 의한 유수압력과 유수검지장치의 유수검지압력 적정여부 • 일제개방밸브의 방수구역 및 헤드의 설치개수	○ ○
5	배관 및 밸브류 • 배관의 재질 • 흡입측 배관의 공기고임방지조치 및 여과장치상태 • 토출측배관의 유속 • 급수배관의 구경 • 가지배관의 배열 및 최대헤드 설치개수 제한 • 교차배관과 가지배관의 상호위치 및 최소구경 • 청소구 · 개폐밸브의 규격 및 나사보호 상태 • 헤드의 종류([√]상향형 [√]하향형 [√]측벽형)의 선택상태 • 하향식헤드의 경우 헤드접속배관과의 분기위치 • 건식배관의 경우 수평배관의 기울기 • 일제개방밸브 2차측의 개폐표시형밸브 · 배수장치 및 압력스위치의 설치 및 상태 • 유수검지장치용 시험장치의 위치 · 배관의 구경 · 장소 및 오리피스의 설치상태 • 입상배수배관의 구경 • 주차장의 경우 스프링클러 설비 방식 • 동결방지조치 또는 동결우려가 없는 장소의 환경상태 • 개폐표시형밸브의 종류 · 설치위치 및 기능 • 개폐밸브의 템퍼스위치 설치 상태 • 다른 설비의 배관과의 구분방식 및 상태 • 입상배관의 지지 및 수평배관의 행가 배치간격 · 설치상태 및 지지하중	 ○ ○ ○ ○ ○ ○ ○ ○ ○ / / ○ ○ ○ ○ ○ ○ ○ ○
6	음향장치 • 유수검지장치 사용의 경우 유수검지와 음향장치의 연동 • 일제개방밸브 사용의 경우 화재감지기와 음향장치의 연동 • 교차회로방식 화재감지기 경우 1회로 화재감지시 음향장치와 연동 • 음향장치의 종류 및 배치	 ○ ○ ○ ○
7	펌프 및 일제개방밸브 작동신호 [펌프장치의 작동신호 수신 및 작동상태] [ ] 수압개폐장치의 작동신호 [일제개방밸브(준비작동밸브)의 작동체계, 신호 수신 및 작동상태] [ ] 화재감지회로에 의한 화재감지신호 [ ] 수동기동(전기식 및 배수식)장치와 연동 [ ] 화재감지기의 종류, 회로방식 및 감지면적	 / / / /
8	헤드 • 스프링클러헤드를 설치하여야 할 장소의 헤드설치 누락여부 • 스프링클러헤드의 배치거리 및 수평거리 • 무대부 또는 연소우려 있는 개구부의 경우 개방형헤드 설치상태 • 폐쇄형헤드 설치장소의 최고 주위온도와 표시온도 • 스프링클러헤드 주위의 살수장애 상태 • 스프링클러헤드의 설치상태	 ○ ○ / ○ ○ ○

번호	점 검 항 목	결 과
	• 경사진 천장의 경우 스프링클러헤드의 배치상태 • 연소우려있는 개구부에 대한 스프링클러헤드의 배치상태 • 측벽형헤드의 경우 배치상태 • 감열부의 영향을 받을 우려가 있는 헤드의 경우 차폐판 설치 여부	/ / ○ ○
9	옥외송수구 • 설치장소 및 위치(높이포함) • 개폐밸브 설치장소 및 조작을 위한 편의성 상태 • 이물질을 막기 위한 마개상태 • 송수구의 송수압력표시 • 송수구 사용에 적합여부 • 송수구의 송수담당 면적 송수구의 개수 • 자동배수밸브 · 체크밸브의 설치위치 및 상태 • 송수구역표시 부착여부(2개 구역 이상일 때)	 ○ ○ ○ ○ ○ ○ ○ ○
10	제어반 [감시제어반] • 각 펌프의 작동표시등 및 음향경보 기능 • 각 펌프의 자동 또는 수동의 작동 및 중단기능 • 비상전원 및 상용전원의 공급여부 확인 • 수조 또는 물올림탱크의 저수위 표시 및 경보기능 • 예비전원 확보상태 및 적합여부 시험기능 • 전용실을 설치하는 경우 그 장소위치 · 방화구획 · 조명 · 급배기설비 · 무선통신기기접속단자 · 최소면적 및 정리상태 • 설치장소의 점검의 편의성 및 화재 · 침수등 재해방지환경 • 유수검지장치 또는 일제개방밸브의 작동여부표시 및 경보기능 • 화재감지기회로사용의 경우 경계회로별 화재표시 기능 • 모든 확인회로의 도통시험 · 작동시험 기능 및 결과 • 감시제어반과 자동화재탐지설비 수신기의 별도장소 설치시 상호 통화장치 기능 • 다른 설비와 제어반을 겸용하는 경우 스프링클러설비의 사용시 장애 발생여부 • 각 배선의 절연저항 [동력제어반] • 소방용으로의 표시 • 외함의 재료, 두께 및 강도등 • 설치장소 및 위치 • 각 펌프의 작동표시등 • 각 펌프의 자동 또는 수동의 작동 및 중단기능 • 각 배선의 절연저항	 ○ ○ ○ ○ ○ ○ ○ ○ ○ ○ ○ ○ ○ ○ ○ ○ ○ ○ ○
11	배선 • 비상전원으로부터 동력제어반 및 가압송수장치에 이르는 전원회로의 내화배선 공사의 종류 및 상태 • 그 밖의 전기회로의 배선공사의 종류 및 상태 • 사용전선의 종류별 규격	 ○ ○ ○

번호	점검항목	결과
	• 과전류차단기 및 접속단자의 표지 상태 • 각 배선의 전기설비기술기준에 의거 적합 여부	○ ○
12	전동기 • 베이스에 고정 및 커플링 결합상태 • 원활한 회전 여부(진동 및 소음 상태) • 본체의 방청상태	 ○ ○ ○
13	스프링클러헤드 설치제외 등 • 스프링클러헤드 설치제외 장소 • 드렌처설비 설치상태	 ○ /
14	수압시험 • 가압송수장치 및 부속장치(밸브류 · 배관 · 배관부속류 · 압력챔버)의 수압시험(접속상태에서 실시한다. 이하 같다)결과 • 옥외연결송수구 및 연결배관의 수압시험결과 • 입상배관 및 가지배관의 수압시험결과(수압시험은 1.4MPa의 압력으로 2시간 이상 시험하고자 하는 장치의 가장 낮은 부분에서 가압하되, 배관과 배관 · 배관부속류 · 밸브류 · 각종장치 및 기구의 접속부분에서 누수현상이 없어야 한다. 이 경우 상용수압이 1.05MPa이상인 부분에 있어서의 압력은 그 상용수압에 0.35MPa을 더한 값으로 한다)	 ○ ○ ○

12

※펌프성능시험결과표(펌프 명판 및 설계치 참조)

구 분		체절운전	정격운전(100%)	정격유량의 150% 운전	적정여부
토출량(L/min)	주	-	3050	4575	1. 체절운전 시 토출압은 정격토출압의 140% 이하일 것(○) 2. 정격운전 시 토출량과 토출압이 규정치 이상일 것(○) 3. 정격토출량 150%에서 토출압이 정격 토출압의 65% 이상일 것(○)
	예비	-	3050	4575	
토출압(MPa)	주	-	-	-	
	예비	-	-	-	

• 설정압력 :

• 주펌프
기동 : 10 MPa
정지 : 9 MPa

• 보조펌프
기동 : 11 MPa
정지 : 13 MPa

※릴리프밸브 작동 압력 : 1.5 MPa

1. 스프링클러설비 단위별로 작성한다.
2. 방수압력의 측정은 스프링클러설비의 오리피스 선단에서의 피토게이지압력으로 한다.

210mm×297mm [백상지(80g/m²) 또는 중질지(80g/m²)]

11.3.6 물분무소화설비 종합정밀점검표(해당사항 없음)

(1) 설치상태개요

항 목			
수 원	종 별	[ ] 일반수조 [ ] 고가수조 [ ] 압력수조 [ ] 가압수조 [ ] 그밖의 것 :	
	위 치	ㅇ설치장소 [ ] 지하 [ ] 지상 [ ] 옥상 [ ] 그밖의 것: ㅇ펌프흡입방식에 의한 분류 [ ]부압흡입방식 [ ]정압흡입방식의 저수조	
	수 량	ㅇ유효수량: ㎥ [ ] 전용 [ ] 겸용	
가압 송수장치	설치위치	층 실	압력조정장치 [ ]고압 [ ]중압 [ ]저압
	펌프방식	펌프전동기	[ ] 전용 [ ] 겸용 토출량: L/min ㅇ전양정: m ㅇ토출구경: mm ㅇ전압: V ㅇ출력: kW
		물올림장치	ㅇ유효수량: L ㅇ급수방식: ㅇ급수관 mm
		기동장치	[ ]압력챔버 ㅇ용량: L ㅇ사용압력: MPa [ ]기동용압력S/W [[ ]부르동관식 [ ]압력검지신호제어장치(전자식) [ ]그밖의 것]
	고가수조방식	ㅇ유효낙차: m	
	가압수조방식	ㅇ수조용량: ㅇ수조의 가압압력 MPa ㅇ압력방식: ㅇ가압원	
	압력탱크방식	ㅇ탱크가압압력: MPa ㅇ용량: L ㅇ에어콤푸레샤 용량: ㎥/min ㅇ동력: kW	
헤드	ㅇ성능인정번호 제 호 ㅇ표준방사량: L/min ㅇ표준방사압력: MPa		
일제 개방밸브	[ ]감압개방 [ ]가압개방 ㅇ형식승인번호 제 호 [ ]직경: mm ㅇ설치개수: 개 [ ]감압개방 [ ]가압개방 ㅇ형식승인번호 제 호 [ ]직경: mm ㅇ설치개수: 개		
방수구역	ㅇ방수구역수: 구역 [ ]개방형헤드 [ ]폐쇄형헤드 ㅇ최대방수구역: ㎡ ㅇ헤드(노즐)개수 : 개 ㅇ최소방수구역: ㎡ ㅇ헤드(노즐)개수 : 개		
자동 경보장치	[ ]유수검지장치	ㅇ형식승인번호 제 호 [ ]직경: mm ㅇ설치개수: 개	
	경 보	[ ]자동화재탐지설비 [ ]전기식 [ ]기계식	
배 관	배 관	입상관	[ ]직경: mm [ ]전용 [ ]겸용
		재 질	[ ]KSD 3562 [ ]KSD 3507 [ ]KSD 3576 [ ]그밖의 것:
	이 음	[ ] 용접/나사 [ ] 그루브 [ ] 프랜지 [ ] 그밖의 것:	
	밸 브	개폐밸브	[ ]규격: mm MPa
		체크밸브	[ ]규격: mm MPa
		그밖의 것	
	방식조치	[ ]방식테이프감기 [ ]라이닝관 [ ]방청도장 [ ]그밖의 것:	
송수구	[ ]단구형: 개 [ ]쌍구형: 개 [ ]설치위치:		
배수조치	바닥기울기	[ ]유 [ ]무	구획경계턱 [ ]유 [ ]무
	배수구	ㅇ폭: m ㅇ깊이: m ㅇ길이: m	
	집수관수: ㅇ소화피트・유수분리장치수: ㅇ배수저유조용량:		
배 선	비상전원회로	[ ]내화전선 [ ]전선관매설 [ ]그밖의 것	
	조작 회로	[ ]내화전선 [ ]전선관노출 [ ]전선관매설 [ ]그밖의 것	
비상전원	[ ] 자가발전설비([ ]소방전용발전기 [ ]소방부하겸용 발전기 [ ]소방전원 보존형 발전기 [ ]기타 발전기) [ ] 축전지설비 [ ] 전기저장장치		
비고			

210mm×297mm [백상지(80g/m^2) 또는 중질지(80g/m^2)]

(2) 성능 및 종합정밀점검

(결과 : 양호 ○, 불량 ×, 해당 없음 /)

번호	점 검 항 목	결 과
1	수원 • 주된 수원의 저수량 • 옥상수조의 저수량	
2	수조 • 점검의 편의성 및 전용여부 • 동결방지조치(또는 동결 우려 없는 장소의 환경)상태 • 수위계(또는 수위확인 조치) • 수조 외측사다리(바닥보다 낮은 경우 제외) • 조명설비(또는 채광상태) • 배수밸브 또는 배수관 • "물분무소화설비용 수조"의 표지 설치상태 • 수조와 주배관 접속부의 "물분무소화설비용 배관"의 표지 설치상태 • 수조내부 청소상태 및 방청조치 • 다른 설비와 겸용의 경우 후드밸브 또는 흡수구의 위치	
3	가압송수장치 • 펌프설치장소의 점검편의성 및 화재 · 침수등 재해방지 환경 • 동결방지조치(또는 동결의 우려가 없는 장소의 환경)상태 • 일제개방밸브 및 준비작동식밸브 작동시 펌프 순차기동 여부 • 다른 설비와 펌프를 겸용하는 경우 소화용으로 사용시 장애발생여부 • 기동스위치 또는 수압개폐장치의 기능 • 펌프성능시험배관 상태(유량계 용량 포함) • 펌프 흡입측 연성계 · 진공계 및 토출측 압력계 설치상태 • 수온상승방지밸브설치위치 · 배관규격 그 밖의 설치상태 및 릴리프 밸브 개방압력 • 물올림장치 용량 · 배관 및 보급수 보충상태 • 물올림장치의 감수시 자동급수 및 저수위 경보작동상태 • 충압펌프 용량 · 양정 및 표지 • 내연기관의 경우 기동장치 및 축전지 상태 • 가압송수장치의 소화용도 표지 • 고가수조의 경우 맨홀·배수관·수위계·낙차 · 급수관 및 오버플로우관의 상태 • 압력수조의 경우 수조의 내용적 · 내용적과 저수량의 비율 · 가압가스의 평상시 수위계 · 급수관 · 배수관 · 급기관·맨홀 · 압력계 · 안전장치 및 압력저하방지장치 설치상태 • 가압수조의 경우 수위계, 급수관, 배수관, 급기관, 압력계, 안전장치 및 기동장치 설치 상태 • 가압수조의 경우 방화구획 여부	
4	제어밸브 • 제어밸브등의 설치위치 적정여부 • "제어밸브" 표지설치 상태 • 자동개방밸브의 기동조작부 및 수동식 개방밸브의 설치상태	
5	배관 및 밸브류	

번호	점검항목	결 과
	• 배관의 재질 • 다른 설비와 급수배관을 겸용하는 경우 소화용으로의 사용시 장애발생 여부 • 흡입측 배관의 공기고임방지조치 및 여과장치상태	
6	• 유량측정장치의 용량 및 설치상태 • 동결방지조치 또는 동결우려가 없는 장소의 환경상태 • 개폐표시형밸브의 종류 · 설치위치 및 기능 • 개폐밸브의 템퍼스위치 설치 상태 • 다른 설비의 배관과의 구분방식 및 상태	
7	기동장치 및 음향장치 • 기동장치의 성능 및 표지 설치상태 • 자동식 기동장치의 경우 자동화재탐지설비의 감지기의 작동과 음향장치의 연동 • 자동식 기동장치의 경우 폐쇄형 스프링클러헤드의 개방과 음향장치의 연동 • 미분무소화설비의 경우 폐쇄형 미분무헤드의 개방으로 음향장치의 경보 • 폐쇄형 미분무헤드가 개방으로 화재신호를 발신과 음향장치의 경보	
8	제어반 [감시제어반] • 각 펌프의 작동표시등 및 음향경보기능 상태 • 각 펌프의 자동 또는 수동의 작동 및 중단기능 • 비상전원 및 상용전원의 공급여부 확인 • 수조 또는 물올림탱크의 저수위 표시 및 경보기능 • 예비전원 확보상태 및 적합여부 시험기능 • 모든 확인회로의 도통 · 작동시험기능 및 결과 • 미분무 소화설비의 감시제어반은 전용인지 확인 • 설치장소의 점검의 편의성 및 화재 · 침수등 재해방지환경 • 감시제어반 전용실을 설치하는 경우 방화구획 · 설치장소 · 조명 · 급배기 설비 · 무선기기접속 단자 · 최소면적 및 정리 상태 • 다른 설비와 제어반을 겸용하는 경우 소화용으로의 사용시 장애 발생여부 • 각 배선의 절연저항 [동력제어반] • 소방용으로의 표시 • 외함의 재료, 두께 및 강도등 • 설치장소 및 위치 • 각 펌프의 작동표시등 • 각 펌프의 자동 또는 수동의 작동 및 중단기능 • 각 배선의 절연저항 [발전기제어반] • 소방전원 보존형 발전기는 그 식별 표지 • 소방전원 보존형 발전기는 소방전원보존 작동 및 표시기능	
9	전원 • 수전전압에 따른 배선방식 • 비상전원 설치장소의 점검편의성 및 화재 · 침수등 재해방지환경	

번호	점검항목	결과
	• 비상전원의 종류 및 용량 • 상용전원의 전력공급중단시 비상전원의 자동전력 공급 상태 • 비상전원의 설치장소 · 조명 · 방화구획 및 비상전원설비외 다른 설비 · 물품의 설치 또는 비치 여부 • 각 배선의 절연저항	
10	물분무소화설비 옥외송수구 • 설치장소 및 위치(높이포함) • 개폐밸브 설치장소 및 조작을 위한 편의성 상태 • 송수구의 규격 및 접결나사의 보호상태 • 송수구의 송수압력표시 • 송수구간 이격거리 • 송수구의 송수담당 면적 송수구의 개수 • 자동배수밸브 · 체크밸브의 설치위치 및 상태	
11	헤드 및 배수밸브 • 헤드설치개수 및 설치위치 • 고압의 전기기기 설치장소의 경우 이격거리 적정 여부 • 차고 · 주차장의 경우 배수설비(배수구, 기름분리장치등)설치 및 기울기 적정여부 • 물분무헤드 설치제외장소 적합여부	
12	전동기 • 베이스에 고정 및 커플링 결합상태 • 원활한 회전여부(진동 및 소음상태) • 운전시 과열 발생 여부 • 본체의 방청의 보존상태	

12

※펌프성능시험결과표(펌프 명판 및 설계치 참조)

구 분		체절 운전	정격운전 (100%)	정격유량의 150% 운전	적정여부
토출량 (L/min)	주				1. 체절운전 시 토출압은 정격토출압의 140% 이하일 것(○) 2. 정격운전 시 토출량과 토출압이 규정치 이상일 것(○) 3. 정격토출량 150%에서 토출압이 정격 토출압의 65% 이상일 것(○)
	예비				
토출압 (MPa)	주				
	예비				

• 설정압력 :

• 주펌프
기동 : MPa
정지 : MPa

• 보조펌프
기동 : MPa
정지 : MPa

※릴리프밸브 작동 압력 : MPa

1. 물분무소화설비 단위별로 작성한다.
2. [ ]란에는 해당 √ 표를, :의 다음에는 해당하는 사항이 있는 경우에 한하여 그 내용을 상세하게 기재한다.

210mm×297mm [백상지(80g/m²) 또는 중질지(80g/m²)]

11.3.7 포소화설비 종합정밀점검표

(1) 설치상태개요

항 목			
방 식	[ ]포워터스프링클러설비 [√]포헤드설비 [ ]고정포방출설비 [ ]호스릴포설비 [ ]포소화전설비		
수 원	종 별	[√]일반수조 [ ]고가수조 [ ]압력수조 [ ]가압수조 [ ]그밖의 것:	
	위 치	ㅇ설치장소 [ ] 지하 [√]지상 [ ]옥상 [ ]그밖의 것 ㅇ펌프흡입방식에 의한 분류 [ ]부압흡입방식의 저수조 [√]정압흡입방식의 저수조	
	수 량	ㅇ유효수량: 60 ㎥ [√]전용 [ ]겸용	
가압 송수장치	설치위치	1 층 펌프실	압력조정장치 [√]유 [ ]무
	펌프방식	펌프전동기	[ ]전용 [ ]겸용 ㅇ토출량: 3000 L/min ㅇ전양정: 95 m ㅇ토출구경: 150 mm ㅇ출력: 90 kW
		물올림장치	ㅇ유효수량: L ㅇ급수방식: ㅇ급수배관구경 mm
		기동용 수압 개폐장치	[ ]압력챔버 ㅇ용량: L ㅇ사용압력: MPa [√]기동용압력S/W [[ ]부르동관식 [√]압력검지신호제어장치(전자식) [ ]그밖의 것]
	고가수조방식	ㅇ유효낙차: m	
	가압수조방식	ㅇ수조용량: ㅇ수조의 가압압력 MPa ㅇ압력방식: ㅇ가압원	
	압력탱크방식	ㅇ탱크가압압력: MPa ㅇ용량: L ㅇ에어콤푸레샤 용량: ㎥/min ㅇ동력: kW	
포방출	[ ]포워터스프링클러설비 [√]포헤드 [ ]고정포방출구 [ ]호스릴 [ ]포소화전		
개방 밸브	[√]자동식개방밸브	ㅇ설치개수: 15 개	
	[ ]수동식개방밸브	ㅇ설치개수: 개	
방사구역	ㅇ방사구역수: 15 구역		
소화약제	종 별	([ ]단백포 [ ]합성계면활성제 [√]수성막포 [ ]내알코올포) ㅇ형식 제 호	
	ㅇ저장량: 2170 L ㅇ설치층: 1층(펌프실) ㅇ포소화약제의 사용 농도: 3%		
	혼합방식	[ ]펌프프로포셔너 [√]프레져프로포셔너 [ ]믹싱챔버방식 [ ]라인프로포셔너 [ ]프레져사이드프로포셔너	
자동 경보장치	[√]유수검지장치	형식번호 제 호 [√]직경: 200mm ㅇ설치개수: 15개	
	경 보	[√]자동화재탐지설비 [√]전기식 [ ]기계식	
배 관	배 관	입상관	[√]직경: 200 mm [√]전용 [ ]겸용
		재 질	[ ]KSD 3562 [√]KSD 3507 [ ]그밖의 것
	이 음	[√] 용접/나사 [ ] 그루브 [ ] 프랜지 [ ] 그밖의 것:	
	밸 브	개폐밸브	[√]규격: 200~250 mm 1 MPa
		체크밸브	[√]규격: 150 mm 1 MPa
		그밖의 것	
	방식조치	[ ]방식테이프감기 [ ]라이닝관 [ ]방청도장 [ ]그밖의 것:	
송수구	[ ]단구형: 개 [√]쌍구형: 3 개 [√]설치위치: 지상1층 펌프실		
배 선	비상전원회로	[√]내화전선 [√]전선관매설 [ ]그밖의 것	
	조작 회로	[√]내화전선 [ ]전선관노출 [√]전선관매설 [ ]그밖의 것	
비상전원	[√] 자가발전설비([ ]소방전용발전기 [√]소방부하겸용 발전기 [ ]소방전원 보존형 발전기 [ ]기타 발전기) [ ] 비상전원수전설비 [ ] 축전지설비 [ ] 전기저장장치		

설치개수	구 역 명	A	B	C	D	E				계
	바닥면적	405	430	427	430	305				1997
	헤 드 수	89	98	98	98	69				452
비 고										

210mm×297mm [백상지(80g/m²) 또는 중질지(80g/m²)]

(2) 성능 및 종합정밀점검

(결과 : 양호 ○, 불량 ×, 해당 없음 /)

번호	점 검 항 목	결 과
1	포소화설비의 종류 • 소방대상물별 포소화설비 종류의 적용	 ○
2	수원 • 주된 수원의 저수량 • 수원의 수질(오염, 부유물, 침전물 상태)	 ○ ○
3	수조 • 점검의 편의성 • 동결방지조치(또는 동결 우려 없는 장소의 환경)상태 • 수위계(또는 수위확인 조치) • 수조 외측사다리(바닥보다 낮은 경우 제외) • 조명설비(또는 채광상태) • "포소화설비용 수조"의 표지 설치상태 • 수조와 주배관 접속부의 "포소화설비용 배관"의 표지 설치상태 • 배수밸브 또는 배수관(개폐조작 및 부식상태) • 수조내부 청소상태 및 방청조치 • 다른 설비와 겸용의 경우 후드밸브 또는 흡수구의 위치	 ○ ○ ○ ○ ○ ○ ○ ○ ○ /
4	가압송수장치 • 펌프설치장소의 점검편의성 및 화재·침수등 재해방지환경 • 동결방지조치(또는 동결의 우려가 없는 장소의 환경)상태 • 표준방사량의 적정 여부 • 다른 설비와 펌프를 겸용하는 경우 소화용으로 사용시 장애 발생여부 • 기동스위치 또는 수압개폐장치의 기능 • 펌프성능시험배관 상태(유량계 용량 포함) • 펌프 흡입측 연성계·진공계 및 토출측 압력계 설치상태 • 수온상승방지밸브 설치위치·배관규격, 그 밖의 설치상태 및 릴리프밸브 개방압력 • 물올림장치 용량·배관 및 보급수 보급상태 • 물올림장치의 감수시 자동급수 및 저수위 경보작동상태 • 충압펌프 용량·양정 및 표지 • 내연기관의 경우 기동장치 및 축전지 상태 • 가압송수장치의 소화용도 표지 • 고가수조의 경우 맨홀·배수관·수위계·낙차·급수관 및 오버플로우관의 상태 • 압력수조의 경우 수조의 내용적·내용적과 저수량의 비율·가압가스의 평상시 수위계·급수관·배수관·급기관·맨홀·압력계·안전장치 및 압력저하방지장치 설치상태 • 가압수조의 경우 수위계, 급수관, 배수관, 급기관, 압력계, 안전장치 및 기동장치 설치 상태 • 가압수조의 경우 방화구획 여부	 ○ ○ ○ / ○ ○ ○ ○ / / ○ / ○ / / / /
5	포소화설비 배관 등 • 송액관의 기울기 및 배액밸브 설치 상태 • 송액관과 탱크의 접합부분의 완충조치 • 포소화약제의 혼합장치의 설치상태 및 기능 • 포소화설비 자동개방밸브의 설치 상태	 ○ ○ ○ ○

번호	점 검 항 목	결 과
	• 배관의 재질 • 흡입측 배관의 공기고임방지조치 및 여과장치 상태 • 동결방지조치 또는 동결우려가 없는 장소의 환경상태 • 개폐표시형밸브의 종류·설치위치 및 기능 • 개폐밸브의 템퍼스위치 설치 상태 • 다른 설비의 배관과의 구분방식 및 상태	○ ○ ○ ○ ○ ○
6	제어반 [감시제어반] • 각 펌프의 작동표시등 및 음향경보기능 상태 • 각 펌프의 자동 및 수동으로의 작동 및 중단기능 • 비상전원 및 상용전원의 공급여부 확인 • 수조 또는 물올림탱크의 저수위 표시 및 경보기능 • 예비전원 확보상태 및 전환기능 • 모든 확인회로의 도통·작동시험기능 및 결과 • 설치장소의 점검의 편의성 및 화재·침수등 재해방지환경 • 감시제어반 전용실을 설치하는 경우 방화구획·설치장소·조명·급배기설비·무선기기접속단자·최소면적 및 정리상태 • 다른 설비와 제어반을 겸용하는 경우 소화용으로의 사용시 장애 발생여부 • 각 배선의 절연저항 [동력제어반] • 소방용으로의 표시 • 외함의 재료, 두께 및 강도등 • 설치장소 및 위치 • 각 펌프의 작동표시등 • 각 펌프의 자동 또는 수동의 작동 및 중단기능 • 각 배선의 절연저항	 ○ ○ ○ ○ ○ ○ ○ ○ / ○ ○ ○ ○ ○ ○ ○
7	옥외송수구 • 설치장소 및 위치(높이 포함) • 개폐밸브 설치장소 및 조작을 위한 편의성 상태 • 이물질을 막기 위한 마개상태 • 송수구의 송수압력 표시 • 송수구간 이격거리 • 송수구의 송수담당면적 송수구의 개수 • 자동배수밸브·체크밸브의 설치위치 및 상태	○ ○ ○ ○ ○ ○ ○
8	약제탱크 • 화재등 재해로 인한 피해의 방지환경 • 기온의 변동에 의한 포의 장애 발생여부 • 포소화약제의 변질우려 및 점검의 편리성 여부 • 액면계 또는 계량봉 설치 여부 • 가압식이 아닌 경우 글라스게이지 설치 여부 • 포소화약제 저장량의 적정 여부	○ ○ ○ ○ ○ ○
9	포소화설비 기동장치 및 음향장치 • 직접조작, 원격조작에 의한 가압송수장치, 수동식 개방밸브 및 소화약제 혼합장치의 기동여부	○

번호	점 검 항 목	결 과
	• 기동장치 조작부의 설치상태 및 표지 설치 여부	○
	• 수동식 기동장치의 설치개수 적정 여부	○
	• 자동식 기동장치의 자동화재탐지설비 감지기 또는 폐쇄형 스프링클러헤드의 개방과 연동하여 기동여부	○
	• 기동장치와 연동하는 자동경보장치의 음향경보 상태	○
10	포헤드 및 고정포방출구	
	• 팽창비율에 따른 방출구의 적정 여부(팽창비 20이하는 포헤드, 팽창비 80 이상 1000 미만은 고발포형 고정포 방출구)	○
	• 포헤드방사량의 적정여부	○
	• 바닥면적당 헤드설치 개수 적정 여부	○
	• 고정포방출구의 점검구 설치상태	/
	• 고정포방출구의 방출압력 및 방출량 적정 여부	/
	• 위험물옥외탱크의 고정포방출구까지 사다리 설치상태	/
	• 보조포소화전의 설치 상태	/
	• 고발포용 고정포방출구 설치시 개구부 자동폐쇄장치 설치 상태	/
	• 고발포용 고정포방출구의 방출량 적정 여부	/
11	전원	
	• 수전전압에 따른 배선방식	○
	• 비상전원 설치장소의 점검편의성 및 화재 · 침수등 재해방지환경	○
	• 비상전원의 종류 및 용량	○
	• 상용전원의 전력공급중단시 비상전원의 자동전력 공급 상태	○
	• 비상전원의 설치장소 · 조명 · 방화구획 및 비상전원설비외 다른 설비 · 물품의 설치 또는 비치 여부	○
	• 각 배선의 절연저항	○
	• 내화 및 내열배선의 적합여부	○
12	전동기	
	• 베이스에 고정 및 커플링 결합상태	○
	• 원활한 회전 여부(진동 및 소음 상태)	○
	• 베어링부의 윤활유 충진상태 및 변질여부	○
	• 본체의 방청상태	○
12	※펌프성능시험결과표(펌프 명판 및 설계치 참조)	
비고	포소화설비 단위별로 작성한다.	

구 분		체절 운전	정격운전 (100%)	정격유량의 150% 운전	적정여부
토출량 (L/min)	주	-	3000	4500	1. 체절운전 시 토출압은 정격토출압의 140% 이하일 것(○) 2. 정격운전 시 토출량과 토출압이 규정치 이상일 것(○) 3. 정격토출량 150%에서 토출압이 정격 토출압의 65% 이상일 것(○)
	예비	-	3000	4500	
토출압 (MPa)	주	-	-	-	
	예비	-	-	-	

• 설정압력 :

• 주펌프
기동 : 0.7 MPa
정지 : 0.6 MPa

• 보조펌프
기동 : 0.8 MPa
정지 : 0.9 MPa

※릴리프밸브 작동 압력 : 1.0 MPa

210mm×297mm [백상지(80g/m²) 또는 중질지(80g/m²)]

11.3.8 이산화탄소소화설비 종합정밀점검표

(1) 설치상태개요

<table>
<tr><th colspan="3">항 목</th></tr>
<tr><td>저 장 방 식</td><td colspan="2">[√] 고압식 [ ] 저압식</td></tr>
<tr><td>설 비 방 식</td><td colspan="2">[√] 전역방출방식 [ ] 국소방출방식 [ ] 호스릴방식</td></tr>
<tr><td>기 동 방 식</td><td colspan="2">[√] 자동 [ ] 수동전기식 [ ] 수동가스압식 [ ] 그밖의 것:</td></tr>
<tr><td rowspan="3">용 기
개방장치</td><td>전 기 식</td><td>○최다개방용기개수: ○전자개방밸브개수:</td></tr>
<tr><td>가스압력식</td><td>○기동용기개수: 2 ○최다개방용기개수: 14</td></tr>
<tr><td>그밖의 것</td><td></td></tr>
<tr><td>용기 개수등</td><td colspan="2">58 kg 87 L 28 개 ○설치장소: 지상1 층</td></tr>
<tr><td>제어반설치위치</td><td colspan="2">[√] 제어반: 1층 [ ] 화재수신기 겸용:</td></tr>
<tr><td>배 출 조 치</td><td colspan="2">[ ] 전용배출기 [ ] 겸용배출기 [√] 자연배기</td></tr>
<tr><td>방호 구역수</td><td colspan="2">2 구역</td></tr>
<tr><td>전 원</td><td colspan="2">[√] 직류 24 V [ ] 교류 V ○ 예비전원: DC V AH</td></tr>
<tr><td>음 향 경 보</td><td colspan="2">[ ] 방송 [ ] 모터사이렌 [ ] 벨 [ ] 부저 [√] 그밖의 것: 전자싸이렌</td></tr>
<tr><td>표 시</td><td colspan="2">[√] 수동기동장치표시 [ ] 선택밸브의 방호구역표시 [√] 방호구역표시</td></tr>
<tr><td>화 재 감 지</td><td colspan="2">[√] 자동화재탐지설비 [ ] 그밖의것:</td></tr>
<tr><td>조 작 요 령</td><td>[√] 자동
○ 화재감지
○ 음향경보장치기동
[√] 화재표시경보
[ ] 환기장치정지
[ ] 출입문 등 개구부 자동폐쇄장치 기동
[√] 화재경보 후 소화약제방출장치
작동지연시간 : 30 초
○ 용기개방자동장치
○ 소화약제방출
[√] 개구부 등에 대한 가스압자동폐쇄장치 기동
[√] 소화약제 방출표시등 점등</td><td>[√] 수동
○ 화재 확인
○ 음향경보장치기동
[√] 화재표시경보
○ 기동장치기동
○ 피난확인 후 소화설비기동
[ ] 환기장치 정지
[ ] 출입문 등 자동폐쇄장치 기동
[√] 가스압자동폐쇄장치 기동
[√] 소화약제방출표시등 점등</td></tr>
<tr><td rowspan="6">기 기 등 의
규 격</td><td>용 기</td><td>[√] 고압가스안전관리법에 의한 용기검사 결과</td></tr>
<tr><td rowspan="4">배관재질</td><td>[√] KSD 3562 이음없는 탄소강관 ○SCH: 80</td></tr>
<tr><td>[ ] KSD 5301 이음없는 동·동합금강관 ○SCH:</td></tr>
<tr><td>○관 이음쇠 내압력 : 1차측 4.0 MPa 2차측 2.0 MPa</td></tr>
<tr><td>○밸브류의 내압력 : 16.5 MPa</td></tr>
<tr><td>호 스 릴</td><td>○ 개 ○설치위치: ○내압력 : MPa</td></tr>
<tr><td>비상전원</td><td colspan="2">[ ] 자가발전설비([ ]소방전용발전기 [ ]소방부하겸용 발전기 [ ]소방전원 보존형 발전기 [ ]기타 발전기)
[√] 축전지설비
[ ] 전기저장장치</td></tr>
<tr><td>비고</td><td colspan="2">※ 제품검사서 첨부</td></tr>
</table>

210mm×297mm [백상지(80g/m^2) 또는 중질지(80g/m^2)]

(2) 성능 및 종합정밀점검

(결과 : 양호 ○, 불량 ×, 해당 없음 /)

번호	점 검 항 목	결과
1	저장용기	
	• 설치장소의 표지	○
	• 저장용기([√] 고압식 [ ] 저압식)의 충전비	○
	• 저압식의 경우 안전밸브 및 봉판의 작동압력	/
	• 저압식의 경우 액면계·압력계 및 입력강하경보장치의 기능	/
	• 저압식의 경우 자동냉동장치의 기능	/
	• 내압시험의 합격여부	○
	• 개방밸브의 개방방식([√] 전기식 [√] 가스압력식 [ ] 기계식) 및 자동·수동 개방기능	○
	• 개방밸브의 안전장치의 기능	○
	• 저장용기와 선택밸브(또는 개폐밸브)사이의 안전장치의 작동압력	○
	• 용기 간 간격 적합여부	○
2	소화약제	
	• 소화약제 총저장량	○
	• 전역방출방식의 경우 각 방호구역 체적별 방호대상종류별 소화약제 배정량	○
	• 국소방출방식의 경우 방호공간별·방호대상종류별 소화약제저장량	/
	• 호스릴방식의 경우 노즐별 소화약제 저장량	/
3	기동장치	
	[√] 수동식 기동장치	
	• 방호구역별 또는 방호대상별 설치위치(높이 포함) 및 기능	○
	• 조작부의 보호판 및 기동장치의 표지상태	○
	• 전원 및 위치표시등 상태	○
	• 음향경보장치와 연동기능	○
	• 방출지연비상스위치 작동상태	○
	[√] 자동식 기동장치(자동식기동장치가 설치된 것에 한한다)	
	• 수동기동 기능유무 및 상태	○
	• 전기식 기동장치의 경우 저장용기에 대한 전자개방밸브의 배치 적정여부 및 전자개방밸브의 설치	/
	• 가스압력식 기동장치의 경우 기동용가스용기의 용적·충전압력 및 압력게이지의 적정여부	○
	• 기계식 기동장치의 경우 개방장치의 시험작동상태	/
4	제어반 및 화재표시등	
	• 자동화재탐지설비 수신기로 제어반과 화재표시반을 대신하는 경우 자동화재탐지설비 수신기의 정상 기능유무	○
	• 제어반의 신호수신 방법·상태, 음향경보장치의 작동, 소화약제 방출 및 방출시간 지연등의 기능상태	○
	• 화재표시반의 각 방호구역별 음향경보장치 작동과 감지기작동의 명시표시, 벨 및 부자등 경보기의 기능상태	○
5	• 수동식 기동장치 작동시 화재표시반의 방출 스위치의 작동표시등의 점등상태	○
	• 화재표시반의 소화약제 방출표시등의 설치위치 및 점등상태	○
	• 자동식기동장치방식의 경우 자동·수동 절환기능 절환표시등의 점등상태	○

번호	점 검 항 목	결과
	• 제어반 및 화재표시반의 설치장소·환경 적정여부 및 점검의 용이성 여부 • 제어반 및 화재표시반의 취급설명서의 비치 및 적합여부 • 수동잠금밸브의 개폐여부 확인 표시등 점등상태	○ ○ ○
6	배관등 • 전용여부 • 배관의 종류·규격 및 방식처리의 적정여부 • 동관을 사용하는 경우 내압력의 적정여부 • 2 이상의 방호구역(또는 방호대상물)에 대하여 이산화탄소 저장용기를 공용하는 경우 선택밸브의 배치, 설치장소 적정여부 및 표시상태	 ○ ○ / ○
7	분사헤드 [√] 전역방출방식 • 성능인정 제조업체 공급제품 확인 • 헤드배치 및 설치위치(신속 균일한 확산가능 위치) 적합여부 • 헤드의 방사압력 제조사 매뉴얼의 최소 설계압력값 이상 여부 • 소방대상물(또는 방호대상부분 종류별) 기준 시간내 방사 적합여부 • 분사헤드의 오리피스 구경이 설계프로그램과 일치여부 • 분사헤드의 최대설치높이 이내인지를 제조사 매뉴얼과 확인 • 분사헤드의 최소설치높이와 방호면적이 제조사 매뉴얼과 확인 [ ] 국소방출방식 • 헤드의 설치장소 적합여부 • 헤드의 방사압력 적정여부 • 분사헤드의 오리피스 구경이 설계프로그램과 일치여부 [ ] 호스릴방식 • 방호대상물과 호스접결구의 수평거리 적합여부 • 시간당 방출량 적합여부 • 소화약제저장용기 및 호스릴 설치장소 일치여부 • 소화약제저장용기의 위치표시등 설치 및 점등상태	 ○ ○ ○ ○ ○ ○ ○ / / / / / / /
8	화재감지기(자동식기동장치를 설치하는 경우에 한한다) • 각 방호구역내 화재감지기의 감지에 의한 기동장치 작동여부 • 교차회로(또는 NFSC 203 제7조 제1항 단서 감지기) 설치여부 및 상태 • 화재감지기의 종류, 담당 바닥면적 적합여부	
9	개구부의 자동폐쇄장치 • 환기장치 자동정지기능 적합여부 • 개구부 및 통기구의 자동폐쇄장치 설치 및 기능의 적합여부 • 자동폐쇄장치의 복구장치의 위치 및 표지 적합여부	
10	• 비상전원 확보상태 적합여부 • 방호구역내 상시근무인원의 유무(유·무로 표기) • 공기호흡기 비치여부	
11	음향경보장치 • 화재감지기와 연동하여 자동으로 경보를 발하는 지 여부 • 약제 방사 개시후 방화구역 또는 방호대상물이 있는 구획 안에 있는 자에게 유효하게 1분 이	

번호	점 검 항 목	결과
	상 경보를 발하는 지 여부	
12	배출설비 • 배출설비가 설치되었는 지 여부	
13	과압배출구 • 과압배출구 설치여부	
14	안전시설 등 • 소화약제가 방출알림 시각경보장치 설치여부 • 소화약제 방출 위험경고표지 부착여부	
12	설계프로그램과 일치여부 • 제품검사서와 현장 시공일치여부 확인	

구 분		체절운전	정격운전 (100%)	정격유량의 150% 운전	적정여부
토출량 (L/min)	주	-	3050	4575	1. 체절운전 시 토출압은 정격토출압의 140% 이하일 것(○) 2. 정격운전 시 토출량과 토출압이 규정치 이상일 것(○) 3. 정격토출량 150%에서 토출압이 정격 토출압의 65% 이상일 것(○)
	예비	-	3050	4575	
토출압 (MPa)	주	-	-	-	
	예비	-	-	-	

• 설정압력 :

• 주펌프
기동 : 10 MPa
정지 : 9 MPa

• 보조펌프
기동 : 11 MPa
정지 : 13 MPa

※릴리프밸브 작동 압력 : 1.5 MPa

210mm×297mm [백상지(80g/m^2) 또는 중질지(80g/m^2)]

(3) 방호구역상세서

층 별			PIT 층	PIT 층				
방 호 구 획 명 칭			No.1 변전소	No.2 변전소				
높 이 (m)			1.5	1.5				
면 적 (㎡)			409.00	405.00				
체 적 (㎥)			613.50	607.50				
방호구역 구 조	압력 배 출구크기	벽	200*200*1	200*200*1				
		천장	-	-				
	개 구 부	창	-	-				
		그밖의 것	1.445	1.445				
		문	-	-				
환기장치	방 식	강제급배기	-	-				
		강제배기	-	-				
		자연	○	○				
	폐 쇄 방 식 등	자동정지	-	-				
		자동폐쇄	-	-				
프로그램 방출 시간 (초)			200 초	200 초				
설비소화 약 제 량	산출계수		1.3	1.3				
	수정계수		1.0	1.0				
	기본소화약제량		797.55	789.75				
	개구부증 가량	개구부면적(㎡)	1.445	1.445				
		개구계수	10	10				
		소화약제량	14.45	14.45				
	합계소화약제량		812.00	804.20				
방 출 소 화 약 제 량			812.00	812				
방 출 용 기 수			14	14				
용 기 크 기 (kg/ L)			58 / 87	58 / 87				
배관관계	주 배 관 직 경		32	32				
	헤 드 설 치 높 이		1.0m	1.0m				
	헤 드 형 식		180도	180도				
	헤 드 개 수		4	4				
	오리피스구경(면적)		6.0 6.0 7.0 7.0	6.0 5.8 7.0 7.0				

210mm×297mm [백상지($80g/m^2$) 또는 중질지($80g/m^2$)]

11.3.9 청정소화약제 소화설비 종합정밀점검표

(1) 설치상태개요

<table>
<tr><th colspan="3">항 목</th></tr>
<tr><td>설비방식</td><td colspan="2">[✓] 전역방출방식 [ ] 국소방출방식 [ ] 호스릴방식</td></tr>
<tr><td>약제종별</td><td colspan="2">[ ] FC-3-1-10 [ ] HCFC BLEND A [ ] HCFC-124 [ ] HFC-125
[ ] HFC-227ea [✓] HFC-23 [ ] IG-541 [ ] IG-100 [ ] 그밖의 것:</td></tr>
<tr><td>저장방식</td><td colspan="2">[✓] 축압식: 4.2 MPa [ ] 가압식: MPa</td></tr>
<tr><td>저장용기실</td><td colspan="2">○ 설치위치 : 지상2층 내 ○ 총약제 저장량 : 43kg*2BTL, 43kg*2BTL, 43kg*1BTL</td></tr>
<tr><td>기동방식</td><td colspan="2">[✓] 자동 [✓] 수동전기식 [ ] 수동가스압식 [ ] 그밖의 것:</td></tr>
<tr><td rowspan="3">용 기
개방장치</td><td>전 기 식</td><td>○ 최다개방용기개수: 2BT, 2BT, 1BT ○ 전자개방밸브개수: 1EA</td></tr>
<tr><td>가스압력식</td><td>○기동용기개수: ○최다개방용기개수:</td></tr>
<tr><td>기 계 식</td><td></td></tr>
<tr><td>용기개수등</td><td colspan="2">43 kg/ 68 L , 2개, 2개, 1개 ○ 설치장소 : 지상2층 내</td></tr>
<tr><td>제어반
설치위치</td><td colspan="2">[ ] 제어반: [✓] 화재수신기 겸용 : 건물 방재실</td></tr>
<tr><td>배출조치</td><td colspan="2">[✓] 전용배출기 [ ] 겸용배출기 [ ] 자연배기</td></tr>
<tr><td>방호구역수</td><td colspan="2">1 구역(3구역 동시 방출)</td></tr>
<tr><td>전 원</td><td colspan="2">[✓] 직류 24 V [✓] 교류 220 V ○ 예비전원: DC 24 V 600 AH</td></tr>
<tr><td>음향경보</td><td colspan="2">[ ] 방송 [ ] 모터사이렌 [ ] 벨 [ ] 부저 [✓] 그밖의것 : 전자사이렌</td></tr>
<tr><td>표 시</td><td colspan="2">[✓] 수동기동장치표시 [ ] 선택밸브의 방호구역표시 [✓] 방호구역표시</td></tr>
<tr><td>화재감지</td><td colspan="2">[✓] 자동화재탐지설비 [ ] 그밖의 것:</td></tr>
<tr><td>조작요령</td><td>[✓] 자동
○ 화재감지
○ 음향경보장치기동
[✓] 화재표시경보
[✓] 환기장치정지
[ ] 출입문등 개구부 자동폐쇄장치 기동
[✓] 화재경보후 소화약제방출장치 작동지연시간 : 30 초
○ 용기개방자동장치
○ 소화약제방출
[✓]개구부 등에 대한 가스압자동폐쇄장치 기동
[✓] 소화약제 방출표시등 점등</td><td>[✓] 수동
○ 화재 확인
○ 음향경보장치기동
[✓] 화재표시경보
○ 기동장치기동
○ 피난확인후 소화설비기동
[✓] 환기장치 정지
[ ] 출입문등 자동폐쇄장치 기동
[✓] 가스압자동폐쇄장치 기동
[✓] 소화약제방출표시등 점등</td></tr>
<tr><td rowspan="7">기기등의
규 격</td><td>용 기</td><td>[✓] 고압가스안전관리법에 의한 용기검사결과</td></tr>
<tr><td rowspan="5">배관재질</td><td>[✓] 최소사용설계압력 : 7.6 MPa</td></tr>
<tr><td>[✓] KSD 3562 ○SCH: 1차측 : 40 2차측 : 40</td></tr>
<tr><td>○ 관 이음쇠 내압력 : 1차측 9.976 MPa 2차측 9.976 MPa</td></tr>
<tr><td>○ 선택밸브의 내압력 : MPa 본체강도압력 : MPa
기밀시험압력 : MPa (형식승인번호 : mm.)</td></tr>
<tr><td></td></tr>
<tr><td>호 스 릴</td><td>○ 개</td></tr>
<tr><td>비상전원</td><td colspan="2">[ ] 자가발전설비([ ]소방전용발전기 [ ]소방부하겸용 발전기 [ ]소방전원 보존형 발전기 [ ]기타 발전기)
[✓] 축전지설비
[ ] 전기저장장치</td></tr>
<tr><td>비 고</td><td colspan="2">※ 선택변 형식번호는 가장 많이 사용된 구경 1개 기재, 제품검사서 첨부</td></tr>
</table>

210mm×297mm [백상지(80g/m^2) 또는 중질지(80g/m^2)]

(2) 성능 및 종합정밀점검

(결과 : 양호 ○, 불량 ×, 해당 없음 /)

번호	점 검 항 목	결과
1	저장용기	
	• 설치장소의 환경 적정 여부(방호구역외 보관시)	○
	• 설치장소의 표지	○
	• 저장용기의 충전비, 충전압력, 설계압력의 적정 여부	○
	• 약제명등 표시의 적정 여부	○
	• 동일 집합관에 접속되는 저장용기의 충전비 적정 여부	○
	• 충전량 및 충전압력의 확인구조 적정 여부	○
2	소화약제	
	• 소화약제 총저장량 적정 여부	○
	• 전역방출방식의 경우 각 방호구역 체적별 방호대상종류별 소화약제 적정 여부	○
	• 국소방출방식의 경우 방호공간별 · 방호대상종류별 소화약제저장량 적정 여부	/
	• 호스릴방식의 경우 노즐별 소화약제저장량 적정 여부	/
3	기동장치	
	[√] 수동식기동장치	
	• 방호구역별 또는 방호대상별 설치위치(높이 포함)및 기능	○
	• 조작부의 보호판 및 기동장치의 표지상태	○
	• 전원 및 위치표시등 상태	○
	• 음향경보장치와 연동기능	○
	• 방출지연비상스위치의 기능	○
	[√] 자동식기동장치(자동식기동장치가 설치된 것에 한한다)	
	• 수동기동 기능유무 및 상태	○
	• 전기식 기동장치의 경우 저장용기에 대한 전자개방밸브의 배치 적정여부 및 전자개방밸브의 설치	○
	• 가스압력식 기동장치의 경우 기동용가스용기 및 밸브의 내압력 적정여부	○
	• 가스압력식 기동장치의 경우 기동용가스용기의 용적 · 충전량 · 충전비 및 안전밸브의 적정여부	○
	• 기계식 기동장치의 경우 개방장치의 시험작동상태	○
4	제어반 및 화재표시등	
	• 자동화재탐지설비 수신기로 제어반과 화재표시반을 포함하는 경우 자동화재탐지설비 수신기의 정상 기능유무	○
	• 제어반의 신호수신 방법 · 상태, 음향경보장치의 작동, 소화약제 방출 및 방출시간 지연등의 기능상태	○
5	• 화재표시반의 각 방호구역별 음향경보장치의 작동기능, 감지기작동 명시표시, 벨 및 부자등 경보기의 기능상태	○
	• 수동식 기동장치 작동시 화재표시반의 방출 스위치의 작동표시등의 점등상태	○
	• 화재표시반의 소화약제 방출표시등의 설치위치 및 점등상태	○
	• 자동식기동장치방식의 경우 자동 · 수동 절환기능 절환표시등의 점등상태	○
	• 제어반 및 화재표시반의 설치장소 · 환경 적정여부 및 점검의 용이성 여부	○
	• 제어반 및 화재표시반의 취급설명서의 비치 및 적합여부	○
6	배관등	

번호	점 검 항 목	결과
	• 전용여부 • 배관의 종류·규격 및 방식처리의 적정여부 • 동관을 사용하는 경우 내압력의 적정여부 • 선택밸브의 적합여부(최소사용설계압력이상 여부) 및 표시상태	○ ○ ○ ○
7	분사헤드 [ ] 전역방출방식 • 성능인정 제조업체 공급제품 확인 • 헤드배치 및 설치위치(신속 균일한 확산가능 위치) 적합여부 • 헤드의 방사압력 제조사 매뉴얼의 최소설계압력값 이상 여부 • 소방대상물(또는 방호대상부분 종류별) 기준시간내 방사압력 적합여부 • 분사헤드의 오리피스구경이 설계프로그램과 일치여부 • 분사헤드의 최대설치높이 이내인지를 제조사 매뉴얼과 확인 • 분사헤드의 최소설치높이와 방호면적이 제조사 매뉴얼과 적합한지를 확인 [ ] 국소방출방식 • 헤드의 설치장소 적합여부 • 기준시간내 방사완료 가능여부 • 헤드의 방사압력 적정여부 [ ] 호스릴방식 • 방호대상물과 호오스접결구의 수평거리 적합여부 • 시간당 방출량 적합여부 • 소화약제저장용기 및 호스릴 설치장소 일치여부 • 소화약제저장용기의 위치표시등 설치 및 점등상태	 ○ ○ ○ ○ ○ ○ ○ / / / / / / /
8	화재감지기(자동식기동장치를 설치하는 경우에 한한다) • 각 방호구역내 화재감지기의 감지에 의한 기동장치 작동여부 • 교차회로(또는 NFSC 203 제7조제1항 단서 감지기) 설치여부 및 상태 • 화재감지기의 종류 적합여부	 ○ ○ ○
9	개구부의 자동폐쇄장치 • 환기장치 자동정지기능 적합여부 • 개구부 및 통기구의 자동폐쇄장치 설치 및 기능의 적합여부 • 자동폐쇄장치의 복구장치의 위치 및 표지 적합여부	 ○ / /
10	• 비상전원 확보상태 적합여부 • 방호구역 내 상시근무인원의 유무(유·무로 표기)	○ 무
11	음향경보장치 • 화재감지기와 연동하여 자동으로 경보를 발하는 지 여부 • 약제 방사 개시 후 방화구역 또는 방호대상물이 있는 구획 안에 있는 자에게 유효하게 1분 이상 경보를 발하는 지 여부	 ○ ○
12	과압배출구 • 과압배출구 설치여부	 ○
13	설계프로그램과 일치여부 • 제품검사서와 현장 시공일치여부 확인	 ○

210mm×297mm [백상지(80g/m^2) 또는 중질지(80g/m^2)]

(3) 방호구역상세서

층 별			지상2층	지상2층	지상2층			
방 호 구 획 명 칭			MRI(1)	MRI(2)	기계실			
높 이 (m)			2.52	2.52	3.20			
면 적 (m^2)			44.58	44.73	24.16			
체 적 (m^3)			112.3	112.7	77.3			
방호구역 구 조	압력 배 출구크기	벽	400X400	300X300	300X300			
		천장	-	-	-			
	개 구 부	창	-	-	-			
		그밖의 것	-	-	-			
		문	-	-	-			
환기장치	방 식	강제급배기	○	○	○			
		강제배기	-	-	-			
		자연	-	-	-			
	폐 쇄 방 식 등	자동정지	○	○	○			
		자동폐쇄	○	○	○			
프로그램 방출 시간(초)			7.2	7.8	7.0			
설비소화 약 제 량	소화농도		11.64	11.64	11.64			
	설계농도		13.97	13.97	13.97			
	필요소화약제량		59.48	59.68	40.94			
	방출소화약제량		86	86	43			
	인명 안전	사람 상주 여부	비상주	비상주	비상주			
		최대허용설계농도	30%	30%	30%			
		방사후 농도	20.7%	20.6%	15.9%			
용기 크기 (kg/ L)(m^3/ L)			43kg/68L	43kg/68L	43kg/68L			
방 출 용 기 수			2	2	1			
용 기 크 기 (kg/ L)			43kg/68L	43kg/68L	43kg/68L			
배관관계	주 배 관 직 경		50A	50A	40A			
	헤 드 설 치 높 이		2.28	2.08	1.4			
	헤 드 형 식		하향	하향	하향			
	헤 드 개 수		1	1	1			
	오리피스구경(면적)		IOS도면 참조	IOS도면 참조	IOS도면 참조			

210mm×297mm [백상지(80g/m^2) 또는 중질지(80g/m^2)]

11.3.10 옥외소화전설비 종합정밀점검표

(1) 설치상태개요

항 목			
주된 수원	종 별		[ ]일반수조 [ ]고가수조 [ ]압력수조 [ ]가압수조 [√]그밖의 것 : 옥외 저수조
	위 치		ㅇ설치장소 [ ]지하 [ ]지상 [ ]옥상 [√]그밖의 것 : 옥외 저수조 ㅇ펌프흡입방식에 의한 분류 [ ]부압흡입방식의 저수조 [✓]정압흡입방식의 저수조
	수 량		ㅇ유효수량: 14 ㎥ [✓]전용 [ ]겸용(설비)
가압 송수 장치	설치위치	지상1층 펌프실	압력조정장치 [✓] 유 [ ] 무
	펌프 방식	펌 프 전동기	[ ]전용 [✓]겸용 ㅇ토출량: 2000 L/min(옥내+옥외) ㅇ전양정: 100 m ㅇ토출구경 : 150 mm ㅇ출력: 75 kw
		물올림장치	ㅇ유효수량: ㅇ급수관: A
		기동장치	[ ]압력챔버 ㅇ용량: L 사용압력: MPa [√]기동용압력S/W [[ ]부르동관식[√]압력검지신호제어장치(전자식) [ ]그 밖의 것]
	고가수조방식		ㅇ유효낙차: m
	가압수조방식		ㅇ수조용량: ㅇ수조의 가압압력 MPa ㅇ압력방식: ㅇ가압원
	압력탱크방식		ㅇ가압압력: MPa ㅇ용량: L ㅇ에어콤프레샤 용량 : ㎥/min ㅇ동력: kw
보조용고가(옥상)수조			ㅇ 예비펌프 설치됨 (내연기관-엔진펌프) (4000 L/min,100m, 160 KW)
소화전			ㅇ총 설치개수: 7 개 ㅇ소화전함의 설치개수: 7 개
표시등	위치표시등		[√]전용 [ ]자동화재탐지설비와 겸용(점멸)
	기동표시등		[ ]220V [√]24V
배관	배관	입상관	[√]직경: 200 A [ ]전용 [√]겸용
		재 질	[ ] KSD 3562 [ ] KSD 3507 [√] 그밖의 것 : HDPE
	이음		[√]용접 [ ]그루브 [ ]프랜지 [ ]그밖의 것:
	밸브	개폐밸브	[√]규격: 200, mm 2.0 MPa
		체크밸브	[ ]규격: mm MPa
		그밖의 것	
	방식조치		[ ]방식테이프감기 [ ]라이닝관 [ ]방청도장 [√] 그밖의 것: 광명단도장
배선	비상전원회로		[√]내화전선 [√]전선관매설 [ ]그밖의 것:
	조 작 회 로		[√]내열전선 [√]전선관노출 [√]전선관매설 [ ]그밖의 것:
비 고			

210mm×297mm [백상지(80g/m²) 또는 중질지(80g/m²)]

(2) 성능 및 종합정밀점검

(결과 : 양호 ○, 불량 ×, 해당 없음 /)

번호	점 검 항 목	결과
1	수원 • 주된 수원의 저수량	 ○
2	수조 • 점검의 편의성 • 동결방지조치(또는 동결 우려 없는 장소의 환경)상태 • 수위계(또는 수위확인 조치) • 수조 외측사다리(바닥보다 낮은 경우 제외) • 조명설비(또는 채광상태) • 배수밸브 또는 배수관(개폐조작 및 부식상태) • "옥외소화전용 수조"의 표지 설치상태 • 수조내부 청소상태 및 방청조치 • 다른 설비와 겸용의 경우 후드밸브 또는 흡수구의 위치	 ○ ○ ○ ○ ○ ○ ○ ○ /
3	가압송수장치 • 펌프설치장소의 점검편의성 및 화재 · 침수등 재해방지환경 • 동결방지조치(또는 동결의 우려가 없는 장소의 환경)상태 • 옥외소화전 동시상용시 방수압 및 방수량 • 다른 설비와 펌프를 겸용하는 경우 소화용으로 사용시 장애 발생여부 • 기동스위치 또는 수압개폐장치의 기능 • 펌프성능시험배관 상태(유량계 용량 포함) • 펌프 흡입측 연성계 · 진공계 및 토출측 압력계 설치상태 • 수온상승방지 밸브 설치위치 · 배관규격, 그 밖의 설치상태 및 릴리프밸브 개방압력 • 충압펌프용량 · 양정 및 "옥외소화전용 충압펌프"의 표지 설치상태 • 물올림장치 용량 · 배관 및 보급수 보급상태 • 물올림장치의 감수시 자동급수 및 저수위 경보작동상태 • 내연기관의 경우 기동장치 및 축전지 상태 • 가압송수장치의 "옥외소화전펌프"의 표지 설치상태 • 고가수조의 경우 맨홀·배수관·수위계·낙차 · 급수관 및 오버플로우관의 상태 • 압력수조의 경우 수조의 내용적 · 내용적과 저수량의 비율 · 가압가스의 평상시 수위계 · 급수관 · 배수관·급기관·맨홀 · 압력계 · 안전장치 및 압력저하방지장치 설치상태 • 가압수조의 경우 수위계, 급수관, 배수관, 급기관, 압력계, 안전장치 및 기동장치 설치 상태 • 가압수조의 경우 방화구획 여부	 ○ ○ ○ ○ ○ ○ ○ ○ ○ / / ○ ○ / / / /
4	배관 및 밸브류 • 배관의 재질 • 다른 설비와 급수배관을 겸용하는 경우 소화용으로의 사용시 장애 발생여부 • 흡입측 배관의 공기고임방지조치 및 여과장치 상태 • 토출측 배관의 유속 • 주배관 및 가지배관의 구경	 ○ ○ ○ ○ ○
5	• 동결방지조치(또는 동결우려가 없는 장소의 환경)상태 • 개폐표시형밸브의 종류 · 설치위치 및 기능	○ ○

번호	점 검 항 목	결과
	• 다른 설비의 배관과의 구분방식 및 상태	○
	• 입상배관의 지지 및 수평배관의 행가의 배치간격 · 설치상태	○
	• 후드밸브의 기능의 적정여부	○
	• 체크밸브의 종류 · 규격 · 설치위치 및 상태	○
	• 배관시공의 적정여부	○
6	함 등	
	• 함의 재질 · 두께	○
	• 문의 크기 · 표지 및 개방의 용이성 및 장애물 설치여부등 사용상의 편의상태	○
	• 기동스위치 방식의 경우 그 위치 및 기능	/
	• 방수구의 규격 · 수평거리 · 높이 및 밸브조작의 부드러움등 사용상의 편의성	○
	• 방수압력이 0.7MPa 초과하는 경우 감압조치	/
	- 감압조치한 방수구의 위치 :	
	- 감압조치후 방수압력 :	
	• 방수구와 호스의 접결상태, 호스의 구경 · 적재상태(긴급사용 편의) 및 설치개수	○
	• 호스와 관창의 접결상태 적합여부	○
	• 표시등의 설치상태	○
7	제어반	
	[감시제어반]	
	• 각 펌프의 작동표시등 및 음향경보기능 상태	○
	• 각 펌프의 자동 및 수동으로의 작동 및 중단기능	○
	• 수조 또는 물올림탱크의 저수위 표시 및 경보기능	○
	• 비상전원이 있는 경우 상용 및 비상전원 공급여부 확인	○
	• 예비전원 확보상태 및 적합여부 시험기능	○
	• 전용실을 설치하는 경우 그 장소 위치 · 방화구획 · 조명 · 급배기설비 · 무선통신기기 접속단자 · 최소면적 및 정리상태	○
	• 모든 확인회로의 도통 · 작동시험기능 및 결과	○
	• 설치장소의 점검의 편의성 및 화재 · 침수등 재해방지환경	○
	• 다른 설비와 제어반을 겸용하는 경우 소화용으로의 사용시 장애 발생여부	○
	• 각 배선의 절연저항	
	[동력제어반]	○
	• 소방용으로의 표시	○
	• 외함의 재료, 두께 및 강도등	○
	• 설치장소 및 위치	○
	• 각 펌프의 작동표시등	○
	• 각 펌프의 자동 또는 수동의 작동 및 중단기능	○
	• 각 배선의 절연저항	○
8	배선	
	• 비상전원으로부터 동력제어반 및 가압송수장치에 이르는 전원회로의 내화배선 공사의 종류 및 상태	○
	• 그밖의 전기회로의 배선공사의 종류 및 상태	○
	• 사용전선의 종류별 규격	○
	• 각 배선의 전기설비기술기준에의 적합여부	○

<table>
<tr><th>번호</th><th colspan="7">점 검 항 목</th><th>결과</th></tr>
<tr><td>9</td><td colspan="7">전동기
• 베이스에 고정 및 커플링 결합상태
• 원활한 회전 여부(진동 및 소음 상태)
• 본체의 방청상태</td><td>○
○
○</td></tr>
<tr><td rowspan="7">12</td><td colspan="8">※ 펌프성능시험결과표(펌프 명판 및 설계치 참조)</td></tr>
<tr><td colspan="2">구 분</td><td>체절 운전</td><td>정격운전 (100%)</td><td>정격유량의 150% 운전</td><td colspan="2">적정여부</td><td rowspan="5">• 설정압력:
• 주펌프
기동: 0.45MPa
• 예비펌프
기동: 0.4MPa
• 충압펌프
기동: 0.55 MPa
정지: 0.7 MPa</td></tr>
<tr><td rowspan="2">토출량 (L/min)</td><td>주</td><td>-</td><td>2000</td><td>3000</td><td colspan="2" rowspan="4">1. 체절운전 시 토출압은 정격토출압의 140% 이하일 것(○)
2. 정격운전 시 토출량과 토출압이 규정치 이상일 것(○)
3. 정격토출량 150%에서 토출압이 정격 토출압의 65% 이상일 것(○)</td></tr>
<tr><td>예비</td><td>-</td><td>4000</td><td>6000</td></tr>
<tr><td rowspan="2">토출압 (MPa)</td><td>주</td><td>1.4</td><td>1</td><td>0.69</td></tr>
<tr><td>예비</td><td>1.4</td><td>1</td><td>0.69</td></tr>
<tr><td colspan="8">※ 릴리프밸브 작동 압력 : 1.2 MPa</td></tr>
</table>

1. 옥외소화전설비 단위별로 작성한다.
2. 방수압력의 특정은 관창의 형식승인 및 제품검사의 기술기준의 직사형관창(호칭 25)을 사용하여 방수시 그 관창 선단에서의 피토게이지압력으로 한다.

210mm×297mm [백상지(80g/m^2) 또는 중질지(80g/m^2)]

11.3.11 자동화재탐지설비 종합정밀점검표

(1) 설치상태개요

항 목							
감 지 기 ○설치개수: 472개 (자탐: 320개, 기타: 112개 가스: 40개)	차 동 식		정 온 식		복 합 형		
	스포트형	분 포 형	스포트형	감지선형	열연복합형	열복합형	연복합형
	[√] 2 종 60 개 [√]방수 [√] 2 종(가스) 4 개 [√]비방수	[ ] 종 m 개 [ ] 종 m 개	[ ] 종 ℃ 개 [ ]방수, [ ]방식,	[ ] 종 m 개 [ ] 종 m 개	[ ]차동식스포트·이온화식복	[ ]차동식스포트·정온식스포트 복합: 개	[ ]이온화식·광전식 복합 : 개
	연 기 감 지 기		광 전 식 분 리 형	아나로그식감지기		불꽃감지기	그밖의 것 (공기흡입형)
	광 전 식	이 온 화 식		열감지기	연기감지기		
	[√] 2종 [ ]축 개 [√]비축(가스) 36 개	[ ] 종 [ ]축 개 [ ]비축 개	[ ] 종 [ ]축 개 [ ]비축 개 [ ] 종 [ ]축 개 [ ]비축 개	작동온도 30℃에서 90℃까지 [ ] 특수 [ ] 종 13개	감지농도 5%/m에서 15%/m까지 247개	[ ]옥내형 개 [ ]자외선 [ ]적외선 [ ]병용 [ ]복합	개
중 계 기	4 회선 [(형식번호 중16-5호) 예비전원([√] 무 [ ] 유 DC V AH)]						
발 신 기	P형 1급 [√] 비방수형 38개 [ ] 방수형 개						
수 신 기	○ R 형 1 급 / 3,048회로 [√] 비축적식 [√]축적식 [ ] 다신호식 [√] 아나로그식 ○ 형식번호 : 수18-12호, 수 - 호, ○ 설치장소 : 주3동 2층 공무사무실 ○ 예비전원 : DC24V (DC12V / 7Ah X 2) 연축전지						
부수신기	자체제작 / 회선 ○ 설치장소 : 층						
음향장치	주 음 향 장 치			지 구 음 향 장 치			
	○ 기기 [ ] 벨 [ ]사이렌 [√] 그밖의 것 벨(스피커) 직경: mm 1개 정격 DC24V 50㎃			○ 기기 [√] 벨 [ ]사이렌 [ ] 시각경보기 [ ] 그밖의 것 벨(스피커) 직경: 120mm 38개 시각경보기 개 정격 DC 24 V 50 ㎃			
배 선	○ 상용전원회로 [ ] 노출케이블 [√] 전선관 노출 [√] 전선관 매설 [ ] 그밖의 것: ○ 비상전원회로 [√] 내화전선 [√] 전설관 매설 [ ] 그밖의 것 : ○ 조작회로 [√] 내열전선 [√] 전선관 노출 [√] 전선관 매설 [ ] 그밖의 것: ○ 약전회로 [ ] 노출케이블 [√] 전선관 노출 [√] 전선관 매설 [ ] 그밖의 것:						
비상전원	[ ] 축전지 설비 [ ] 거치 [√]내장 [√] 용량 24 V 7 AH X 2						
관련설비	[√] 소화설비 (청정소화약제설비)연동 , [√]방송설비 연동 [ ] 그밖의 것 :						
비 고	※ 자동화재탐지설비 외 방화셔터 감지기(아나로그 연기식 50개, 아나로그 열 50개, 차동식열 12개)						

210mm×297mm [백상지(80g/m²) 또는 중질지(80g/m²)]

(2) 성능 및 종합정밀점검결과

(결과 : 양호 ○, 불량 ×, 해당 없음 /)

번호	점 검 항 목	결과
1	경계구역	
	• 경계구역의 동별 · 층별구분 상태	○
	• 경계구역의 면적 · 길이 적합여부	○
	• 감지기와 자동소화설비 및 화재감지기를 병용하는 경우 경계구역의 일치여부	○
2	수신기	
	• 수신기의 종류 및 규격	○
	• 비화재보 방지기능	○
	• 음향기구의 음색 · 음량 및 소음과의 구별여부	○
	• 감지기(또는 중계기) 또는 발신기 작동의 구분 및 경계구역 표시	○
	• 다른 방재설비반과의 연동기능	○
	• 경계구역당 하나의 표시등 배치상태	○
	• 조작스위치의 높이	○
	• 수신기가 2 상 설치된 경우 상호간 연동하여 화재발생 상황확인 가능	○
3	중계기	
	• 설치장소 및 회로상의 설치위치	○
	• 과전류 차단장치 · 상용전원 및 예비전원의 확보 및 기능	○
	• 도통시험 및 예비전원 시험기능 및 그 결과	○
4	감지기	
	• 부착높이별로 설치된 감지기의 종류	○
	• 환기불량장소 · 실내용적이 협소한 장소에 설치된 감지기의 종류 또는 비화재보 방지 기능	○
	• 계단 · 경사로 · 복도 등의 연기감지기 설치상태	○
	• 감지기와 공기유입구의 거리	○
	• 감지기 배치상태 및 설치수량의 적정여부	○
	• 연기감지기의 경우 벽 또는 보로부터의 거리	○
	• 감지기 설치제외 장소 적합여부	○
5	음향장치	
	• 주음향장치의 설치위치	○
	• 발화층등 우선 경보기능 및 상태	○
	• 지구음향장치의 배치거리	○
6	시각경보 장치	
	• 변형 · 손상 · 탈락 · 현저한 부식 등의 유무	/
	• 바닥으로부터 2m 상 2.5m 하의 장소에 설치여부	/
	• 복도 · 통로 · 청각장애인용 객실 및 공용으로 사용하는 거실에 설치여부	/
	• 각 부분에 유효하게 경보를 발할 수 있는 위치에 설치여부	/
	• 감지기 또는 발신기 동작시 정상작동 여부	/
7	발신기	
	• 설치높이, 거리 및 조작의 편의성등 설치장소 환경	○
	• 감지회로상의 설치위치	○

번호	점 검 항 목	결과
	• 층별 수평거리 • 위치표시등	○ ○
8	전원 및 배선 • 상용전원 및 예비전원의 확보여부 • 전원개폐기의 자동화재탐지설비의 용도표시 상태 • 배선별 공사의 종류 및 배선상태 • 감지회로 배선의 적합여부 • 종단저항의 점검 편의성등 설치높이・장소환경 및 감지기회로상의 위치 • 배선별 공사의 종류 및 배선상태 • 공통선에 접속되는 경계구역회로 개수 • 각 배선의 절연저항은 전기사업법 제67조의 규정에 따른 기술기준에 적합여부	 ○ ○ ○ ○ ○ ○ ○ ○

1.자동화재탐지설비 단위별로 작성한다.
2.비고란에는 설치된 소방시설에 대하여 이 표의 시험항목대로 기재하기 곤란하거나 이 표의 시험 항목에서 누락된 항목을 기재한다.

210mm×297mm [백상지(80g/m^2) 또는 중질지(80g/m^2)]

11.3.12 비상방송설비 종합정밀점검표

(1) 설치상태개요

항 목		
방송설비	방 식	[ ] 전 용 [√]업무겸용 회선수 : 7 회선
	증 폭 기	○ 형명 : 에카스 EPA-2403 ○정격출력 : 400W 3개 ○ 설치장소 : 주3동 2층 공무 사무실
	경보방식	○방송구분 [√] 전층경보 [ ] 우선경보 ○설치장소 : 지상2층
	원격조작기	[ ] 유 [√] 무 ○ 형식 : ○ 인정번호 :
	기동장치	[ ] 누름스위치 [ ] 발신기 [√] 자동화재탐지설비와 연동 [ ] 기타
	비상전화	[ ] 유 [√] 무
	자동방송	[√] 유 [ ] 무 ○기동방식 [ ] 누름스위치 [ ] 발신기와 연동 [√] 자동화재탐지설비와 연동 [ ] 수동조작반
	스 피 커	[√] 2선식 [ ] 3선식 ○ 음량조정기 [ ] 유 [√] 무 ○ 설치방식 [√] 벽걸이 [√] 매입 [ ] 그밖의 것 : ○ 스피커형식 [√] 벽부형 3W 5개 [√] 벽부형 10W 47개 [√] 천정형 3W 54개
비상전원	[ ] 전용수전설비 AC V [√] 축전지 설비 [ ] 거치 [√] 내장 [√] 용량 12 V 200 AH	
배선	○ 상용전원회로 [ ] 노출케이블 [√] 전선관 노출 [√] 전선관 매설 [ ] 그밖의 것: ○ 비상전원회로 [√] 내화전선 [√] 전설관 매설 [ ] 그밖의 것 : ○ 경보회로 [√] 내열전선 [√] 전선관 노출 [√] 전선관 매설 [ ] 그밖의 것: ○ 약전회로 [ ] 노출케이블 [√] 전선관 노출 [√] 전선관 매설 [ ] 그밖의 것:	
비고		

210mm×297mm [백상지(80g/m²) 또는 중질지(80g/m²)]

(2) 성능 및 종합정밀점검

(결과 : 양호 ○, 불량 ×, 해당 없음 /)

구분	점 검 항 목	결과
1	비상방송설비	
	• 증폭기 및 조작부 설치위치의 적합여부	○
	• 조작부의 작동한 층, 구역표시	○
	• 확성기의 음성입력 적합여부	○
	• 확성기의 설치위치 및 수평거리	○
	• 확성기에 음량조정기를 설치한 경우 배선의 적합여부	/
	• 우선경보 및 경보를 발하는 구조의 적합여부	○
	• 다른 방송설비와 겸용인 경우 다른 방송 차단 여부	○
	• 다른 전기회로에 대한 유도장애 발생여부	○
	• 2 이상 조작부를 설치한 경우 상호 동시통화 여부	/
	• 2 이상 조작부를 설치한 경우 전구역 방송 여부	/
	• 기동장치 조작후 방송개시 소요시간의 적합여부	○
	• 배선의 전기설비기술기준에 적합여부	○
	• 하나의 층에 단락, 단선시 다른 층의 화재통보 적합여부	○
	• 배선 종류 및 설치방법의 적합여부	○
	• 배선의 절연저항의 적합여부	○
	• 음향장치의 경보 및 음량의 적합여부	○
	• 자동화탐지설비 작동과 연동 적합여부	○
	• 상용전원 및 예비전원의 적합여부	○
비고		

210mm×297mm [백상지(80g/m²) 또는 중질지(80g/m²)]

11.3.13 피난기구 및 인명구조기구 종합정밀점검표(해당사항 없음)

(1) 설치상태개요

항 목									
대상물 개 요	층	3층							합계
	용 도	공장							
	무창층여부								
	수 용 인 원								
피난 기구 설치	기준설치개수								
	감 면 수								
	감면대상사항								
	피난사다리								
	완강기	1							1
	다수인피난장비								
	승강식피난기								
	미끄럼대								
	피난교								
	피난용트랩								
	구조대								
	간이완강기								
	공기안전매트								
인명 구조 기구	방화복/방열복								
	공기호흡기								
	인공소생기								
	대상물의 용도	[ ] 5층이상 병원 [ ] 7층이상 관광호텔 [ ] 이산화탄소소화설비 설치대상 [ ] 지하역사 · 백화점 · 대형점 · 쇼핑센타 · 지하상가 · 영화상영관							

설 치 위치등	피난기구종별	완강기	다수인피난장비	승강식피난기	피난사다리
	개구부의 크기 (가로x세로x높이) (cm)	세로 300 cm 가로 200 cm 높이 120 cm	규격 :	세로 cm 가로 cm (직경: cm)	세로 cm 가로 cm (직경: cm)
	조작시필요면적확보	[√]유 [ ]무		대피실면적:	대피실면적:
	고 정 부 재 료	[ ] 강재 [ ] 와이어로프 [√] 볼트 [ ] 그밖의 것 :			
	고 정 방 법	[ ] 용접 [ ] 훅걸이 [√] 앵커 [ ] 그밖의 것 :			
비 고					

210mm×297mm [백상지(80g/m²) 또는 중질지(80g/m²)]

(2) 성능 및 종합정밀점검

(결과 : 양호 ○, 불량 ×, 해당 없음 /)

번호	점 검 항 목	결과
1	[공통사항]	
	• 피난기구의 적응성 적합여부	○
	• 용도별, 바닥면적별 설치개수 적합여부	○
	• 피난용 개구부의 피난, 소화활동상 유효성 적합여부	○
	• 피난용 개구부의 동일직선상이 아닌지 여부	○
	• 기구의 부착방법 적합여부	○
	• 피난기구의 표지 및 사용방법 표지	○
	• 피난기구의 설치제외 및 감소를 적용한 경우 적합여부	/
2	고정식사다리, 완강기, 미끄럼대, 구조대	
	• 고정식사다리인 경우 노대설치 여부	/
	• 완강기인 경우 로프 손상방지 및 길이의 적합여부	○
	• 미끄럼대인 경우 안전강하 및 전락방지 조치 적합여부	/
	• 구조대인 경우 안전강하 및 전락방지 조치 적합여부	/
3	승강식피난기, 피난사다리	
	• 구동장치 외장 커버의 봉인상태등 적정여부	/
	• 구동부 이상음 발생등 기능상 적정여부	/
	• 하강구내측에 금속구등 장애요소 적정여부	/
	• 대피실의 면적과 하강구 크기 적정여부	/
	• 비상제어장치, 안전 손잡이 적정여부	/
	• 레일, 로프의 휨이나 변형 등의 적정여부	/
	• 대피실 방화구획 및 출입문의 적정여부	/
	• 대피실 비상조명등의 적정여부	/
	• 각종 표지판(층의 위치표시와 사용설명서 및 주의사항 표지판)의 적정여부	/
4	다수인피난장비	
	• 보관실의 돌출 등 적정여부	/
	• 상 · 하층에 설치시 탑승기 하강경로의 중첩 여부	/
	• 보관실 문 오작동 방지조치와 문 개방 시 경보설비와 연동 및 경보음 발보 여부	/
5	인명구조기구	
	• 설치개수의 적합여부	/
	• 기구보관장소의 화재시 반출 용이성	/
	• 표지설치 적합여부	/
비고		

210mm×297mm [백상지(80g/m^2) 또는 중질지(80g/m^2)]

11.3.14 유도등 및 유도표지 종합정밀점검표

(1) 설치상태개요

<table>
<tr><th colspan="4">항 목</th></tr>
<tr><td rowspan="13">유 도 등</td><td rowspan="3">[√] 피난구유도등</td><td>[ ] 대형</td><td>개</td></tr>
<tr><td>[√] 중형</td><td>167개</td></tr>
<tr><td>[ ] 소형</td><td>개</td></tr>
<tr><td rowspan="3">[√] 거실통로유도등</td><td>[ ] 대형</td><td>개</td></tr>
<tr><td>[√] 중형</td><td>31개</td></tr>
<tr><td>[ ] 소형</td><td>개</td></tr>
<tr><td rowspan="3">[√] 복도통로유도등</td><td>[ ] 대형</td><td>개</td></tr>
<tr><td>[ ] 중형</td><td>개</td></tr>
<tr><td>[√] 소형</td><td>11개</td></tr>
<tr><td>[√] 계단통로유도등</td><td></td><td>14개</td></tr>
<tr><td>[ ] 객석 유도등</td><td></td><td>개</td></tr>
<tr><td>[√] 점등방식</td><td></td><td>[√] 상시 점등
[ ] 자동화재탐지설비의 화재신호로 점등</td></tr>
<tr><td colspan="3">[ ] 유도음 발생 장치 부착</td></tr>
<tr><td rowspan="2">유도표지</td><td>[ ] 피난구</td><td colspan="2">개</td></tr>
<tr><td>[ ] 통로</td><td colspan="2">개</td></tr>
<tr><td rowspan="2">피난
유도선</td><td>[ ] 축광방식</td><td colspan="2">개</td></tr>
<tr><td>[ ] 광원점등방식</td><td colspan="2">설치 층(장소)</td></tr>
<tr><td>비고</td><td colspan="3">※ 가. 설치상태개요 및 나 성능 및 점검항목은 1차 임시사용승인물량 + 금회물량 포함된 내용임.</td></tr>
</table>

※ 피난유도선은 층별 설치 시, 설치 된 층 표기

210mm×297mm [백상지(80g/m²) 또는 중질지(80g/m²)]

(2) 성능 및 종합정밀점검

(결과 : 양호 ○, 불량 ×, 해당 없음 /)

구분	점 검 항 목	결 과
유도등	○ 점검스위치, 퓨우즈류, 결선접속(변형, 손상, 단선, 단자의 풀림 등)	○
	○ 외함표시면(외형, 시각장애, 표시)	○
	○ 광원(빛의 번쩍임, 그림자 유무, 정상 점등 여부)	○
	○ 비상전원(기능의 정상 여부)	○
유도표지	○ 외형(크기,변형, 손상, 탈락, 부식 유무)	/
	○ 시각장애(규정된 높이, 적정위치, 장애물 등으로 인한 시각장애 유무)	/
	○ 채광(식별이 가능한 충분한 채광유무)	/
피난유도선	○ 설치장소 적합여부	/
	○ 설치위치 및 설치간격 적합여부	/
	○ 채광(식별이 가능한 충분한 채광유무)	/
	○ 비상전원(기능의 정상 여부)	/
	○ 수신기와 연동관계	/
	○ 제어부 설치위치	/
	○ 정상점등 여부	/

210mm×297mm [백상지(80g/m²) 또는 중질지(80g/m²)]

11.3.15 비상조명등 종합정밀점검표

(1) 설치상태개요

<table>
<tr><th colspan="5">항 목</th></tr>
<tr><td rowspan="4">비상조명등</td><td>설치장소</td><td colspan="2">설치수량</td><td>조명도
[LUX]</td></tr>
<tr><td>B3~B1</td><td colspan="2">41개</td><td>1 LUX 이상</td></tr>
<tr><td>1~16층</td><td colspan="2">675개</td><td>1 LUX 이상</td></tr>
<tr><td>비상전원</td><td colspan="3">[ ] 자가발전설비 [ ]축전지설비 [√] 내장형</td></tr>
<tr><td rowspan="3">휴 대 용
비상조명등</td><td>설치장소</td><td></td><td></td><td rowspan="2">총 계</td></tr>
<tr><td>설치개수</td><td></td><td></td></tr>
<tr><td>전원공급</td><td colspan="3">[ ] 건전지식 [ ] 충전식 배터리식</td></tr>
</table>

(2) 성능 및 종합정밀점검

(결과 : 양호 ○, 불량 ×, 해당 없음 /)

번호	점 검 항 목	결과
1	비상조명등 ● 설비위치(설비위치의 적정 여부) ● 점검스위치(예비전원 내장형의 경우 변형, 손상, 탈락, 단자의 풀림, 절환기능의 정상 여부) ● 비상전원(기능의 정상 여부) ● 조도(설치된 장소의 각 부분 바닥에서 1 Lux 이상)	 ○ ○ ○ ○
2	휴대용비상조명등 ● 숙박시설 또는 다중이용업소의 객실 또는 영업장안의 구획된 실마다 잘 보이는 곳에 1개 이상 설치여부 ● 백화점 · 대형점 · 쇼핑센타 및 영화상영관에는 보행거리 50m 이내(지하역사 · 지하상가의 경우 25m 이내)마다 3개 이상 설치여부 ● 어둠속에서 위치를 확인할 수 있는 구조인지의 여부 ● 사용시 자동으로 점등되는지의 여부 ● 설치높이의 적합여부 ● 건전지를 사용하는 경우 유효한 방전방지조치가 되어있는지의 여부 ● 충전식 배터리의 경우에는 상시 충전되도록 되어 있는지의 여부 ● 건전지 및 충전식 배터리의 용량은 20분 이상 유효하게 사용할 수 있는지의 여부	 / / / / / / / /
비고		

210mm×297mm [백상지(80g/m²) 또는 중질지(80g/m²)]

11.3.16 소화용수설비 종합정밀점검표

(1) 설치상태개요

<table>
<tr><th colspan="4">항 목</th></tr>
<tr><td rowspan="13">소화
수조</td><td>방식</td><td colspan="2">[ ] 흡수식 [ ] 가압식</td></tr>
<tr><td rowspan="3">수원</td><td>종별</td><td>[ ]일반수조 [ ] 고가수조 [ ] 압력수조 [ ]가압수조 [ ] 그밖의 것 :</td></tr>
<tr><td>수량</td><td>○보유량: ㎥ ○유효수량: ㎥ [ ]전용 [ ]겸용</td></tr>
<tr><td colspan="2">○ 지하수조의경우 지면으로부터 저수조 바닥까지의 수직거리: m</td></tr>
<tr><td rowspan="7">가압
송수
장치</td><td>설치위치</td><td>층 실</td></tr>
<tr><td rowspan="3">펌프
전동기</td><td>[ ] 전용 [ ] 겸용 ○ 토출량 : L/min</td></tr>
<tr><td>○ 전양정 : m ○ 직 경 : mm</td></tr>
<tr><td>○ 전 압 : V ○ 출 력 : kW</td></tr>
<tr><td>물올림장치</td><td>○유효수량: L ○급수방식: ○급수관: A</td></tr>
<tr><td>기동스위치 위치</td><td>[ ] 채수구 부근 [ ] 방재실 [ ] 기 타</td></tr>
<tr><td colspan="2"></td></tr>
<tr><td>채수구</td><td colspan="2">[ ] 호칭지름 mm [ ] 호칭 mm</td></tr>
<tr><td>흡수관
투입</td><td colspan="2">○ 투입구치수 직경 : 가로 : cm 세로 : cm 이상
○ 투입구라는 뜻의 표시 :</td></tr>
<tr><td colspan="2">상수도
소화용수설비</td><td colspan="2">○ 수도배관 호칭지름 : 80mm
○ 소화전 호칭 지름 : 100mm</td></tr>
</table>

※소화수조의 경우 이미 설치된 것에 대해서는 점검시만 기재할 것

210mm×297mm [백상지(80g/m²) 또는 중질지(80g/m²)]

(2) 성능 및 종합정밀점검

(결과 : 양호 ○, 불량 ×, 해당 없음 /)

구분	점 검 항 목		결과
소화수조	수원	• 물의 상태 (저수량의 적합여부 등) • 급수장치 • 수위계 또는 수위확인 조치	/ / /
	흡수관 투입구	• 주위의 상황 • 표지설치 • 흡수구의 설치위치 및 표시 • 규격 및 설치개수의 적합여부 • 다른 설비와 겸용시 후드밸브 또는 흡수구의 위치	/ / / / /
	채수구	• 주위의 상황(소방차의 접근여부 등) • 본체 • 개폐밸브 • 채수구의 설치위치 및 표시 • 규격 및 설치개수의 적합여부	/ / / / /
	가압송수장치	• 가압송수장치 양수량 적합여부	/
	관리상태	• 동결방지조치 및 상태	/
상수도 소화용수 설비	• 인입 수도배관의 호칭지름 적합여부 • 호칭지름 100mm 이상의 소화전 접속 여부 • 소화전 위치(소방자동차 진입 여부) • 소화전 거리(140m 이하)		○ ○ ○ ○
비고			

210mm×297mm [백상지(80g/m²) 또는 중질지(80g/m²)]

11.3.17 특별피난계단 및 비상용승강기 승강장의 제연설비 종합정밀점검표

(1) 설치상태개요

■ 건축물 개요	
건물구조	식 조 가 / 층 동 연면적 m²
	특별피난계단 2 개소 비상용승강기 1 대 전실겸용 개소

■ 설비 개요(해당개소명 :)

구 분			점 검 항 목
제연구역(제연방식)			[√] 부속실단독제연 [ ] 계단실 및 부속실 동시 제연 [ ] 계단실단독제연 [√] 비상용승강기승강장단독제연 [ ] 기타
송풍기	설치위치		[√] 급기용 : 지하2층 [√] 배출용 : 지붕층
	전동기		[√] 급기용 5.5kW X 2, 15kW X 1 [√] 배출용 3.7kW X 3
	풍량, 정압		[√] 급기용 217㎥/min, 484㎥/min 70mmAq [√] 배출용 100㎥/min, 60mmAq,55mmAq
급기풍도	수직풍도	구조	[√] 내화구조 [ ] 기타( )
		내부마감재료	[√] 아연도금강판 [ ] 기타
	기타풍도		
자/수동 기동장치	기동방식		[√] 전층 [ ] 부분층(개층)
	급기댐퍼개방		[ ] 전용감지기 [√] 옥내(자탐)감지기 연동 [√] 자동소화설비(스프링클러설비등) 연동
출입문	제연구역출입문		[√] 평상시 자동폐쇄장치에 의한 닫힘 유지 [ ] 일시 고정장치 설치(연기감지기에 의한 해정)
유입공기 배출	수직풍도	방식	[ ] 자연배출(굴뚝효과) [√] 기계배출(배출용 송풍기)
		구조	[√] 내화구조 [ ] 기타( )
		내부마감	[√] 아연도금강판 [ ] 기타
	기타		[√] 배출구(창문, 환기구, 배출기) [ ] 공조겸용제연설비 [ ] 해당없음
과압방지장치			[ ] 플랩댐퍼 [√] 해당없음
비상전원			[√] 자가발전설비 ([ ]소방전용발전기 [√]소방부하겸용 발전기 [ ]소방전원 보존형 발전기 [ ]기타 발전기) [ ] 축전지설비 [ ] 전기저장장치
비고			※ 설비개요 작성시 최대 구역 1개소 기입

210mm×297mm [백상지(80g/m²) 또는 중질지(80g/m²)]

(2) 성능 및 종합정밀점검

(결과 : 양호 ○, 불량 ×, 해당 없음 /)

번호	점 검 항 목	결과
1	차압(제연구역과 옥내사이, 비개방층) 및 평균 방연풍속 유입공기배출량 • 제연구역과 옥내 사이의 최소차압 40㎩(스프링클러설비가 설치된 경우 12.5㎩) 이상의 적정여부 • 화재발생층 출입문 개방시 다른 층 차압의 적정여부 • 평균방연풍속의 적정여부 • 유입공기배출량의 적정여부	 ○ ○ ○ ○
2	과압방지조치 및 유입공기의 배출 • 자동차압과압조절형 급기댐퍼의 설치 또는 플랩댐퍼의 설치 상태 및 기능의 적정여부 • 수직풍도에 의한 배출방식의 경우 수직풍도의 구조 및 배출기능의 적정여부 • 배연설비에 의한 배출방식의 경우 배출기능 적정여부	 ○ ○ ○
3	급기풍도 및 급기구 • 급기풍도의 구조 및 설치상태 적정여부 • 급기댐퍼의 작동상태의 적정여부	 ○ ○
4	송풍기 • 급기송풍기의 풍량 및 풍압의 적합여부 • 급기송풍기의 설치상태 및 기능의 적합여부 • 배출용송풍기의 풍량 및 풍압의 적합여부 • 배출용송풍기의 설치상태 및 기능의 적합여부 • 송풍기의 전류 및 전압의 적합여부	 ○ ○ ○ ○ ○
5	제연구역의 출입문 • 평상시 자동폐쇄장치에 의한 닫힘 상태 유지 또는 연기감지기에 의한 폐쇄기능의 적합여부 • 제연설비가 가동될 경우 출입문이 110N 이하의 힘으로 개방되는지 여부 • 출입문 틈새가 평균적 균일한지 여부 • 개방시 유입공기의 압력에도 불구하고 출입문을 용이하게 닫을 수 있는 폐쇄력이 있는지 여부	 ○ ○ ○ ○
6	수동기동장치 • 수동기동장치의 설치위치 적정여부 • 수동기동장치 조작시 제연구역에 설치된 급기댐퍼의 개방상태 및 당해층의 배출댐퍼 또는 개폐기의 개방상태 • 수동기동장치 조작시 급기송풍기, 배출용 송풍기(설치한 경우), 출입문의 해정장치 작동상태	 ○ ○ ○
7	제어반 • 비상용축전지의 확보 및 기능의 적합여부 • 제어반의 감시기능 및 원격조작기능의 적합여부	 ○ ○
8	비상전원 • 설치장소 및 기능의 적합여부	 ○
비고		

210mm×297mm [백상지(80g/m^2) 또는 중질지(80g/m^2)]

[붙임1] 특별피난계단의 계단실 및 부속실 제연설비의 성능시험 조사표

<갑지>

가. 제연구역과옥내사이차압, 방화문개방력, 비개방층차압, 평균방연풍속, 유입공기배출량

제연구역	차압/개방력		비개방층 차압 Pa -방화문 1개층 개방	비개방층 차압 Pa -방화문 2개층 개방	평균방연 풍속 m/s	유입공기 배출구배출량 m^3/h (기계배출식 등)	비 고
	차압 Pa	개방력 N					
	~	~	~	~	/		
	~	~	~	~	/		
	~	~	~	~	/		
	~	~	~	~	/		

* 측정값은 최저값과 최고값, 평균값 등을 기록한다.
* 계측기 및 측정오차의 최대허용범위는 측정값의 ±10%로 한다.

나. 송풍기 검사

송풍기번호 또는 제연구역	송풍기 규격	송풍기 검사			비 고 (송풍기 설치층)
		풍량(m^3/h)	전류(A)	전압(V)	
	m^3/h × Pa× kW				
	m^3/h × Pa× kW				
	m^3/h × Pa× kW				
	m^3/h × Pa× kW				

다. 계측기

계측기명	형식(MODEL) 및 기기 번호	교정일과 성적서 유효기간	기기편차 또는 평균측정편차 % 등	비 고
			~	
			~	
			~	
			~	
			~	
			~	

※ 첨부 : 국가 공인기관의 계측기 교정성적서 사본
* 계측기명 : 측정 계측기명 기록
* 형식(MODEL) 및 기기 번호 : 교정성적서에 있는 형식(MODEL) 및 기기번호 기록
* 교정일과 성적서 유효기간 : 교정성적서에 있는 교정날짜와 유효기간을 기록한다.
* 교정성적서 2면 기기편차 또는 평균측정편차의 최소 및 최대값, 평균값 등은 필요시 백분율로 환산하여 기록할 수 있다.
* 국내 교정기관에서 교정검사가 불가능 한 경우 공인검사기관의 확인서를 첨부하고 제조사의 교정성적서를 첨부할 수 있다.
* 사용 계측기의 최대허용오차는 교정성적서의 측정범위 내 표준 입력값의 ±5%범위 이내여야 한다.

성능시험실시자	업체명: 인증번호: 책임기술자:
* 제연설비의 성능시험을 별도의 업체에서 실시한 경우 성능시험 조사결과를 첨부한다.	

210mm×297mm [백상지(80g/m^2) 또는 중질지(80g/m^2)]

<을지>

제연구역	시험일시	외부 대기온도	실내평균온도
	20 . .	℃	℃

가. 제연구역과옥내사이차압, 방화문개방력, 비개방층차압, 방연풍속, 유입공기배출구배출량

□ 최종검사

층	차압/개방력		비개방층차압 Pa -방화문 1개층 개방	비개방층차압 Pa -방화문 2개층 개방	비고(송풍기 설치 위치표시)	방연풍속 m/s 배출(+), 유입(-)
	차압 Pa	개방력 N				

측정층 : 평균 : m/s

	1	2	3	4
1				
2				
3				
4				
5				
6				
7				
8				

측정층 : 평균 : m/s

	1	2	3	4
1				
2				
3				
4				
5				
6				
7				
8				

측정층 : 평균 : m/s

	1	2	3	4
1				
2				
3				
4				
5				
6				
7				
8				

측정층 : 평균 : m/s

	1	2	3	4
1				
2				
3				
4				
5				
6				
7				
8				

유입공기배출 풍량

층 : m^3/h
층 : m^3/h
층 : m^3/h
층 : m^3/h

210mm×297mm [백상지($80g/m^2$) 또는 중질지($80g/m^2$)]

<을지>

나. 송풍기 검사

송풍기번호 또는 제연구역	실측풍량 m^3/h	전류 A	전압 V	비고

※ 첨부 : 송풍기 풍량 측정 기록지
※ 도면 또는 측정기록지에는 측정위치를 표기한다.

(비고)

1. 제연구역과 옥내 간의 차압은 전 층 측정을 원칙으로 한다. 단, 계단실 가압을 하는 경우 급기댐퍼가 설치된 층만 측정할 수 있다.
2. 제연구역의 방화문이 모두 닫힌 상태에서 전 층 제연구역의 옥내 방화문 개방력 측정을 원칙으로 한다. 단, NFSC501A 제5조 1호 및 3호에 해당하는 경우 옥내 및 계단 방화문의 개방력을 모두 측정하는 것을 원칙으로 한다.
3. 방연풍속
   - 송풍기에서 가장 먼 층을 기준으로 제연구역 1개층 (20층 초과시 연속되는 2개층) 제연구역과 옥내간의 측정을 원칙으로 하며 필요시 그 이상으로 할 수 있다.
   - 방연풍속은 최소 10점 이상 균등 분할하여 측정하며, 측정시 각 측정점에 대해 제연구역을 기준으로 기류가 유입(-) 또는 배출(+) 상태를 측정지에 기록한다.
   - 유입공기배출장치(있는 경우)는 방연풍속을 측정하는 층만 개방한다.
   - 직통계단식 공동주택은 방화문 개방층의 제연구역과 연결된 세대와 면하는 외기문을 개방할 수 있다.
4. 비개방층 차압
   - 비개방층 차압은 "3호 방연풍속"의 시험 조건에서 방화문이 열린층의 직상 및 직하층을 기준층으로 하여 5개층 마다 1개소 측정을 원칙으로 하며 필요시 그 이상으로 할 수 있다.
   - 20개층 까지는 1개소만 개방하여 측정한다.
   - 21개층 부터는 2개소를 개방하여 측정하고, 동일층의 방화문을 2개소 중 1개소만 개방하여 추가로 측정한다.
5. 유입공기 배출량
   - 기계배출식은 송풍기에서 가장 먼 층의 유입공기배출댐퍼를 개방하여 측정하는 것을 원칙으로 한다.
   - 기타 방식은 설계조건에 따라 적정한 위치의 유입공기배출구를 개방하여 측정하는 것을 원칙으로 한다.
6. 송풍기 풍량 측정
   - "3호 방연풍속"의 시험 조건에서 송풍기 풍량은 피토관 또는 기타 풍량측정 장치를 사용하고, 송풍기 모터의 전류, 전압을 측정한다.
   - 이 때 전류 및 전압 측정값은 동력제어반에 표시되는 수치를 기록할 수 있다.

210mm×297mm [백상지(80g/m^2) 또는 중질지(80g/m^2)]

송풍기 풍량 측정 기록지										
제연구역 및 송풍기 :							회 측정의 평균풍속 :			m/s
풍량(m^3/h) = 속도(m/s) × 단면적(m^2) × 3,600 :						m³/h	풍도크기 :			
가로 / 세로	1	2	3	4	5	6	7	8	9	10
1										
2										
3										
4										
5										
6										
7										
8										
9										
10										

(비고)

1. 일반사항
   - 풍량 측정점은 덕트 내의 풍속, 시공상태, 현장 여건 등을 고려하여 송풍기의 흡입측 또는 토출측 덕트에서 정상류가 형성되는 위치를 선정한다. 일반적으로 엘보 등 방향전환 지점 기준 하류쪽은 덕트직경(장방형 덕트의 경우 상당지름)의 7.5배 이상 상류쪽은 2.5배 이상 지점에서 측정하여야 하며, 직관길이가 미달하는 경우 최적위치를 선정하여 측정하고 측정기록지에 기록한다.
   - 피토관 측정시 풍속은 아래 공식으로 계산한다.

     $V = 1.29\sqrt{P_v}$ (V : 풍속 m/s, P_v : 동압 Pa)
   - 풍량 계산은 아래 공식으로 계산한다.

     $Q = 3{,}600\,VA$ (Q : 풍량 m³/h, V : 평균풍속 m/s, A : 덕트의 단면적
2. 송풍기 풍량 측정위치는 측정자가 쉽게 접근할 수 있고 안전하게 측정할 수 있도록 조치하여야 한다.
3. 동일면적 분할법 사례

원형덕트 또는 송풍기 흡입구 피토관 이송 측정점(동일면적 분할법)

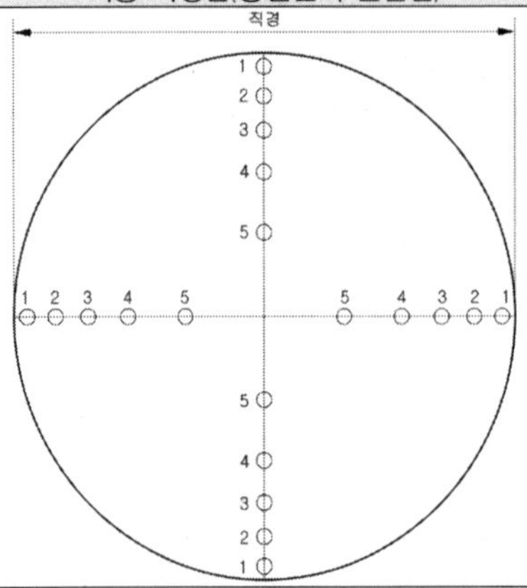

- 300 mm이상인 경우 총 20개 지점 측정
- 측정점 위치

측정점1	측정점2	측정점3	측정점4	측정점5
0.0257D	0.0817D	0.1465D	0.2262D	0.3419D

주) D : 원형 덕트의 직경

장방형 덕트 피토관 이송 측정점(동일면적 분할법)

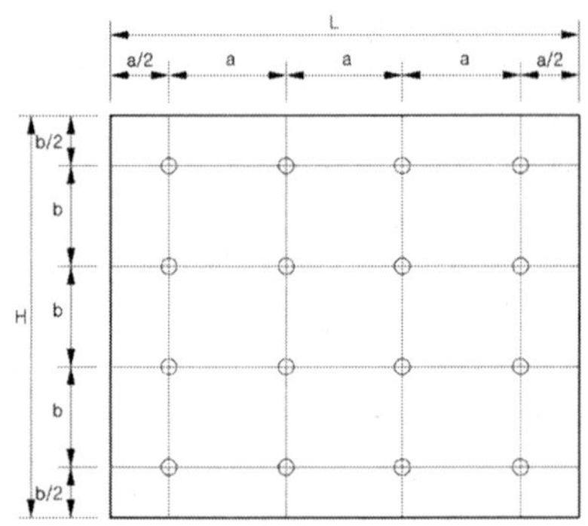

- 최소 16점이며 64점 이상을 넘지 않도록 한다.
- 64점 이하 측정시 a, b의 간격은 150 mm 이하일 것
- L = 1,100일 경우

  1,100/150 = 7.33, 측정점은 8개소

  a = 1,100/8 = 137.5mm

210mm×297mm [백상지(80g/m²) 또는 중질지(80g/m²)]

11.3.18 연결살수설비 종합정밀점검표(해당사항 없음)

(1) 설치상태개요

항 목	
설 비 방 식	[ ] 습식 [ ] 건식
방호대상종류	[ ] 지하층 [ ] 판매시설 [ ] 가스시설 [ ] 지하층, 판매시설에 부속된 연결통로
송 수 구 역 수	○ 구역수 : 구역 (층 구역 / 층 구역) ○ 송수구역안내표지 [ ] 유 [ ] 무
송 수 구 수	[ ] 쌍구형 : 개 [ ] 단구형 : 개 [ ] 위 치 :
선 택 밸 브	○ 설치장소 : ○ 설치개수 : 개
헤 드	[ ] 개방형 헤드 개 [ ] 폐쇄형 헤드 개 ○ 최대설치개수 : 개 ○ 최소설치개수 : 개
살수구역간의 구획	[ ] 있다 [ ] 일부 있다 [ ] 없다
비고	

(2) 성능 및 종합정밀점검

(결과 : 양호 ○, 불량 ×, 해당 없음 /)

구분	점 검 항 목	결과
1	송수구 • 송수구의 설치개수 적합여부 • 자동배수밸브, 체크밸브의 적합여부 • 밸브의 부착순서의 적합여부 • 설치장소 및 설치위치, 표시의 적합여부 • 송수구의 규격 및 접결나사의 보호상태 • 선택밸브의 설치장소 환경 및 설치위치의 적합여부 • 자동선택밸브의 작동시험 가능 여부 • 1송수구역의 헤드수 적합여부	
2	배관 • 헤드수별 배관 구경의 적합여부 • 폐쇄형헤드를 사용하는 경우 배관접속의 적합여부 • 폐쇄형헤드를 사용하는 경우 시험배관의 적합여부 • 개방형헤드를 사용하는 경우 주배관의 기울기 적합여부 • 가지배관의 배관방식 및 헤드설치개수의 적합여부	
3	헤드 • 설치장소, 헤드상호간 거리의 적합여부 • 살수장애 여부 • 가연성가스시설인 경우 살수범위의 적합여부 • 헤드설치제외 적용의 적합여부	
비고		

210mm×297mm [백상지(80g/m²) 또는 중질지(80g/m²)]

11.3.19 비상콘센트설비 종합정밀점검표

(1) 설치상태개요

항 목																	
전원회로		[√]단상교류 220V															
공급용량		[√]1.5KVA 이상															
플럭접속기		[√]접지형2극플럭접속기															
설치 개수	동층별	계	B3	B2	B1	11층	12층	13층	14층	15층	16층						
	콘센트	25	4	5	5	2	2	2	2	2	1						
비상전원		[√]자가발전설비 ([ ]소방전용발전기 [√]소방부하 겸용 발전기[ ]소방전원 보존형 발전기 [ ]기타 발전기) [ ]비상전원수전설비 [ ]전기저장장치															
비고																	

(2) 성능 및 종합정밀점검

(결과 : 양호 ○, 불량 ×, 해당 없음 /)

구분	점 검 항 목	결과
1	전원배선 ● 상용전원의 분기 및 전용 여부 ● 상용전원 및 비상전원의 적합 여부 ● 배선종류의 적합여부	 ○ ○ ○
2	콘센트 ● 전원회로의 공급용량의 적합 여부 ● 전원회로의 설치개수의 적합 여부 ● 전용회로의 콘센트 접속수의 적합 여부 ● 전원회로의 전용여부 ● 분기배선용 차단기 설치 및 보호함의 적합 여부 ● 배선용차단기의 규격 및 충전부 노출 방지 여부 ● 개폐기의 비상콘센트" 표지 설치 여부 ● 풀박스 규격의 적합 여부 ● 전선 용량의 적합 여부 ● 플럭접속기의 종류, 접지공사 적합여부 ● 콘센트 설치수량의 적합 여부 ● 콘센트의 설치위치의 적합 여부 ● 콘센트의 배치기준의 적합 여부 ● 전원부와 외함간의 절연저항 및 절연내력의 적합 여부	 ○ ○ ○ ○ ○ ○ ○ ○ ○ ○ ○ ○ ○ ○
3	보호함 ● 보호함 구조의 적합 여부 ● 표지설치 여부 ● 위치표시등 적합 여부	 ○ ○ ○
비고		

210mm×297mm [백상지(80g/m^2) 또는 중질지(80g/m^2)]

11.3.20 무선통신보조설비 종합정밀점검표

(1) 설치상태개요

<table>
<tr><th colspan="9">항 목</th></tr>
<tr><td>방 식</td><td colspan="8">[√] 전용 [ ] 공용 [종류:]</td></tr>
<tr><td>주파수 대 역</td><td colspan="8">450 MHZ</td></tr>
<tr><td>설치방식</td><td colspan="8">[√]누설동축케이블방식 [ ]누설동축케이블과 안테나방식 [ ]안테나방식</td></tr>
<tr><td rowspan="4">무선기 접속단자 위 치</td><td colspan="8">○보호함 [[√]유 [ ]무]</td></tr>
<tr><td rowspan="3">소방용</td><td colspan="2">단자설치장소</td><td>설치개수</td><td rowspan="3">그밖의 것</td><td colspan="2">단자설치장소</td><td>설치개수</td></tr>
<tr><td>지상</td><td></td><td>1</td><td>지상</td><td></td><td></td></tr>
<tr><td>지하</td><td></td><td>1</td><td>지하</td><td></td><td></td></tr>
<tr><td>증폭기</td><td colspan="8">[ ]유 [√]무
형명:</td></tr>
<tr><td>혼합기 공용기</td><td colspan="8">[√]유 [ ]무 형명: DH - 210
○설치장소: 지하층 입력단자: 1개</td></tr>
<tr><td>분배기</td><td colspan="8">[√]유 [ ]무 형명: DH - 210
○설치장소: 지하층 입력단자: 1개</td></tr>
<tr><td>동축 케이블</td><td colspan="8">○사용길이: 10D 133 m ○부설장소: 지하층
형명: ECX-FR-10D
시공방법 [[ ]전선관공사 [√]노출공법]
내열설치의 방법: 자체 내열성케이블</td></tr>
<tr><td>안테나</td><td colspan="8">형명: ○설치개수: 개</td></tr>
<tr><td>누설 동축 케이블</td><td colspan="8">○사용길이 : 484 m ○부설장소: 지하층 형명: RHX-FR-22D
○내열조치방법: 자체 내열성케이블</td></tr>
<tr><td>비고</td><td colspan="8"></td></tr>
</table>

210mm×297mm [백상지(80g/m^2) 또는 중질지(80g/m^2)]

(2) 성능 및 종합정밀점검

(결과 : 양호 ○, 불량 ×, 해당 없음 /)

번호	점 검 항 목	결과
1	누설동축케이블등 • 누설동축케이블인 경우 공중선과 접속 적합여부 • 동축케이블인 경우 공중선과 접속 적합여부 • 누설동축케이블의 고정 · 지지 적합여부 • 누설동축케이블 및 공중선의 설치위치의 적합여부 • 누설동축케이블의 말단에 종단저항 설치 적합여부 • 누설동축케이블 또는 동축케이블의 임피던스 적합여부	 ○ ○ ○ ○ ○ ○
2	접속단자 • 설치장소의 적합여부 • 단자의 규격, 설치위치, 설치거리의 적합여부 • 단자보호함의 구조, 표시의 적합여부 • 함내 접속 케이블 및 콘넥터 비치여부	 ○ ○ ○ ○
3	분배기, 분파기, 혼합기 • 먼지, 습기, 부식 등에 의한 기능의 이상여부 • 임피던스의 적합여부 • 설치장소 환경의 적합여부	 ○ ○ ○
4	증폭기 • 상용전원의 적합여부 • 비상전원의 적합여부 • 전원까지의 배선 전용여부 • 전원표시등 및 전압계설치 여부	 ○ ○ ○ ○
5	성능점검 • 통신적정여부	 ○
비고		

210mm×297mm [백상지(80g/m^2) 또는 중질지(80g/m^2)]

11.3.21 비상전원설비

(1) 설치상태개요

<table>
<tr><th colspan="3">항 목</th></tr>
<tr><td>비상전원 종 류</td><td colspan="2">[ ]비상전원수전설비([ ]전용, [ ]겸용) [√]자가발전설비([ ]전용 [√]겸용)
[ ]전기저장장치([ ]전용, [ ]겸용) [ ]축전지설비([ ]전용 [ ]겸용)</td></tr>
<tr><td>수전전압</td><td colspan="2">○수전전압 [ ]22,900V [ ]154,000V [ ]기타: V</td></tr>
<tr><td>수전용량</td><td colspan="2">○주변압기 용량 3φ kVA, 1φ kVA
○방재용변압기([ ]있음, [ ]겸용), ○용량 kVA</td></tr>
<tr><td>비상전원 출력전압</td><td colspan="2">○전압 구분: [√]AC [ ]DC ([ ]12V [ ]24V [√]220V [√]380V [ ]그 밖의 것: V)</td></tr>
<tr><td rowspan="2">설 치 실 구 획</td><td colspan="2">○개구부 방화문([ ]적 [ ]부) ○케이블·배관 등 관통부([ ]내화충전구조 [ ]그 밖의 것:)</td></tr>
<tr><td colspan="2">○환기방식([√]강제 [ ]자연) ○덕트([ ]방화댐퍼 부착 [ ]내화피복) ○급·배기구 구조([√]적 [ ]부)</td></tr>
<tr><td>설 치 층 바닥면적등</td><td colspan="2">○설치장소: [ ]옥내 층 [ ]옥상 [ ]옥외 ○구획실 면적: ㎡</td></tr>
<tr><td rowspan="4">설비개요</td><td colspan="2">○비상전원 적용대상 부하용량: kW
○제조회사명: (주)코스탈파워 ○형식번호: CPFG-50
○정전검출기(UVR 등) 설치위치:</td></tr>
<tr><td>비상 발전기</td><td>○정격출력용량 : 62.5kVA × 역율(0.8) = 50kW(대상부하용량 대비 %)
○연료탱크 용량 : 100L(메인탱크 L +서비스탱크 L)
○연료소비량 : 16.9L/h ○운전가능시간: 355분
○연료종류([√]경유 [ ]등유 [ ]가스 [ ]그 밖의 것:)
○내연기관 냉각방식([√]공냉 [ ]수냉)</td></tr>
<tr><td>전기저장장치</td><td>○정격출력용량: kWh(정격출력 Ah・셀)[기준용량 kWh]</td></tr>
<tr><td>축전지 설비</td><td>○정격출력용량: Ah/셀 × 셀 = Ah
○충전방식([ ]트리클 [ ]부동충전 [ ]그 밖의 것:)
○충전장치 용량: VA</td></tr>
<tr><td>발전기 제어장치</td><td colspan="2">○제어장치의 종류: [√]일반 [ ]소방전원 보존형 발전기
○제어장치 제조자: (주)아이씨디 ○제어장치 형식번호: GCP i7
○소방전원 보존형 발전기 제어장치의 성능
[ ]소방전원 보존형 식별 표시 여부
[ ]소방부하 및 비상부하 동시 공급의 상태 표시 여부
[ ]발전기 정격용량 초과 시 비상부하 자동차단 및 소방부하 공급 상태 표시 여부</td></tr>
<tr><td>내진조치</td><td colspan="2">○앵커볼트 직경 13mm 12본</td></tr>
<tr><td>소화설비</td><td colspan="2">[ ]소화기(적응) [ ]이산화탄소소화설비 [ ]청정소화약제소화설비 [ ]그 밖의 것</td></tr>
<tr><td>성능시험 결과</td><td colspan="2">○출력전압([√]적 [ ]부) ○방화구획([√]적 [ ]부) ○내진조치([√]적 [ ]부)
○소화설비([√]적 [ ]부) ○ 비상발전기 연료 상태([√]적 [ ]부) ○제어장치 성능상태([√]적 [ ]부)</td></tr>
<tr><td>별첨서류</td><td colspan="2">○자가발전설비 제어반 제어장치의 비영리 공인기관 성능시험성적서</td></tr>
<tr><td>비 고</td><td colspan="2">[ ]내연기관에 따른 펌프를 설치한 경우 내연기관의 기동 및 제어용축전지
○출력전압: 24V ○정격출력용량: 200Ah/셀 × 2셀 = 200Ah</td></tr>
</table>

210mm×297mm [백상지(80g/m²) 또는 중질지(80g/m²)]

11.3.22 비상전원 부하설비

(1) 설치상태개요

항 목									
부하선정 기 준	[ ]소방부하 전용 [√]소방, 비상부하 겸용([√]소방·비상 합산부하 적용, [ ]소방·비상 부하 중 큰 부하 적용)								
정격출력	[√]자가발전설비 kW [ ]전기저장장치 kWh [ ]그 밖의 것: kW/kWh								
설비개요	(1)비상전원의 부하별 명칭, 부하용량 집계표								
	소방부하	용량 (kW)	수량 (EA)	합계용량 (kW)	비상부하	용량 (kW)	수량 (EA)	수용률 (%)	합계용량 (kW)
	옥내소화전 및 스프링클러 주펌프	132	1	132	비상용 엘리베이터	20	1	1	20
	스프링클러펌프				비상콘센트	4.5	1	1	4.5
	옥내소화전 및 스프링클러 예비펌프	132	1	132	비상전등	108.94	1	71	77.34
	포소화전펌프				비상동력	66.85	1	68	45.46
	옥내소화전 및 스프링클러 충압펌프	3.7	1	3.7					
	연결송수관펌프								
	특별피난계단 급기팬	7.5	2	15					
	특별피난계단 배기팬	3.7	3	11.1					
	비상용승강기 급기팬	11	1	11					
	합산용량	172.8				172.8		합산용량	
	200.29								
전원배선									
별첨서류	147.3								
비고	적용 부하용량: 373.09 kW								

210mm×297mm [백상지(80g/m^2) 또는 중질지(80g/m^2)]

11.3.23 축전지설비 개요표(비상전원용)

(1) 설치상태개요

항 목	
사용구획	□ 소방용설비등 전용　□ 비상부하와 공용　■ 일반부하와 공용
출력전압	(□ 12　□ 24　□ 96　□ 108　□ 그 밖의 것 :　　) V
설치실 구획	벽 (■ 내화　□ 불연)　천장 (□ 내화　■ 불연) 개구부 (■ 갑종　□ 을종)
	□ 강제환기　□ 닥트 (□ 방화댐퍼 부착　□ 내화피복) ■ 자연환기
	케이블 관통처리 (□ BCJ공법　■ 불연구획)
구조	□ 전용불연구획 (□ 폐쇄형　■ 개방형), 큐비클
설치층 바닥면적 등	설치장소 :　층　□ 옥상　□ 옥외 설치면적 : 910 m²
설비개요	형식 : 용량 : 2200 AH × 셀 수 7200 = 조례출력　AH · 셀 충전장치　□ 트리콜 ■ 균등 출력 :　V,　A 축전지종별　□ 벤트형 (□ 연 □ 알칼리) □ 연실형 (□ 촉매전식 □ 음극흡수식) 주차단기　□ MCCB □ 그 밖의 것 : 정전검출기 설치위치 : 용량계산서 (■ 유 □ 무)
내진조치	앵커볼트　Ψ　×　본
소화설비	□ 소화기　□ 대형소화기　□ 수동식소화기 □ 할로겐화합물소화설비　□ 분말소화설비　■ 이산화탄소소화설비 □ 그 밖의 것
성능시험 결과	사용구획(○)　출력전압(○)　설치실구획(○) 구조(○)　내진조치(○)　소화설비(○)
비고	형식번호 : 제조회사명 : 공사업자명 : 전화번호 :

(1) 설치상태개요

	항 목	
사용구획	□ 저압수전 □ 비상전원수전설비 ■ 자가발전설비 □ 축전지설비	
출력전압	저압 (□ 210 ■ 그 밖의 것 : 440) V	
설비개요	○비상전원의 부하설비 명칭, 용량, 공사방법 등 (1.0)부하설비 □ 옥내소화전설비 부하용량 □ 스프링클러설비 부하용량 □ 물분무소화설비 부하용량 □ 포소화전설비 부하용량 □ 옥외소화전설비 부하용량 □ 연결송수관설비 부하용량 □ 자동화재탐지설비 부하용량 □ 비상조명등설비 부하용량 □ 피난계단실 부속실 제연설비 부하용량 □ 비상콘센트설비 부하용량 □ 비상용승강기설비 부하용량 □ 피난용승강기 부하용량 □ 비상경보설비 부하용량 □ 제연설비 부하용량 □ 그 밖의 것 부하용량 소계 (1.1)비상부하설비 □ 정화조동력(수용률 %) □ 급탕순환펌프(수용률 %) □ 급 · 배기설비(수용률 %) □ 냉동 · 냉장설비(수용률 %) □ 기타 전등 · 전열(수용률 %) □ 급수펌프(수용률 %) □ 승용승강기(수용률 %) □ 비상겸용승강기(아파트) (수용률 %) □ 배수펌프 (수용률 %) □ 그 밖의 것(수용률 %) 소계 ○부하의 비상전원 공용 여부 (□소방부하 전용 □ 비상부하 공용) (2) 배전반 또는 분전반 □ 제1종 배전반실 □ 제2종 배전반실 □ 그 밖의 것( ) (3) 비상전원의 배선 □ 인입의 배선의 내화배선 □ 내화케이블 □ 내열케이블 □ 그 밖의 것(□내화배선 □내열배선) 공사종별: 내열보호방식: (4)내화 또는 내열의 접속공법 □ 전용배선 □ 공용배선 □ 접속공법( )	 kW kW kW kW kW kW kW kW kW kW kW kW kW kW kW kW kW kW kW kW kW kW kW kW kW kW kW
성능시험결과	사용구획 (○)	출력전압 (○)
비고	형식번호 : 공사업자명 :	제조회사명 : 전화번호 :

11.3.24 전동기펌프 및 엔진펌프 종합정밀점검표

시험년월일		년 월 일		시험 실시자	회사명	
시험 조건		개시시	종료시		성명	인
	날씨				회사명	
	기온	℃	℃		성명	인
	수온	℃	℃	시험장소		

시험항목과 내용				설계치(기준치)	측정치	양호	불량
펌프	표시						
펌프	마무리 상태						
펌프	구조·형태						
펌프	배질	펌프본체					
펌프	배질	날개차					
펌프	배질	주축					
펌프	치수 등	외관	길이	mm	mm		
펌프	치수 등	외관	너비	mm	mm		
펌프	치수 등	외관	높이	mm	mm		
펌프	치수 등	주요부품 등	날개차	mm	mm		
펌프	치수 등	주요부품 등	주축	mm	mm		
펌프	치수 등	주요부품 등	토출케이싱(mm)	높이 / 너비 / 길이			
펌프	치수 등	주요부품 등	중간케이싱(mm)	높이 / 너비 / 길이			
펌프	치수 등	주요부품 등	흡입케이싱(mm)	높이 / 너비 / 길이			
펌프	치수 등	주요부품 등	배관접속 프렌지규격	흡입	mm		
				토출	mm		
펌프	성능	정격시	토출량	L/min	L/min		
펌프	성능	정격시	전양정	m	m		
펌프	성능	정격시	축동력	kw	kw		
펌프	성능	정격시	효율	%	%		
펌프	성능	정격시	흡입전양정	m	m		
펌프	성능	150% 정격	토출량	L/min	L/min		
펌프	성능	150% 정격	전양정	m	m		
펌프	성능	150% 정격	축동력	kw	kw		
펌프	성능	체절전양정		m	m		
펌프	성능	축수온도		℃	℃		
펌프	성능	운전장치					
펌프	성능	펌프내압		kgf/cm^2	kgf/cm^2		
펌프성능시험장치	배관	호칭		A	A		
펌프성능시험장치	배관	재질					
펌프성능시험장치	유량계 등	종류					
펌프성능시험장치	유량계 등	제조자명					
펌프성능시험장치	유량계 등	제조자형식명					
펌프성능시험장치	유량계 등	유량범위		L/min	L/min		
펌프성능시험장치	유량계 등	정류를 위한 직관부치수					
펌프성능시험장치	유량계 등	정밀도		L/min시	L오차		
펌프성능시험장치	유량계 등	정격시의 지시치		L/min	L/min		
엔진	기동장치						
엔진	사용연료(　　　)						
엔진	최대운전가능시간(분)						

시험항목과 내용			설계치(기준치)	측정치	양호	불량
제어반	구조·표시	제조회사명				
제어반	구조·표시	외관치수	높이 / 너비 / 길이			
제어반	구조·표시	마무리상태	양호	양호		
제어반	구조·표시	함의 재질 등				
제어반	구조·표시	조작스위치				
제어반	구조·표시	각종표시등				
제어반	구조·표시	계기류				
제어반	구조·표시	경보장치				
제어반	구조·표시	단자				
제어반	구조·표시	배선				
제어반	구조·표시	개폐기용량	A	A		
제어반	기능	외부신호기동정				
제어반	기능	정전(자기홀딩)				
제어반	기능	표시등의 상태				
제어반	기능	전류·전압	/ V	/ V		
제어반	기능	감수경보장치				
제어반	기능	과전류경보장치				
제어반	기능	절연저항치	5MΩ 이상	MΩ		
제어반	기능	내전압	V	V		
밸브류	개폐밸브	구조·형상·재질				
밸브류	개폐밸브	구경(호칭)	A	A		
밸브류	개폐밸브	내압	kgf/cm^2min	kgf/cm^2 min		
밸브류	체크밸브	구조·형상·재질				
밸브류	체크밸브	구경(호칭)	A	A		
밸브류	체크밸브	내압	kgf/cm^2 in	kgf/cm^2 min		
밸브류	푸트밸브	구조·형상·재질				
밸브류	푸트밸브	구경(호칭)	A	A		
밸브류	푸트밸브	누수량	10 mm 이내	mm		
밸브류	푸트밸브	내압	15kgf/cm^2 이상, 3분 이상	kgf/cm^2 min		
			누수량(이내) L/min	L/min		
연성계 압력계	구조.형상					
연성계 압력계	성능					
수온상승 방지장치	외관·형상·내부구조					
수온상승 방지장치	배관구경(mm)					
수온상승 방지장치	성능(L/min)					
전동기	110% 부하상태					
전동기	절연저항치		MΩ	MΩ		

11.3.25 엔진펌프 운전시험성적표

전동기	제조자	형식	출력	상	주파수	전압	전류	극수	회전수

측정순위	펌프 회전수	토출량	양정					이론 동력	전동기				축동력	효율
			토출	흡입	측점 고차	속도 수두차	전양정		전압	전류	입력	효율		
	rpm	계기지시치 (m^3/min)	m	m	m	m	m	kw	V	A	KW	%	KW	%

회전수 (rpm)			날씨 :	
			실온 : ℃	
			시험수온 : ℃	
		100	축수 온도 상승	축계수측 ℃
				반대측 ℃
		80	절연저항 측정치 MΩ	
		60		
		40		
		20	유량 : Lpm 양정 : M 동력 : KW 효율 : %	
전양정 (m)	축동력 (kw)	효율 (%)	시험일	
		토출량(m³/min)	시험자	

11.3.26 엔진펌프 운전시험성적표(작성예시)

전동기	제조자	형식	출력	상	주파수	전압	전류	극수	회전수
	윌로 램프	MVS3111CAD	45KW	3Φ	60Hz	440	75	4P	1750 rpm

측정 순위	펌프 회전수	토출량	양정					이론 동력	전동기					
			토출	흡입	측정 고차	속도 수두차	전양정		전압	전류	압력	효율	축동력	효율
	rpm	계기 지시치 (m³/min)	m	m	m	m	m	kW	V	A	kW	%	kW	%
1	1787	0.000	121.2	1.80	0.90	0.000	123.90	0.00	440	45.83	19.87	91.0	10.082	0.00
2	1779	1.010	109.5	1.92	0.90	0.138	112.46	18.51	440	66.62	35.79	91.0	32.569	56.85
3	1775	1.470	98.4	1.93	0.90	0.293	101.52	24.33	440	74.93	41.92	91.0	38.147	63.77
4	1770	2.210	68.5	2.11	0.90	0.663	72.17	26.00	440	85.59	48.99	91.0	44.581	58.32
5	1769	2.520	50.7	2.23	0.90	0.861	54.69	22.46	440	88.89	51.11	91.0	46.510	48.30
6														
7														

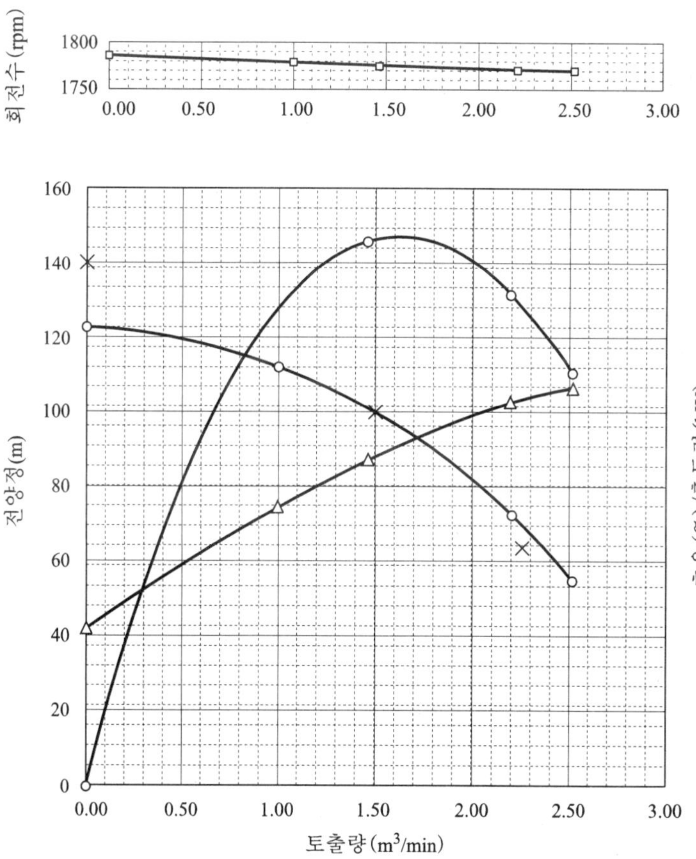

날씨	맑음
실온	32℃
시험수온	30℃
축수온도 상승	축계수측 45℃
	반대측 45℃
절연저항 측정치	1000 MΩ
주문사양	
Capacity (m³/min)	1.5
Total Head (m)	100
150% 유량에서 65% 이상의 양정	
Capacity (m³/min)	2.25
Total Head (m)	65
체절시 140% 이하의 양정	
Capacity (m³/min)	0
Total Head (m)	140
시험일	2004. 08. 14
시험자	이재곤

11.4 작성방법

(1) 축동력 계산방법

$$L = (0.163 \cdot r \cdot Q \cdot H)/\eta$$

여기서, L : 축동력(KW)

r : 액비중량(kg/L)

Q : 토출량(m^3/min)

H : 전양정(m)

η : 펌프 효율

(ex) $r = 1.0$, $Q = 2.5$ m^3/min, $H = 25$ m, $\eta = 60\%$일 때의 축동력 계산?

$L = (0.163 \times 1.0 \times 2.5 \times 25)/0.6 = 16.98\,\mathrm{KW}$

(2) 펌프의 효율 계산방법

$$\eta = [(0.163 \times r \times Q \times H)/\mathrm{KW}] \times 100$$

(ex) $r = 1.0$, $Q = 0.25$ m^3/min, $H = 18$ m, $K_w = 1.8$일 때의 축동력 계산?

$\eta = [(0.163 \times 1.0 \times 0.25 \times 18)/1.8] \times 100 = 40.75\%$

(3) 전동기의 출력계산 방법

$$L_m = [(\sqrt{3} \times V \times I)/1000] \times \eta \times \cos\theta$$

여기서, L_m : 모터출력(Kw)

η : 모터효율(%)

$\cos\theta$: 모터 역률(%)

(ex) $V = 220$ V, $I = 54$ A, $\eta = 95\%$, $\cos\theta = 76.7\%$일 때?

$L_m = [(\sqrt{3} \times 220 \times 54)/1000] \times 0.95 \times 0.767 = 14.99\,(\mathrm{Kw})$

※ 상기에서 $\eta \times \cos\theta$의 값을 종합효율이라고 표기한다.

(4) 전동기의 동기속도[RPM (revolution per minute)]

$$N = (120 \times f)/P$$

(ex) $f = 60$ Hz, $P = 4$극인 경우의 전동기의 동기속도를 구하라.

$N = (120 \times 60) / 4 = 1800$ rpm

(5) 유량의 단위

① 정의 : 단위 시간당 유체의 흐르는 양을 의미한다.

② 단위 : m^3/min, m^3/Hr, m^3/sec, L/min

③ 환산 : 24 m^3/Hr = 0.4 m^3/min = 0.0047 m^3/sec

(6) 압의 단위

① 정의 : 단위 면적당 작용하는 힘의 크기를 힘의 크기를 의미한다.

② 단위 : kg/cm^2,

③ 환산 : 1 kg/cm^2 = 10 mAg(수두)

1 mAg = 0.1 kg/cm^2

760 mmHg = 10.33 m

※ 측정고차 : 압력계와 진공계간의 수직높이차를 의미(단위 = m)

(7) 속도수두차(m)

① 흡입속도수두 : 펌프의 흡입측 압력측정구멍의 위치에 있어서의 단면을 통과하는 양액의 평균속도(m/sec)

② 토출측속도수두 : 펌프의 토출측 압력측정구멍의 위치에 있어서의 단면을 통과하는 양액의 평균유속(m/sec)

③ 속도수두차 : 토출속도수두-흡입속도수두 =(m)
(단, 흡입과 토출관의 직경이 같을 경우에는 무시한다)

④ 속도수두계산

PROBLEMS

1. 펌프의 성능시험곡선을 작도하고 설명하라.

2. 펌프성능시험방법에 대하여 설명하라.

3. 펌프성능시험시 3단계 확인사항에 대하여 설명하라.

CHAPTER Appendix

부록

1 위험물 제조소 등의 인허가

1.1 인허가 절차

(1) 위험물 제조소 등 인허가 처리절차

설치 · 변경허가신청 (서류 및 도면검토)	→	성능검사 (수압 또는 충수검)	→	완공검사신청 (현장확인 및 허가증 교부)

(2) 구비서류

① 위치, 구조 및 설비(소방시설 포함)에 관한 도면 1부(위치도, 배치도, 배관도, 정면도, 측면도, 평면도, 기타 상세도 등)

② 위치, 구조 및 설비(소방시설 포함)에 관한 구조설비 명세표 각 1부

③ 수수료

(3) 신청서의 동시접수 건

설치 및 변경 신청서를 접수시 성능검사와 완공검사 서류를 동시에 접수가능

(4) 첨부양식은 감리현장에서 수행한 견본이므로 참조하기 바람

① 첨부양식 내역

- 위험물 구분 : 메탄올탱크 1기

(5) 서류 작성시 주의사항

① 구비서류는 빠짐없이 준비할 것

② 유분리장치는 행정자치부고시에 첨부된 자료를 참고할 것

③ 탱크의 상세도 작성시 주의사항

- 정면도, 평면도, 측면도는 1개의 도면에 표기할 것
- 치수는 현장과 동일한 치수일 것
- 방유제의 높이, 게이지, 피뢰침(또는 접지), 화염방지기 등 법적 설치요건은 상세하게 도면에 표기할 것

1.2 인허가 서류 작성방법

■ 위험물안전관리법 시행규칙 [별지 제1호 서식]

위험물 [ ] 제조소 [ ] 저장소 [ ] 취급소 설치허가신청서

※ 뒤쪽의 작성방법을 읽고 작성하시기 바랍니다. (앞쪽)

접수번호		접수일자	처리기간	뒤쪽 작성방법 등 제7호 참조
허가번호		허가일자		

<table>
<tr><td rowspan="2">설치자</td><td>성명</td><td>생년월일</td></tr>
<tr><td colspan="2">주소
(전화번호 :)</td></tr>
<tr><td>설치장소</td><td colspan="2"></td></tr>
<tr><td>설치장소의 지역별</td><td>방화지구 여부</td><td>용도지역 등</td></tr>
<tr><td>제조소등의 구분</td><td></td><td>저장소 또는 취급소의 구분</td></tr>
<tr><td>위험물의 유별 · 품명
(지정수량) 및 최대수량</td><td></td><td>지정수량의 배수
배</td></tr>
<tr><td>위치 · 구조 및 설비의
기준에 관한 구분</td><td colspan="2"></td></tr>
<tr><td>위치 · 구조 및 설비의
개요</td><td colspan="2"></td></tr>
<tr><td>위험물의 저장 · 취급 방법의
개요</td><td colspan="2"></td></tr>
<tr><td>착공예정 연월일</td><td>년 월 일</td><td>완공예정 연월일
년 월 일</td></tr>
<tr><td>그 밖에 필요한 사항</td><td colspan="2"></td></tr>
</table>

「위험물안전관리법」 제6조 제1항에 따라 제조소등의 설치허가를 신청합니다.

년 월 일

신청인 주소 (전화번호)
성명 (서명 또는 인)

특별시장 · 광역시장 · 특별자치시장 · 도지사 · 특별자치도지사
소방서장 귀하

첨부서류	뒤쪽 참조	수수료 「위험물안전관리법 시행규칙」 별표 25 제2호 가목에 따른 금액

210mm × 297mm(백상지 80g/m²)

(뒤쪽)

첨부서류

1. 다음 각 목의 사항을 적은 제조소등의 위치·구조 및 설비에 관한 도면
   가. 해당 제조소등을 포함하는 사업소안의 주요 건축물과 공작물의 배치
   나. 해당 제조소등이 설치된 건축물 안에 제조소등의 용도로 사용되지 않는 부분이 있는 경우 그 부분의 배치 및 구조
   다. 해당 제조소등을 구성하는 건축물, 공작물 및 기계·기구 그 밖의 설비의 배치(제조소 또는 일반취급소의 경우에는 공정의 개요를 포함합니다)
   라. 해당 제조소등에서 위험물을 저장 또는 취급하는 건축물, 공작물 및 기계·기구 그 밖의 설비의 구조(주유취급소의 경우에는 「위험물안전관리법 시행규칙」 별표 13 제1호 각 목에 따른 건축물 및 공작물의 구조를 포함합니다)
   마. 해당 제조소등에 설치하는 전기설비, 피뢰설비, 소화설비, 경보설비 및 피난설비의 개요
   바. 압력안전장치·누설검지장치·긴급차단밸브 등 긴급대책에 관계된 설비를 설치하는 제조소등의 경우에는 해당 설비의 개요
2. 당해 제조소등에 관계된 「위험물안전관리법 시행규칙」 별지 제3호서식부터 별지 제14호서식까지의 구조설비명세표
3. 소화설비(소화기구를 제외합니다)를 설치하는 제조소등의 경우에는 해당 설비의 설계도서
4. 화재탐지설비를 설치하는 제조소등의 경우에는 해당 설비의 설계도서
5. 50만리터 이상의 옥외탱크저장소의 경우에는 해당 옥외탱크저장소의 탱크의 기초·지반 및 탱크본체의 설계도서, 공사계획서, 공사공정표, 지질조사자료 등 기초·지반에 관하여 필요한 자료와 용접부에 관한 설명서 등 탱크에 관한 자료
6. 암반탱크저장소의 경우에는 해당 암반탱크의 탱크본체·갱도(坑道) 및 배관 그 밖의 설비의 설계도서, 공사계획서, 공사공정표 및 지질·수리(水理)조사서
7. 옥외탱크저장소의 옥외저장탱크가 지중탱크(저부가 지반면 아래에 있고 상부가 지반면 이상에 있으며 탱크내 위험물의 최고액면이 지반면 아래에 있는 원통종형식의 위험물탱크를 말합니다)인 경우에는 해당 지중탱크의 지반 및 탱크본체의 설계도서, 공사계획서, 공사공정표 및 지질조사자료 등 지반에 관한 자료
8. 옥외탱크저장소의 옥외저장탱크가 해상탱크[해상의 동일장소에 정치(定置)되어, 육상에 설치된 설비와 배관 등에 의하여 접속된 위험물탱크를 말합니다]인 경우에는 당해 해상탱크의 탱크본체·정치설비(해상탱크를 동일장소에 정치하기 위한 설비를 말합니다) 그 밖의 설비의 설계도서, 공사계획서 및 공사공정표
9. 「소방산업의 진흥에 관한 법률」 제14조에 따른 한국소방산업기술원이 발급한 기술검토서(「위험물안전관리법 시행령」 제6조 제3항에 따라 기술원의 기술검토를 미리 받은 경우에만 해당합니다)

작성방법 등

1. 이 설치허가신청서는 이송취급소 외의 제조소등의 설치허가신청에 사용합니다.
2. 법인의 경우 성명란에는 법인의 명칭 및 대표자 성명을, 생년월일란에는 법인등록번호를, 주소란에는 주된 사무소의 소재지를 각각 기입하고, 외국인의 경우 생년월일란에는 외국인등록번호 또는 여권번호를 적습니다.
3. 용도지역 등란에는 「국토의 계획 및 이용에 관한 법률」상 용도지역, 용도지구 및 용도구역을 적습니다.
4. 품명(지정수량)을 적는 경우에 해당 위험물의 지정수량이 품명의 기재만으로는 명확하지 아니한 때에 ( )안에 해당하는 지정수량을 적습니다.
5. 위치·구조 및 설비의 기준에 관한 구분란에는 적용되는 「위험물안전관리법 시행규칙」 별표의 해당규정을 적습니다.
6. 음영으로 된 부분은 적지 아니합니다.
7. 처리기간은 다음 각 목과 같습니다.
   가. 「소방산업의 진흥에 관한 법률」 제14조에 따른 한국소방산업기술원이 발급한 기술검토서를 첨부하는 경우: 3일
   나. 가목 외의 경우 : 5일

처리절차

이 신청서는 아래와 같이 처리됩니다.

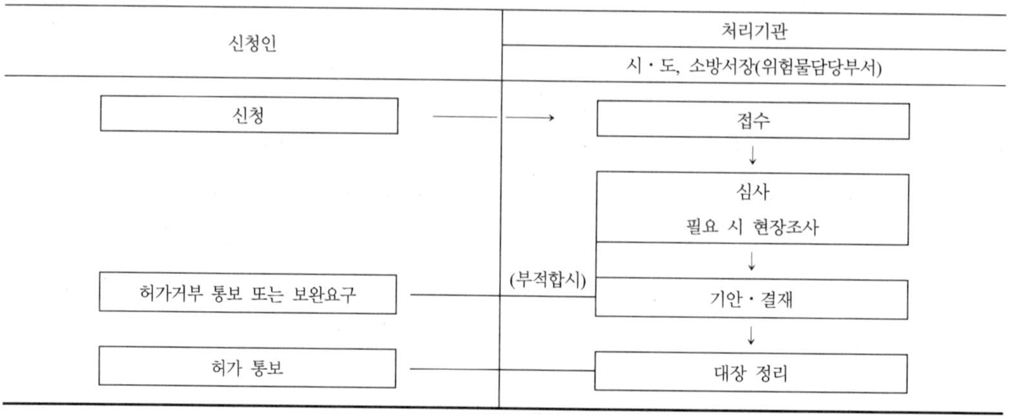

■ 위험물안전관리법 시행규칙 [별지 제5호 서식]

옥외탱크저장소 구조설비명세표

구분					
사업의 개요					
저장위험물의개요		인화점	℃	저장온도	℃
기초설치방법의 개요					
탱크의 구조·설비	형상			상압·가압(kPa)	
	규격			용량	L
	재질·판두께	/ mm			
	통기관	종류	수	내경·작동압	
				mm/ kPa	
	안전장치	종류	수	작동압	
				kPa	
	액량표시장치		인화방지장치	유·무	
	불활성기체의 봉입설비		탱크보온재 개요		
주입구의 위치			주입구부근의 접지전극	유·무	
방유제		구조	용량	배수설비	
			L		
펌프설비의 개요					
피뢰설비					
배관					
소화설비					
탱크의 가열설비					
시공자		주소		전화	
		성명(업체명)			

210mm × 297mm (일반용지 60g/m³(재활용품))

위험물 저장, 취급현황

변경 전				변경 후				비고
구분	류별	품명	허가량	구분	류별	품명	허가량	
일반 취급소	–	복합동 4층	7,668 L	일반 취급소	–	복합동 4층	변동 없음	
옥외탱크 저장소	4류 2석유류	경유	60,000 L	옥외탱크 저장소	4류 2석유류	경유	변동 없음	
					4류 알코올류	CH_3OH (메탄올)	10,000 L	
옥내탱크 저장소	4류 3석유류	OR (폐액)	19 kL	옥내탱크 저장소	4류 3석유류	OR (폐액)	변동 없음	
	4류 2석유류	PR (폐액)	18 kL		4류 2석유류	PR (폐액)	변동 없음	
	4류 2석유류	PR (폐액)	1.9 kL		4류 2석유류	PR (폐액)	변동 없음	
	4류 3석유류	PRS-2000	18 kL		4류 3석유류	PRS-2000	변동 없음	
	4류 2석유류	PR (폐액)	3.7 kL		4류 2석유류	PR (폐액)	변동 없음	

탱크의 내진 및 내풍압 구조

■ 탱크의 품명 : 위험물 옥외탱크 저장소[메탄올(CH_3OH)]

■ 탱크의 구조

탱크의 용량	10,000 L, 비중 (0.7928)	
지면으로부터 높이(H)	2.9 m	
탱크의 높이(h)	2.4 m	
탱크의 내경(d)	2.4 m	
철판의 두께	지붕판 (4.5)	저판 (8.0 mm)
	측판 (6.0 mm)	철의 비중 : 7.9 (S)

■ P : 탱크 1 m²에 받는 풍압력

$$P = 0.7 \times 60\sqrt{H} = 0.7 \times 60\sqrt{2.9} = 71.52\,\text{Kg}$$

(※ 0.7은 풍력계수, 원형탱크에 있어서는 0.7, 기타 탱크에 있어서는 1을 곱한다. 또한 해안, 산정 등 강풍을 직접 받을 우려가 있는 장소에 있어서는 1 m²에 대하여 300 kg으로 한다)

- 탱크 풍압력
  $Pw = P \times h \times d = 71.52 \times 2.4 \times 2.4 = 411.9\,\text{kg}$
- 풍압력에 대한 전도 모멘트(MW)
  $\text{MW} = Pw \times h/2 = 411.9 \times 2.4 \div 2 = 494.3\,\text{kg/m}$
- 전도에 대한 탱크 자중의 저항모멘트(RW)
  $\text{RW} = Wt(d/2)$ Wt =(지붕판 + 저판 + 측판)중량
  지붕판$(r^2 \times \pi \times t \times s)$: $1.2^2 \times 3.14 \times 0.0045 \times 7.9 = 0.1607$
  저판$(r^2 \times \pi \times t \times s)$: $1.2^2 \times 3.14 \times 0.008 \times 7.9 = 0.2858$
  저판$(2\pi r \times h \times t \times s)$: $2 \times 3.14 \times 1.2 \times 2.4 \times 0.006 \times 7.9 = 0.8573$
  탱크전체의 중량(Wt) 1.3038톤 = 1303 kg
  $\text{RW} = Wt(d/2) = 1303 \times 2.4 \div 2 = 1564\,\text{kg}$
  MW(전도 모멘트) 494.3 < RW(저항 모멘트) 1564

■ 진동력에 대한 계산 $Pe = W \times K$ (K = 수평진도 0.3)

$$W = Wt + WO = 1303 + (10{,}000 \times 0.7928) = 9231$$

여기서, W : 만충된 상태의 탱크 중량
Wt : 탱크 자체의 중량
WO : 위험물의 중량

- 수평력 Pe는 Pe = 9231 × 0.3 = 2769
- 진동에 의한 전도 모멘트 Me는 $\text{Me} = Pe \times h/2 = 2769 \times 2.4 \div 2 = 3323$
- 전도에 의한 저항 모멘트 Re는 $\text{Re} = W \times (D/2) = 9231 \times 2.4 \div 2 = 11077$
- Me (전도 모멘트) 3323 < Re (저항 모멘트) 11077

※ 진동에 대한 보강은 필요치 않음

1.2.1 게시판의 형태 및 제작 조건

1. 바탕 : 적색
   글자 : 흑색

600

위험물 옥외탱크 저장소

300

1. 바탕 : 적색
   글자 : 흑색

600

화 기 엄 금

300

1. 바탕 : 적색
   글자 : 흑색

600

유별	제4류 위험물
품명	메탄올(CH_3OH)
최대수량	10,000 L
안전 관리자	백경

300

(1) 옥외탱크 견본도면

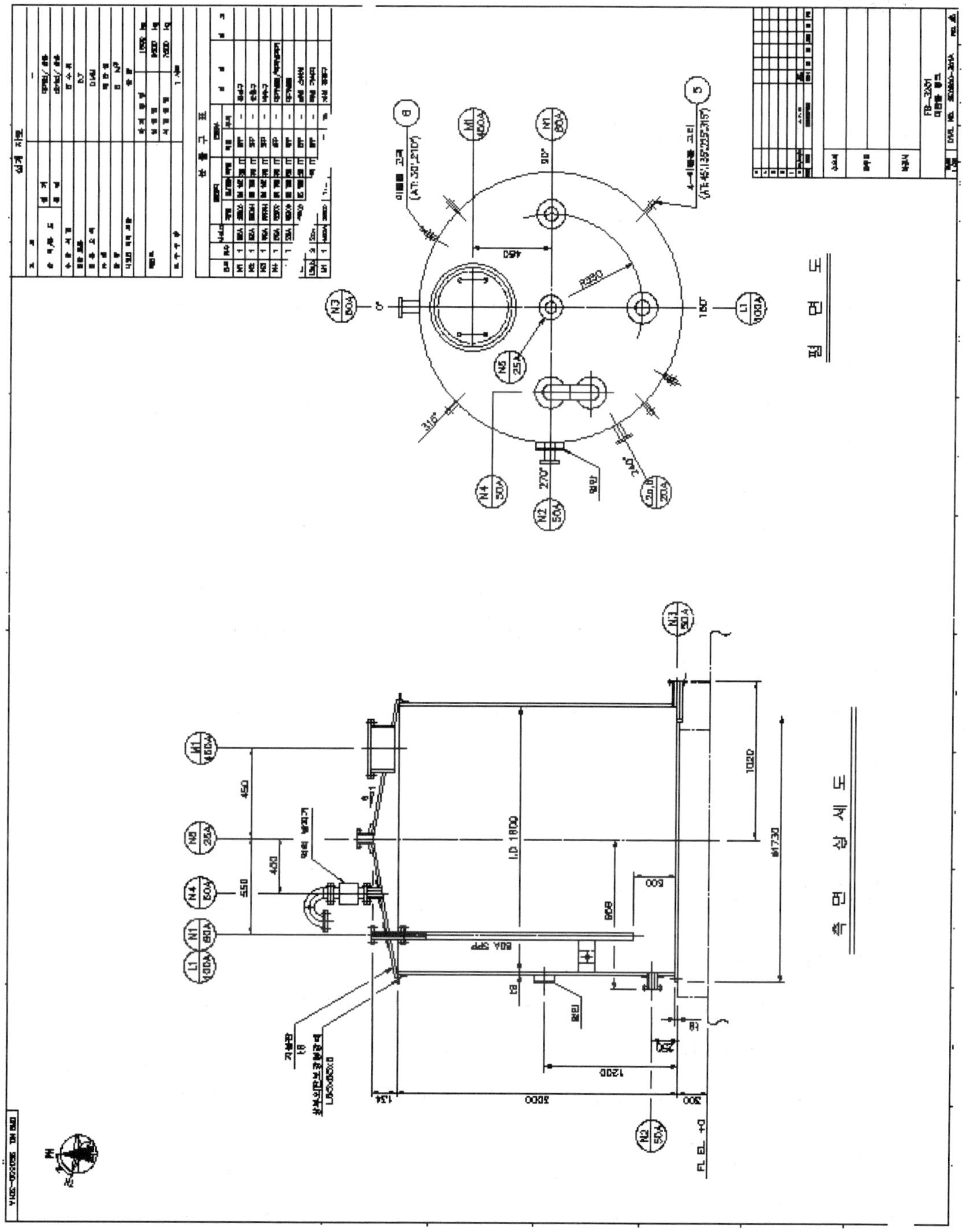

2 위험물시설관련 고시 / 소방시설의 내진설계기준

2.1 옥외탱크 저장시설 내진설계 기준안

- 탱크내경 : D
- 탱크높이 : H (탱크의 측판하단으로부터 탱크의 측판상단까지)
- 탱크지붕높이 : H_1 (측판상단으로부터 탱크의 최상점까지의 수직거리)
- 지반으로부터의 탱크의 높이 : H'
- 액면높이 : h
- $H'' = H + H_1$
- 설계수평진도 : $K_h = 0.3$
- 설계수직진도 : $K_v = 0.15$

  ※ 설계수직진도는 설계수평진도의 1/2이며 설계수평진도는 지역 및 지반에 따라 다르며 현재 우리나라의 지역별, 지반별 내진평가는 건설교통부에서 파악한 자료가 있음.
- Pw = 풍압력 × 탱크의 수직단면적
- 풍압력 : 소방기술기준에 관한 규칙 제179조 제1항 제2호에 규정
- 탱크바닥판과 기초지주와의 마찰력 : $u = 0.5$

2.1.1 내전도(耐轉倒) 기준

(1) 내지진(滿液時)

전도모멘트 $= (Wt \times Kh \times H''/2) + (Wl \times Kh \times h/2)$

저항모멘트 $= (Wt + Wl) \times (1 - Kv) \times D/2$

저항모멘트가 전도모멘트보다 큰 경우 내지진 가능함

(2) 내풍압(空液時)

전도모멘트 $= Pw \times H/2$

저항모멘트 $= Wt \times D/2$

저항모멘트가 전도모멘트보다 큰 경우 내풍압 가능함

① 미끌림방지 기준

- 내지진 : $u(1-Kv)$가 Kh보다 큰 경우 공액시 및 만액시에 미끌림이 없음
- 내풍압(空液時) : $(Wt \times u)$가 Pw보다 작은 경우 당해 탱크는 공액상태로 강풍에 견딜 수 없으므로 최소한 다음의 액면높이가 유지되도록 위험물을 저장해 두어야 한다. $h = (Pw - Wt \times u) \div$ (탱크바닥면적 × 위험물의 비중 × u)

소방시설의 내진설계 기준

제1조 (목적) 이 기준은 「화재예방, 소방시설 설치 · 유지 및 안전관리에 관한 법률」 제9조의2에 따라 소방청장에게 위임한 소방시설의 내진설계 기준에 관하여 필요한 사항을 규정함을 목적으로 한다.

제2조 (적용범위) ① 「화재예방, 소방시설 설치 · 유지 및 안전관리에 관한 법률 시행령」(이하 "영"이라 한다) 제15조의2에 따른 옥내소화전설비, 스프링클러설비, 물분무등소화설비(이하 이 조에서 "각 설비"라 한다)는 이 기준에서 정하는 규정에 적합하게 설치하여야 한다. 다만, 각 설비의 성능시험배관, 지중매설배관 등은 제외한다.
② 제1항의 각 설비에 대하여 특수한 구조 등으로 특별한 조사·연구에 의해 설계하는 경우에는 그 근거를 명시하고, 이 기준을 따르지 아니할 수 있다.

제3조 (정의) 이 기준에서 사용하는 용어의 정의는 다음과 같다.

1. "내진"이란 면진, 제진을 포함한 지진으로부터 소방시설의 피해를 줄일 수 있는 구조를 의미하는 포괄적인 개념을 말한다.
2. "면진"이란 건축물과 소방시설을 분리시켜 지반진동으로 인한 지진력이 직접 구조물로 전달되는 양을 감소시킴으로써 내진성을 확보하는 수동적인 지진 제어 기술을 말한다.
3. "제진"이란 별도의 장치를 이용하여 지진력에 상응하는 힘을 구조물 내에서 발생시키거나 지진력을 흡수하여 구조물이 부담해야 하는 지진력을 감소시키는 능동적 지진 제어 기술을 말한다.
4. "수평력"이란 지진 시 버팀대에 전달되는 배관에 작용하는 동적지지하중을 같은 크기의 정적하중으로 환산한 값을 말한다.
5. "세장비(L/r)"란 버팀대의 길이(L)와, 최소회전반경(r)의 비율을 말하며, 세장비가 커질수록 좌굴(buckling)현상이 발생하여 지진발생시 파괴되거나 손상을 입기 쉽다.
6. "슬로싱(Sloshing) 현상"이란 지진발생으로 인하여 수조의 수면이 출렁거리는 현상을 말한다.
7. "지진거동특성"이란 지진발생으로 인한 외부적인 힘에 반응하여 움직이는 특성을 말한다.
8. "지진분리이음"이란 지진발생시 지진으로 인한 진동이 전달되지 않도록 진동을 흡수할 수 있는 이음을 말한다.
9. "지진분리장치"란 지진발생시 건축물의 지진하중이 소방시설에 전달되지 않도록 지진으로 인한 진동을 격리시키는 장치를 말한다.
10. "가동중량"이란 가압송수장치·배관의 기타 부속품 무게를 포함하기 위한 중량으로 용수가 충전된 배관무게의 1.15배를 사용한다.
11. "근입 깊이"란 앵커볼트가 벽면 또는 바닥면 속으로 들어가 인발력에 저항할 수 있는 구간의 길이를 말한다.
12. "내진스토퍼"란 지진하중에 의해 과도한 변위가 발생하지 않도록 제한하는 장치를 말한다.
13. "구조부재"란 건축설계에 있어 구조계산에 포함되는 하중을 지지하는 부재를 말한다.
14. "지진하중"이란 지진에 의한 지반운동으로 구조물에 작용하는 하중을 말한다.

15. "편심하중"이란 하중의 합력 방향이 그 물체의 중심을 지나지 않을 때의 하중을 말한다.
16. "지진동"이란 지진 시 발생하는 진동을 말한다.

제4조 (수원) 수원에 대한 내진설계는 다음 각 호의 기준에 따라 설치하여야 한다.

1. 소화수조 및 저수조는 슬로싱(Sloshing) 현상을 방지하기 위하여 수조내부에는 다음 각 호에 따라 방파판을 설치하여야 한다.
   가. 두께 1.6 mm 이상의 강철판 또는 이와 동등이상의 강도·내열성 및 내식성이 있는 금속성의 것으로 할 것
   나. 하나의 구획부분에 2개 이상의 방파판을 설치하는 경우 수직방향의 움직임을 방지할 수 있는 버팀대를 설치할 것
2. 건축물과 일체로 타설되지 아니한 소화수조 및 저수조는 지진에 의하여 손상되거나 과도한 변위가 발생하지 않도록 하여야 한다.

제5조 (가압송수장치) ① 실내 바닥면에 설치되는 전동기 또는 내연기관에 따른 펌프를 이용하는 가압송수장치는 다음 각 호의 기준에 따라 설치하여야 한다.

1. 가동중량 1,000 kg 이하인 설비는 바닥면에 고정되는 길이가 긴 변의 양쪽 모서리에 직경 12 mm 이상의 앵커볼트로 고정하여야 하며 앵커볼트의 근입 깊이는 10 cm 이상이어야 한다.
2. 가동중량 1,000 kg 이상의 설비는 바닥면에 고정되는 길이가 긴 변의 양쪽 모서리에 직경 20 mm 이상의 앵커볼트로 고정하여야 하며 앵커볼트의 근입 깊이는 10 cm 이상이어야 한다.

② 가압송수장치의 펌프와 연결되는 입상배관과의 연결부는 제6조의 배관에 대한 내진설계 방법을 따른다.
③ 가압송수장치에 방진지지장치가 있어 앵커볼트로 지지 및 고정을 할 수 없는 경우에는 다음 각 호에 따라 내진 스토퍼를 설치하여야 한다.

1. 정상운전 중에 접촉하지 않도록 스토퍼와 본체사이에 내진 스토퍼를 설치하여야 한다.
2. 스토퍼는 제조사에서 제시한 허용하중이 제6조제2항에 따라 설비에 가해지는 수평지진하중 이상을 견딜 수 있는 것으로 설치하여야 한다.

제6조 (배관) ① 배관의 내진설계는 다음 각 호의 기준에 따라 설치하여야 한다.

1. 배관에 대한 내진설계를 실시할 경우 지진분리이음은 배관의 수평지진하중을 산정하여야 한다.
2. 배관의 변형을 최소화하고 소화설비 주요 부품사이의 유연성을 증가시킬 수 있는 것으로 설치하여야 한다.
3. 건물 구조부재간의 상대변위에 의한 배관의 응력을 최소화시키기 위하여 신축배관을 사용하거나 적당한 이격거리를 유지하여야 한다.
4. 건물의 지진분리이음이 설치된 위치의 배관에는 직경과 상관없이 지진분리장치를 설치하여야 한다.
5. 천장과 일체 거동을 하는 부분에 배관이 지지되어 있을 경우 배관을 단단히 고정시키기 위해 버팀대를 사용하여야 한다.
6. 배관의 흔들림을 방지하기 위하여 흔들림 방지 버팀대를 사용하여야 한다.
7. 버팀대와 고정장치는 소화설비의 동작 및 살수를 방해하지 않아야 한다.

② 배관의 수평지진하중의 산정은 다음 각 호에 따라서 계산하여야 한다.

1. 버팀대의 수평지진하중 산정 시 배관의 중량은 가동중량으로 산정한다.
2. 버팀대에 작용하는 수평력(=0.5)으로 계산한다.
3. 수평력은 배관의 길이방향과 직각방향에 각각 적용되어야 한다.

③ 배수관, 송수구 그리고 다른 기타배관을 포함하여 벽, 바닥 또는 기초를 관통하는 모든 배관 주위에는 충분한 이격이 있도록 다음 각 호의 기준에 따라 설치하여야 한다. 다만, 내화성능이 요구되지 않는 석고보드나 이와 유사한 부서지기 쉬운 부재를 관통하는 배관과 벽, 바닥 또는 기초의 각 면에서 30 cm 이내에 신축이음쇠가 있으면 그러하지 아니하다.

1. 관통구 및 배관 슬리브의 구경은 배관구경 25 mm 내지 100 mm 미만인 배관의 경우 5 cm 이상, 배관구경 100 mm 이상의 경우는 배관구경보다 10 cm 이상 커야 한다.
2. 필요에 따라서 이격면에는 방화성능이 있는 신축성 물질로 충진하여야 한다.

④ 배관의 정착은 다음 각 호에 따라 설치하여야 한다.

1. 배관과 타 소방시설 연결부에 작용하는 하중은 제2항의 기준에 따라 결정하여야 한다.
2. 소방시설의 배관이 팽창성·화학성 정착물 또는 현장타설 정착물에 의하여 얕게 정착될 경우에는 수평력을 1.5배 증가시켜 사용한다.

제7조 (지진분리이음) 신축이음쇠는 다음 각 호의 기준에 따라 설치하여야 한다.

1. 배관의 변형을 최소화하고 소화설비 주요 부품사이의 유연성을 증가시킬 필요가 있는 위치에 설치하여야 한다.
2. 배관구경 65 mm 이상의 배관에는 신축이음쇠로 다음 각 목과 같은 위치에 설치하여야 한다.
   가. 모든 입상관의 상 · 하 단부의 0.6 m 이내에 설치하여야 한다. 다만, 길이가 0.9 m 미만인 입상배관은 신축이음쇠를 생략할 수 있으며, 0.9~2.1 m 사이의 입상배관은 하나의 신축이음쇠로 설치한다.
   나. 2층 이상의 건물인 경우 바닥으로부터 0.3 m 및 천장으로부터 0.6 m 이내에 설치하여야 한다. 천장 아래의 신축이음쇠를 입상관의 연결부보다 높이 있고, 연결부가 수평인 경우는 0.6 m 이내의 수평부에 설치하여야 한다.
   다. 입상관 또는 기타 수직배관의 중간 지지부가 있는 경우에는 지지부의 윗부분 및 아랫부분으로부터 0.6 m 이내에 설치하여야 한다.

제8조 (지진분리장치) 지진분리장치에 대한 내진설계 시 다음 각 호를 고려하여야 한다.

1. 지진분리장치는 전후좌우 방향의 변위를 수용할 수 있도록 설치하여야 한다.
2. 지진분리장치 1.8 m 이내에는 4방향 버팀대를 설치하여야 한다.
3. 버팀대는 지진분리장치 자체에 설치할 수 없다.

제9조(흔들림 방지 버팀대) 흔들림 방지 버팀대 설치는 다음 각 호의 기준에 따라 설치하여야 한다.

1. 흔들림 방지 버팀대는 내력을 충분히 발휘할 수 있도록 견고하게 설치하여야 한다.
2. 배관에는 제6조 제2항에서 산정된 횡방향 및 종방향의 수평지진하중에 모두 견디고, 지진하중에 의한 수직방향 움직임을 방지하도록 버팀대를 설치하여야 한다.
3. 버팀대가 부착된 구조 부재는 배관설비에 의해 추가된 지진하중을 견딜 수 있어야 한다.
4. 버팀대의 세장비(L/r)는 300을 초과해서는 안 된다. 여기서, L은 버팀대의 길이 r은 최소회전 반경이다.
5. 4방향 버팀대는 횡방향 및 종방향 버팀대의 역할을 동시에 할 수 있어야 한다.

제10조 (수평배관 흔들림 방지 버팀대) ① 횡방향 흔들림 방지 버팀대는 다음 각 호에 따라 설치하여야 한다.

1. 횡방향 흔들림 방지 버팀대는 배관구경에 관계없이 모든 주배관, 교차배관에 설치하여야 하며, 가지배관 및 기타배관에는 배관구경 65 mm 이상인 배관에 설치하여야 한다.
2. 횡방향 흔들림 방지 버팀대의 설계하중은 설치된 위치의 좌우 6 m를 포함한 12 m 내의 배관에 작용하는 횡방향수평지진하중으로 산정한다.
3. 버팀대의 간격은 중심선 기준으로 최대간격이 12 m를 초과하지 않아야 한다.
4. 마지막 버팀대와 배관 단부 사이의 거리는 1.8 m를 초과하지 않아야 한다.

② 종방향 흔들림 방지 버팀대의 내진설계는 다음 각 호에 따라 설치하여야 한다.

1. 종방향 흔들림 버팀대의 수평지진하중 산정시 버팀대의 모든 가지배관을 포함하여야 한다.
2. 종방향 흔들림 방지 버팀대의 설계하중은 설치된 위치의 좌우 12 m를 포함한 24 m 내의 배관에 작용하는 수평지진하중으로 산정한다.
3. 주배관 및 교차배관에 설치된 종방향 흔들림 방지 버팀대의 간격은 24 m를 넘지 않아야 한다.

4. 마지막 버팀대와 배관 단부 사이의 거리는 12 m를 초과하지 않아야 한다.
5. 4방향 버팀대는 횡방향 및 종방향 버팀대의 역할을 동시에 할 수 있어야 한다.

제11조 (입상관 흔들림 방지 버팀대) 입상관 흔들림 방지 버팀대는 다음 각 호에 따라 설치하여야 한다.
1. 길이 1 m를 초과하는 주배관의 최상부에는 4방향 버팀대를 설치하여야 한다.
2. 입상관상의 관 연결부위는 4방향 버팀대를 생략하여도 된다.
3. 입상관 최상부의 4방향 버팀대가 수평배관에 부착된 경우 입상관의 중심선으로부터 0.6 m 이내이어야 하며 버팀대의 하중은 수직 및 수평방향의 배관을 모두 포함하여야 한다.
4. 입상관 4방향 버팀대 사이의 거리는 8 m를 초과하지 않아야 한다.

제12조 (버팀대 고정장치) 버팀대 고정장치는 다음 각 호에 따라 설치하여야 한다.
1. 버팀대 고정장치에 작용하는 수평지진하중은 허용하중을 초과해서는 아니 된다.
2. 길이 3.7 m 미만의 배관은 인접한 버팀대로 지지할 수 있다.

제13조 (헤드) ① 가지배관 상의 말단 헤드는 수직 및 수평으로 과도한 움직임이 없도록 다음 각 호에 따라 설치하여야 한다.
1. 고정 와이어는 행거로부터 0.6 m 이내에 위치해야 한다. 와이어 고정점에 가장 가까운 행거는 가지배관의 상방향 움직임을 지지할 수 있는 유형이어야 한다.
2. 가지배관 상의 말단 헤드는 수직 및 수평으로 과도한 움직임이 없도록 고정하여야 한다.
3. 가지배관에 설치되는 행가는 「스프링클러설비의 화재안전기준」 제8조 제13항에 따라 설치한다.

② 헤드는 지진 시 천장이나 보 등과 충돌하지 않도록 10 cm 이상의 이격거리를 확보하여야 한다.

제14조 (제어반) 제어반은 다음 각 호의 기준에 따라 설치하여야 한다.
1. 벽면에 설치하는 경우 직경 8 mm 이상의 고정용 볼트를 4개 이상 고정하여야 한다.
2. 바닥에 설치하는 경우 지진하중에 의해 전도가 발생하지 않도록 설치하여야 한다.
3. 수계소화설비에 사용되는 수신기 및 중계기는 지진발생 시 전도되지 않도록 설치하여야 한다.

제15조 (유수검지장치) 유수검지장치는 지진발생시 기능을 상실하지 않아야 하며, 연결부위는 파손되지 않아야 한다.

제16조 (함) 함은 다음 각 호의 기준에 따라 설치하여야 한다.
1. 함은 지진 시 개폐에 장애가 발생하지 않아야 한다.
2. 노출형 함이 설치되는 벽면은 충분한 강도를 가져야하고, 노출형 함은 중량 1,000 kg 이하인 설비로 분류하여 제5조 제1항에 따라 바닥면에 고정하여야 한다.
3. 비내력벽에는 함을 설치하지 않는다.

제17조 (비상전원) 비상전원은 다음 각 호의 기준에 따라 설치하여야 한다.
1. 비상전원을 위한 비상발전장치의 경우 제5조 제1항의 기준에 따라 설치하여야 한다.
2. 예비전원은 지진발생시 전도되지 않도록 설치하여야 한다.

제18조 (가스계 및 분말소화설비) ① 이산화탄소 소화설비, 할로겐화합물 소화설비, 청정소화약제 소화설비 및 분말소화설비의 저장용기는 지진하중에 의해 전도가 발생하지 않도록 하여야 한다.

② 이산화탄소 소화설비, 할로겐화합물 소화설비, 청정소화약제 소화설비 및 분말소화설비의 제어반은 제14조의 기준에 따라 설치하여야 한다.

③ 이산화탄소·할로겐화합물·청정소화약제 소화설비 및 분말소화설비의 기동장치 및 비상전원은 지진으

로 인한 오동작이 없도록 설치하여야 한다.

제19조 (설치 · 유지기준의 특례) 소방본부장 또는 소방서장은 기존건축물이 증축·개축·대수선되거나 용도변경되는 경우에 있어서 이 기준이 정하는 기준에 따라 해당 건축물에 설치하여야 할 소방시설 내진설계의 공사가 현저하게 곤란하다고 인정되는 경우에는 해당 설비의 기능 및 사용에 지장이 없는 범위 안에서 소방시설의 내진설계 기준 일부를 적용하지 아니할 수 있다.

제20조 (재검토 기한) 소방청장은 「훈령 · 예규 등의 발령 및 관리에 관한 규정」에 따라 이 고시에 대하여 2016년 1월 1일을 기준으로 매3년이 되는 시점(매 3년째의 12월 31일까지를 말한다)마다 그 타당성을 검토하여 개선 등의 조치를 하여야 한다.

부칙 〈제2017-1호〉

제1조 (시행일) 이 고시는 발령한 날부터 시행한다.
제2조 생략

3 위험물탱크 안전성능 시험기준

(위험물안전관리에 관한 세부기준)

[국민안전처고시 제2016-61호]

제27조 (탱크안전성능검사 등) 규칙 제16조의 규정에 따른 탱크안전성능검사의 세부기준 · 방법 · 절차 및 탱크시험자 또는 엔지니어링사업자가 실시하는 탱크안전성능시험에 대한 기술원의 확인 등에 관하여 필요한 사항 및 규칙 별표 8 Ⅰ제6호 후단의 규정에 따른 지하저장탱크의 기밀시험 및 비파괴시험 등에 관하여 필요한 사항은 제28조 내지 제40조의 규정에 따른다.

제28조 (처리절차) ① 탱크안전성능시험은 탱크의 설치현장에서 실시하는 것을 원칙으로 한다. 다만, 부득이하게 제작현장에서 시험을 실시하는 경우 설치자는 운반 중에 손상이 발생하지 않도록 하는 조치를 하여야 한다.
② 시험의 신청자는 시험종류별로 시험이 신속하게 이루어질 수 있도록 제반 시험준비(탱크의 충수, 비파괴시험 등에 따른 표면처리 및 사다리 · 비계 · 작업대의 설치 등을 말한다)를 하여야 한다.
기준에서 정한 판정기준에 부적합하여 보수 등을 한 후 재시험하고자 하는 경우에는 이미 적합 판정을 받은 시험종류 또는 시험부위에 대하여는 시험을 생략할 수 있다.
④ 규칙 제12조 제5항 · 제13조 제2항 · 제14조 제2항 및 제15조 제2항의 규정에 의하여 기술원이 확인하는 방법은 기술원이 시험현장에 입회하는 방법(용접부검사중 방사선투과시험의 경우에는 방사선투과사진을 확인하는 방법)에 의한다. 이 경우 시험의 적정성에 대하여 검증이 필요하다고 인정되는 경우에는 기술원이 시험실시 부분의 일부를 발췌하여 직접 시험할 수 있다.

제29조 (시험개소 및 범위) ① 기밀시험 및 충수·수압시험의 시험개소 또는 범위는 탱크본체와 본체에 용접 등으로 고착시키는 노즐 등으로 한다.

② 용접부시험의 시험개소 또는 범위는 탱크구조 형상 등에 따라 다음 각 호와 같다. 다만, 변경허가에 따른 시험의 경우에는 보수용접부분 및 보수로 인하여 영향을 받을 우려가 있는 인접한 용접부분에 대해서 시험을 실시한다.

1. 원통종형 탱크

가. 에뉼러판 맞대기이음 용접부에 대한 시험은 다음의 규정에 따른 시험방법 중 하나로 할 것

(1) 초층용접후 전용접부에 대하여 침투탐상시험을 하고, 용접종료 후 자기탐상시험을 할 것

(2) 에뉼러판 맞대기이음 용접부의 바깥쪽 끝단에서 250 mm까지를 용접종료 후 전체개소 중 50%에 대하여 방사선투과시험 또는 영상초음파탐상시험(영상출력이 가능한 초음파탐상시험을 말한다. 이하 같다)을 실시하고, 바깥쪽 끝단에서 250 mm까지의 범위를 초과하는 전용접부에 대해서는 (1)의 시험방법을 적용할 것

나. 에뉼러판이 없는 구조의 밑판은 옆판 최하단의 중심선을 기준으로 밑판의 안쪽방향 용접부 200 mm와 바깥쪽 방향 전용접부를 초층용접 후 침투탐상시험을 하고, 용접종료후 자기탐상시험을 할 것

다. 밑판과 옆판의 이음부 및 에뉼러판과 옆판의 이음부인 필렛용접부는 용접종료 후와 충수시험, 수압시험 또는 기밀시험 후에 안쪽 용접부에 대하여 자기탐상시험을 할 것

라. 밑판 용접부 및 밑판과 에뉼러판의 이음 용접부는 다음과 같이 시험할 것

(1) 3매 겹침부 또는 맞대기용접일 경우의 T자부(이하 "3매 겹침부등"이라 한다)에 대해서는 3방향으로 각각 길이 200 mm의 범위에 걸쳐 초층용접 후 침투탐상시험을 하고, 용접종료 후 자기탐상시험을 할 것

(2) 3매 겹침부등을 제외한 밑판 전용접길이의 3% (10 m를 초과하는 경우에는 10 m로 한다)에 대해 용접종료 후 자기탐상시험을 하거나 3매 겹침부등을 제외한 밑판 전용접길이에 대해 진공시험을 할 것

마. 옆판 맞대기이음 용접부에 대한 시험은 다음의 규정에 따른 시험방법 중 어느 하나로 할 것

(1) 용접종료 후 제34조에 따른 방사선투과시험을 할 것

(2) 용접종료 후 제35조에 따른 영상초음파탐상시험을 할 것. 다만, 옆판 두께가 6 mm 미만인 경우에는 초층용접후 전용접부에 대하여 침투탐상시험을 하고, 용접종료 후 자기탐상시험을 할 것

바. 옆판최하단의 개구부(보강판을 포함한다. 이하 제38조까지 같다) 및 물받이(sump) 용접부는 용접종료 후 자기탐상시험을 하며, 옆판이 고장력강판(인장강도 규격의 최소치가 500 MPa 이상인 강판을 말한다. 이하 같다)인 경우에는 모든 두께의 판, 연강판인 경우에는 25 mm를 초과하는 두께의 판에 설치된 개구부의 용접부에 대하여 초층용접 후 침투탐상시험을 할 것. 다만, 방사선투과시험 또는 영상초음파탐상시험을 실시한 부위를 제외한다.

사. 개구부 및 물받이의 맞대기 용접부는 용접종료 후 방사선투과시험 또는 영상초음파탐상시험을 할 것

아. 탱크의 옆판에 탱크의 제작 등을 위하여 가설재 등을 부착하였다가 제거하는 경우에는 당해 가설재 등을 제거한 부위에 대하여 육안검사 또는 자기탐상시험을 실시할 것. 이 경우 고장력강판 및 25 mm를 초과하는 연강판에 대해서는 자기탐상시험을 실시하여야 하며 자기탐상시험을 실시하지 못할 경우에는 침투탐상시험을 실시할 수 있다.

2. 구형 탱크

가. 개구부의 모든 용접부에 대하여 초층용접 후 침투탐상시험을 할 것. 다만, 방사선투과시험 또는 영상초음파탐상시험을 실시한 부위는 제외한다.

나. 모든 용접부에 대하여 용접종료 후 자기탐상시험을 할 것

다. 맞대기용접의 이음부는 전용접부에 대하여 용접종료 후 방사선투과시험 또는 영상초음파탐상시험을 할 것

라. 개구부의 맞대기용접부는 용접종료 후 방사선투과시험 또는 영상초음파탐상시험을 실시할 것

마. 탱크의 강판에 탱크의 제작 등을 위하여 가설재 등을 부착하였다가 제거하는 경우에는 당해 가설재 등을 제거한 부위에 대하여 육안검사 또는 자기탐상시험을 실시할 것. 이 경우 고장력강판 및 25

mm를 초과하는 연강판에 대해서는 자기탐상시험을 실시하여야 하며 자기탐상시험을 실시하지 못할 경우에는 침투탐상시험을 실시할 수 있다.

3. 기타 형상의 탱크
   가. 모든 용접부에 대하여 용접종료 후 방사선투과시험, 영상초음파탐상시험, 자기탐상시험, 침투탐상시험 중 적절한 시험방법을 선택하여 시험할 것
   나. 탱크의 강판에 탱크의 제작 등을 위하여 가설재 등을 부착하였다가 제거하는 경우에는 당해 가설재 등을 제거한 부위에 대하여 육안검사 또는 자기탐상시험을 실시할 것. 이 경우 고장력강판 및 25 mm를 초과하는 연강판에 대해서는 자기탐상시험을 실시하여야 하며 자기탐상시험을 실시하지 못할 경우에는 침투탐상시험을 실시할 수 있다.

③ 제2항에 따른 용접부에 대한 시험방법 중 방사선투과시험 또는 영상초음파탐상시험을 실시하기 곤란한 경우 초음파탐상시험으로 대체할 수 있다.

제30조 (기밀시험의 방법 및 판정기준) 기밀시험의 방법 및 판정기준은 다음 각 호와 같다.

1. 배관 등을 접속하기 전에 탱크내부를 비우고 모든 개구부를 완전히 폐쇄 한 이후에 실시할 것
2. 내부 가압은 공기 또는 질소 등의 불활성가스를 사용하며 설계압력(설계시 최소허용두께 또는 기계적 강도를 결정하기 위한 압력을 말한다. 이하 같다) 이상의 압력으로 서서히 가압할 것
3. 탱크 본체 접속부 및 용접부 등에 발포제를 고루 도포 하였을 때 기포누설 및 영구변형 등의 이상이 없을 것

제31조 (충수 · 수압시험의 방법 및 판정기준) 충수·수압시험의 방법 및 판정기준은 다음 각 호와 같다.

1. 충수·수압시험은 탱크가 완성된 상태에서 배관 등의 접속이나 내·외부에 대한 도장작업 등을 하기 전에 위험물탱크의 최대사용높이 이상으로 물(물과 비중이 같거나 물보다 비중이 큰 액체로서 위험물이 아닌 것을 포함한다. 이하 이 조에서 같다)을 가득 채워 실시할 것. 다만, 다음 각목의 어느 하나에 해당하는 경우에는 해당 목에 규정된 방법으로 대신할 수 있다.
   가. 에뉼러판 또는 밑판의 교체공사 중 옆판의 중심선으로부터 600 mm 범위 외의 부분에 관련된 것으로서 당해 교체부분이 저부면적(에뉼러판 및 밑판의 면적을 말한다)의 2의 1 미만인 경우에는 교체부분의 전용접부에 대하여 초층용접 후 침투탐상시험을 하고 용접종료 후 자기탐상시험을 하는 방법
   나. 에뉼러판 또는 밑판의 교체공사 중 옆판의 중심선으로부터 600 mm 범위 내의 부분에 관련된 것으로서 당해 교체부분이 당해 에뉼러판 또는 밑판의 원주길이의 50% 미만인 경우에는 교체부분의 전용접부에 대하여 초층용접 후 침투탐상시험을 하고 용접종료 후 자기탐상시험을 하며 밑판(에뉼러판을 포함한다)과 옆판이 용접되는 필렛용접부(완전용입용접의 경우에 한한다)에는 초음파탐상시험을 하는 방법
2. 보온재가 부착된 탱크의 변경허가에 따른 충수·수압시험의 경우에는 보온재를 당해 탱크 옆판의 최하단으로부터 20 cm 이상 제거하고 시험을 실시할 것
3. 충수시험은 탱크에 물이 채워진 상태에서 1,000 kL 미만의 탱크는 12시간, 1,000 kL 이상의 탱크는 24시간 이상 경과한 이후에 지반침하가 없고 탱크본체 접속부 및 용접부 등에서 누설 변형 또는 손상 등의 이상이 없을 것
4. 수압시험은 탱크의 모든 개구부를 완전히 폐쇄한 이후에 물을 가득 채우고 최대사용압력의 1.5배 이상의 압력을 가하여 10분 이상 경과한 이후에 탱크본체·접속부 및 용접부 등에서 누설 또는 영구변형 등의 이상이 없을 것. 다만, 규칙에서 시험압력을 정하고 있는 탱크의 경우에는 당해 압력을 시험압력으로 한다.
5. 탱크용량이 1,000 kL 이상인 원통종형탱크는 제1호 내지 제4호의 시험 외에 수평도와 수직도를 측정하여 다음 각목의 기준에 적합할 것
   가. 옆판 최하단의 바깥쪽을 등간격으로 나눈 8개소에 스케일을 세우고 레벨측정기 등으로 수평도를 측정하였을 때 수평도는 300 mm 이내이면서 직경의 1/100 이내일 것

나. 옆판 바깥쪽을 등간격으로 나눈 8개소의 수직도를 데오드라이트 등으로 측정하였을 때 수직도는 탱크 높이의 1/200 이내일 것. 다만, 변경허가에 따른 시험의 경우에는 127 mm 이내이면서 1/100 이내이어야 한다.

6. 탱크용량이 1,000 kL 이상인 원통종형 외의 탱크는 제1호 내지 제4호의 시험 외에 침하량을 측정하기 위하여 모든 기둥의 침하측정의 기준점(수준점)을 측정(기둥이 2개인 경우에는 각 기둥마다 2점을 측정)하여 그 차이를 각각의 기둥사이의 거리로 나눈 수치가 1/200 이내일 것. 다만, 변경허가에 따른 시험의 경우에는 127 mm 이내이면서 1/100 이내이어야 한다.

제32조 (침투탐상시험의 방법 및 판정기준) ① 용접부시험 중 침투탐상시험의 방법은 염색침투탐상시험과 형광침투탐상시험 중 적절한 시험방법을 선택하여 시험한다.
② 침투탐상시험의 실시범위는 용접부와 모재의 경계선에서 모재쪽으로 모재판두께의 1/2 이상의 길이를 더한 범위로 한다.
③ 시험실시 전에 시험범위에 있는 스패터, 슬래그, 스케일, 기름 등의 부착물을 완전히 제거하여 깨끗하게 하고 시험면 및 결함 내에 잔류하는 용제, 수분 등을 충분히 건조시켜야 한다.
④ 침투탐상시험의 실시방법은 다음 각 호에 의한다.

1. 침투액은 시험제품의 시험부위 및 침투액의 종류에 따라 분무, 솔질 등의 방법을 적용하고 침투에 필요한 시간동안 시험하는 부분의 표면을 침투액으로 적셔 둘 것
2. 침투처리 후 표면에 부착되어 있는 침투액은 마른천으로 닦은 후 용제세정액을 소량 스며들게 한 천으로 완전히 닦아낼 것. 이 경우에 결함속에 침투되어 있는 침투액을 유출시킬 만큼 많은 세정액을 사용하지 아니하여야 한다.
3. 잘 저어서 분산시킨 속건식 현상제를 분무상태로 시험면에 분무시켜 시험면 바탕의 소재가 희미하게 투시되어 보일 정도로 얇고 균일하게 도포할 것. 이 경우에 분무노즐과 시험면의 거리는 약 300 mm로 한다.
4. 현상제를 도포하고 10분이 경과한 후에 관찰할 것. 다만, 결함지시모양의 등급분류시 결함지시모양이 지나치게 확대되어 실제의 결함과 크게 다른 경우에는 현상여건을 감안하여 그 시간을 단축시킬 수 있다.
5. 고장력강판의 경우 용접후 24시간이 경과한 후 시험을 실시할 것

⑤ 침투탐상시험결과의 판정기준은 다음 각 호와 같다.

1. 균열이 확인된 경우에는 불합격으로 할 것
2. 선상 및 원형상의 결함크기가 4 mm를 초과할 경우에는 불합격으로 할 것
3. 2 이상의 결함지시모양이 동일 선상에 연속해서 존재하고 그 상호간의 간격이 2 mm 이하인 경우에는 상호간의 간격을 포함하여 연속된 하나의 결함지시모양으로 간주할 것. 다만, 결함지시모양 중 짧은 쪽의 길이가 2 mm 이하이면서 결함지시모양 상호간의 간격 이하인 경우에는 독립된 결함지시모양으로 한다.
4. 결함지시모양이 존재하는 임의의 개소에 있어서 2,500 mm²의 사각형(한 변의 최대길이는 150 mm로 한다) 내에 길이 1 mm를 초과하는 결함지시모양의 길이의 합계가 8 mm를 초과하는 경우에는 불합격으로 할 것

⑥ 제5항의 판정기준에 따라 부적합한 결함은 완전히 제거한 후 재용접 하고 그 부분에 대하여 재시험하여 적합하여야 한다.
⑦ 이 조에서 규정하지 아니한 사항은 「침투 탐상 시험 방법 및 침투 지시 모양의 분류」(KS B 0816)에 의한다.

제33조 (자기탐상시험의 방법 및 판정기준) ① 용접부시험 중 자기탐상시험의 실시범위는 용접부와 모재의 경계선에서 모재쪽으로 모재판두께의 1/2 이상의 길이를 더한 범위로 한다.
② 시험실시 전에 시험범위에 있는 스패터, 슬래그, 스케일, 기름 등의 부착물을 완전히 제거하고 깨끗하게 함과 동시에 시험실시범위의 온도가 시험에 지장이 없는 온도범위로 유지되도록 한다.

③ 자기탐상시험의 실시방법은 다음 각 호에 의한다.

1. 자화장치는 교류전원으로 하며, 시험실시에 지장이 없는 범위로 연속통전이 가능하고 절연성이 좋은 교류 극간식 자화장치를 사용할 것
2. 검사액 살포기는 자분을 균일하게 분산시킬 수 있고 검사액을 부드럽고 안정적으로 탐상유효범위에 적용시킬 수 있을 것
3. 자분 및 검사액은 다음 각목에 의할 것
   가. 등유, 물 등에 형광자분 또는 비형광자분을 분산시킨 검사액을 사용하며, 검사액 속의 자분 분산농도는 형광자분의 경우에는 0.2 g/L 내지 2 g/L으로, 비형광자분의 경우에는 2 g/L 내지 10 g/L으로 할 것
   나. 자분의 분산이 좋지 않은 검사액과 성능이 열화된 검사액을 사용하지 아니할 것
4. 표준시험편은 다음 각목 중에서 하나를 선택하여 사용할 것
   가. A1-7/50(직선형)
   나. A1-15/100(직선형)
   다. A2-15/50(직선형)
   라. A2-30/100(직선형)
5. 시험범위에 대한 자화장치의 배치는 용접선에 대하여 거의 직각이 되도록 하고 시험면에 평행방향의 자장이 형성되도록 하며, 인접한 탐상유효범위가 서로 중복되도록 할 것
6. 자분적용에 대한 자화의 시기는 연속법으로 할 것
7. 자분의 적용은 다음 각목에 의할 것
   가. 특별히 인정된 경우를 제외하고는 습식법을 사용할 것
   나. 검사액의 적용은 탐상유효범위의 바깥쪽부터 탐상유효범위 전면을 적시도록 할 것
   다. 통전시간 중의 검사액의 적용시간은 1단위시험 조작당 3초 이상을 표준으로 할 것
8. 통전시간은 원칙으로 검사액의 적용시작시부터 그 탐상유효범위 내의 검사액의 유동이 정지할 때까지로 할 것
9. 결함자분모양의 관찰은 다음 각목에 의할 것
   가. 결함자분모양의 관찰은 1단위시험의 조작시마다 할 것
   나. 결함자분모양이 나타났을 경우에는 결함자분모양을 제거한 후 다시 시험을 하여 결함자분모양이 전회의 시험결과와 동일하게 검출되는지를 확인할 것
   다. 확인된 결함자분모양 중 유사자분모양은 제외할 것
   라. 결함자분모양과 유사자분모양과의 판별이 곤란한 것은 허용한도 이내에서 표면을 매끄럽게 하고 재시험을 할 것
10. 탐상유효범위의 설정은 다음 각목에 의할 것
    가. 탐상유효범위의 설정은 자화장치, 용접선에 대한 자화장치의 배치, 검사액, 검사액의 적용방법, 검사액의 적용시간·통전시간, 탐상유효범위의 자외선강도·가시광선강도 등의 시험조건 및 실제 시험을 실시할 때의 조건 등을 고려하여 정할 것
    나. 탐상유효범위는 용접선에 홈이 평행 및 직각이 되도록 붙인 A형 표준시험편에 명료한 결함자분모양이 얻어지는 범위로 할 것
    다. 시험개시전, 시험조건의 변경시, 시험중 의문이 발생했을 경우 등 필요한 경우에는 탐상유효범위를 재설정 할 것
11. 고장력강판의 경우 용접후 24시간이 경과한 후 시험을 실시할 것

④ 자기탐상시험결과의 판정기준은 다음 각 호와 같다.

1. 균열이 확인된 경우에는 불합격으로 할 것
2. 선상 및 원형상의 결함크기가 4 mm를 초과할 경우에는 불합격으로 할 것
3. 2 이상의 결함자분모양이 동일 선상에 연속해서 존재하고 그 상호간의 간격이 2 mm 이하인 경우에는 상호간의 간격을 포함하여 연속된 하나의 결함자분모양으로 간주할 것. 다만, 결함자분모양 중 짧은 쪽

의 길이가 2 mm 이하이면서 결함자분모양 상호간의 간격 이하인 경우에는 독립된 결함자분모양으로 한다.

4. 결함자분모양이 존재하는 임의의 개소에 있어서 2500 mm^2의 사각형(한 변의 최대길이는 150 mm로 한다) 내에 길이 1 mm를 초과하는 결함자분모양의 길이의 합계가 8 mm를 초과하는 경우에는 불합격으로 할 것
5. 자기탐상시험결과 결함자분모양이 원형모양이어서 판정이 곤란할 경우는 침투탐상시험에 의하여 판정할 것

⑤ 제4항의 판정기준에 따라 불합격된 경우에는 다음 각 호에 의한다.

1. 자기탐상시험 결과 부적합한 결함은 완전히 제거한 후 재용접하고 그 부분에 대하여 재시험하여 적합할 것
2. 밑판 및 에뉼러판의 이음용접부중 3매 겹침부등을 제외한 용접부가 부적합한 경우에는 밑판(에뉼러판을 포함한다)의 3매겹침부를 제외한 전용접부의 15%를 시험하고, 다시 부적합한 경우에는 전용접부를 시험할 것

⑥ 이 조에서 규정하지 아니한 사항은 「철강 재료의 자분 탐상 시험 방법 및 자분 모양의 분류」(KS D 0213)에 의하고, 자기탐상시험을 실시하기 곤란한 경우 침투탐상시험으로 대체할 수 있다.

제34조 (방사선투과시험의 방법 및 판정기준) ① 용접부시험 중 방사선투과시험의 실시범위(이하 "촬영개소"라 한다)는 재질, 판두께, 용접이음 등에 따라서 다르게 적용할 수 있으며 옆판 용접선의 방사선투과시험의 촬영개소는 다음 각 호에 의할 것을 원칙으로 한다.

1. 기본 촬영개소
   가. 수직이음은 용접사별로 용접한 이음(같은 단의 이음에 한한다. 이하 나목에서 같다)의 30m마다 임의의 위치 2개소(T이음부가 수직이음촬영개소 전체 중 25% 이상 적용되도록 한다)
   나. 수평이음은 용접사별로 용접한 이음의 60 m마다 임의의 위치 2개소
2. 추가 촬영개소

판두께	최하단	2단 이상의 단
10 mm 이하	모든 수직이음의 임의의 위치 1개소	
10 mm 초과 25 mm 이하	모든 수직이음의 임의의 위치 2개소 (단, 1개소는 가장 아랫부분으로 한다.)	모든 수직·수평이음의 접합점 및 모든 수직이음의 임의 위치 1개소
25mm 초과	모든 수직이음 100% (온길이)	

(비고) 수직이음과 수평이음의 접합점 촬영은 수직이음을 주로 한다.

② 구조변경된 탱크의 옆판 보수용접이음부는 제1항의 촬영개소와 함께 보수용접이음과 기존용접이음이 접하는 모든 접합점에 대하여 방사선투과시험을 하며 접합점을 기준으로 기존 용접이음의 방향에 대하여 촬영한다. 다만, 밑판 또는 에뉼러판과 용접되는 옆판이음부는 자기탐상시험을 할 수 있다.

③ 방사선투과시험의 실시방법은 다음 각 호에 의한다.

1. 방사선투과시험에 사용하는 필름의 크기는 너비 85 mm × 길이 305 mm 또는 너비 114 mm × 길이 305 mm를 원칙으로 하고 초미립자 필름으로 할 것
2. 증감지는 금속박(연박)으로 하고 촬영조건에 따라 가장 적합한 것을 선택할 것
3. 투과사진의 필요조건인 투과도계의 식별 최소선지름, 투과사진의 농도범위, 계조계의 수치는 「강 용접 이음부의 방사선 투과 시험 방법」(KS B 0845) 부속서1의 A급을 적용할 것
4. 방사선투과시험은 피검사부의 재질, 판두께, 용접 조건 등을 고려하여 용접 후 적절한 시간이 경과한 다음에 촬영하고, 고장력강판의 경우 용접후 24시간이 경과한 후 시험을 실시할 것

④ 방사선투과시험결과의 판정기준은 다음 각 호와 같다.

1. 균열·용입부족 및 융합부족이 없어야 하고 언더컷의 깊이가 수직이음에서는 0.4 mm, 수평이음에서는 0.8 mm 이내일 것

2. 기공과 슬래그 또는 이와 유사한 결함에 대해서는 「강 용접 이음부의 방사선 투과 시험 방법」(KS B 0845)의 3류 이상을 합격으로 할 것. 다만, 고장력강판을 사용하는 모든 판의 수직이음과 두께 25 mm를 초과하는 연강판의 수직이음에 대해서는 2류 이상을 합격으로 한다.

⑤ 제4항의 판정기준에 따라 불합격된 경우에는 다음 각 호에 의한다.

1. 전용접부(옆판의 각 수직이음부, T이음부 전체와 개구부 및 최하단 수직이음부의 가장 아랫부분을 말한다)에 대하여 방사선투과시험을 실시한 것은 부적합한 개소의 결함을 완전히 제거한 후 재용접하고 그 부분에 대하여 재시험하여 적합할 것
2. 부분 용접부(제1호의 시험개소 외의 임의의 시험개소를 말한다)에 대하여 방사선투과시험을 실시한 것은 해당 용접부(부적합한 부분을 용접한 용접사에 의하여 수행된 같은 단의 모든 이음부를 말한다)에 대하여 임의의 2개소를 선정하여 다음 각목에 의하여 시험할 것. 다만, 이 시험을 생략하고 해당 용접부의 전체를 시험하거나 1회에 한하여 보수할 수 있다.
   가. 새로 선정한 2개소가 적합한 경우 최초시험에서 부적합 된 결함을 완전히 제거한 후 재용접하고 그 부분에 대하여 재시험하여 적합할 것. 다만, 결함이 필름 끝에서 75 mm 이내에 있으면 인접 개소가 적합할 때까지 시험하여야 한다.
   나. 새로 선정한 2개소에 대하여 시험결과 1개소 이상 부적합 된 경우에는 해당 용접부의 전체에 대하여 시험하여 부적합 된 모든 개소의 결함을 완전히 제거한 후 재용접하고 그 부분에 대하여 재시험하여 적합할 것. 다만, 이 시험을 생략하고 1회에 한하여 해당 용접부의 전체를 보수할 수 있다.
   다. 해당 용접부의 전체에 대하여 시험을 생략하고 전체를 보수한 경우에는 새로 선정한 2개소를 시험하여 적합하여야 하고 1개소 이상 부적합하면 해당 용접부의 전체에 대하여 시험하여 부적합하면 모든 개소의 결함을 완전히 제거한 후 재용접하고 그 부분에 대하여 재시험하여 적합할 것
3. 에뉼러판 맞대기 용접부의 전체개소 중 50%에 대하여 방사선투과시험을 실시하여 1개소 이상 부적합한 경우에는 부적합한 부분을 용접한 용접사에 의하여 수행된 모든 용접개소를 추가로 시험할 것

⑥ 이 조에서 규정하지 아니한 사항은 「강 용접 이음부의 방사선 투과 시험 방법」(KS B 0845)에 의하고, 방사선투과시험을 실시하기 곤란한 경우 초음파탐상시험으로 대체할 수 있다.

제35조 (초음파탐상시험의 방법 및 판정기준) ① 용접부시험 중 초음파탐상시험의 실시범위는 제34조의 방사선투과시험을 하는 범위로 하며 방사선투과시험 1개소는 초음파탐상시험을 하는 용접선의 길이 300 mm와 같다.

② 완전용입의 수직이음 및 수평이음의 맞대기 용접부의 초음파탐상시험의 실시방법은 다음 각 호에 의한다.

1. 탐상에 있어서는 경사각법을 적용하고 시험주파수는 5 MHz 또는 4 MHz를 사용할 것
2. 탐상감도는 STB-A2를 사용하여 조정하고 결함에코 평가대상은 M검출레벨로 할 것

③ 초음파탐상시험결과의 판정기준은 다음 각 호와 같다.

1. 결함의 평가는 모재의 두께에 따라서 다음 표 1의 A, B 또는 C의 수치로 구분되는 결함지시길이와 다음 표 2의 최대에코높이의 영역에 따라 평가할 것. 다만, 평가할 때 다음 각목에 정한 사항을 고려하여야 한다.
   가. 동일 깊이에 존재한다고 간주되는 2개 이상의 결함지시 상호간의 간격이 어느 하나의 결함지시길이 이하일 경우에는 이들 2개 이상의 결함지시길이의 합에 결함지시 상호간의 간격을 더한 것을 결함지시길이로 할 것
   나. 가목에 의해서 얻어진 결함지시길이 및 1개 결함의 결함지시길이를 2 방향에서 탐상하여 다 른 수치가 나온 경우에는 큰 쪽의 수치를 결함지시길이로 할 것

[표 1] 결함지시길이의 구분

결함지시길이의 구분 / 모재의 두께(단위 mm)	A	B	C
6 이상 18 이하	6	9	18
18 초과	t/3	t/2	t

(비고) t : 모재의 판두께(판두께가 다른 맞대기 용접인 경우에는 얇은 쪽의 판두께)

[표 2] 결함의 평가점

최대에코높이 ＼ 결함지시길이	A 이하	A 초과 B 이하	B 초과 C 이하	C 초과
III 영역	1점	2점	3점	4점
IV 영역	2점	3점	4점	4점

2. 제34조의 방사선투과시험에 적용되는 3류 이상의 결함으로 규정된 개소에 대해서는 제1호에 정한 결함의 평가점에 의하여 3점 이하이고 결함이 가장 조밀한 용접부의 길이 300 mm당 평가점의 합이 5점 이하인 것을 합격으로 할 것
3. 제34조의 방사선투과시험에 적용되는 2류 이상의 결함으로 규정된 개소에 대해서는 제1호에 정한 결함의 평가점에 의하여 2점 이하이고 결함이 가장 조밀한 용접부의 길이 300 mm당 평가점의 합이 4점 이하인 것을 합격으로 할 것

④ 제3항 또는 제6항 제2호의 판정기준에 의하여 불합격된 경우에는 제34조 제5항의 예에 의한다.

⑤ 이 조에서 규정하지 아니한 사항은 「강 용접부의 초음파 탐상 시험 방법」(KS B 0896)에 의한다.

⑥ 영상초음파탐상시험 장비를 사용할 경우 제2항 및 제3항에도 불구하고 다음 각 호의 기준을 따른다.

1. 실시방법
   가. 탐상부위는 용접부 및 용접부의 각 양쪽면으로 최소 25 mm 또는 모재두께 중 작은 값을 더하여 열영향부를 포함할 것.
   나. 사각빔탐상에 간섭받는 부위를 제외하고 관련된 자료 및 정보 등을 자동으로 기록하는 컴퓨터가 내장된 장비로 수행할 것.
   다. 탐촉자의 위치, 움직임 및 구성품의 검사범위 등을 나타내는 시험절차서를 작성할 것. 이 경우 초음파의 주사각도, 방향, 검사대상의 재질, 치수, 시험결과 판정을 위한 표준화되고 재현가능한 방법이 포함되어야 한다.
   라. 얇은쪽 모재두께 6 mm 이상 10 mm 미만에 대한 영상초음파탐상시험은 다음 추가기준을 만족하여야 한다.
      (1) 시험주파수는 10 MHz 이상을 사용할 것. 다만, 모재 재질이 오스테나이트계 스테인리스강인 경우에는 그러하지 아니하다.
      (2) 영상초음파탐상 시험범위의 내외면은 추가적으로 용접종료 후 자기탐상시험을 실시할 것.
2. 결함의 판정기준
   가. 결함의 치수는 해당 결함부위가 완전히 포함되는 직사각형으로 정의하여야 한다. 결함의 길이(L)는 내부압력 유지면과 평행하게 작성하여야 하고 결함의 높이(h)는 내부압력 유지면에 수직으로 작성하여야 한다.
   나. 두께를 관통하는 방향으로 표면과 결함사이의 공간이 해당 결함 측정 높이의 1/2 미만일 경우 이 결함은 표면결함으로 분류하여야 하며, 결함의 높이를 해당재료의 표면까지 연장하여야 한다.
   다. 최대허용 결함길이는 다음표에서 정하는 길이로 하며, 균열, 용입부족 및 융합부족은 허용하지 아니한다.

용접부의 두께(t)[1],mm	허용 결함 길이(L), mm									
	표면 결함[2]의 높이(h), mm				표면하결함의 높이(h), mm					
	1	2	2.5	3	1	2	3	4	5	6
6~10 미만	6	허용하지 않음			9	허용하지 않음				
10~13 미만	8	8	8	4	14	14	5	4	허용하지 않음	
13~19 미만	8	8	8	4	38	38	8	5	4	3
19~25 미만	8	8	8	4	75	75	13	8	6	5
25~32 미만	9	9	8	4	100	100	20	9	8	6
32~40 미만	9	9	8	4	125	125	30	10	8	8
40~44 미만	9	9	8	4	150	150	38	10	9	8

<1> t = 허용 덧붙임을 제외한 용접부 두께. 용접부에서 두께가 다른 맞대기 용접 이음은 얇은 쪽의 두께이다.
<2> 합격된 모든 표면결함은 이 표의 크기 제한값을 충족시켜야 하며, 추가로 자기탐상시험/침투탐상시험에 대한 추가시험사항을 충족시켜야 한다.

라. 다중결함의 평가
(1) 인접결합면들 사이의 거리가 13 mm 이하일 경우 주로 평면들에 평행한 방향의 불연속 결함들은 단일 평면 내에 있는 것으로 간주한다.
(2) 나란히 배열된 두 결함 사이의 간격이 두 결함 중 긴 길이 또는 높이 미만일 경우 두 결함은 단일결함으로 간주한다.
3. 이 조에서 정하지 아니한 시험범위, 방법, 절차 또는 신기술을 적용한 검사에 관한 세부적인 사항 등은 기술원장이 정할 수 있다.

제36조 (진공시험의 방법 및 판정기준) ① 용접부시험 중 진공시험의 장비는 다음 각 호에 의한다.
1. 진공상자는 사용 및 이동이 편리한 크기로 하고 상부면은 검사부위를 관찰할 수 있도록 투명하게 하며 바닥면은 검사면에 밀착될 수 있도록 할 것
2. 요구되는 진공은 진공펌프 또는 공기흡출기 등을 이용하여 조성할 것
3. 게이지는 0 kPa 내지 101 kPa의 진공범위를 나타낼 수 있어야 하고 시험하는 동안 시험자가 쉽게 읽을 수 있도록 진공상자에 접속될 것

② 시험실시 전에 시험범위에 있는 스패터·슬래그·스케일·기름 등을 제거하고 시험범위의 표면온도를 5℃ 내지 50℃ 범위로 유지하여야 한다.
③ 진공시험의 실시방법은 다음 각 호에 의한다.
1. 기포용액은 진공상자를 시험부에 밀착시키기 전에 검사부위의 표면에 분무 또는 솔질 등으로 균일하게 도포할 것
2. 진공상자는 기포용액이 도포된 부위에 정치하고 상자의 내부는 53 kPa 이상의 부압이 걸리도록 할 것
3. 상자 내의 진공상태는 최소한 10초 이상 유지할 것
4. 연속되는 시험에 있어서 진공상자의 인접 시험부위는 최소한 50 mm 이상 중첩시킬 것

④ 진공시험의 결과 기포생성 등 누설이 확인되는 경우에는 불합격으로 할 것

제37조 (강제강화플라스틱제 이중벽탱크의 성능시험) 규칙 별표 8 II 제6호의 규정에 따른 이중벽탱크의 성능시험 중 동표 II 제2호 나목1)가) 후단의 규정에 따른 이중벽탱크(이하 "강제강화플라스틱제 이중벽탱크"라 한다)의 성능은 다음 각 호에 정하는 기준에 의한다.
1. 탱크본체에 대하여 수압시험을 실시하거나 비파괴시험 및 기밀시험을 실시하여 새거나 변형되지 아니할 것. 이 경우 수압시험은 감지관을 설치한 후에 실시하여야 한다.
2. 감지층에 20 kPa의 공기압을 가하여 10분 동안 유지하였을 때 압력강하가 없을 것
3. 제101조의 규정에 따른 이중벽탱크의 구조에 적합할 것

제38조 (강화플라스틱제 이중벽탱크의 성능시험) ① 규칙 별표 8 II 제6호의 규정에 따른 이중벽탱크의 성능시험 중 강화플라스틱제 이중벽탱크에 대한 것은 다음 각 호에 정하는 기준에 따른다.
1. 기밀시험
가. 감지층에 대하여 다음 각 호의 공기압을 5분 동안 가압하는 경우에 누출되거나 파손되지 아니할 것
(1) 탱크 직경이 3 m 미만인 경우 : 30 kPa
(2) 탱크 직경이 3 m 이상인 경우 : 20 kPa
나. 탱크를 정격최대압력 및 정격진공압력으로 24시간동안 유지한 후 감지층에 대하여 정격최대압력의 2배의 압력과 진공압력(20 kPa)을 각각 1분간 가하는 경우에 탱크가 파손되거나 손상되지 아니할 것
다. 탱크 직경과 매설깊이별로 다음 식에 의하여 산출되는 진공압력을 5분 동안 가하는 경우에 탱크가 파손되지 아니할 것

$V = 9.77 \times (1/2\ D + h)$

여기서, V : 진공압력(단위 kPa)
D : 탱크직경(단위 m)
h : 매설깊이(단위 m) (매설깊이는 지표면에서 탱크의 상부까지이며, 당해 깊이가 0.9 m 미만인 경우에는 0.9 m로 한다)

2. 수압시험
가. 다음의 규정에 따른 수압을 1분 동안 탱크내부에 가하는 경우에 파손되지 아니하고 내압력을 지탱할 것
(1) 탱크 직경이 3 m 미만인 경우 : 0.17 MPa
(2) 탱크 직경이 3 m 이상인 경우 : 0.1 MPa
나. 빈 탱크를 시험용 도크(dock)에 적절히 고정하고 탱크 윗부분이 수면으로부터 0.9 m 이상 잠기도록 물을 채워 24시간 동안 유지한 후 1분 동안 탱크내부에 20 kPa의 진공압력을 작용시키는 경우에 파열 또는 손상이 없을 것

3. 개구부의 강도시험
가. 개구부의 크기에 따라 다음 표의 토오크의 힘을 가하는 경우 균열 또는 파열이 없어야 하며 나사산 등이 손상되지 아니할 것

호칭구경(mm)	토오크(N · m)	호칭구경(mm)	토오크(N · m)
20 (¾)	226	80(3)	407
25 (1)	271	90(3 ½)	418
32 (1 ¼)	328	100(4)	429
40 (1 ½)	350	150(6)	475
50(2)	373	200(8)	520
65(2 ½)	395	-	-

(주) 호칭구경 중 괄호안의 수치는 인치(inch)단위의 호칭구경을 표시한다.

나. 개구부에 길이 1.2 m인 스케줄 40의 강철제 파이프를 연결하여 굽힘모멘트를 339 N · m씩 증가시켜 2,712 N · m까지 다음과 같이 작용시키는 경우 개구부와 탱크사이의 체결이 손상되지 아니할 것
(1) 원통형 탱크의 경우 굽힘모멘트를 수평축에 평행한 방향과 직각방향으로 파이프 상부에 작용시킬 것
(2) 구형탱크의 경우 굽힘모멘트를 임의의 한쪽방향과 그 방향의 직각방향으로 파이프 상부에 작용시킬 것
다. 가목 및 나목의 규정에 따른 시험을 한 후에 제1호가목의 규정에 따른 기밀시험을 실시하여 이상이 없을 것

4. 운반용고리의 강도시험
가. 빈 탱크를 들어올리는데 가해지는 하중의 2배의 하중을 1초 동안 운반고리에 가하여 탱크와 운반고리 접합부가 손상되지 아니할 것
나. 가목의 규정에 따른 시험을 한 후에 제1호 가목의 규정에 따른 기밀시험을 실시하여 이상이 없을 것

5. 충수시험
탱크를 모래베드에 놓고 직경의 ⅛ 높이까지 모래로 매립한 다음 물을 최대용량만큼 채운 후 1시간동안 유지하였을 때 탱크에 누설이 없을 것

6. 재료시험
강화플라스틱제 이중벽탱크에 사용되는 강화플라스틱은 다음 각목의 시험기준에 적합할 것. 다만, 강화플라스틱제 이중벽탱크에 사용되는 강화플라스틱이 국제적으로 공인된 규격(KS, UL, FM, JIS 등)에 적합한 것으로 관련 공인기관으로부터 인증을 받은 경우에는 서류심사와 재료의 동일성을 확인하

는 것으로 이 호의 규정에 따른 재료시험의 전부 또는 일부를 면제할 수 있다.

가. 열화시험 : 3개 이상의 시편을 70℃의 항온조에 각각 30일, 90일 및 180일간 유지한 후 「플라스틱 및 기타 전기절연재료의 충격저항시험방법」(KS C 2128)의 시험방법A(아이조드형)를 적용하는 충격강도와 「섬유 강화 플라스틱 복합 재료－굴곡 물성의 측정」(KS M ISO 14125)에서 정하는 휨강도와 휨탄성율을 측정하여 초기상태 측정치의 80% 이상의 수치를 가질 것

나. 침지시험 : 탱크에 저장되는 위험물별로 다음 표에 정한 내화학성 시험용 액체를 만들고 그 액체를 38℃로 유지한 상태에서 시편을 180일 동안 침지시킨 후 「플라스틱 및 기타 전기절연재료의 충격저항시험방법」 (KS C 2128)의 시험방법A(아이조드형)를 적용하는 충격강도와 「섬유 강화 플라스틱 복합 재료－굴곡 물성의 측정」(KS M ISO 14125)에서 정하는 휨강도와 휨탄성율을 측정하여 Type A에 침지하였던 시편은 균열·파열·연화 등의 손상이 없고 초기상태 측정치의 50% 이상의 수치를 가져야 하며, Type B에 침지하였던 시편은 초기상태 측정치의 30% 이상의 수치를 가질 것

Type A			Type B
석유제품 저장용	알코올 또는 알코올/석유 혼합유 저장용	알코올/석유 혼합유 저장용	모든 위험물 저장용
삭제	Ethanol (100%)	10% Ethanol-90% Reference Fuel C	Toluene
Regular Unleaded Gasoline	10% Ethanol-90% Reference Fuel C	30% Ethanol-70% Reference Fuel C	Distilled Water or Deionized Water
No. 2 Fuel Oil	15% Ethanol-85% Reference Fuel C		Hydrochloric Acid(5%)
ASTM Reference Fuel C	30% Ethanol-70% Reference Fuel C		Nitric Acid(5%)
Sulfuric Acid(pH=3)	50% Ethanol-50% Reference Fuel C		Sodium Carbonate-Sodium Bicarbonate Solution(PH=10)
Saturated Sodium Chloride	Methanol(100%)		Sodium Hydroxide Solution(PH=12)
No. 6 Fuel Oil	15% Methanol-85% Reference Fuel C		
	50% Methanol-50% Reference Fuel C		

(비고) 1. "Reference Fuel C"는 ASTM D 479-79의 Rubber Property-effect of Liquid의 시험방법에 사용되는 것을 말한다.
2. "Distilled Water" (증류수)는 25℃에서 불순물 2.0 ppm 이하, 전기전도도 5.0 micromhos/cm 이하인 type IV등급을 말한다(ASTM D 1193-77).
3. "Deionized Water"(이온제거수)는 25℃에서 전기전도도 5.0 micromhos/cm 이하인 type IV등급을 말한다(ASTM D 1193-77).
4. "%"는 중량백분율을 말한다.
5. "pH 10"은 Sodium Carbonate 10.6 g/L와 Sodium Bicarbonate 8.4 g/L을 혼합하여 얻으며 pH측정기를 사용하여 시험 중 수차례 확인하여야 한다.

다. 충격 및 내한시험 : 영하 29℃의 냉동조에서 16시간 동안 유지한 4개의 시편에 1.8 m의 높이에서 0.536 kg의 철구(鐵球)를 떨어뜨려 적층면이 깨지거나 파손되지 아니할 것. 이 경우 시편은 한 변이 227 mm 이상이고 다른 한 변이 130 mm 이상인 직사각형이어야 한다.

라. 내광성 및 내후성시험 : 시편을 63 ± 1.5℃에서 「자외선 카본아크등식 내광성 및 내후성 시험기」(KS B 5548)에 의하여 방사되는 자외선에 102분간 노출시키고 자외선 및 물에 18분간 노출시키는 것을 1싸이클(120분)로 하여 360시간 동안 노출시킨 후 「플라스틱 및 기타 전기절연재료의 충격저항시험방법」(KS C 2128)의 시험방법A(아이조드형)를 적용하는 충격강도와 「섬유 강화 플라스틱

복합 재료-굴곡 물성의 측정」(KS M ISO 14125)에서 정하는 휨강도와 휨탄성율을 측정하여 초기 상태 측정치의 80% 이상의 수치를 가질 것

마. 경도시험 : 「섬유 강화 플라스틱 복합 재료-굴곡 물성의 측정」(KS M ISO 14125)에서 정하는 방법에 따라 측정하여 경도가 40 이상일 것

② 제1항의 규정에 따른 성능시험에 있어서 탱크제조자가 자체적으로 시험한 사항이 동항의 기준에 적합한 것으로 인정되거나 기술원으로부터 형식시험을 받은 경우에는 제1항의 시험항목 중 제1호 가목의 규정에 따른 기밀시험과 제2호 가목의 규정에 따른 수압시험 외의 시험은 면제한다.

③ 제105조 제1항의 규정에 따른 이중벽탱크의 구조에 적합하여야 한다.

제39조 (강제 이중벽탱크의 성능시험) ① 규칙 별표 8 II 제6호의 규정에 따른 이중벽탱크의 성능시험 중 강제 이중벽탱크에 대한 것은 다음 각 호에 정하는 기준에 따른다.

1. 탱크본체에 대하여 수압시험을 실시하거나 비파괴시험 및 기밀시험을 실시하여 새거나 변형되지 아니할 것. 이 경우 수압시험은 검지관, 스페이서, 노즐 및 맨홀보호틀을 설치한 후에 실시하여야 한다.
2. 감지층에 20 kPa의 공기압을 가하여 10분 동안 유지하였을 때 압력강하가 없을 것
3. 제106조 제1항의 규정에 따른 이중벽탱크의 구조에 적합할 것

제40조 (시험성적서) 제28조 내지 제39조에 의한 시험을 실시한 자는 별지 제1호 서식 내지 별지 제6호 서식에 의한 시험성적서를 발행하여 시험신청자에게 교부하여야 한다.

4 방염성능기준

제1조 (목적) 이 기준은 「화재예방, 소방시설 설치·유지 및 안전관리에 관한 법률」 제12조 제3항 및 같은 법 시행령(이하 "영"이라 한다.) 제20조 제2항에 따른 방염대상물품의 방염성능 기준에 관하여 필요한 사항을 정함을 목적으로 한다.

제2조 (용어의 정리) 이 기준에서 사용하는 용어는 다음과 같다.

1. "얇은 포"란 포지형태의 방염성능검사물품(이하 "방염물품"이라 한다)으로서 1 m^2의 중량이 450 g 이하인 것을 말한다.
2. "두꺼운 포"란 포지형태의 방염물품으로서 1 m^2의 중량이 450 g을 초과하는 것을 말한다.
3. "탄화면적"이란 불꽃에 의하여 탄화된 면적을 말한다.
4. "탄화길이"란 불꽃에 의하여 탄화된 길이를 말한다.
5. "접염횟수"란 불꽃에 의하여 녹을 때까지 불꽃의 접촉횟수를 말한다.
6. "용융하는 물품"이란 불꽃에 의하여 녹는 물품을 말한다.
7. "잔염시간"이란 버너의 불꽃을 제거한 때부터 불꽃을 올리며 연소하는 상태가 그칠 때까지의 시간을 말한다.
8. "잔신시간"이란 버너의 불꽃을 제거한 때부터 불꽃을 올리지 아니하고 연소하는 상태가 그칠 때까지의 시간(잔염이 생기는 동안의 시간은 제외한다)을 말한다
9. "내세탁성"이란 세탁한 경우에도 제4조의 규정에 의한 기준 이상의 방염성능이 있는 것을 말한다.
10. "선처리물품"이란 소방용품의 품질관리 등에 관한 규칙 제3조 제1항 제1호의 물품을 말한다.
11. "현장방염처리물품"이란 설치현장에서 방염처리된 물품을 말한다.

제3조 (방염물품의 종류) 방염물품의 종류는 다음 각 호와 같다.

1. 카페트 : 마루 또는 바닥 등에 까는 두꺼운 섬유제품을 말하며 직물카페트, 터프트카페트, 자수카페트, 니트카페트, 접착카페트, 니들펀치카페트 등을 말한다.
2. 커텐 : 실내장식 또는 구획을 위하여 창문 등에 치는 천을 말한다.
3. 브라인드 : 실내에 설치하는 합성수지제품 등을 말하며 포제브라인드, 버티칼, 롤스크린 등을 포함한다.
4. 암막 : 빛을 막기 위하여 창문등에 치는 천을 말한다.
5. 무대막 : 무대에 설치하는 막을 말하며 스크린을 포함한다.
6. 벽지류 : 두께가 2 mm 미만인 포지로서 벽, 천장 또는 반자 등에 부착하는 것을 말한다.
   가. 비닐벽지 : 합성수지를 주원료로 한 벽지를 말한다.
   나. 벽포지 : 섬유류를 주원료로 한 벽지를 말하며 부직포로 제조된 벽지를 포함한다.
   다. 인테리어필름 : 합성수지에 점착 가공하여 제조된 벽지를 말한다.
   라. 천연재료벽지 : 천연재료(펄프, 식물등)를 주원료로 한 벽지를 말한다.
7. 합판 : 나무 등을 가공하여 제조된 판을 말하며, 중밀도섬유판(MDF), 목재판넬(HDF), 파티클보드(PB)를 포함한다. 이 경우 방염처리 및 장식을 위하여 표면에 0.4 mm 이하인 시트를 부착한 것도 합판으로 본다.
8. 목재 : 나무를 재료로 하여 제조된 물품을 말한다.
9. 섬유판 : 합성수지판 또는 합판 등에 섬유류를 부착하거나 섬유류로 제조된 것을 말하며 섬유류로 제조된 흡음재 및 방음재를 포함한다.
10. 합성수지판 : 합성수지를 주원료로 하여 제조된 실내장식물을 말하며 합성수지로 제조된 흡음재 및 방음재를 포함한다.
11. 합성수지 시트 : 합성수지로 제조된 포지를 말한다.
12. 소파·의자 : 섬유류 또는 합성수지류 등을 소재로 제작된 물품을 말한다.
13. 기타물품 : 다중이용업소의 안전관리에 관한 특별법 시행령 제3조의 규정에 의한 실내장식물로서 제1호 내지 제12호에 해당하지 아니하는 물품을 말한다.

제4조 (방염성능의 기준) ① 영 제20조 제2항 제1호부터 제4호에 따른 방염성능기준은 제5조부터 제7조, 제7조의2, 제7조의3 및 제9조에 따른 측정기준 및 방법을 적용하여 측정하였을 때 다음 각 호에서 규정하는 기준에 적합하여야 한다. 다만, 접염횟수의 기준은 용융하는 물품에 한하여 적용한다.

1. 카페트의 방염성능기준은 잔염시간이 20초 이내, 탄화길이 10 cm 이내이어야 한다. 이 경우 내세탁성을 측정하는 물품은 세탁전과 세탁 후에 이 기준에 적합하여야 한다.
2. 얇은 포의 방염성능기준은 잔염시간 3초 이내, 잔신시간 5초 이내, 탄화면적 30 cm² 이내, 탄화길이 20 cm 이내, 접염횟수 3회 이상 이어야 한다. 이 경우 내세탁성을 측정하는 물품은 세탁전과 세탁 후에 이 기준에 적합하여야 한다.
3. 두꺼운 포의 방염성능기준은 잔염시간 5초 이내, 잔신시간 20초 이내, 탄화면적 40 cm² 이내, 탄화길이 20 cm 이내, 접염횟수 3회 이상 이어야 한다. 이 경우 내세탁성을 측정하는 물품은 세탁전과 세탁 후에 이 기준에 적합하여야 한다.
4. 합성수지판의 방염성능기준은 잔염시간 5초 이내, 잔신시간 20초 이내, 탄화면적 40 cm² 이내, 탄화길이 20 cm 이내이어야 한다.
5. 합판, 섬유판, 목재 및 기타물품 (이하 "합판등"이라 한다.)의 방염성능기준은 잔염시간 10초 이내, 잔신시간 30초 이내, 탄화면적 50 cm² 이내, 탄화길이 20 cm 이내이어야 한다.
6. 소파·의자의 방염성능기준은 다음 각 목에 적합하여야 한다.
   가. 담배법에 의한 시험은 1시간 이내에 발화 및 연기가 발생하지 않아야 할 것
   나. 버너법에 의한 시험은 잔염시간 및 잔신시간이 각각 120초 이내이어야 하며 내부에서 발화 및 연기가 발생하지 않아야 할 것
   다. 45도 에어믹스버너 철망법에 의한 시험은 탄화길이가 최대 7.0 cm 이내, 평균 5.0 cm 이내일 것

② 영 제20조 제2항 제5호에 따른 방염성능기준의 최대연기밀도는 제8조에 따른 측정기준 및 방법을 적용하여 측정하였을 경우 다음 각 호에서 규정하는 기준에 적합하여야 하며, 선처리물품에 한하여 적용한다.

1. 카페트, 합성수지판, 소파·의자 등 : 400 이하
2. 얇은 포 및 두꺼운 포 : 200 이하
3. 합판 및 목재 : 신청값 이하(이 경우 신청값은 400이하로 할 것)

제5조 (카페트의 방염성능측정기준 및 방법) 카페트의 방염성능 측정기준 및 방법은 다음 각 호의 방법을 적용한다.

1. 연소시험장치는 [별도 1]의 연소시험장, [별도 2]의 시험체눌림틀 및 파레트판, [별도 3]의 전기불꽃발생장치로 하고, [별도 4]의 에어믹스버너를 사용한다.
2. 시험에 사용하는 연료는 KS M 2150(액화석유가스)에 적합한 것이어야 한다.
3. 시험체는 1 ㎡이상의 카페트에서 임의의 절취한 가로 40 cm, 세로 22 cm의 것으로 6개씩 만든다.
4. 시험체의 건조는 (50 ± 2)℃인 항온 건조기 안에서 24시간 건조한 후 실리카겔을 넣은 데시케이터안에 2시간 동안 넣어둔다. 다만, 열에 의한 영향을 받지 아니하는 것은 (105 ± 2)℃의 항온건조기에서 1시간 건조한 후 실리카겔을 넣은 데시게이터 안에 2시간동안 넣어둔 것으로 할 수 있다.
5. 성능시험 측정은 다음의 방법에 따른다.

가.시험체는 파레트판에 시험체눌림틀로 고정할 것
나. 가스압력은 4 kPa (0.04 kg/cm²)로 할 것
다. 버너의 불꽃길이는 24 mm로 할 것
라. 버너는 수평으로 하고, 그 선단을 시험체로 중앙 하단 표면에서 1 mm 떨어지게 놓을 것
마. 가열은 각 시험체에 대하여 30초간 실시할 것

제6조 (얇은 포 및 두꺼운 포의 방염성능 측정기준 및 방법) ① 얇은 포 및 두꺼운 포의 방염성능측정기준 및 방법은 다음 각 호에 적합하여야 한다.

1. 연소시험장치는 [별도 1]의 연소시험함, [별도 5]의 시험체받침틀 및 [별도 3]의 전기불꽃 발생장치로 하고, 얇은 포의 시험에 있어서는 [별도 6]의 마이크로버너, 두꺼운 포의 시험에 있어서는 [별도 7]의 맥켈버너를 사용한다.
2. 시험에 사용하는 연료는 KS M 2150(액화석유가스)에 적합하여야 한다.
3. 시험체는 2㎡ 이상의 측정대상물품에서 임의로 잘라낸 가로 35 cm, 세로 25 cm의 것으로 3개씩 만든다.
4. 시험체의 건조는 (50 ± 2)℃인 항온건조기 안에서 24시간 건조한 후 실리카겔을 넣은 데시게이터 안에 2시간동안 넣어둔다. 다만, 열에 의한 영향을 받지 아니하는 것은 (105 ± 2) ℃의 항온건조기 안에서 1시간 건조한 후 실리카겔을 넣은 데시케이터 안에 2시간 동안 넣어둔 것으로 할 수 있다.
5. 성능시험측정은 다음 방법에 의한다.

가. 시험체는 시험체 받침틀 안에 느슨하지 아니하게 고정할 것. 다만, 용융하는 물품은 가로 263 mm, 세로 258 mm의 시험체가 가로 250 mm, 세로 150 mm인 시험체지지틀 안에 들어가도록 설치할 것
나. 버너의 불꽃의 길이는 마이크로버너에 있어서는 45 mm, 맥켈버너에 있어서는 65 mm로 할 것
다. 불꽃의 선단이 시험체 중앙 하단에 접하도록 버너를 설치할 것
라. 탄화길이는 시험체의 탄화부분에 있어서의 최대길이로 할 것
마. 가열은 각 시험체에 대하여 얇은 포에 있어서는 1분간, 두꺼운 포에 있어서는 2분간 실시하며, 가열시간 중에 착염하는 시험체에 대하여 다시 시험하되, 착염한 후부터 얇은 포에 있어서는 3초 후에, 두꺼운 포에 있어서는 6초 후에 버너를 제거할 것

② 용융하는 물품은 다음 방법에 의하여 접염시험을 추가로 실시한다.

1. 연소시험장치는 [별도 1]의 연소시험함, [별도 3]의 전기불꽃 발생장치, [별도 6]의 마이크로버너 및 [별도 8]의 시험체받침코일을 사용한다.
2. 시험체 받침코일은 KS D 3702(스테인리스강선재)에 적합하고, 직경 0.5 mm의 경질 스테인리스 강선

으로 내경 10 mm, 선의 상호간격 2 mm, 길이 15 cm의 것으로 한다.
3. 시험에 사용하는 연료는 KS M 2150(액화석유가스)에 적합하여야 한다.
4. 시험체는 다음의 규정에 적합하여야 한다.
   가. 제1항 제3호에서 절취한 나머지의 측정대상 물품에서 임의로 잘라낸 폭 10 cm, 중량 1 g의 것. 다만, 폭 10 cm 길이 20 cm의 것으로서 중량이 1 g 미만의 것은 폭 10 cm 길이 20 cm의 것으로 할 것
   나. 제1항 제4호의 규정에 의하여 처리한 것
5. 성능시험측정은 다음 방법에 의한다.
   가. 시험체는 폭 10 cm를 유지되도록 말아서 시험체받침 코일속에 넣을 것
   나. 버너의 불꽃의 길이는 45 mm로 할 것
   다. 버너는 불꽃의 끝이 시험체의 하단에 접하도록 고정시키고 시험체가 용융을 정지할 때까지 가열할 것
   라. 5개의 시험체에 대하여 실시하고, 그 하단부터 9 cm되는 곳이 용융할 때까지 다.목의 가열조작을 반복할 것

제7조 (합성수지판, 합판 등의 방염성능측정기준 및 방법) 합성수지판, 합판, 인테리어필름 부착 합판 등의 방염성능측정기준 및 방법은 다음 각 호에 적합하여야 한다.
1. 연소시험장치는 [별도 1]의 연소시험함, [별도 5]의 시험체받침틀, [별도 3]의 전기불꽃발생장치 및 [별도 7]의 맥켈버너를 사용한다.
2. 시험에 사용하는 연료는 KS M 2150(액화석유가스)에 적합한 것이어야 한다.
3. 시험체는 1.6 m^2 이상의 측정대상물품에서 임의로 절취한 가로 29 cm, 세로 19 cm의 것으로 3개씩 만든다.
4. 시험체의 건조는 (40 ± 2)℃ 항온건조기 안에서 24시간 건조한 후 실리카겔을 넣은 데시케이터 안에 2시간 동안 넣어둔다. 다만, 열에 영향을 받지 않는 것은 (105 ± 2)℃의 항온건조기 안에서 1시간 건조한 후 실리카겔을 넣은 데시케이터 안에 2시간 동안 넣어둔 것으로 할 수 있다.
5. 성능시험측정은 다음의 방법에 의한다.
   가. 시험체는 시험체받침틀에 고정할 것
   나. 버너의 불꽃의 길이는 65 mm로 할 것
   다. 불꽃의 선단이 시험체 중앙 하단에 접하도록 버너를 설치할 것
   라. 가열은 각 시험체에 대하여 2분간 실시할 것

제7조의2(현장방염처리물품의 방염성능측정기준 및 방법) 현장방염처리물품(합판, 목재 등)의 방염성능측정기준 및 방법은 다음 각 호에 적합하여야 한다.
1. 연소시험장치는 [별도 1]의 연소시험함, [별도 5]의 시험체받침틀, [별도 3]의 전기불꽃발생장치 및 [별도 7]의 맥켈버너를 사용한다.
2. 시험에 사용하는 연료는 KS M 2150 (액화석유가스)에 적합한 것이어야 한다.
3. 시험체는 특수장소에 설치하는 방염물품의 종류 및 방염처리방법 별로 임의로 절취한 것으로 크기는 가로 29 cm, 세로 19 cm로 각각 1개 이상을 만든다.
4. 시험체의 건조는 (40 ± 2)℃ 항온건조기 안에서 24시간 건조한 후 실리카겔을 넣은 데시케이터 안에 2시간 동안 넣어둔다. 다만, 열에 영향을 받지 않는 것은 (105 ± 2)℃의 항온건조기 안에서 1시간 건조한 후 실리카겔을 넣은 데시케이터 안에 2시간 동안 넣어 둔 것으로 할 수 있다.
5. 성능시험측정은 다음의 방법에 의한다.
   가. 시험체는 시험체받침틀에 고정할 것
   나. 버너의 불꽃의 길이는 65 mm로 할 것
   다. 불꽃의 선단이 시험체 중앙 하단에 접하도록 버너를 설치할 것
   라. 가열은 각 시험체에 대하여 2분간 실시할 것

제7조의3(소파 · 의자의 방염성능측정기준 및 방법) ① 소파 · 의자의 담배법에 의한 방염성능측정기준 및 방법은 다음 각 호에 적합하여야 한다.

1. 연소시험장치는 [별도 9]의 시험체지지장치와 같이 설치한다.
2. 시험체는 겉감으로 충진재를 감싼 상태로 시료크기는 세로 300 mm, 가로 300 mm, 높이 (75 ± 10) mm로 수평과 수직으로 조합하여 각각 3개를 제작한다.
3. 시험체의 건조는 (50 ± 2)℃인 항온 건조기 안에서 24시간 건조한 후 실리카겔을 넣은 데시케이터안에 2시간 동안 넣어둔다. 다만, 열에 의한 영향을 받지 아니 하는 것은 (105 ± 2)℃의 항온건조기에서 1시간 건조한 후 실리카겔을 넣은 데시게이터 안에 2시간동안 넣어둔 것으로 할 수 있다.
4. 성능시험 측정은 다음 각목의 방법에 의한다.
   가. 등받이 시험체는 수직으로 좌부시험체는 수평으로 담배법 시험모형과 같이 고정할 것(등받이가 없는 시험체는 좌부만 수평으로 고정할 것)
   나. 필터를 제거한 담배(지름 : 8 mm 길이 : 84 mm)를 좌부와 등받이가 접하는 부분에 가장자리로 부터 50 mm 떨어진 위치에 점화한 담배를 설치할 것(등받이가 없는 경우에는 좌부는 시험체의 가장자리부터 50 mm 떨어진 위치에 설치할 것)
   다. 시험체에 담배를 둔 후 1시간 동안 실시할 것

② 소파 · 의자는 버너법에 의한 방염성능측정기준 및 방법은 다음 각 호에 적합하여야 한다.

1. 연소시험장치는 [별도 10]의 버너법시험모형, [별도 3]의 전기불꽃발생장치로 하고, [별도 4]의 에어믹스버너를 사용한다.
2. 시험에 사용하는 연료는 KS M 2150 (액화석유가스)에 적합한 것이어야 한다.
3. 시험체는 제1항과 동일한 시료로 실시하며 담배법에 의한 접염부분과 100 mm 이상 떨어진 부분에서 실시한다.
4. 성능시험 측정은 다음 각 목의 방법에 의한다.
   가. 가스압력은 4 kPa (0.04 kg/cm²)로 할 것
   나. 버너의 불꽃길이는 24 mm로 할 것
   다. 버너의 축은 등받이와 45도 경사의 평면과 좌부와 45도 각도(등받이가 없는 경우에는 시험체에 수직인 평면 내에 45도의 각도로 가장자리부터 50 mm 이상 떨어진 위치)로 버너의 끝을 접합부분에 가볍게 접하게 설치할 것
   라. 가열은 각 시험체에 대하여 30초간 실시할 것

③ 소파 · 의자에 사용하는 겉감(섬유류 및 합성수지등)은 45도 에어믹스버너 철망법에 의한 방염성능측정기준 및 방법은 다음 각 호에 적합하여야 한다.

1. 연소시험장치는 [별도 1]의 연소시험함의 3. 카페트의 경우, [별도 3]의 전기불꽃발생장치로 하고, [별도 4]의 에어믹스버너 및 [별도 11]의 시험체지지틀을 사용한다.
2. 시험에 사용하는 연료는 KS M 2150 (액화석유가스)에 적합한 것이어야 한다.
3. 시험체의 크기는 가로 250 mm, 세로 350 mm로 3 개를 만든다.
4. 시험체의 건조는 (50 ± 2)℃인 항온 건조기 안에서 24시간 건조한 후 실리카겔을 넣은 데시케이터 안에 2시간 동안 넣어둔다. 다만, 열에 의한 영향을 받지 아니 하는 것은 (105 ± 2)℃의 항온건조기에서 1시간 건조한 후 실리카겔을 넣은 데시게이터 안에 2시간동안 넣어둔 것으로 할 수 있다.
5. 성능시험 측정은 다음 각목의 방법에 의한다.
   가. 시험체는 철망을 놓은 시험체눌림틀에 고정할 것
   나. 가스압력은 4 kPa (0.04 kg/cm^2)로 할 것
   다. 버너의 불꽃길이는 24 mm로 할것
   라. 버너는 수평으로 하고, 그 선단을 시험체로 중앙 하단 표면에서 1 mm 떨어지게 놓을 것
   마. 가열은 각 시험체에 대하여 30초간 실시할 것

제8조 (방염물품의 연기밀도 측정기준 및 방법) 방염물품의 연기밀도 측정기준 및 방법은 다음 각 호의 방법을

적용한다.

1. 시험장치 및 절차는 ASTM E 662 (고체물질에서 발생하는 연기의 비광학밀도를 위한 표준시험방법)에 따른다. 다만 용융하는 물품은 KS M ISO 5659-2 (프라스틱-연기발생 제2부 : 단일연소쳄버시험에 의한 연기밀도)에 따른다.
2. 가열은 2.5 W/cm^{2}의 방열기와 파이롯트버너(프로판가스 50 cm^3/분, 공기 500 cm^3/분으로 공급)를 사용한다. 다만 KS M ISO 5659-2의 방법으로 시험하는 경우에는 2.5 W/cm^{2}의 방열기와 불꽃길이가 30 mm인 버너를 사용한다.
3. 최대연기밀도는 다음 계산식으로 산출한다.
4. 최대연기밀도는 보정값을 3회 이상 측정하여 중위수 값으로 한다.
5. 소파·의지는 겉감 및 충진재를 구분하여 측정한다.

제9조 (방염물품의 내세탁성 측정기준 및 방법) ① 방염처리한 카페트는 진공모터가 1마력 이상인 진공모터가 750 W (1마력) 이상인 진공청소기로 카페트 전용세제를 가하면서 12분간씩 4회 세탁 및 건조한 후에도 방염성능을 측정한다.

② 커텐, 암막 및 직물로 제조된 무대막(벨벳류·부직포는 제외)은 다음 각 호의 방법으로 5회 세탁 및 건조한 후에도 방염성능을 측정한다.

1. 세탁기는 세탁조가 직경 50 cm 이상, 깊이 27 cm 이상으로 수평으로 설치된 가정용 세탁기를 사용한다.
2. 세탁하는 동안의 물의 온도를 (40 ± 3)℃로 유지시켜야 한다.
3. 세제는 중성세제로 하며, 물 1 L당 1 g의 비율로 첨가한다.
4. 세탁은 세탁시간 30분, 헹굼 2회, 탈수를 1회로 한다.
5. 건조는 5회 세탁 완료 후에 텀블건조기로 실시한다.

제10조 (표시) 방염물품에는 다음 사항을 보기 쉬운 부위에 잘 지워지지 아니하도록 표시하여야 한다. 다만, 현장방염처리물품에는 이규정을 적용하지 아니하며 제6호는 포장지 또는 사용안내서에 표시할 수 있다.

1. 품명
2. 제조년월 및 제조번호(두루마리번호 또는 포장상자번호등) 또는 로트번호
3. 제조업체명 또는 상호(커텐 및 암막의 경우에는 이면 또는 포장지에 표시하여야 한다)
4. 소재혼용율
5. 최대연기밀도 신청값
6. 길이 및 폭(포장단위가 두루마리인 경우)
7. 주의사항

제11조 (세부사항) 이 기준의 시행에 관하여 필요한 세부사항은 소방청장이 이를 정한다.

제12조 (재검토기한) 소방청장은 「훈령·예규 등의 발령 및 관리에 관한 규정」에 따라 이 고시에 대하여 2017년 1월 1일 기준으로 매3년이 되는 시점(매 3년째의 12월 31일까지를 말한다)마다 그 타당성을 검토하여 개선 등의 조치를 하여야 한다.

부칙 〈제2019-2호〉

이 고시는 발령한 날부터 시행한다.

5 스프링클러헤드의 형식승인 및 제품검사의 기술기준

제1절 공통사항

제1조 (목적) 이 기준은 「화재예방, 소방시설 설치·유지 및 안전관리에 관한 법률」 제36조 제5항에서 소방청장에게 위임한 「스프링클러헤드의 형식승인 및 제품검사의 기술기준」에 관한 사항을 규정함을 목적으로 한다.

제2조 (용어의 정의) 이 기준에서 사용하는 용어의 정의는 다음과 같다.

1. "스프링클러헤드"란 화재시의 가압된 물이 내뿜어져 분산됨으로써 소화기능을 하는 헤드를 말한다.
2. "폐쇄형스프링클러헤드"란 정상상태에서 방수구를 막고 있는 감열체가 일정온도에서 자동적으로 파괴·용해 또는 이탈됨으로써 방수구가 개방되는 스프링클러헤드를 말한다.
3. "개방형스프링클러헤드"란 감열체 없이 방수구가 항상 열려져있는 스프링클러헤드를 말한다.
4. <삭제>
5. "측벽형스프링클러헤드"란 가압된 물이 분사될 때 축심을 중심으로 한 반원상에 균일하게 분산시키는 헤드를 말한다.
6. "반사판(디프렉타)"란 스프링클러헤드의 방수구에서 유출되는 물을 세분시키는 작용을 하는 것을 말한다.
7. "후레임"이란 스프링클러헤드의 나사부분과 디프렉타를 연결하는 이음쇠 부분을 말한다.
8. "감열체"란 정상상태에서는 방수구를 막고 있으나 열에 의하여 일정한 온도에 도달하면 스스로 파괴·용해되어 헤드로부터 이탈됨으로써 방수구가 열리어져 스프링클러헤드가 작동되도록 하는 부분을 말한다.
9. "퓨지블링크"란 감열체중 이용성금속으로 융착되거나 이융성물질에 의하여 조립된 것을 말한다.
10. "유리벌브"란 감열체중 유리구안에 액체 등을 넣어 봉한 것을 말한다.
11. "표시온도"란 폐쇄형스프링클러헤드에서 감열체가 작동하는 온도로서 미리 헤드에 표시한 온도를 말한다.
12. "최고주위온도"란 폐쇄형스프링클러헤드의 설치장소에 관한 기준이 되는 온도로서 다음 식에 의하여 구하여진 온도를 말한다. 다만, 헤드의 표시온도가 75℃ 미만인 경우의 최고주위온도는 다음 등식에 불구하고 39℃로 한다.

    $TA = 0.9\,TM - 27.3$

    TA : 최고주위온도
    TM : 헤드의 표시온도
13. "설계하중"이란 폐쇄형스프링클러헤드에서 방수구를 막고 있는 감열체가 정상상태에서 이탈하지 못하게 하기 위하여 헤드를 조립할 때 헤드에 가하여지도록 미리 설계된 하중을 말한다.
14. "방수압력"이란 별도 1의 정류통에 의하여 측정한 방수시의 정압을 말한다.
15. "화재조기진압용스프링클러헤드"란 특정 높은장소의 화재위험에 대하여 조기에 진화할 수 있도록 설계된 스프링클러헤드를 말한다.
16. "건식스프링클러헤드"란 물과 오리피스가 배관에 의해 분리되어 동파를 방지할 수 있는 스프링클러헤드를 말한다.

17.~20. <삭제>

21. "반응시간지수(RTI)"란 기류의 온도·속도 및 작동시간에 대하여 스프링클러헤드의 반응을 예상한 지수로서 아래 식에 의하여 계산하고(m·s)0.5을 단위로 한다.

$$RTI = r\sqrt{u}$$

r : 감열체의 시간상수(초)

u : 기름속도(m/s)

22. "표준방향"이란 대칭 감열체인 경우에는 공기의 흐름이 유수방향과 후레임의 평면이 서로 직각이 되는 방향을, 비대칭 감열체인 경우에는 공기의 흐름이 유수방향과 반응시간이 가장 짧게 소요되는 후레임의 평면과 직각을 이루는 방향(별도 7 참조)을 말한다.
23. "최악의 방향"이란 공기의 흐름과 유수방향이 서로 수평이 되도록 설치되어 감열체와 기류의 접촉이 부속품에 의해 방해되게 설치되어 반응시간지수가 가장 큰 방향(별도 7 참조)을 말한다.
24. "주거형스프링클러헤드"란 폐쇄형헤드의 일종으로 주거지역의 화재에 적합한 감도·방수량 및 살수분포를 갖는 헤드를(간이형스프링클러헤드를 포함한다) 말한다.
25. "라지드롭형스프링클러헤드"(ELO)란 동일조건의 수압력에서 큰 물방울을 방출하여 화염의 전파속도가 빠르고 발열량이 큰 저장창고 등에서 발생하는 대형화재를 진압할 수 있는 헤드를 말한다.
26. <삭제>
27. "표준반응, 특수반응, 조기반응"이란 스프링클러헤드의 감도를 RTI값에 따라 구분한 것을 말한다.

제3조 (구조) ① 스프링클러헤드(이하 이 기준에서 "헤드"라 한다)의 구조는 다음 각 호에 적합하여야 한다.

1. 배관에 부착하는 등 취급할 때 기능에 영향을 미치는 손상 또는 이상이 생기지 아니하여야 한다.
2. 작동시에 분해되는 모든 부분은 물의 분사를 방해하지 아니하도록 분해되고 떨어져 나가야 한다.
3. 조립된 헤드의 각 부분에 가하여지는 하중을 임의로 조작할 수 없도록 조치되어야 한다.
4. 물속의 이물질(배관내의 물때·모래·진흙 등을 말한다)이나 공기 중의 먼지·기름·증기·분진 등의 부유물에 의하여 기능에 이상이 생기지 아니하는 구조이어야 한다.

② 헤드의 부착나사는 KS B 0222 (관용테이퍼나사) 중 다음 표의 헤드 구분에 따른 부착나사 또는 이에 상당하는 호칭 이상의 관용테이퍼나사이어야 하며, 보관·운반 등의 경우 손상되지 아니하도록 적합한 보호장치를 하여야 한다.

헤드의 호칭	부착나사의 호칭
10, 15	PT 1/2"
20	PT 1/2" 또는 PT3/4"
25	PT 1"

③ 차폐판을 부착하는 헤드는 차폐판의 끝부근에서 감열체의 밑부분을 연결하는 선의 보호각은 45도 이하이어야 한다.

제4조 (재료) 헤드의 재료는 시간이 경과됨에 따라 변질되어 성능에 악영향을 미치지 아니하여야 하며, 다음 표에 적합한 것이거나 이와 동등 이상이 강도·내식성 및 내열성이 있는 것이어야 한다.

부품명	재료	
부착나사 및 후레일	구리 및 구리합금 주물	KS D 6024
디프렉타	동 및 동합금의 판 및 티 구리 및 구리합금 주물	KS D 5201 KS D 6024

제5조 (강도시험) 폐쇄형헤드는 강도시험에서 다음 각호에 적합하여야 한다.

1. 폐쇄형헤드는 다음 표에 기재된 표시온도의 구분에 따른 기준시험온도와 표시시험온도보다 섭씨 15 ℃ 낮은 온도 중에서 낮은 쪽 온도에 30일간 놓아둔 후 2.5 MPa (25 kg/cm^2)의 정수압력을 5분간 가하여도 물이 새지 아니하여야 한다.

표시 시험온도의 구분	기준시험온도(℃)
75℃ 미만	52=1℃
75℃ 이상 121℃ 미만	80=1℃
121℃ 이상 162℃ 미만	121=1℃
162℃ 이상 200℃ 미만	150=1℃
200℃ 이상	190=1℃

2. 헤드의 충격시험은 디프렉타의 중심으로부터 1 m 높이에서, 헤드 중량에 0.15 N (15 g)을 더한 중량의 원통형 추를 자유낙하시켜 1회의 충격을 가하여도 균열·파손이 되지 아니하고 기능에 이상이 생기지 아니하여야 한다.
3. 설계하중의 2배인 인장하중을 헤드의 축방향으로 가하는 경우의 후레임의 영구변형량은 설계하중을 가하는 경우의 후레임 변형량의 50% 이하이어야 한다.
4. 비금속물질을 이용하여 오리피스를 씰링한 헤드는 −40℃에서 24시간, 제1호의 표에 따른 고온에서 24시간 노출시키는 것을 1싸이클로 하여 10회 반복하여도 이상이 없어야 하며 50 kPa (0.5 kg/cm²)의 압력에서 정상적으로 작동하여야 한다.
5. 비금속물질을 이용하여 오리피스를 씰링한 헤드는 [140 (표시온도가 75℃ 이상의 헤드에 있어서는, 최고주위온도에 100을 더한 온도) ± 2]℃의 항온조건에 45일간 놓아둔 시료를 다시 상온에서 24시간 방치한 후 2.5 MPa의 정수압력을 5분간 가하는 경우 누수가 없어야 한다.

제6조 (퓨지블링크의 강도) 폐쇄형헤드의 퓨지블링크는 (20 ± 1)℃(표시온도가 75℃ 이상인 것은 최고 주위온도보다 20℃ 낮은 온도)의 공기 중에서 그 설계하중의 13배인 하중을 10일간 가하여도 파손되지 아니하여야 한다.

제7조 (유리벌브의 강도) 폐쇄형헤드의 유리벌브 강도는 다음 각 호에 적합하여야 한다.

1. 유리벌브는 표시온도보다 20℃ 낮은 온도로부터 1℃/min 이내의 비율로 유리벌브 내의 기포가 없어질 때까지 또는 표시온도보다 5℃ 낮은 온도까지 가열한 다음 대기 중에 놓아두어 유리벌브 내에 다시 기포가 생길 때까지 냉각하는 시험을 6회 반복하여도 이상이 생기지 아니하여야 한다.
2. 유리벌브는 표시온도보다 20℃ 낮은 온도로부터 1℃/min 이내의 비율로 표시온도보다 10℃ 낮은 온도까지 가열하고, 이 온도를 5분간 유지한 후 10℃의 물속의 넣어도 균열 또는 파손이 생기지 아니하여야 한다.
3. 유리벌브는 그 설계하중의 4배인 하중을 헤드의 축심방향으로 가하여도 균열 또는 파손이 생기지 아니하여야 한다.

제8조 (분해부분의 강도) 폐쇄형헤드의 분해부분은 설계하중의 2배인 하중을 외부로부터 헤드의 중심축 방향으로 가하여도 파괴되지 아니하여야 한다.

제9조 (진동시험) 폐쇄형헤드는 전진폭 5 mm, 25 Hz의 진동을 3시간 가한 다음 2.5 MPa (25 kg/cm²)의 압력을 5분간 가하는 시험에서 물이 새지 아니하여야 한다.

제10조 (수격시험) 폐쇄형헤드는 피스톤형 펌프를 사용하여 매초 0.35 MPa (3.5 kg/cm²)로부터 매초 3.5 MPa (35 kg/cm²)까지의 압력변동을 연속하여 4,000회 가한 다음 2.5 MPa (25 kg/cm²)의 압력을 5분간 가하여도 물이 새거나 변형이 되지 아니하여야 한다.

제11조 (부식시험) 폐쇄형헤드는 다음 각 호에 적합하여야 한다.

1. 폐쇄형헤드는 농도 50%인 질산수용액에 30초 동안 담그었다가 물로 씻은 다음 농도 10 g/L되는 질산

수은의 수용액에 30분간 담그어도 균열 또는 파손되지 아니하여야 한다.

2. 폐쇄형헤드는 5 L의 시험기 중에 농도 40 g/L의 치오황산나트륨 수용액을 500 mL 넣고 1규정농도의 황산 156 mL를 1,000 mL의 물에 용해한 용액을 12시간마다 10 mL씩 가하여 발생하는 아황산가스중에 4일간 놓아두어 기능에 이상이 생기지 아니하여야 한다.
3. 비금속물질을 이용하여 오리피스를 씰링한 폐쇄형 헤드는 다음 각목의 조건에서 시험한 후, 50 kPa의 시험압력에서 누수 및 작동에 이상이 없어야 한다.
   가. 폐쇄형 헤드의 실링재가 탄화수소혼합물에 균일하게 노출되도록 도포하여 72시간 동안 (21 ± 5.6)℃ 조건의 시험장치에 놓아둔 후, 온도는 (95 ± 1)℃이고, 습도는 (98 ± 2)%의 조건에 90일간 노출
   나. 폐쇄형 헤드의 실링재가 탄화수소혼합물에 균일하게 노출되도록 도포하여 72시간 동안 (21 ± 5.6)℃ 조건의 시험장치에 놓아둔 후, 1.0 MPa의 압력을 가한상태로 (87 ± 2)℃의 물속에 90일간 침수
   다. 폐쇄형 헤드의 실링재가 다음과 같은 비율의 부동액에 각각 노출되도록 하여 (87 ± 2)℃의 조건에 90일간 방치
      (1) 디에틸렌 글리콜 60 Vol%와 물 40 Vol% 혼합물
      (2) 에틸렌 글리콜 53 Vol%와 물 47 Vol% 혼합물
      (3) 프로필렌 글리콜 60 Vol%와 물 40 Vol% 혼합물
      (4) 글리세린 70 Vol%와 물 30 Vol% 혼합물
4. o-링 실링재로 사용되는 재료는 KS B 2805(o-링) 9.2.6(부식 및 점착시험)에 따라 (70 ± 2)℃의 항온조건에 24시간 놓아둔 경우 o-링과 접촉하는 금속을 부식시키거나 점착시키지 아니하여야 한다.

제12조 (작동시험) 폐쇄형헤드는 작동시험에서 다음 각 호의 규정에 적합하여야 한다.

1. 폐쇄형헤드를 액조 내에 넣어 그 헤드의 표시온도보다 10℃ 낮은 온도로부터 매분 1℃ 이내의 비율로 온도를 상승시키는 경우 헤드가 작동하는 온도의 실제 측정한 값은 그 표시온도의 97%에서 103%까지(유리벌브를 사용한 헤드는 95%에서 115%까지)의 범위 안이어야 한다.
2. 유리벌브를 사용하고 있는 헤드는 제7조 제1호의 시험을 실시하는 경우 유리벌브 내의 기포 소멸온도는 실제 측정한 값이 그 소멸온도의 신청치의 97%에서 103%까지의 범위 안이어야 한다. 다만, 기포의 소멸과 동시에 작동되는 것은 그러하지 아니하다.

제12조의2 (걸림작동시험) 폐쇄형헤드는 별도 14 시험장치에 설치하여 0.1 MPa, 0.4 MPa, 0.7 MPa, 1.2 MPa 수압을 각각 가하여 작동시킬 때, 분해되는 부품이 걸리지 말아야 한다.

제12조의3 (디프렉타 강도시험) 헤드는 1.2 MPa (12 kg/cm²)의 수압으로 30분 동안 방사하여도 균열 및 변형이 생기지 아니하여야 한다.

제12조의4 (장기누수시험) 헤드는 30일 동안 2.0 MPa (20 kg/cm²)의 정수압을 가하는 경우에 누수·균열 또는 기계적 손상이 생기지 아니하여야 한다.

제12조의5 (내열시험) 헤드는 800℃의 온도에 15분 동안 노출시킨 후 15 ℃의 물에 순간적으로 냉각시켜도 변형 등의 손상이 생기지 아니하여야 한다.

제12조의6 (표시) 헤드에는 다음 사항을 보기 쉬운 부위에 잘 지워지지 아니하도록 표시하여야 한다. 다만, 제2호 내지 제4호 및 제10호 내지 제13호는 포장 또는 취급설명서에 표시할 수 있다.

1. 종별
2. 형식
3. 형식승인번호
4. 제조번호 또는 로트번호

5. 제조년도
6. 제조업체명 또는 상호
7. 표시온도(폐쇄형헤드에 한한다)
8. <삭제>
9. 표시온도에 따른 다음표의 색표시(폐쇄형헤드에 한한다)

유리벌브형		퓨지블링크형	
표시온도(℃)	액체의 색별	표시온도 (℃)	후레임의 색별
57℃	오렌지	77℃ 미만	색 표시 안함
68℃	빨강	78~120℃	흰색
79℃	노랑	121~162℃	파랑
93℃	초록	163~203℃	빨강
141℃	파랑	204~259℃	초록
182℃	연한자주	260~319℃	오렌지
227℃ 이상	검정	320℃ 이상	검정

10. 최고주위온도(폐쇄형헤드에 한한다)
11. 취급상의 주의사항
12. <삭제>
13. 품질보증에 관한 사항(보증기간, 보증내용, A/S방법, 자체검사필증 등)

제13조 (감도시험) 스프링클러헤드는 표시온도 구분에 따라 RTI값을 표준반응, 특수반응, 조기반응으로 구분하고, 별도 8의 시험장치에서 시험한 경우 다음 각 호에 적합하여야 한다. 다만, 제16조, 제22조의 적용을 받는 헤드의 감도시험은 해당 기준에 따른다.

1. 표준반응의 RTI값은 80 초과~350 이하이어야 한다.
2. 특수반응의 RTI값은 51 초과~80 이하이어야 한다.
3. 조기반응의 RTI값은 50 이하이어야 한다.

표시온도 구분	표준반응		특수반응		조기반응	
	기류온도 (℃)	기류속도 (m/s)	기류온도 (℃)	기류속도 (m/s)	기류온도 (℃)	기류속도 (m/s)
57~77	191~203	2.4~2.6	129~141	2.4~2.6	129~141	1.65~1.85
79~107	282~300	2.4~2.6	191~203	2.4~2.6	191~203	1.65~1.85
121~149	382~432	2.4~2.6	282~300	2.4~2.6	282~300	1.65~1.85
163~191	382~432	3.4~3.6	382~432	2.4~2.6	382~432	1.65~1.85

비고 : 1. 기류온도의 공차는 (129~141)℃까지는 ±1℃를 적용하고, 141℃을 초과할 경우 ±2℃로 한다.
2. 기류속도의 공차는 ±0.1 m/s로 한다.

제14조 (방수량시험) 헤드는 방수압력 0.1 MPa (1 kg/cm²)에서 방수량을 측정하는 경우 아래식의 K의 값이 아래표의 호칭구분에 따라 각각 그 해당 허용범위 내에 있어야 한다. 다만, 제17조, 제23조, 제26조의 적용을 받는 헤드의 방수량시험은 해당 기준에 따른다.

$$Q = K\sqrt{10p}$$

여기서, Q : 방수량(L/min)
p : 방수압력(MPa)
K : 방수상수

호칭	K	건식스프링 쿨러의 K
10	50 ± 3	50 ± 5
15	80 ± 4	80 ± 6
20	115 ± 6	115 ± 9

제15조 (살수분포시험) ① 헤드의 살수분포는 방수압력범위 0.1 MPa에서 1 MPa까지의 방수압력으로 방수하는 시험에서 다음 각 호에 적합하여야 한다. 다만, 제20조, 제24조, 제27조의 적용을 받는 헤드의 살수분포시험은 해당 기준에 따른다.

1. 헤드는 별도2에 의한 살수분포시험장치를 사용하여 각 채수통의 살수량을 측정하는 경우 헤드의 축심을 중심으로 하는 동심원상의 각각 채수통의 채수량 평균치의 분포곡선이 별도 3(유효살수반경(이하 "r"이라 한다) 2.3의 것에 한한다) 또는 별도 4 (r 2.6의 것에 한한다)에 나타내는 살수분포 곡선보다 위에 있어야하며, 전방수량의 60 % 이상이 헤드의 축심을 중심으로 하는 반경 300 cm (r 2.3의 것에 한한다) 또는 반경 330 cm (r 2.6의 것에 한한다)의 범위 내에 살수되고 또한 동심원상의 각 채수통의 채수량의 차가 적어야 한다.
2. 측벽형헤드는 별도 6에 나타내는 살수분포시험장치를 사용하여 각채수통의 살수량을 측정하는 경우, 다음 각목의 채수통의 각 채수량 평균치의 분포곡선이 별도 6의2에 나타내는 살수분포 곡선보다 위에 있어야 하며, 각 채수통 채수량의 차이가 적고 또한 살수한 물이 벽면을 적셔야 한다.
   가. 헤드 전방에 있어서는 벽면에 병행한 각 열의 각 채수통
   나. 헤드 양측에 있어서는 벽면에 직각으로 그은 선상의 각열의 각 채수통

② 「화재예방, 소방시설 설치・유지 및 안전관리에 관한 법률」 제11조 제5항을 적용받고자 하는 헤드는 소방청장이 정하는 바에 따라 제1항에 의한 시험을 생략할 수 있다.

제3절 화재조기진압용

제16조 (감도시험) 화재조기진압용헤드(이하 "조기진압용헤드"라 한다)는 아래표의 조건에 적합한 별도 8의 시험장치에서 시험한 경우 반응시간지수(RTI)는 표준방향에서 20~36 이내, 최악의 방향에서 138을 초과하지 아니하여야 한다.

표시온도(℃)	기류온도(℃)	기류속도(m/s)
68~74	135 ± 2	2.56 ± 0.03
93~104	197 ± 2	2.56 ± 0.03

제17조 (방수량시험) 조기진압용헤드의 방수상수(K)는 아래 식에 의해 측정한 경우 신청된 K값에 따라 아래 표의 허용범위 내에 있어야 한다.

$Q = K\sqrt{10p}$

여기서, Q : 방수량(L/min)
p : 방수압력(MPa)
K : 방수상수

K	200	240	320	360
범위	195~209	231~254	311~343	349~387

제18조 (살수력시험) 조기진압용헤드의 살수력은 별도9의 시험장치에서 시험한 경우 아래 표에 적합하여야 한다. 다만, 방수상수(K) 200 및 240의 하향형의 경우에만 적용한다.

K	방수압력 MPa (kg/cm^2)	유량공급 방향	작용판과 천정 강의 간격(m)	최소 살수력 MPa (kg/cm^2)
200	0.35 (3.5)	양방향	1.2	0.07 (0.71)
	0.35 (3.5)	양방향	2.1	0.044 (0.44)
	0.51 (5.1)	일방향	2.1	0.099 (0.99)
240	0.24 (2.4)	양방향	1.2	0.07 (0.71)
	0.24 (2.4)	양방향	2.1	0.044 (0.44)
	0.35 (3.5)	일방향	2.1	0.099 (0.99)

제19조 (저온시험) 조기진압용헤드는 영하 (30 ± 5) ℃의 온도에 24시간 노출시킨 경우 다음 각 호의 1에 적합하여야 한다.

1. 균열이 생기지 않을 것
2. 녹은 후 누수가 생기지 않을 것
3. 균열이 생기지 않은 것은 제5조 제1호 및 제16조에 적합할 것

제20조 (살수분포시험) 조기진압용헤드의 살수분포는 다음 각 호에 적합하여야 한다.

1. 헤드는 별도 10에 의한 시험장치를 이용하여 0.1 MPa (1 kg/cm²)에서 1.2 MPa (12 kg/cm²)까지의 방사압력으로 방사한 후 각 채수통의 채수량이 0.4 mm/min 이상이어야 한다.
2. 헤드는 별도 11에 의한 시험장치를 이용하여 시험한 경우 아래 표에 적합하여야 한다. 다만, 방수상수(K) 200 및 240의 하향형의 경우에만 적용한다.

K	천정과 채수통과의 간격(m)	방수압력 MPa(kg/cm^2)	16통의 최소평균 채수량(mm/min)	연도의 최소평균 채수량(mm/min)
200	3.04	0.35(3.5)	21.22	40.8
	4.42	0.35(3.5)	19.58	36.31
	4.42	0.51(5.1)	19.58	69.36
240	3.04	0.24(2.4)	21.22	40.8
	4.42	0.24(2.4)	19.58	36.31
	4.42	0.35(3.5)	19.58	69.36

제21조 (실제살수밀도시험) 조기진압용헤드는 별도 12의 시험장치에서 실제살수밀도를 측정한 경우 다음 표에 적합하여야 한다. 다만, 방수상수(K) 200 및 240의 하향형의 경우에만 적용한다.

K	헤드수	헤드설치 간격 (m)	배관설치 간격 (m)	채수통과 천정의 간격	자유연소시 전달되는 방출열(kW)	압력MPa (kg/cm^2)	유량공급 방향	16통 최소평균 ADD (mm/min)	연도(4통) 최소 평균값 (mm/min)
200	1	0	0	4.57	1318	0.35(3.5)	양방향	19.18	60.38
	1	0	0	4.57	2636	0.35(3.5)	양방향	9.79	20.40
	2	3.66	0	1.22	2636	0.35(3.5)	일방향	11.83	-
	2	0	3.66	1.22	2636	0.35(3.5)	양방향	14.28	-
	4	2.44	3.66	1.22	2636	0.35(3.5)	양방향	26.11	-
240	1	0	0	4.57	1318	0.24(2.4)	양방향	19.18	60.38
	1	0	0	4.57	2636	0.24(2.4)	양방향	9.79	20.40
	2	3.66	0	1.22	2636	0.24(2.4)	일방향	11.83	-

240	2	0	3.66	1.22	2636	0.24(2.4)	양방향	14.28	-
	4	2.44	3.66	1.22	2636	0.24(2.4)	양방향	26.11	-

제4절 주거형

제22조 (감도시험) 주거형헤드는 표시온도 구분에 따른 다음표의 시험조건에서 별도8의 시험장치에서 시험한 경우에 RTI의 값은 50 이하이어야 한다.

표시온도구분	시험조건	
	기류온도(℃)	기류속도(m/s)
57℃ 이상 77℃ 이하	129~141	1.65~1.85
79℃ 이상 107℃ 이하	191~203	1.65~1.85
121℃ 이상 149℃ 이하	282~300	1.65~1.85
163℃ 이상 191℃ 이하	382~432	1.65~1.85

제23조 (방수량시험) 주거형헤드는 방수압력 0.1 MPa (1 kg/cm²)에서 방수량을 측정한 경우, 다음 식에 의한 K값의 허용범위는 47.5~52.5이어야 한다.

$Q = K\sqrt{10p}$

여기서, Q : 방수량(L/min)
p : 방수압력(MPa)
K : 방수상수

제24조 (살수분포시험) 주거형헤드의 살수분포는 다음 각 호에 적합하여야 한다.

1. 주거형헤드는 별도2의 살수분포시험장치를 사용하여 각 채수통의 살수량을 측정하는 경우에 해당 헤드는 축심을 중심으로한 반경 260 cm의 범위 내 각 채수통의 평균채수량이 0.2 L/min 이상이고, 또한 각 채수통의 채수량이 0.02 L/min 이상일 것
2. 주거형헤드는 별도 5의 벽면살수분포시험장치를 사용하여 측정한 경우에 각벽면의 채수량이 2.5 L/min 이상일 것. 이 경우에 방수되는 물은 바닥으로부터 천정면 아래 0.5 m까지의 벽면을 유효하게 적셔지는 것이어야 한다.

제5절 라지드롭(Large Drop)형

제25조 (감도시험) 라지드롭형헤드의 감도는 제13조의 규정에 적합하여야 한다.

제26조 (방수량시험) 라지드롭형헤드의 방수량은 방수압력 0.1 MPa (1 kg/cm²)에서 방수량을 측정한 경우 다음 식에 의한 K값이 (162 ± 8) 범위 내에 있어야 한다.

$Q = K\sqrt{10p}$

여기서, Q : 방수량(L/min)
p : 방수압력(MPa)
K : 방수상수

제27조 (살수분포) 라지드롭형헤드의 살수분포시험은 별도13의 시험장치를 이용하여 0.2 MPa (2 kg/cm²)의

방수압력으로 방수한 경우에 각통의 평균 채수량은 다음 표에 적합하여야 한다.

평균채수량(mm/min)	채수동의 최소채수량(mm/min)
26 이상	22

제6절 보칙

제28조 (세부규정) 이 기준의 시행에 관하여 필요한 세부사항은 소방청장이 이를 정한다.

제29조 (재검토기한) 소방청장은 「훈령·예규 등의 발령 및 관리에 관한 규정」에 따라 이 고시에 대하여 2018년 1월 1일 기준으로 매3년이 되는 시점(매3년째의 12월 31일까지를 말한다)마다 그 타당성을 검토하여 개선 등의 조치를 하여야 한다.

부칙 〈제2017-9호〉

제1조 (시행일) 이 고시는 발령한 날부터 시행한다.

제2조 (형식승인에 관한 일반적 경과조치) 이 고시 시행 당시 종전의 규정에 의하여 형식승인(형식승인의 변경을 포함한다. 이하 같다)을 받은 것 중 이 고시에 적합하지 아니한 것은 시행일로부터 6개월 이내에 이 고시에 의하여 형식승인을 받아야 한다.

제3조 (제품검사에 관한 일반적 경과조치) ① 부칙 제1조에도 불구하고 이 고시 시행 당시 종전의 규정에 의하여 형식승인을 받은 것은 이 고시 시행일로부터 6개월 이내에 종전의 규정에 의하여 제품검사를 받을 수 있다.
② 이 고시에 따라 형식승인을 받지 않은 것은 이 고시 시행일로부터 6개월이 경과한 날부터 이 고시에 의한 제품검사를 받을 수 없다.

6 감지기의 형식승인 및 제품검사의 기술기준

제1조 (목적) 이 기준은 「화재예방, 소방시설 설치·유지 및 안전관리에 관한 법률」 제36조 제5항에서 소방청장에게 위임된 사항을 정함을 목적으로 한다.

제2조 (용어의 정의) 이 기준에서 사용하는 용어의 정의는 다음과 같다.

1. "경보기구"란 자동화재탐지설비, 비상경보설비의 축전지, 화재속보설비, 누전경보기, 가스누설경보기 등 화재의 발생 또는 화재의 발생이 예상되는 상황에 대하여 경보를 발하여 주는 설비를 말한다.
2. "자동화재탐지설비"란 화재발생을 자동적으로 감지하여 당해 소방대상물의 화재발생을 소방대상물의 관계자에게 통보할 수 있는 설비로서 감지기, 발신기(M형 발신기를 제외한다), 수신기(M형 수신기를 제외한다), 경종 또는 중계기 등으로 구성된 것을 말한다.
3. "감지기"란 화재시에 발생하는 열, 불꽃 또는 연소생성물(이하 "연기"라 한다)로 인하여 화재발생을 자동적으로 감지하여 그 자체에 부착된 음향장치로 경보를 발하거나 이를 수신기에 발신하는 것을 말한

다. 이 경우 감지기를 부착할 때에 전용기판을 필요로 하는 것에 있어서는 그 기판을 포함한다.
4. "열감지기"란 화재에 의해서 발생되는 열을 감지하여 화재신호를 발신하는 감지기를 말한다.
5. "연기감지기"란 화재에 의해서 발생되는 연기를 감지하여 화재신호를 발신하는 감지기를 말한다.
6. "불꽃감지기"란 화재에 의하서 발생되는 불꽃(적외선 및 자외선을 포함한다. 이하 이 기준에서 같다)을 감지하여 화재신호를 발신하는 감지기를 말한다.
7. "복합형 감지기"란 화재시 발생하는 열, 연기, 불꽃을 자동적으로 감지하는 기능 중 두 가지 이상의 성능(동일 생성물이나 다른 연소생성물의 감지 기능)을 가진 것으로서 두 가지 이상의 성능이 함께 작동할 때 화재신호를 발신하거나 또는 두 개 이상의 화재신호를 각각 발신하는 감지기를 말한다.
8. "단독경보형 감지기"이란 화재에 의해서 발생되는 열, 연기 또는 불꽃을 감지하여 작동하는 것으로서 수신기에 작동신호를 발신하지 아니하고 감지기가 단독적으로 내장된 음향장치에 의하여 경보하는 감지기를 말한다.

제3조 (감지기의 구분) 감지기는 구조 및 기능에 따라 다음 각 호와 같이 구분한다.
1. 열감지기는 각 목과 같이 구분한다.
   가. "차동식스포트형"이란 주위온도가 일정 상승율 이상이 되는 경우에 작동하는 것으로서 일국소에서의 열 효과에 의하여 작동되는 것을 말한다.
   나. "차동식분포형"이란 주위온도가 일정 상승율 이상이 되는 경우에 작동하는 것으로서 넓은 범위 내에서의 열 효과의 누적에 의하여 작동되는 것을 말한다.
   다. "정온식감지선형"이란 일국소의 주위온도가 일정한 온도 이상이 되는 경우에 작동하는 것으로서 외관이 전선으로 되어 있는 것을 말한다.
   라. "정온식스포트형"이란 일국소의 주위온도가 일정한 온도 이상이 되는 경우에 작동하는 것으로서 외관이 전선으로 되어 있지 아니한 것을 말한다.
   마. "보상식스포트형"이란 가목와 라목 성능을 겸한 것으로서 가목의 성능 또는 라목의 성능중 어느 한 기능이 작동되면 작동신호를 발하는 것을 말한다.
2. 연기감지기는 각 목과 같이 구분한다.
   가. "이온화식스포트형"이란 주위의 공기가 일정한 농도의 연기를 포함하게 되는 경우에 작동하는 것으로서 일국소의 연기에 의하여 이온전류가 변화하여 작동하는 것을 말한다.
   나. "광전식스포트형"이란 주위의 공기가 일정한 농도의 연기를 포함하게 되는 경우에 작동하는 것으로서 일국소의 연기에 의하여 광전소자에 접하는 광량의 변화로 작동하는 것을 말한다.
   다. "광전식분리형"이란 발광부와 수광부로 구성된 구조로 발광부와 수광부 사이의 공간에 일정한 농도의 연기를 포함하게 되는 경우에 작동하는 것을 말한다.
   라. "공기흡입형"이란 감지기 내부에 장착된 공기흡입장치로 감지하고자 하는 위치의 공기를 흡입하고 흡입된 공기에 일정한 농도의 연기가 포함된 경우 작동하는 것을 말한다.
3. 불꽃감지기는 각 목과 같이 구분한다.
   가. "불꽃 자외선식"이란 불꽃에서 방사되는 자외선의 변화가 일정량 이상 되었을 때 작동하는 것으로서 일국소의 자외선에 의하여 수광소자의 수광량 변화에 의해 작동하는 것을 말한다.
   나. "불꽃 적외선식"이란 불꽃에서 방사되는 적외선의 변화가 일정량 이상 되었을 때 작동하는 것으로서 일국소의 적외선에 의하여 수광소자의 수광량 변화에 의해 작동하는 것을 말한다.
   다. "불꽃 자외선·적외선겸용식"이란 불꽃에서 방사되는 불꽃의 변화가 일정량 이상 되었을 때 작동하는 것으로서 자외선 또는 적외선에 의한 수광소자의 수광량 변화에 의하여 1개의 화재신호를 발신하는 것을 말한다.
   라. "불꽃 영상분석식"이란 불꽃의 실시간 영상이미지를 자동 분석하여 화재신호를 발신하는 것을 말한다.
4. 복합형감지기는 각 목과 같이 구분한다.
   가. "열복합형"이란 제1호 가목 및 라목의 성능이 있는 것으로서 두 가지 성능의 감지기능이 함께 작동될 때 화재신호를 발신하거나 또는 두개의 화재신호를 각각 발신하는 것을 말한다.

나. "연복합형"이란 제2호 가목 및 나목의 성능이 있는 것으로서 두 가지 성능의 감지기능이 함께 작동될 때 화재신호를 발신하거나 또는 두 개의 화재신호를 각각 발신하는 것을 말한다.
다. "불꽃복합형"이란 제3호 가목, 나목 및 라목의 성능 중 두 가지 이상 성능을 가진 것으로서 두가지 이상의 감지기능이 함께 작동될 때 화재신호를 발신하거나 또는 두개의 화재신호를 각각 발신하는 것을 말한다.
라. "열·연기 복합형"이란 제1호 및 제2호의 성능이 있는 것으로 두 가지 성능의 감지기능이 함께 작동될 때 화재신호를 발신하거나 또는 두 개의 화재신호를 각각 발신하는 것을 말한다.
마. "연기·불꽃 복합형"이란 제1호 및 제3호의 성능이 있는 것으로 두 가지 성능의 감지기능이 함께 작동될 때 화재신호를 발신하거나 또는 두 개의 화재신호를 각각 발신하는 것을 말한다.
바. "열·불꽃 복합형"이란 제2호 및 제3호의 성능이 있는 것으로 두 가지 성능의 감지기능이 함께 작동될 때 화재신호를 발신하거나 또는 두 개의 화재신호를 각각 발신하는 것을 말한다.
사. "열·연기·불꽃 복합형"이란 제1호, 제2호 및 제3호의 성능이 있는 것으로 세 가지 성능의 감지기능이 함께 작동될 때 화재신호를 발신하거나 또는 세 개의 화재신호를 각각 발신하는 것을 말한다.

5.~19. <삭제>

제4조 (감지기의 형식) ① 감지기 형식은 방수형 유무에 따라 방수형 및 비방수형으로, 내식성 유무에 따라 내산형, 내알카리형 및 보통형으로, 재용성 유무에 따라 재용형 및 비재용형으로, 연기의 축적에 따라 축적형 및 비축적형으로, 방폭구조 여부에 따라 방폭형 및 비방폭형으로, 화재신호의 발신방법에 따라 단신호식, 다신호식 또는 아날로그식, 화재신호 전달방법에 따라 무선식, 유선식으로 구분한다. 또한 불꽃감지기는 설치장소에 따라 옥내형, 옥내·옥외형, 도로형으로 구분한다.
② 제1항에 의한 감지기의 형식별 특성은 다음 각 호와 같다.

1. "다신호식"이란 1개의 감지기 내에 서로 다른 종별 또는 감도 등의 기능을 갖춘 것으로서 일정시간 간격을 두고 각각 다른 2개 이상의 화재신호를 발하는 감지기를 말한다.
2. "방폭형"이란 폭발성가스가 용기내부에서 폭발하였을 때 용기가 그 압력에 견디거나 또는 외부의 폭발성가스에 인화될 우려가 없도록 만들어진 형태의 감지기를 말한다.
3. "방수형"이란 그 구조가 방수구조로 되어 있는 감지기를 말한다.
4. "재용형"이란 다시 사용할 수 있는 성능을 가진 감지기를 말한다.
5. "축적형"이란 일정농도 이상의 연기가 일정시간(공칭축적시간) 연속하는 것을 전기적으로 검출하므로서 작동하는 감지기(다만, 단순히 작동시간만을 지연시키는 것은 제외한다)를 말한다.
6. "아날로그식"이란 주위의 온도 또는 연기의 량의 변화에 따라 각각 다른 전류치 또는 전압치 등의 출력을 발하는 방식의 감지기를 말한다.
7. "연동식"이란 단독경보형감지기가 작동할 때 화재를 경보하며 유·무선으로 주위의 다른 감지기에 신호를 발신하고 신호를 수신한 감지기도 화재를 경보하며 다른 감지기에 신호를 발신하는 방식의 것을 말한다.
8. "무선식"이란 전파에 의해 신호를 송·수신하는 방식의 것을 말한다.

제5조 (구조 및 기능) 감지기의 구조 및 기능은 다음 각 호에 적합하여야 한다.

1. 작동이 확실하고, 취급·점검이 쉬워야 하며, 현저한 잡음이나 장해전파를 발하지 아니하여야 한다. 또한, 먼지·습기·곤충 등에 의하여 기능에 영향을 받지 아니하여야 한다.
2. 보수 및 부속품의 교체가 쉬워야 한다. 다만, 방수형 및 방폭형은 그러하지 아니하다.
3. 부식에 의하여 기계적 기능에 영향을 초래할 우려가 있는 부분은 칠, 도금 등으로 유효하게 내식가공을 하거나 방청가공을 하여야 하며, 전기적 기능에 영향이 있는 단자, 나사 및 와셔 등은 동합금이나 이와 동등 이상의 내식성이 있는 재질을 사용하여야 한다.
4. 외함은 불연성 또는 난연성 재질로 만들어져야 하며 다음과 같아야 한다.

가. 차동식분포형감지기의 검출기 외함에 강판을 사용하는 경우에는 다음에 기재된 두께 이상의 강판

을 사용하여야 한다. 다만, 합성수지를 사용하는 경우에는 강판의 2.5배 이상의 두께이어야 한다.

1) 차동식분포형감지기의 검출기는 1.0 mm 이상

2) 직접 벽면에 접하여 벽속에 매립되는 외함의 부분은 1.6 mm 이상

나. 감지기의 노출된 부분(설치상태에서 손에 접촉되는 부분. 다만, 확인등의 창, 발광다이오드, 각종 표시명판 등은 제외한다)에 합성수지를 사용하는 경우에는 (90 ± 2)℃의 온도에 7일간 방치하는 경우 열로 인한 변형이 생기지 아니하여야 하며, 자기소화성이 있는 재료이어야 한다.

5. 기기 내의 배선은 충분한 전류용량을 갖는 것으로 하여야 하며, 배선의 접속이 정확하고 확실하여야 한다.
6. 극성이 있는 경우에는 오접속을 방지하기 위하여 필요한 조치를 하여야 한다.
7. 부품의 부착은 기능에 이상을 일으키지 아니하고 쉽게 풀리지 아니하도록 하여야 한다.
8. 전선 이외의 전류가 흐르는 부분과 가동축부분의 접촉력이 충분하지 아니한 곳에는 접촉부의 접촉불량을 방지하기 위한 적당한 조치를 하여야 한다.
9. 외부에서 쉽게 사람이 접촉할 우려가 있는 충전부는 충분히 보호되어야 한다.
10. 내부의 부품 등에서 발산되는 열에 의하여 기능에 이상이 생길 우려가 있는 것은 방열판 또는 방열공 등에 의하여 보호조치를 하여야 한다. 다만, 방폭형 및 방수형은 방열공을 설치하지 아니할 수 있다.
11. 감지기가 받는 기류의 방향에 따라 그 기능에 현저한 변동이 생기지 아니하여야 한다.
12. 사람에게 위해를 줄 염려가 없어야 한다.
13. 건물의 천정에 접하는 기판으로부터 새어 들어가는 물에 의하여 기능에 이상이 생기지 아니하여야 한다.
14. 접점간격 및 그 외의 조정부는 조정 후 변동되지 아니하도록 하여야 한다. 다만, 불꽃감지기의 감도조정부는 그러하지 아니하다.
15. 감열부, 다이아후렘 등에 사용되는 금속 박판 또는 가는 선 등은 그 기능에 유해한 영향을 미칠 우려가 있는 흠, 부식, 변형 등이 생기지 아니하여야 하며, 조정부, 다이아후렘, 바이메탈을 직접 접점으로 사용하거나 이 부분에 직접 접점을 부착하여서는 아니 된다. 다만, 차동식분포형감지기는 다이아후렘에 접점을 부착할 수 있다.
16. 차동식분포형감지기로서 공기관식 또는 이와 유사한 것은 다음에 적합하여야 한다.

가. 리이크저항 및 접점수고를 쉽게 시험할 수 있어야 한다.

나. 공기관의 누출 및 폐쇄여부를 쉽게 시험할 수 있고, 시험 후 시험장치를 정위치에 쉽게 복귀할 수 있는 적당한 방법이 강구되어야 한다.

다. 공기관은 하나의 길이(이음매가 없는 것)가 20 m 이상의 것으로 안지름 및 관의 두께가 일정하고 흠, 갈라짐 및 변형이 없어야하며 부식되지 아니하여야 한다.

라. 공기관의 두께는 0.3 mm 이상, 바깥지름은 1.9 mm 이상이어야 한다.

17. 차동식분포형감지기로서 열전대식의 것 또는 열반도체식의 것은 다음에 적합하여야 한다.

가. 검출기의 작동전압을 쉽게 시험할 수 있어야 한다.

나. 열전대부의 단선여부 및 도체저항을 쉽게 시험할 수 있고, 시험 후 시험장치를 정위치로 쉽게 복귀할 수 있는 적당한 방법이 강구되어야 한다.

18. 감지기는 그 기판면을 부착한 정 위치로부터 45° (차동식분포형감지기는 5°)를 각각 경사 시킨 경우 그 기능에 이상이 생기지 아니하여야 한다.
19. 감지기에는 작동표시장치를 설치하여야 한다. 다만, 방폭구조인 감지기, 수신기에 작동한 내용이 표시되는 감지기(무선식 감지기는 제외한다), 차동식분포형감지기 및 정온식감지선형감지기는 작동표시장치를 설치하지 아니할 수 있다.
20. 광전식감지기는 다음에 적합하여야 한다.

가. 발광소자는 광속변화가 적고 장기간 사용에 충분히 견딜 수 있는 것이어야 한다.

나. 수광소자는 감도의 저하 및 피로현상이 적고 장기간 사용에 충분히 견딜 수 있는 것이어야 한다.

다. 반사판이 있는 구조의 광전식분리형 감지기 반사판은 기능에 유해한 영향을 미칠 우려가 있는 흠, 부식, 변형 등이 없어야 한다.

21. 방사성물질을 사용하는 감지기는 그 방사성물질을 밀봉선원으로 하여 외부에서 직접 접촉할 수 없도록 하여야 하며, 화재 시 쉽게 파괴되지 아니하는 것이어야 한다.
22.~23. <삭제>
24. 부착용기판이 있는 경우 부착기판과 감지기는 견고하게 결합되도록 설계되어야 하고 기능에 이상이 없어야 한다.
25. 방폭형감지기는 다음 각목의 1에서 정하는 방폭구조에 적합하여야 한다.
   가. 한국산업표준
   나. 가스관계법령(고압가스안전관리법, 액화석유가스의안전및사업관리법, 도시가스사업법)에 의하여 정하는 규격
   다. 산업안전보건법령에 의하여 정하는 규격
26. 다신호식감지기는 감도시험시에 적용하는 각 해당 감도별 온도 및 연기농도에서 규정시간 내에 각 신호를 발할 수 있어야 한다.
27. 제19호의 규정에 의한 작동표시장치가 부착된 차동식스포트형, 정온식스포트형, 보상식스포트형, 이온화식스포트형, 광전식스포트형은 작동 후 수동으로 복귀시키지 않는 한 작동표시가 지속되어야 한다. 다만, 단독경보형감지기는 그러하지 아니하다.
28. 연기를 감지하는 감지기는 감시챔버로 (1.3 ± 0.05) mm 크기의 물체가 침입할 수 없는 구조이어야 한다.
29. 무선식 감지기는 다음 각 목에 적합하여야 한다.
   가. 전파에 의한 연동식감지기 또는 감지기・중계기・수신기간의 화재신호・화재정보신호는 「신고하지 아니하고 개설할 수 있는 무선국용 무선설비의 기술기준」 제7조(특정소출력무선국용 무선설비) 제3항의 「도난, 화재경보장치 등의 안전시스템용 주파수」를 적용하여야 한다.
   나. 「전파법」 제58조의2(방송통신기자재 등의 적합성평가)에 적합하여야 한다.

제5조의2(단독경보형감지기의 일반기능) 단독경보형의 감지기(주전원이 교류전원 또는 건전지인 것을 포함한다)는 다음 각 호에 적합하여야 한다.

1. 자동복귀형 스위치(자동적으로 정위치에 복귀될 수 있는 스위치를 말한다)에 의하여 수동으로 작동시험을 할 수 있는 기능이 있어야 한다.
2. 작동되는 경우 작동표시등에 의하여 화재의 발생을 표시하고, 내장된 음향장치의 명동에 의하여 화재경보음을 발할 수 있는 기능이 있어야 한다.
3. 주기적으로 섬광하는 전원표시등에 의하여 전원의 정상 여부를 감시할 수 있는 기능이 있어야 하며, 전원의 정상상태를 표시하는 전원표시등의 섬광주기는 1초 이내의 점등과 30초에서 60초 이내의 소등으로 이루어져야 한다.
4. 제2호의 규정에 의한 화재경보음은 감지기로부터 1 m 떨어진 위치에서 85 dB 이상으로 10분 이상 계속하여 경보할 수 있어야 하며 화재경보음이 단속음인 경우에는 단속주기가 그림1 또는 그림2에 적합하여야 한다. 이 경우 화재경보음에 음성안내를 포함할 수 있다.

[그림1]

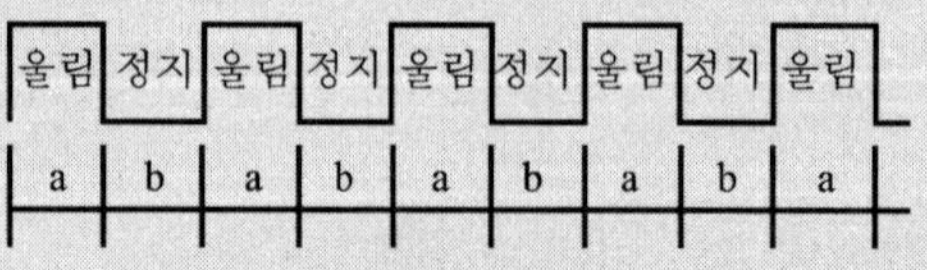

-a:b의 비율은 2:1에서 1:1까지
-b는 2초 이하

[그림2]

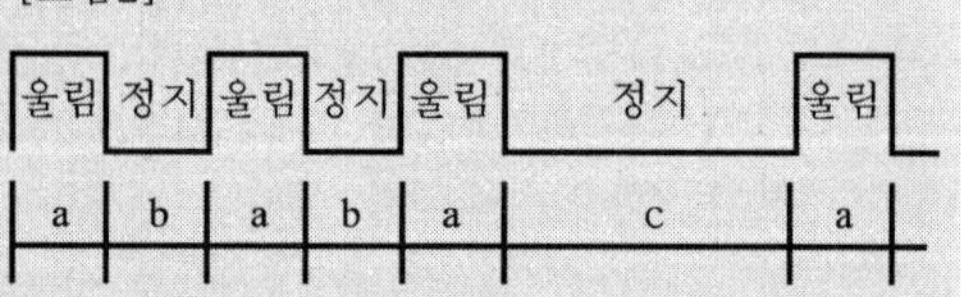

-a 및 b는 0.5초
-c는 1.5초
-반복주기(a+b+a+b+a+b+c) : 4초

5. 건전지를 주전원으로 하는 감지기는 건전지의 성능이 저하되어 건전지의 교체가 필요한 경우에는 음성

안내를 포함한 음향및 표시등에 의하여 72시간 이상 경보할 수 있어야 한다. 이 경우 음향경보는 1 m 떨어진 거리에서 70 dB(음성안내는 60 dB) 이상이어야 한다.

6. 건전지를 주전원으로 하는 감지기의 경우에는 건전지가 리튬전지 또는 이와 동등 이상의 지속적인 사용이 가능한 성능의 것이어야 하며, 건전지의 용량산정 시에는 다음 각 목의 사항이 고려되어야 한다.
   가. 감시상태의 소비전류
   나. 점검 등에 따른 소비전류
   다. 건전지의 자연방전전류
   라. 건전지 교체 경보에 따른 소비전류
   마. 부가장치가 설치된 경우에는 부가장치의 작동에 따른 소비전류
   바. 기타 전류를 소모하는 기능에 대한 소비전류
   사. 안전 여유율
7. 단독경보형감지기에는 스위치 조작에 의하여 화재경보를 정지 시킬 수 있는 기능을 설치할 수 있다. 이 경우 화재경보 정지기능은 다음 각목에 적합하여야 한다.
   가. 화재경보 정지 후 15분 이내에 화재경보 정지기능이 자동적으로 해제되어 단독경보형감지기가 정상상태로 복귀되어야 한다.
   나. 화재경보 정지 표시등에 의하여 화재경보가 정지 상태임을 경고 할 수 있어야 하며, 화재경보 정지기능이 해제된 경우에는 표시등의 경고도 함께 해제되어야 한다.
   다. 나목의 규정에 의한 표시등을 제2호의 규정에 의한 작동표시등과 겸용하고자 하는 경우에는 작동표시와 화재경보음 정지 표시가 표시등 색상에 의하여 구분될 수 있도록 하고 표시등 부근에 작동표시와 화재경보음 정지표시를 구분할 수 있는 안내표시를 하여야 한다.
   라. 화재경보 정지 스위치는 전용으로 하거나 제2호의 규정에 의한 작동시험 스위치와 겸용하여 사용할 수 있다. 이 경우 스위치 부근에 스위치의 용도를 표시하여야 한다.

제5조의3 <삭제>

제5조의4 (무선식감지기의 기능) ① 단독경보형감지기 중 연동식감지기의 무선기능은 다음 각 호에 적합하여야 한다.

1. 화재신호는 다음 각 목에 적합하여야 한다.
   가. 작동한 단독경보형감지기는 화재경보가 정지하기 전까지 60초 이내 주기마다 화재신호를 발신하여야 한다.
   나. 화재신호를 수신한 단독경보형감지기는 10초 이내에 경보를 발하여야 한다.
2. 화재신호의 발신을 쉽게 확인할 수 있는 장치를 설치하여야 하고 화재신호를 수신하면 내장된 음향장치에 의하여 제5조의2 제4호의 화재경보를 하여야 한다.
3. 통신점검기능이 있어야 하며 다음 각 목에 적합하여야 한다.
   가. 무선통신 점검은 168시간 이내에 자동으로 실시하고 이때 통신이상이 발생하는 경우에는 200초 이내에 통신이상 상태의 단독경보형감지기를 확인할 수 있도록 표시 및 경보를 하여야 한다.
   나. 무선통신 점검은 단독경보형감지기가 서로 송수신하는 방식으로 한다.

② 감지기(단독경보형감지기 중 연동식감지기는 제외한다)의 무선기능은 다음 각 호에 적합하여야 한다.

1. 화재신호는 다음 각 목에 적합하여야 한다.
   가. 작동한 감지기는 화재신호를 수신기 또는 중계기에 60초 이내 주기마다 발신하여야 한다.
   나. 작동한 감지기는 「수신기 형식승인 및 제품검사의 기술기준」 제15조의2 제1항 또는 제29조 제5호의 수동 복귀스위치에 의한 복귀 신호를 수신하는 경우 감지기는 정상상태로 복귀되어야 한다.
2. 「수신기 형식승인 및 제품검사의 기술기준」 제17조 제6호 가목 및 나목 또는 제35조 제4호 가목 및 나목에 의한 무선통신 점검신호를 수신하는 경우 무선식 수신기, 무선식 중계기, 간이형수신기의 무선식 수신부 또는 무선식 중계부에 자동으로 확인신호를 발신하여야 한다.

3. 건전지를 주전원으로 하는 감지기의 경우에는 건전지가 리튬전지 또는 이와 동등 이상의 지속적인 사용이 가능한 성능의 것이어야 하며, 건전지의 용량산정 시에는 다음 각 목의 사항이 고려되어야 한다.
   가. 감시상태의 소비전류
   나. 수신기의 수동 통신점검에 따른 소비전류
   다. 수신기의 자동 통신점검에 따른 소비전류
   라. 건전지의 자연방전전류
   마. 건전지 교체 표시에 따른 소비전류
   바. 부가장치가 설치된 경우에는 부가장치의 작동에 따른 소비전류
   사. 기타 전류를 소모하는 기능에 대한 소비전류
   아. 안전 여유율
4. 건전지를 주전원으로 하는 감지기는 건전지의 성능이 저하되어 건전지의 교체가 필요한 경우에는 무선식 수신기 또는 간이형수신기의 무선식 수신부에 자동적으로 당해 신호를 발신하여야 하고 표시등에 의하여 72시간 이상 표시하여야 한다.

제6조 (부품의 구조 및 기능) 감지기에 다음 각 호의 부품을 사용하는 경우 해당 각 호의 규정에 적합하거나 이와 동등 이상의 성능이 있는 것이어야 한다.

1. 스위치
   가. 조작이 쉽고 작동이 확실하여야 하며, 정지점이 명확하고 적정하여야 한다.
   나. 각 접점의 최대사용전압으로 최대사용전류의 200%인 전류를 저항부하를 통하여 흘리는 작동을 1만회(전원스위치의 경우에는 5천회)반복하는 경우 그 구조 또는 기능에 이상이 생기지 아니하여야 한다.
   다. 접점은 최대사용전류 용량에 적합하여야 하고 부식될 우려가 없는 것이어야 한다.
2. 표시등
   가. 전구는 사용전압의 130%인 교류전압을 20시간 연속하여 가하는 경우 단선, 현저한 광속변화, 흑화, 전류의 저하 등이 발생하지 아니하여야 한다.
   나. 소켓은 접촉이 확실하여야 하며 쉽게 전구를 교체할 수 있도록 부착하여야 한다.
   다. 전구는 2개 이상을 병렬로 접속하여야 한다. 다만, 방전등 또는 발광다이오드의 경우에는 그러하지 아니하다.
   라. 전구에는 적당한 보호카바를 설치하여야 한다. 다만, 발광다이오드의 경우에는 그러하지 아니하다.
   마. 주위의 밝기가 300 lx인 장소에서 측정하여 앞면으로부터 3 m 떨어진 곳에서 켜진 등이 확실히 식별되어야 한다.
3. 퓨즈
   가. 퓨즈 등 과전류보호장치는 산업표준화법에의한 KS제품인증표시품, 전기용품 및 생활용품 안전관리법에 의한 안전인증품 또는 공인기관의 인증품을 사용하여야 한다.
   나. 점검 및 교체가 쉬어야 한다.
   다. 쉽게 흔들리지 아니하도록 부착되어야 한다.
4. 감지기에 내장하는 음향(음성 제외)장치
   가. 사용전압의 80%인 전압에서 소리를 내어야 한다.
   나. 사용전압에서의 음압은 무향실내에서 정위치에 부착된 음향장치의 중심으로부터 1 m 떨어진 지점에서 70 dB 이상이어야 한다. 다만, 단독경보형의 화재경보용으로 사용되는 음향장치는 1 m 떨어진 거리에서 85 dB 이상이어야 한다.
   다. 사용전압으로 8시간 연속하여 울리게 하는 시험 또는 정격전압에서 3분 20초 동안 울리고 6분 40초 동안 정지하는 작동을 반복하여 통산한 울림시간이 20시간이 되도록 시험하는 경우 그 구조 또는 기능에 이상이 생기지 아니하여야 한다.
5. 변압기

가. 변압기는 KS C 6308(전자기기용 소형전원변압기) 또는 이와 동등 이상의 성능이 있는 것이어야 한다.
나. 정격 1차전압은 300 V 이하로 한다.
다. 변압기의 외함에는 접지단자를 설치하여야 한다. 다만, 단독경보형감지기의 경우에는 접지단자를 설치하지 아니할 수 있다.
라. 용량은 최대사용전류에 연속하여 견딜 수 있는 크기 이상이어야 한다.

6. <삭제>

제7조 (전원전압변동시의 기능) ① 외부로부터 전원을 공급받는 방식의 감지기는 공급되는 전원전압이 정격전압의 ±20% 범위에서 변동하는 경우 기능에 이상이 생기지 아니하여야 한다.
② 감지기에 내장된 건전지를 전원으로 하는 감지기는 건전지의 전압이 건전지 교체전압 범위(제조사 설계값)의 하한값으로 저하된 경우에도 기능에 이상이 없어야 한다.

제8조 (비화재보방지) ① 감지기는 다음 각 호에 대하여 시험하는 경우 작동하지 않아야 한다.

1. 주위온도 (23 ± 2)℃인 조건을 유지하며 상대습도 (20 ± 5)%에서 (90 ± 5)%인 상태로 급격하게 3회 변경 투입을 반복하는 경우
2. 감지기를 분당 6회의 비율로 순간적인 감지기 공급전원의 차단을 반복하는 경우

② 광전식 기능을 가진 감지기는 제1항 및 다음 각 호에 노출되는 경우 경우에 작동하지 않아야 한다.

1. 백열램프
2. 크세논램프

③ 이온화식 기능을 가진 감지기는 제1항 및 기류를 가하는 경우에 작동하지 않아야 한다.
④ 불꽃식 기능을 가진 감지기는 제1항 및 다음 각 호에 노출 및 인가되는 경우에 작동하지 않아야 한다.

1. 형광램프
2. 할로겐램프
3. 직사 및 반사된 태양광
4. 아크용접 불꽃
5. 충격파전압
6. 그 밖의 외광
7. 흔들리는 주황색의 천(영상분석식에 한함)

제8조의2(전자파내성시험) 감지기는 「전파법」 제47조의3 제1항 및 「전파법 시행령」 제67조의2에 따라 국립전파연구원장이 정하여 고시하는 「전자파적합성 기준」에 적합하여야 한다.

제9조 (부속장치) 감지기의 기능에 유해한 영향을 미치는 부속장치를 설치하지 아니하여야 한다.

제10조 (시험조건) 감지기의 시험은 특별히 규정된 경우를 제외하고는 실온이 5℃ 이상 35℃ 이하이고, 상대습도가 45% 이상 85% 이하의 상태에서 실시한다.

제11조 (주위온도시험) 감지기의 주위온도시험은 다음 각 호 1의 규정에 의하여 시험할 경우 기능에 이상이 생기지 아니하여야 한다.

1. 정온식 성능이 있는 감지기는 −(10 ± 2)℃에서 공칭작동온도(2 이상 공칭작동온도를 갖는 것에 있어서는 가장 낮은 공칭작동온도, 이하 제25조에서 같다)보다 (20 ± 2)℃ 낮은 온도까지의 주위온도시험
2. 아날로그식으로 정온식감지기는 −(10 ± 2)℃에서 공칭감지온도 범위의 상한값보다 (20 ± 2)℃ 낮은 온도까지의 주위온도시험
3. 불꽃감지기는 −(20 ± 2)℃에서 (50 ± 2)℃까지의 주위온도시험
4. 그 밖의 감지기는 −(10 ± 2)℃에서 (50 ± 2)℃까지의 주위온도시험

제12조 (감지기의 접점) ① 감지기의 접점은 KS C 2507(통신기기용 접점재료)에 의한 P.G.S합금 또는 이와 동등 이상의 효력이 있는 것으로 접촉면을 연마하여 사용하여야 한다.
② 감지기의 접점은 불활성가스 중에 밀봉한 것을 제외하고는 접점을 접촉시키는데 필요한 힘의 2배의 힘을 가하는 경우에 접촉압력이 5 g 이상이어야 한다.
③ 감지기의 접점 및 조정부는 노출되지 아니하는 구조이어야 한다.

제13조 (감지기의 인장시험 등) ① 차동식분포형감지기의 선으로 된 감열부 및 정온식감지선형감지기는 다음 각 호에 적합하여야 한다.
1. 시료의 한쪽 끝을 고정하고 감지기로부터 25 cm 떨어진 곳에 10 kg의 인장하중을 가하는 경우 끊어지지 아니하여야 하며 또한 기능에 이상이 생기지 아니하여야 한다.
2. 선으로 된 부분의 접속부품은 이를 사용한 경우 접속으로 인하여 그 부분의 기능에 이상이 생기지 아니하여야 한다.

② 감지기는 다음 각 호에 적합하여야 한다. 다만, 단독경보형의 감지기는 그러하지 아니하다.
1. 단자는 1극에 대하여 2개이어야 한다.
2. 단자 대신에 전선을 사용하는 감지기(감지선형인 것을 제외한다)에 있어서 전선은 그 수를 1극에 대하여 2개로 하고 1개당 2 kg의 인장하중을 가한 경우 끊어지지 아니하여야 하며 기능에 이상이 생기지 아니하여야 한다.

제14조 (차동식스포트형감지기의 감도시험) 차동식스포트형감지기의 감도는 그 종별로 다음 표 의 *K*, *V*, *N*, *T*, *M*, *k*, *v*, *n*, *t* 및 *m*의 값에 따라 다음 각 호의 시험에 적합하여야 한다.

종별	작동시험					부작동시험				
	계단상승			직선상승		계단상승			직선상승	
	K	V	N	T	M	k	v	n	t	m
1종	20	70	30	10	4.5	10	50	1	2	15
2종	30	85		15		15	60		3	

1. 작동시험
   가. 실온보다 K ℃ 높은 온도이고 풍속이 V cm/s인 수직기류에 투입하는 경우 N초 이내에 작동하여야 한다.
   나. 실온에서부터 T ℃/min의 직선적인 비율로 상승하는 수평기류에 투입하는 경우 M분 이내로 작동하여야 한다.
2. 부작동시험
   가. 실온보다 k ℃ 높은 온도이고 풍속이 v cm/s인 수직기류에 투입하는 경우 n분 이내에 작동하지 아니하여야 한다.
   나. 실온에서부터 t ℃/min의 직선적인 비율로 상승하는 수평기류에 투입하는 경우 m분 이내에 작동하지 아니하여야 한다.

제15조 (차동식분포형감지기의 감도시험) ① 분포형감지기로서 공기관식의 감도는 그 종별로 다음표의 공기관 자체의 온도상승율 t_1 및 t_2의 값에 따라 다음 각 호의 시험에 적합하여야 한다.

종별	t_1	t_2
1종	7.5	1
2종	15	2
3종	30	4

1. 작동시험
   공기관 중 검출부로부터 가장 먼거리에 있는 20 m의 부분이 t_1 ℃/min의 직선적인 비율로 상승하는 경

우 1분 이내에 작동하여야 한다.

2. 부작동시험

공기관 전체가 t_2℃/min의 직선적인 비율로 상승하는 경우 15분 이내에 작동하지 아니하여야 한다.

② 제1항의 규정은 차동식분포형감지기 중 공기관식 외의 것에 대한 감도시험시에도 이를 준용한다.

제16조 (정온식감지기의 공칭작동온도의 구분, 감도시험 및 화재정보신호) ① 정온식감지기(아날로그식 제외)의 공칭작동온도는 60℃에서 150℃까지의 범위로 하되, 60℃에서 80℃인 것은 5℃ 간격으로, 80℃ 이상인 것은 10℃ 간격으로 하여야 하며 다음 각 호의 시험에 적합하여야 한다.

1. 작동시험

공칭작동온도의 125%가 되는 온도이고 풍속이 1 m/s인 수직기류에 투입하는 경우 그 종별에 따라 다음 표에 정하는 시간 이내에 작동하여야 한다.

종별	실온	
	0℃	0℃ 이외
특종	40초 이하	실온 θr(℃)일 때의 작동장치 t(초)는 다음 식에 의하여 산출한다. $t = \dfrac{t_0 \log_{10}\left(1+\dfrac{\theta-\theta r}{\delta}\right)}{\log_{10}\left(1+\dfrac{\theta}{\delta}\right)}$
1종	40초 초과 120초 이하	
2종	120초 초과 300초 이하	

(주) t_0 : 실온이 0℃인 경우의 작동시간(초)

θ: 공칭작동온도(℃)

δ: 공칭작동온도와 작동시험온도와의 차

2. 부작동시험

공칭작동온도 보다 10℃ 낮은 온도이고 풍속이 1 m/s인 수직기류에 투입하는 경우 10분 이내에 작동하지 아니하여야 한다.

② 아날로그식 정온식감지기는 공칭감지온도범위(설계치)의 각 온도에서 다음 각 호의 시험에 적합하여야 한다.

1. 2℃/min 이하로 일정하게 직선적으로 상승하는 풍속 1 m/s의 수평기류를 공칭감지온도의 최저온도에서 최고온도까지 가하는 경우 온도에 대응하는 화재정보신호를 발신하여야 한다.
2. 공칭감지온도범위의 임의의 온도에서 제1항 제1호의 규정에 의한 특종의 작동시험에 적합하여야 한다.

제17조 (보상식스포트형감지기의 정온점의 구분 및 감도시험) ① 보상식스포트형감지기의 정온점은 60℃에서 150℃까지의 범위로 하되, 60℃에서 80℃까지의 것은 5℃ 간격으로, 80℃를 넘는 것은 10℃ 간격으로 한다.

② 보상식스포트형감지기의 감도는 그 종별로 다음 표의 K, V, N, T, M, S, k, v, n, t 및 m의 값에 따라 다음 각 호의 시험에 적합하여야 한다.

종별	작동시험						부작동시험				
	계단상승			직선상승		정온점	계단상승			직선상승	
	K	V	N	T	M	S	k	v	n	t	m
1종	20	70	30	10	4.5	60 이상 150 이하	10	50	1	2	10
2종	30	85		15			15	60		3	

1. 작동시험

가. 실온보다 K ℃ 높은 온도이고 풍속이 V cm/s인 수직기류에 투입하는 경우 N초 이내에 작동하여야 한다.

나. 실온에서부터 T ℃/min의 직선적인 비율로 상승하는 수평기류에서 투입하는 경우 M분 이내에 작동하여야 한다.

다. 실온에서부터 1℃/min의 직선적인 비율로 상승하는 수평기류를 가하는 경우 S보다 10 ℃의 낮은 온도에서부터 S보다 10℃ 높은 온도까지의 온도범위에서 작동하여야 한다.

2. 부작동시험

가. 실온보다 k ℃ 높은 온도이고 풍속이 v cm/s인 수직기류에 투입하는 경우 n분 이내에 작동하지 아니하여야 한다.

나. 실온에서부터 t ℃/min의 직선적인 비율로 상승하는 수평기류를 가하는 경우 정온점보다 10℃ 낮은 온도에 도달하지 아니하는 범위내에서는 m분 이내에 작동하지 아니하여야 한다.

제18조 (이온화식감지기의 공칭축적시간의 구분, 화재정보신호 및 감도시험) ① 이온화식감지기(축적형에 한한다)의 축적시간은 5초 이상 60초 이하로 하고 공칭축적시간은 10초 이상 60초의 범위에서 10초 간격으로 한다.

② 이온화식감지기(아날로그식은 제외)의 감도는 그 종별 및 공칭축적시간에 의하여 다음 표의 K, V, T 및 t의 값에 따라 다음 각 호의 시험에 적합하여야 한다.

종별	K	V	T	t
1종	0.19	20 이상 40 이하	30	5
2종	0.24			
3종	0.28			

(주) K는 공칭작동 전리전류변화율로서 평행판전극(전극간의 간격이 2 cm이고 한쪽의 전극이 직경 5 cm의 원형인 금속판에 3.034×10^5 Bq (8.2μCi)의 아메리시움 241을 부착한 것을 말함) 사이에 20 V의 직류전압을 가하는 경우 연기에 의한 전리전류의 변화율을 말한다.

1. 작동시험

전리전류의 변화율 1.35 K인 농도의 연기를 포함하는 풍속이 V cm/s의 기류에 투입하는 경우 비축적형은 T초 이내에서 작동하고, 축적형은 T초 이내에서 감지한 후 공칭축적시간 ±5초 범위에서 화재신호를 발신하여야 한다.

2. 부작동시험

전리전류의 변화율 0.65 K인 농도의 연기를 포함하는 풍속 V cm/s의 기류에 투입하는 경우 t분 이내에는 작동하지 아니하여야 한다.

③ 아날로그식감지기의 공칭감지농도범위(설계치)는 1 m에 해당하는 환산감광율로 하며 다음 각 호의 시험에 적합하여야 한다.

1. 풍속을 20 cm/s 이상 40 cm/s 이하로 하여 공칭감지농도의 최저농도값에 해당하는 전리전류변화율에서 최고농도값에 해당하는 전리전류변화율까지 매분 0.12의 일정한 간격으로 직선상승하는 연기기류에 투입하였을 때 연기농도에 대응하는 화재정보신호를 발신하여야 한다.
2. 공칭감지농도범위의 임의의 농도에서 제2항 제1호의 규정에 준한 시험을 실시하는 경우 30초 이내에 작동하여야 한다.

제19조 (광전식감지기의 공칭축적시간의 구분, 공칭감시거리, 화재정보신호 및 감도시험) ① 광전식감지기의 (축적형에 한한다)의 축적시간 및 공칭축적시간에 대하여는 제18조 제1항의 규정을 준용한다.

② 광전식식스포트형감지기(아날로그식은 제외)의 감도는 그 종별 및 공칭축적시간에 의하여 다음 표의 K, V, T 및 t의 값에 따라 다음 각 호의 시험에 적합하여야 한다.

종별	K	V	T	t
1종	5	20 이상 40 이하	30	5
2종	10			
3종	15			

(주) K는 공칭작동농도로서 감광율로 나타낸다. 이 경우 감광율은 광언을 색온도 2800도인 백열전구로 하고 수광부는 시감도에 비슷한 것으로 한다.

1. 작동시험

1 m당 감광율 1.5 K인 농도의 연기를 포함하는 풍속이 V cm/s의 기류에 투입하는 경우 비축적형인 것은 T초 이내에서 작동하고, 축적형은 T초 이내에서 감지한 후 공칭축적시간 ±5 범위에서 화재신호를 발신하여야 한다.

2. 부작동시험

1 m당 감광율 0.5 K인 농도의 연기를 포함하는 풍속 V cm/s의 기류에 투입하는 경우 t분 이내에는 작동하지 아니하여야 한다.

③ 분리형의 경우 공칭감시거리는 5 m 이상 100 m 이하로 하며 5 m 간격으로 한다.

④ 분리형광전식감지기(아날로그식은 제외)의 경우 감도는 그 종별, 공칭축적시간 및 공칭감시거리에 의하여 다음 표의 K_1, K_2, T 및 t의 값에 따라 다음 각 호의 시험에 적합하여야 한다.

종별	L_1	K_1	K_2	T	t
1종	45m 미만	$0.8 \times L_1 + 29$	$0.3 \times L_2$	30	5
	45m 이상	65			
2종	45m 미만	$L_1 + 40$			
	45m 이상	85			

(주) 1. L_1은 공칭감시거리의 최소값이며, L_2는 공칭감시거리의 최대값이다.

2. K_1 및 K_2는 피크파장 940 nm의 발광다이오드를 광원으로 하고 수광부를 근적외부로 하여 감도값이 피크가 될 때의 값으로 측정한다.

1. 작동시험

송광부와 수광부간에 L_1에 대응하는 K_1의 성능을 가진 감광필타를 설치할 때 비축적형은 T초 이내에 작동하여야 하며, 축적형은 T초 이내에 감지하고, 공칭축적시간 ±5초 범위에서 화재신호를 발신하여야 한다.

2. 부작동시험

송광부와 수광부 사이에 L_2에 해당하는 K_2의 성능을 가진 감광필타를 설치할 때 t분 동안 작동하여서는 아니된다.

⑤ 아날로그식 광전식스포트형감지기의 공칭감지농도범위(설계치)는 1 m에 해당하는 환산감광율로 하며, 다음 시험에 적합하여야 한다.

1. <삭제>
2. 풍속을 20 cm/s 이상 40 cm/s 이하로 하여 공칭감지농도의 최저농도값에서 최고농도값에 도달할 때까지 1 m 감광율로 분당 2.5% 이하의 일정한 간격으로 직선상승하는 연기기류를 가할 때 연기농도에 대응하는 화재정보신호를 발신하여야 한다.
3. 공칭감지농도범위의 임의의 농도에서 제2항 제1호의 규정에 준한 작동시험을 실시하는 경우 30초 이내에 작동하여야 한다.

⑥ 아날로그식 분리형광전식감지기는 다음 각 호의 시험에 적합하여야 한다.

1. 공칭감시거리는 5 m 이상 100 m 이하로 하여 5 m 간격으로 한다.
2. <삭제>
3. 송광부와 수광부 사이에 감광필터를 설치할 때 공칭감지농도범위(설계치)의 최저농도값에 해당하는 감광율에서 최고농도값에 해당하는 감광율에 도달할 때까지 공칭감시거리의 최대값까지 분당 30퍼센트 이하로 일정하게 분할한 감광필터를 직선상승하도록 설치할 경우 각 감광필터값의 변화에 대응하는 화재정보신호를 발신하여야 한다.
4. 공칭감지농도범위의 임의의 농도에서 제4항 제1호의 규정에 준하는 시험을 실시하는 경우 30초 이내

에 작동하여야 한다.

⑦ 공기흡입형광전식감지기의 공기흡입장치는 공기배관망에 설치된 가장 먼 샘플링지점에서 감지부분까지 120초 이내에 연기를 이송할 수 있어야 하며 아날로그식 이외의 것은 제2항을, 아나로그식은 제5항의 시험을 준용한다.

제19조의2(불꽃감지기의 유효감지거리의 구분, 감도시험, 시야각) ① 불꽃감지기의 유효감지거리 및 시야각은 다음 각 호에 따른다.

1. 유효감지거리 범위는 20 m 미만은 1 m 간격으로, 20 m 이상은 5 m 간격으로 설정하여야 하며, 단일 유효감시거리, 복수 유효감지거리, 단일 유효감지거리 범위 또는 복수 유효감시거리 범위로 설정할 수 있다.
2. 제1호에 따른 복수의 유효감지거리 및 유효감지거리 범위는 다수의 단계로 분할하여 설정할 수 있다. 다만, 유효감지거리를 범위로 설정한 경우에는 각 단계별 유효감지거리 세부 범위는 연속되도록 설정하여야 한다.
3. 시야각은 5° 간격으로 설정한다.

② 불꽃감지기의 감도는 다음 각 호에서 정하는 시험에 적합하여야 한다.

1. 작동시험
   감지기의 구분 및 시야각에 따른 유효감지거리에 대응하는 L 및 d의 값은 다음 표와 같이 정해진 경우 감지기로부터 L m 떨어진 장소에서 1변의 길이가 d cm인 장사각형 통에 n-헵탄을 연소시킬 때 30초 이내에 화재신호를 발신하여야 한다.

구분	L	d
옥내형 또는 옥내 · 옥외형	유효감지거리의 1.2배의 값	33
도로형	유효감지거리의 1.4배의 값	70

2. 부작동시험
   자외선 또는 적외선의 수광량은 작동시험에 의한 수광량의 1/4값에서 1분 이내에 작동하지 아니하여야 한다.

③ 불꽃감지기중 도로형은 최대시야각이 180° 이상이어야 한다.

제20조 (열복합식감지기의 공칭작동온도의 구분 및 감도시험) ① 정온식스포트형감지기의 기능을 가진 열복합형감지기의 공칭작동온도 구분에 대하여는 제16조의 규정을 준용한다.

② 열복합형감지기의 감도는 제14조 및 제16조에서 규정하는 각각의 시험에 적합하여야 한다.

제21조 (연복합식감지기의 공칭축적시간의 구분 및 감도시험) ① 연복합형감지기(축적형에 한한다)의 축적시간 및 공칭축적시간에 대하여는 제18조 제1항의 규정을 준용한다.

② 연복합형감지기의 감도는 제18조 제2항 및 제19조 제2항에서 규정하는 각각의 시험에 적합하여야 한다.

제22조 (열연복합식감지기의 공칭작동온도 구분, 공칭축적시간의 구분 및 감도시험) ① 정온식스포트형감지기의 기능을 가진 열연복합형감지기의 공칭작동온도 구분에 대하여는 제16조의 규정을 준용한다.

② 축적형연기식감지기의 기능을 가진 열연복합형감지기의 축적시간 및 공칭축적시간에 대하여는 제18조 제1항의 규정을 각각 준용한다.

③ 열연복합형감지기의 감도는 제14조, 제16조, 제18조 및 제19조에서 규정하는 해당 각 시험에 적합하여야 한다.

제22조의2(복합형감지기의 구분 및 감도시험) ① 복합형감지기의 구분은 다음의 각 호에 따른다.

1. 정온식감지기의 기능을 가진 복합형감지기의 공칭작동온도 구분은 제16조의 규정을 준용할 것
2. 보상식스포트형감지기의 기능을 가진 복합형감지기의 정온점 구분은 제17조 제1항의 규정을 준용할 것

3. 축적형연기식감지기의 기능을 가진 복합형감지기의 축적시간 및 공칭축적시간은 제18조 제1항을 준용할 것
4. 불꽃감지기의 기능을 가진 복합형감지기의 유효감지거리 및 시야각은 제19조의2 제1항을 준용할 것

② 복합형감지기의 감도는 제14조부터 제19조의2까지에서 규정한 사항에 해당하는 각 시험에 적합하여야 한다.

제23조 (단독경보형감지기의 공칭작동온도 구분, 공칭축적시간 및 감도시험) ① 정온식스포트형감지기의 기능을 가진 단독경보형감지기의 공칭작동온도 구분에 대하여는 제16조의 규정을 준용한다.
② 축적형연기식감지기의 기능을 가진 단독경보형감지기의 축적시간 및 공칭축적시간에 대하여는 제18조 제1항의 규정을 각각 준용한다.
③ 단독경보형감지기의 감도는 제14조 내지 제22조에서 규정하는 해당 각 규정에 적합하여야 한다.

제24조 (감도시험의 조건) 제14조 내지 제23조의 규정에 의한 감도시험은 감지기를 제10조의 규정에 의한 시험조건에서 30분간 강제 통풍한 후에 실시한다.

제25조 (노화시험) 정온식 성능이 있는 감지기는 공칭작동온도 또는 공칭작동온도보다 (20 ± 2)℃ 낮은 온도의 공기 중에서, 아날로그식의 정온식감지기 성능을 가진 것은 공칭감지온도 범위의 상한값보다 (20 ± 2) ℃ 낮은 온도의 공기 중에서, 옥내・옥외형 또는 도로형 불꽃감지기는 (50 ± 2)℃의 공기 중에서, 그 밖의 감지기는 (50 ± 2)℃의 공기 중에서 통전상태로 30일간 방치하는 경우 그 구조나 기능에 이상이 생기지 아니하여야 한다.

제26조 (방수시험) 방수형의 감지기는 (23 ± 2)℃, 상대습도 (50 ± 2)%의 상태에 24시간 방치한 후 (23 ± 2)℃의 맑은 물에 48시간 침지시키는 경우 내부에 물이 고이지 않아야 하며, 기능 및 절연저항시험에 이상이 생기지 아니하여야 한다.

제26조의2(살수시험) 옥내・옥외형 및 도로형 불꽃감지기(방수형은 제외한다)는 일반 사용상태로 부착하고 맑은 물을 34.5 kPa의 압력으로 3개의 분무헤드를 이용하여 전면 상방에 (45 ± 2)° 각도의 방향에서 시료를 향하여 일률적으로 24시간 이상 물을 분사하는 경우에 내부에 물이 고이지 않아야 하며, 기능 및 절연저항시험에 이상이 생기지 아니하여야 한다.

제27조 (내식시험) ① 감지기는 보통형의 것은 제1호의 시험을, 내산형은 제2호 및 제3호의 시험을, 내알카리형은 제2호 및 제4호의 시험을 실시한 다음, 감지기 외부의 물방울을 닦고 상온상습에서 4일간 놓아둔 후 감도시험 및 절연저항시험을 실시하는 경우 이상이 생기지 아니하여야 한다. 이 경우 제1호, 제2호, 제3호 및 제4호의 시험은 (45 ± 2)℃인 상태에서 실시하며, 공기관식의 공기관은 직경 10 mm의 원형막대에, 열전대식의 열전대부 또는 감지선형의 선상감열부는 직경 100 mm의 원형막대에 밀착시켜 10회 감아서 실시한다.
1. 5 L의 시험기기중에 농도 40 g/L 되는 티오황산나트륨수용액 500 mL를 넣고 1규정 농도의 황산 156 mL를 물 1 L에 용해한 용액을 1일 2회 10 mL씩 가하여 발생하는 아황산가스중에 4일간 놓아두는 시험
2. 5 L의 시험기기중에 농도가 40 g/L 되는 티오황산나트륨수용액 500 mL를 넣고 1규정 농도의 황산 156 mL를 물 1 L에 용해한 용액을 1일 2회 10 mL씩 가하여 발생하는 아황산가스 중에 16일 놓아두는 시험
3. 농도가 1 mg/L 되는 염화수소가스중에 16일간 놓아두는 시험
4. 농도가 10 mg/L 되는 암모니아가스중에 16일간 놓아두는 시험.

② 옥내・옥외형 또는 도로형 불꽃감지기의 외부에 3 %의 염화나트륨수용액을 면적 9 mm²의 수평면적당 1 mm 이상 3 mm 이하의 용액을 일정비율로 1일 1회 30초씩 3일 동안 분무한 다음 (40 ± 2)℃ 상대습도 (95 ± 2)%의 공기 중에 15일간 방치할 경우 부식이 발생하지 아니하여야 하고, 감도시험(차동식감지기의 성

능을 가진 것은 계단상승시험) 및 절연저항시험을 실시하는 경우 이상이 생기지 아니하여야 한다.

제28조 (반복시험) 감지기(비재용형인 것은 제외한다)는 감지기가 작동하는 경우에 단자접점에 저항부하를 연결하고 정격전압전류를 가한 상태에서 다음 각 호에 해당하는 감지기의 구분에 의하여 조작을 1,000회 반복할 경우 그 구조 또는 기능에 이상이 생기지 아니하여야 한다.

1. 차동식감지기의 성능을 가진 감지기(보상식스포트형감지기는 제외한다)는 실온보다 다음의 구분에 따른 온도만큼 높은 기류 중에서 작동할 때까지 놓아둔 다음 다시 실온과 동일한 온도의 강제 통풍중에서 원상태가 되도록 냉각을 반복하는 시험
   가. 1종감지기는 (30 ± 2)℃
   나. 2종감지기는 (40 ± 2)℃
   다. 3종감지기는 (60 ± 2)℃
2. 정온식감지기의 성능을 가진 감지기(보상식스포트형감지기는 제외한다)의 경우는 공칭작동온도(2 이상의 공칭작동온도를 가진 것은 가장 높은 공칭작동온도)보다 다음의 구분에 따른 온도만큼 높은 기류 중에서 작동할 때까지 놓아둔 다음 실온과 동일한 온도의 강제통풍 중에서 원 상태가 되도록 냉각을 반복하는 시험(2 이상의 성능 또는 종별을 가진 것은 가장 높은 시험온도로 시험)
   가. 특종과 1종감지기는 (30 ± 2)℃
   나. 2종감지기는 (40 ± 2)℃
   다. 3종감지기는 (60 ± 2)℃
3. 보상식스포트형감지기는 공칭정온점 보다 다음 구분에 따른 온도(2 이상의 성능 및 종별을 가진 경우는 가장 높은 온도)만큼 높은 시험온도의 기류 중에서 작동할 때까지 놓아 둔 다음 다시 실온과 동일한 온도의 강제 통풍 중에서 원상태가 되도록 반복하는 시험(2 이상의 성능 또는 종별을 가진 것은 가장 좋은 시험온도로 시험)
   가. 특종과 1종감지기는 (30 ± 2)℃
   나. 2종감지기는 (40 ± 2)℃
   다. 3종감지기는 (60 ± 2)℃
4. 아날로그식인 정온식감지기 성능을 가진 것은 공칭감지온도 범위 중 상한값보다 (30 ± 2)℃ 높은 시험온도의 기류 중에서 작동상태가 될 때까지 방치한 다음 다시 실온과 동일한 온도의 강제 통풍 중에서 원상태가 되도록 냉각을 반복하는 시험
5. 이온화식감지기의 성능을 갖는 감지기는 이를 작동시키는 전압 또는 연기를 가하여 작동상태가 될 때까지 방치한 다음 다시 본래의 상태로 복귀하도록 반복하는 시험
6. 광전식감지기의 성능을 가진 감지기 및 불꽃감지기는 이를 작동시키는 광량 또는 연기를 가하여 작동상태가 될 때까지 방치한 다음 다시 본래의 상태로 복귀하도록 반복하는 시험

제29조 (진동시험) ① 감지기는 전원이 인가된 상태에서 IEC 60068-2-6의 시험방법에 따라 다음 각 호에 따른 시험을 실시하는 경우 시험 중 잘못 작동되거나 시험 후 구조 및 기능에 이상이 없어야 한다.

1. 주파수 범위 : (10~150) Hz
2. 가속도 진폭 : 5 m/s^2
3. 축수 : 3
4. 스위프 속도 : 1옥타브/min
5. 스위프 사이클 수 : 축 당 1

② 감지기는 전원을 인가하지 아니한 상태에서 IEC 60068-2-6의 시험방법에 따라 다음 각 호의 규정에 의한 시험을 실시하는 경우 구조 및 기능에 이상이 없어야 한다.

1. 주파수 범위 : (10~150) Hz
2. 가속도 진폭 : 10 m/s^2
3. 축수 : 3

4. 스위프 속도 : 1 옥타브/min
5. 스위프 사이클 수 : 축 당 20

제30조 (충격시험) 감지기의 전원을 인가한 상태에서 두께 20 mm, 폭 300 mm, 길이 500 mm의 나무판 중앙에 부착하여 이를 뒤집은 후 나무판의 양끝으로부터 50 mm의 부분을 받침대로 지지하여 고정시키고, 감지기가 부착된 나무판의 반대면 중앙에 무게 0.54 kg 직경 51 mm의 강철구를 775 mm의 높이에서 그림 1과 같이 진자운동에 의하여 충격을 가하는 시험 또는 그림2와 같이 자유낙하에 의하여 충격을 가하는 시험을 1회 실시하는 경우 잘못 작동하거나 그 구조 또는 기능에 이상이 생기지 아니하여야 한다.

[그림 1]

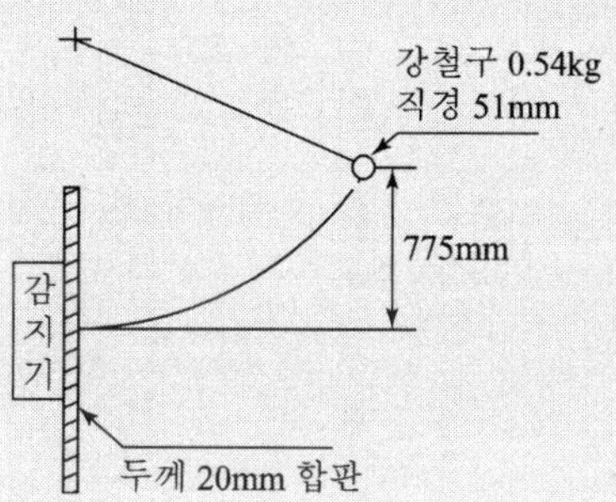

[그림 2]

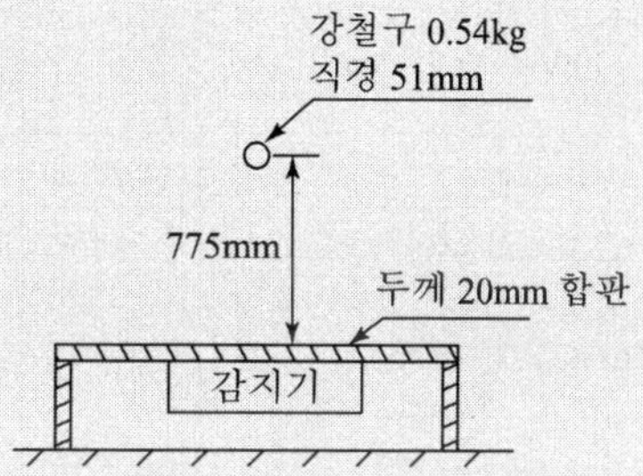

제31조 (분진시험) 감지기는 전류를 통한 상태에서 내부용적이 0.09 m³가 되는 밀폐된 상자 내에 정상위치로 부착하고 KS A 0090(시험용 분체 및 시험용 입자)의 5종 플라이애쉬 60 g을 상자 속에 넣고 풍속이 0.25 m/s로 압축된 공기 또는 통풍기로 15분간 교반한 후 제14조부터 제23조의 감도시험을 하는 경우 기능에 이상이 생기지 아니하여야 한다.

제32조 (충격전압시험) 감지기는 다음 각 호의 1의 시험을 실시하는 경우 잘못 작동하거나 기능에 이상이 생기지 아니하여야 한다.

1. 전류를 통한 상태에서 다음 시험을 각각 500회 실시하는 시험
   가. 용량이 2 kVA인 절연변압기(2차측은 개방한 상태)의 1차측을 감지기의 전원공급회로와 동일회선에 병렬로 연결하고 절연변압기의 입력전압을 1분당 6회 비율로 매회 1초간 개방하여 발생하는 충격전압을 가하는 시험
   나. 전원장치로부터 감지기에 공급되는 상용전원을 1분당 6회의 비율로 매회 1초간 개방하여 단속시에 발생하는 충격전압을 가하는 시험
   (주) 시험용 절연변압기의 전기적 특성은 다음과 같다.

항목 / 권선	전압 (V)	주파수 (Hz)	인덕턴스 (mH)	Q	직류저항(Ω) (23℃에서)
1차권선	120	1,000	21.2	11.50	0.244
2차권선	240	1,000	109.3	4.65	0.371

2. 전류를 통한 상태에서 다음 시험을 각각 15초간 실시하는 시험
   가. 내부저항 50Ω인 전원에서 500 V의 전압을 펄스폭 1 μs, 반복주기 100 Hz로 가하는 시험
   나. 내부저항 50Ω인 전원에서 500 V의 전압을 펄스폭 0.1 μs, 반복주기 100 Hz로 가하는 시험

제33조 (습도시험) 감지기는 전원을 인가한 상태에서 (40 ± 2)℃, 상대습도 (93 ± 3)%인 공기 중에 4일간 방치하는 경우 잘못 작동하지 아니하여야 하며 구조 및 기능에 이상이 없어야 한다.
② 감지기는 전원을 인가하지 않은 상태에서 (40 ± 2)℃, 상대습도 (93 ± 3)%인 공기 중에 21일간 방치하는

경우 구조 및 기능에 이상이 없어야 한다.

제34조 (재용성시험) 재용성감지기는 (150 ± 2)℃, 풍속 1 m/s인 기류 중에 정온식감지기 또는 아날로그식인 정온식감지기의 성능을 가진 것은 2분간, 그 밖의 감지기는 30초간 투입하는 시험을 실시한 후 그 구조 또는 기능에 이상이 생기지 아니하여야 한다.

제35조 (절연저항시험) 감지기의 절연된 단지간의 절연저항 및 단자와 외함간의 절연저항은 직류 500 V의 절연저항계로 측정한 값이 50 MΩ(정온식감지선형감지기는 선간에서 1 m당 1,000 MΩ) 이상이어야 한다.

제36조 (절연내력시험) 감지기의 단자와 외함간의 절연내력은 60 Hz의 정현파에 가까운 실효전압 500 V(정격전압이 60 V를 초과하고 150 V 이하인 것은 1,000 V, 정격전압이 150 V를 초과하는 것은 그 정격전압에 2를 곱하여 1,000 V를 더한 값)의 교류전압을 가하는 시험에서 1분간 견디는 것이어야 한다.

제37조 (표시) 감지기에는 다음 각 호의 사항을 보기 쉬운 부분에 쉽게 지워지지 아니하도록 표시하여야 한다. 다만, 제13호와 제15호는 포장 또는 사용설명서에 표시할 수 있다.

1. 종별 및 형식
2. 형식승인번호
3. 제조년월 및 제조번호
4. 제조업체명 또는 상호
5. 특수하게 취급하여야 할 것은 그 주의사항
6. <삭제>
7. 극성이 있는 단자에는 극성을 표시하는 기호
8. 공칭축적시간(축적형에 한하여 "지연형(축적형)수신기에는 설치할 수 없음"표시 별도)
9. 차동식분포형감지기에는 제1호 내지 제8호에 규정한 사항외에 공기관식은 최대공기관의 길이와 사용공기관의 안지름 및 바깥지름, 열전대식 및 열반도체식은 감열부의 최대수량 또는 길이
10. 정온식기능을 가진 감지기에는 공칭작동온도, 보상식감지기에는 정온점, 정온식감지선형감지기에는 외피에 다음의 구분에 의한 공칭작동온도의 색상을 표시한다.
   가. 공칭작동온도가 80℃ 이하인 것은 백색
   나. 공칭작동온도가 80℃ 이상 120 ℃ 이하인 것은 청색
   다. 공칭작동온도가 120℃ 이상인 것은 적색
11. 방수형인 것은 "방수형"이라는 문자 별도표시
12. 다신호식 기능을 가진 감지기는 당해 감지기가 발하는 화재신호의 수 및 작동원리 구분방법
13. 설치방법, 취급상의 주의사항
14. <삭제>
15. 품질보증에 관한 사항(보증기간, 보증내용, A/S방법, 자체검사필증 등)
16. 유효감지거리 및 시야각(해당되는 경우에 한함)
17. 화재정보신호값 범위(해당되는 경우에 한함)
18. 공칭감지온도의 범위(해당되는 경우에 한함)
19. 공칭감지농도의 범위(해당되는 경우에 한함)
20. 방폭형인 것은 "방폭형"이라는 문자 별도표시 및 방폭등급
21. 최대연동개수(연동식에 한함)
22. 접속가능한 수신기 형식번호(무선식 감지기에 한함)
23. 접속가능한 중계기 형식번호(무선식 감지기에 한함)

제38조 (세부규정) 이 기준의 시행에 관하여 필요한 세부사항은 소방청장이 이를 정한다.

제39조 (재검토기한) 소방청장은 「훈령 · 예규 등의 발령 및 관리에 관한 규정」에 따라 이 고시에 대하여 2019년 1월 1일 기준으로 매3년이 되는 시점(매3년째의 12월 31일까지를 말한다.)마다 그 타당성을 검토하여 개선 등의 조치를 하여야 한다.

제40조 (규제의 재검토) <삭제>

부칙 〈제2019-10호〉

이 고시는 발령한 날부터 시행한다.

7 위험물제조소 등의 소화설비 기준

(위험물안전관리에 관한 세부기준)

[별표 17]

소화설비, 경보설비 및 피난설비의 기준 (제41조 제2항 · 제42조 제2항 및 제43조 제2항 관련)

Ⅰ. 소화설비

1. 소화난이도등급 I 의 제조소등 및 소화설비

가. 소화난이등급 I 에 해당하는 제조소등

제조소 등의 구분	제조소등의 규모, 저장 또는 취급하는 위험물의 품명 및 최대수량 등
제조소 일반 취급소	연면적 1,000 m² 이상인 것
	지정수량의 100배 이상인 것(고인화점위험물만을 100℃ 미만의 온도에서 취급하는 것 및 제48조의 위험물을 취급하는 것은 제외)
	지반면으로부터 6 m 이상의 높이에 위험물 취급설비가 있는 것(고인화점위험물만을 100℃ 미만의 온도에서 취급하는 것은 제외)
	일반취급소로 사용되는 부분 외의 부분을 갖는 건축물에 설치된 것(내화구조로 개구부 없이 구획 된 것, 고인화점위험물만을 100℃ 미만의 온도에서 취급하는 것 및 별표 16 X의2의 화학실험의 일반취급소는 제외)
주유취급소	별표 13 V제2호에 따른 면적의 합이 500 m²를 초과하는 것
옥내 저장소	지정수량의 150배 이상인 것(고인화점위험물만을 저장하는 것 및 제48조의 위험물을 저장하는 것은 제외)
	연면적 150 m²를 초과하는 것(150 m² 이내마다 불연재료로 개구부 없이 구획된 것 및 인화성고체 외의 제2류 위험물 또는 인화점 70℃ 이상의 제4류 위험물만을 저장하는 것은 제외)
	처마높이가 6 m 이상인 단층건물의 것
	옥내저장소로 사용되는 부분 외의 부분이 있는 건축물에 설치된 것(내화구조로 개구부 없이 구획된 것 및 인화성고체 외의 제2류 위험물 또는 인화점 70℃ 이상의 제4류 위험물만을 저장하는 것은 제외)

<table>
<tr><td rowspan="4">옥외탱크 저장소</td><td>액표면적이 40 m² 이상인 것(제6류 위험물을 저장하는 것 및 고인화점위험물만을 100℃ 미만의 온도에서 저장하는 것은 제외)</td></tr>
<tr><td>지반면으로부터 탱크 옆판의 상단까지 높이가 6 m 이상인 것(제6류 위험물을 저장하는 것 및 고인화점위험물만을 100℃ 미만의 온도에서 저장하는 것은 제외)</td></tr>
<tr><td>지중탱크 또는 해상탱크로서 지정수량의 100배 이상인 것(제6류 위험물을 저장하는 것 및 고인화점위험물만을 100℃ 미만의 온도에서 저장하는 것은 제외)</td></tr>
<tr><td>고체위험물을 저장하는 것으로서 지정수량의 100배 이상인 것</td></tr>
<tr><td>옥내탱크 저장소</td><td>액표면적이 40 m² 이상인 것(제6류 위험물을 저장하는 것 및 고인화점위험물만을 100℃ 미만의 온도에서 저장하는 것은 제외)</td></tr>
<tr><td rowspan="2">옥내 탱크 저장소</td><td>바닥면으로부터 탱크 옆판의 상단까지 높이가 6 m 이상인 것(제6류 위험물을 저장하는 것 및 고인화점위험물만을 100℃ 미만의 온도에서 저장하는 것은 제외)</td></tr>
<tr><td>탱크전용실이 단층건물 외의 건축물에 있는 것으로서 인화점 38℃ 이상 70℃ 미만의 위험물을 지정수량의 5배 이상 저장하는 것(내화구조로 개구부없이 구획된 것은 제외한다)</td></tr>
<tr><td rowspan="2">옥외 저장소</td><td>덩어리 상태의 유황을 저장하는 것으로서 경계표시 내부의 면적(2 이상의 경계표시가 있는 경우에는 각 경계표시의 내부의 면적을 합한 면적)이 100 m² 이상인 것</td></tr>
<tr><td>별표 11 Ⅲ의 위험물을 저장하는 것으로서 지정수량의 100배 이상인 것</td></tr>
<tr><td rowspan="2">암반탱크 저장소</td><td>액표면적이 40 m² 이상인 것(제6류 위험물을 저장하는 것 및 고인화점위험물만을 100℃ 미만의 온도에서 저장하는 것은 제외)</td></tr>
<tr><td>고체위험물만을 저장하는 것으로서 지정수량의 100배 이상인 것</td></tr>
<tr><td>이송취급소</td><td>모든 대상</td></tr>
</table>

비고 : 제조소등의 구분별로 오른쪽란에 정한 제조소등의 규모, 저장 또는 취급하는 위험물의 수량 및 최대수량 등의 어느 하나에 해당하는 제조소등은 소화난이도등급 I 에 해당하는 것으로 한다.

나. 소화난이도등급 I 의 제조소등에 설치하여야 하는 소화설비

<table>
<tr><th colspan="3">제조소등의 구분</th><th>소화설비</th></tr>
<tr><td colspan="3">제조소 및 일반취급소</td><td>옥내소화전설비, 옥외소화전설비, 스프링클러설비 또는 물분무등소화설비(화재발생시 연기가 충만할 우려가 있는 장소에는 스프링클러설비 또는 이동식 외의 물분무등소화설비에 한한다)</td></tr>
<tr><td colspan="3">주유취급소</td><td>스프링클러설비(건축물에 한정한다), 소형수동식소화기등(능력단위의 수치가 건축물 그 밖의 공작물 및 위험물의 소요단위의 수치에 이르도록 설치할 것)</td></tr>
<tr><td rowspan="2">옥내 저장소</td><td colspan="2">처마높이가 6 m 이상인 단층건물 또는 다른 용도의 부분이 있는 건축물에 설치한 옥내저장소</td><td>스프링클러설비 또는 이동식 외의 물분무등소화설비</td></tr>
<tr><td colspan="2">그 밖의 것</td><td>옥외소화전설비, 스프링클러설비, 이동식 외의 물분무등소화설비 또는 이동식 포소화설비(포소화전을 옥외에 설치하는 것에 한한다)</td></tr>
<tr><td>옥외탱크 저장소</td><td>지중탱크 또는 해상탱크</td><td>유황만을 저장 취급하는 것</td><td>물분무소화설비</td></tr>
</table>

<table>
<tr><td rowspan="5"></td><td rowspan="2">외의 것</td><td>인화점 70℃ 이상의 제4류 위험물만을 저장취급하는 것</td><td>물분부소화설비 또는 고정식 포소화설비</td></tr>
<tr><td>그 밖의 것</td><td>고정식 포소화설비(포소화설비가 적응성이 없는 경우에는 분말소화설비)</td></tr>
<tr><td colspan="2">지중탱크</td><td>고정식 포소화설비, 이동식 이외의 불활성가스소화설비 또는 이동식 이외이 할로겐화합물소화설비</td></tr>
<tr><td colspan="2">해상탱크</td><td>고정식 포소화설비, 물분무소화설비, 이동식이외의 불활성가스소화설비 또는 이동식 이외의 할로겐화합물소화설비</td></tr>
<tr><td colspan="2"></td><td></td></tr>
<tr><td rowspan="3">옥내
탱크
저장소</td><td colspan="2">유황만을 저장취급하는 것</td><td>물분무소화설비</td></tr>
<tr><td colspan="2">인화점 70℃ 이상의 제4류 위험물만을 저장취급하는 것</td><td>물분무소화설비, 고정식 포소화설비, 이동식 이외의 불활성가스소화설비, 이동식 이외의 할로겐화합물소화설비 또는 이동식 이외의 분말소화설비</td></tr>
<tr><td colspan="2">그 밖의 것</td><td>고정식 포소화설비, 이동식 이외의 불활성가스소화설비, 이동식 이외의 할로겐화합물소화설비 또는 이동식 이외의 분말소화설비</td></tr>
<tr><td colspan="3">옥외저장소 및 이송취급소</td><td>옥내소화전설비, 옥외소화전설비, 스프링클러설비 또는 물분무등소화설비(화재발생시 연기가 충만할 우려가 있는 장소에는 스프링클러설비 또는 이동식 이외의 물분무등소화설비에 한한다)</td></tr>
<tr><td rowspan="3">암반
탱크
저장소</td><td colspan="2">유황만을 저장취급하는 것</td><td>물분무소화설비</td></tr>
<tr><td colspan="2">인화점 70℃ 이상의 제4류 위험물만을 저장취급하는 것</td><td>물분부소화설비 또는 고정식 포소화설비</td></tr>
<tr><td colspan="2">그 밖의 것</td><td>고정식 포소화설비(포소화설비가 적응성이 없는 경우에는 분말소화설비)</td></tr>
</table>

비고 1. 위 표 오른쪽란의 소화설비를 설치함에 있어서는 당해 소화설비의 방사범위가 당해 제조소, 일반취급소, 옥내저장소, 옥외탱크저장소, 옥내탱크저장소, 옥외저장소, 암반탱크저장소(암반탱크에 관계되는 부분을 제외한다) 또는 이송취급소(이송기지 내에 한한다)의 건축물, 그 밖의 공작물 및 위험물을 포함하도록 하여야 한다. 다만, 고인화점위험물만을 100℃ 미만의 온도에서 취급하는 제조소 또는 일반취급소의 경우에는 당해 제조소 또는 일반취급소의 건축물 및 그 밖의 공작물만 포함하도록 할 수 있다.

2. 고인화점위험물만을 100℃ 미만의 온도에서 취급하는 제조소 또는 일반취급소의 위험물에 대해서는 대형수동식소화기 1개 이상과 당해 위험물의 소요단위에 해당하는 능력단위의 소형수동식소화기를 설치하여야 한다. 다만, 당해 제조소 또는 일반취급소에 옥내·외소화전설비, 스프링클러설비 또는 물분무등소화설비를 설치한 경우에는 당해 소화설비의 방사능력범위 내에는 대형수동식소화기를 설치하지 아니할 수 있다.

3. 가연성증기 또는 가연성미분이 체류할 우려가 있는 건축물 또는 실내에는 대형수동식소화기 1개 이상과 당해 건축물, 그 밖의 공작물 및 위험물의 소요단위에 해당하는 능력단위의 소형수동식소화기 등을 추가로 설치하여야 한다.

4. 제4류 위험물을 저장 또는 취급하는 옥외탱크저장소 또는 옥내탱크저장소에는 소형수동식소화기 등을 2개 이상 설치하여야 한다.

5. 제조소, 옥내탱크저장소, 이송취급소, 또는 일반취급소의 작업공정상 소화설비의 방사능력범위 내에 당해 제조소등에서 저장 또는 취급하는 위험물의 전부가 포함되지 아니하는 경우에는 당해 위험물에 대하여 대형수동식소화기 1개 이상과 당해 위험물의 소요단위에 해당하는 능력단위의 소형수동식소화기 등을 추가로 설치하여야 한다.

2. 소화난이도등급 II의 제조소등 및 소화설비

가. 소화난이도등급 II에 해당하는 제조소등

제조소등의구분	제조소등의 규모, 저장 또는 취급하는 위험물의 품명 및 최대수량 등
제조소일반취급소	연면적 600 m² 이상인 것
	지정수량의 10배 이상인 것(고인화점위험물만을 100℃ 미만의 온도에서 취급하는 것 및 제48조의 위험물을 취급하는 것은 제외)
	별표 16 II · III · IV · V · VIII · IX 또는 X의2의 일반취급소로서 소화난이도등급 I 의 제조소등에 해당하지 아니하는 것(고인화점위험물만을 100℃ 미만의 온도에서 취급하는 것은 제외)
옥내저장소	단층건물 이외의 것
	별표 5 II 또는 IV 제1호의 옥내저장소
	지정수량의 10배 이상인 것(고인화점위험물만을 저장하는 것 및 제48조의 위험물을 저장하는 것은 제외)
	연면적 150 m² 초과인 것
	별표 5 III의 옥내저장소로서 소화난이도등급 I 의 제조소등에 해당하지 아니하는 것
옥외탱크저장소 옥내탱크저장소	소화난이도등급 I 의 제조소등 외의 것(고인화점위험물만을 100℃ 미만의 온도로 저장하는 것 및 제6류 위험물만을 저장하는 것은 제외)
옥외저장소	덩어리 상태의 유황을 저장하는 것으로서 경계표시 내부의 면적(2 이상의 경계표시가 있는 경우에는 각 경계표시의 내부의 면적을 합한 면적)이 5m² 이상 100m² 미만인 것
	별표 11 III의 위험물을 저장하는 것으로서 지정수량의 10배 이상 100배 미만인 것
	지정수량의 100배 이상인 것(덩어리 상태의 유황 또는 고인화점위험물을 저장하는 것은 제외)
주유취급소	옥내주유취급소로서 소화난이도등급 I의 제조소등에 해당하지 아니하는 것
판매취급소	제2종 판매취급소

비고 : 제조소등의 구분별로 오른쪽란에 정한 제조소등의 규모, 저장 또는 취급하는 위험물의 수량 및 최대수량 등의 어느 하나에 해당하는 제조소등은 소화난이도등급II에 해당하는 것으로 한다.

나. 소화난이도등급 II의 제조소등에 설치하여야 하는 소화설비

제조소등의 구분	소화설비
제조소 옥내저장소 옥외저장소 주유취급소 판매취급소 일반취급소	방사능력범위 내에 당해 건축물, 그 밖의 공작물 및 위험물이 포함되도록 대형수동식소화기를 설치하고, 당해 위험물의 소요단위의 1/5 이상에 해당되는 능력단위의 소형수동식소화기등을 설치할 것
옥외탱크저장소 옥내탱크저장소	대형수동식소화기 및 소형수동식소화기등을 각각 1개 이상 설치할 것

비고 1. 옥내소화전설비, 옥외소화전설비, 스프링클러설비 또는 물분무등소화설비를 설치한 경우에는 당해 소화설비의 방사능력범위 내의 부분에 대해서는 대형수동식소화기를 설치하지 아니할 수 있다.

2. 소형수동식소화기등이란 제4호의 규정에 의한 소형수동식소화기 또는 기타 소화설비를 말한다. 이하 같다.

3. 소화난이도등급 III의 제조소등 및 소화설비

가. 소화난이도등급 III에 해당하는 제조소등

제조소등의 구분	제조소등의 규모, 저장 또는 취급하는 위험물의 품명 및 최대수량등
제조소 일반취급소	제48조의 위험물을 취급하는 것
	제48조의 위험물 외의 것을 취급하는 것으로서 소화난이도등급 I 또는 소화난이도등급 II의 제조소등에 해당하지 아니하는 것
옥내저장소	제48조의 위험물을 취급하는 것
	제48조의 위험물 외의 것을 취급하는 것으로서 소화난이도등급 I 또는 소화난이도등급 II의 제조소등에 해당하지 아니하는 것
지하 탱크저장소 간이 탱크저장소 이동 탱크저장소	모든 대상
옥외저장소	덩어리 상태의 유황을 저장하는 것으로서 경계표시 내부의 면적(2 이상의 경계표시가 있는 경우에는 각 경계표시의 내부의 면적을 합한 면적)이 5 m² 미만인 것
	덩어리 상태의 유황외의 것을 저장하는 것으로서 소화난이도등급 I 또는 소화난이도등급 II의 제조소등에 해당하지 아니하는 것
주유취급소	옥내주유취급소 외의 것으로서 소화난이도등급 I의 제조소등에 해당하지 아니하는 것
제1종 판매취급소	모든 대상

비고 : 제조소등의 구분별로 오른쪽란에 정한 제조소등의 규모, 저장 또는 취급하는 위험물의 수량 및 최대수량 등의 어느 하나에 해당하는 제조소등은 소화난이도등급 III에 해당하는 것으로 한다.

나. 소화난이도등급 III의 제조소등에 설치하여야 하는 소화설비

제조소등의 구분	소화설비	설치기준	
지하탱크저장소	소형수동식소화기등	능력단위의 수치가 3 이상	2개 이상
이동탱크저장소	자동차용소화기	무상의 강화액 8 L 이상	2개 이상
		이산화탄소 3.2킬로그램 이상	
		일브롬화일염화이플루오르화메탄(CF_2ClBr) 2 L 이상	
		일브롬화삼플루오르화메탄(CF_3Br) 2 L 이상	
		이브롬화사플루화메탄($C_2F_4BR_2$) 1 L 이상	
		소화분말 3.5킬로그램 이상	
	마른 모래 및 팽창질석 또는 팽창진주암	마른모래 150 L 이상	
		팽창질석 또는 팽창진주암 640 L 이상	
그 밖의 제조소등	소형수동식소화기등	능력단위의 수치가 건축물 그 밖의 공작물 및 위험물의 소요단위의 수치에 이르도록 설치할 것. 다만, 옥내소화전설비, 옥외소화전설비, 스프링클러설비, 물분무 등 소화설비 또는 대형수동식소화기를 설치한 경우에는	

		당해 소화설비의 방사능력범위 내의 부분에 대하여는 수동식소화기 등을 그 능력단위의 수치가 당해 소요단위의 수치의 1/5 이상이 되도록 하는 것으로 족하다

비고 : 알킬알루미늄 등을 저장 또는 취급하는 이동탱크저장소에 있어서는 자동차용소화기를 설치하는 외에 마른모래나 팽창질석 또는 팽창진주암을 추가로 설치하여야 한다.

4. 소화설비의 적응성

소화설비의 구분			대상물 구분											
			건축물·그 밖의 공작물	전기설비	제1류 위험물		제2류 위험물			제3류 위험물		제4류 위험물	제5류 위험물	제6류 위험물
					알칼리금속과	그 밖의 것	철분·금속분	인화성고체	그 밖의 것	금수성물품	그 밖의 것			
옥내소화전 또는 옥외소화전설비			○			○		○	○		○		○	○
스프링클러설비			○			○		○	○		○	△	○	○
물분무등소화설비	물분무소화설비		○	○		○		○	○		○	○	○	○
	포소화설비		○			○		○	○		○	○	○	○
	이산화탄소소화설비			○				○				○		
	할로겐화합물소화설비			○				○				○		
	분말소화설비	인산염류 등	○	○		○		○	○			○		○
		탄산수소염류 등		○	○		○	○		○		○		
		그 밖의 것			○		○			○				
대형·소형수동식소화기	봉상수(棒狀水)소화기		○			○		○	○		○		○	○
	무상수(霧狀水)소화기		○	○		○		○	○		○		○	○
	봉상강화액소화기		○			○		○	○		○		○	○
	무상강화액소화기		○	○		○		○	○		○	○	○	○
	포소화기		○			○		○	○		○	○	○	○
	이산화탄소소화기			○				○				○		△
	할로겐화합물소화기			○				○				○		
	분말소화기	인산염류소화기	○	○		○		○	○			○		○
		탄산수소염류소화기		○	○		○	○		○		○		
		그 밖의 것			○		○			○				
기타	물통 또는 수조		○			○		○	○		○		○	○
	건조사				○	○	○	○	○	○	○	○	○	○
	팽창질석 또는 팽창진주암				○	○	○	○	○	○	○	○	○	○

비고

1. "○"표시는 당해 소방대상물 및 위험물에 대하여 소화설비가 적응성이 있음을 표시하고, "△"표시는 제4류 위험물을 저장 또는 취급하는 장소의 살수기준면적에 따라 스프링클러설비의 살수밀도가 다음 표에 정하는 기준 이상인 경우에는 당해 스프링클러설비가 제4류 위험물에 대하여 적응성이 있음을, 제6류 위험물을 저장 또는 취급하는 장소로서 폭발의 위험이 없는 장소에 한하여 이산화탄소소화기가 제6류 위험물에 대하여 적응성이 있음을 각각 표시한다.

살수기준면적(m^2)	방사밀도(L/ m^2분)		비고
	인화점 38℃ 미만	인화점 38℃ 이상	
279 미만 279 이상 372 미만 372 이상 465 미만 465 이상	16.3 이상 15.5 이상 13.9 이상 12.2 이상	12.2 이상 11.8 이상 9.8 이상 8.1 이상	살수기준면적은 내화구조의 벽 및 바닥으로 구획된 하나의 실의 바닥면적을 말하고, 하나의 실의 바닥면적이 465 m^2 이상인 경우의 살수기준면적은 465 m^2로 한다. 다만, 위험물의 취급을 주된 작업내용으로 하지 아니하고 소량의 위험물을 취급하는 설비 또는 부분이 넓게 분산되어 있는 경우에는 방사밀도는 8.2 L/ m^2분 이상, 살수기준 면적은 279 m^2 이상으로 할 수 있다.

2. 인산염류등은 인산염류, 황산염류 그 밖에 방염성이 있는 약제를 말한다.
3. 탄산수소염류등은 탄산수소염류 및 탄산수소염류와 요소의 반응생성물을 말한다.
4. 알칼리금속과산화물등은 알칼리금속의 과산화물 및 알칼리금속의 과산화물을 함유한 것을 말한다.
5. 철분・금속분・마그네슘등은 철분・금속분・마그네슘과 철분・금속분 또는 마그네슘을 함유한 것을 말한다.

5. 소화설비의 설치기준

가. 전기설비의 소화설비

제조소등에 전기설비(전기배선, 조명기구 등은 제외한다)가 설치된 경우에는 당해 장소의 면적 100 m^2마다 소형수동식소화기를 1개 이상 설치할 것

나. 소요단위 및 능력단위

1) 소요단위 : 소화설비의 설치대상이 되는 건축물 그 밖의 공작물의 규모 또는 위험물의 양의 기준단위
2) 능력단위 : 1)의 소요단위에 대응하는 소화설비의 소화능력의 기준단위

다. 소요단위의 계산방법

건축물 그 밖의 공작물 또는 위험물의 소요단위의 계산방법은 다음의 기준에 의할 것

1) 제조소 또는 취급소의 건축물은 외벽이 내화구조인 것은 연면적(제조소등의 용도로 사용되는 부분 외의 부분이 있는 건축물에 설치된 제조소등에 있어서는 당해 건축물중 제조소등에 사용되는 부분의 바닥면적의 합계를 말한다. 이하 같다) 100 m^2를 1소요단위로 하며, 외벽이 내화구조가 아닌 것은 연면적 50 m^2를 1소요단위로 할 것
2) 저장소의 건축물은 외벽이 내화구조인 것은 연면적 150 m^2를 1소요단위로 하고, 외벽이 내화구조가 아닌 것은 연면적 75 m^2를 1소요단위로 할 것
3) 제조소등의 옥외에 설치된 공작물은 외벽이 내화구조인 것으로 간주하고 공작물의 최대수평투영면적을 연면적으로 간주하여 1) 및 2)의 규정에 의하여 소요단위를 산정할 것
4) 위험물은 지정수량의 10배를 1소요단위로 할 것

라. 소화설비의 능력단위

1) 수동식소화기의 능력단위는 수동식소화기의형식승인및검정기술기준에 의하여 형식승인 받은 수치로 할 것
2) 기타 소화설비의 능력단위는 다음의 표에 의할 것

소화설비	용량	능력단위
소화전용(轉用)물통	8 L	0.3
수조(소화전용물통 3개 포함)	80 L	1.5

수조(소화전용물통 6개 포함)	190 L	2.5
마른 모래(삽 1개 포함)	50 L	0.5
팽창질석 또는 팽창진주암(삽 1개 포함)	160 L	1.0

마. 옥내소화전설비의 설치기준은 다음의 기준에 의할 것

1) 옥내소화전은 제조소등의 건축물의 층마다 당해 층의 각 부분에서 하나의 호스접속구까지의 수평거리가 25m 이하가 되도록 설치할 것. 이 경우 옥내소화전은 각층의 출입구 부근에 1개 이상 설치하여야 한다.

2) 수원의 수량은 옥내소화전이 가장 많이 설치된 층의 옥내소화전 설치개수(설치개수가 5개 이상인 경우는 5개)에 $7.8m^3$를 곱한 양 이상이 되도록 설치할 것

3) 옥내소화전설비는 각층을 기준으로 하여 당해 층의 모든 옥내소화전(설치개수가 5개 이상인 경우는 5개의 옥내소화전)을 동시에 사용할 경우에 각 노즐선단의 방수압력이 350kPa 이상이고 방수량이 1분당 260L 이상의 성능이 되도록 할 것

4) 옥내소화전설비에는 비상전원을 설치할 것

바. 옥외소화전설비의 설치기준은 다음의 기준에 의할 것

1) 옥외소화전은 방호대상물(당해 소화설비에 의하여 소화하여야 할 제조소등의 건축물, 그 밖의 공작물 및 위험물을 말한다. 이하 같다)의 각 부분(건축물의 경우에는 당해 건축물의 1층 및 2층의 부분에 한한다)에서 하나의 호스접속구까지의 수평거리가 40m 이하가 되도록 설치할 것. 이 경우 그 설치개수가 1개일 때는 2개로 하여야 한다.

2) 수원의 수량은 옥외소화전의 설치개수(설치개수가 4개 이상인 경우는 4개의 옥외소화전)에 $13.5m^3$를 곱한 양 이상이 되도록 설치할 것

3) 옥외소화전설비는 모든 옥외소화전(설치개수가 4개 이상인 경우는 4개의 옥외소화전)을 동시에 사용할 경우에 각 노즐선단의 방수압력이 350kPa 이상이고, 방수량이 1분당 450L 이상의 성능이 되도록 할 것

4) 옥외소화전설비에는 비상전원을 설치할 것

사. 스프링클러설비의 설치기준은 다음의 기준에 의할 것

1) 스프링클러헤드는 방호대상물의 천장 또는 건축물의 최상부 부근(천장이 설치되지 아니한 경우)에 설치하되, 방호대상물의 각 부분에서 하나의 스프링클러헤드까지의 수평거리가 1.7m(제4호 비고 제1호의 표에 정한 살수밀도의 기준을 충족하는 경우에는 2.6m) 이하가 되도록 설치할 것

2) 개방형 스프링클러헤드를 이용한 스프링클러설비의 방사구역(하나의 일제개방밸브에 의하여 동시에 방사되는 구역을 말한다. 이하 같다)은 $150m^2$이상(방호대상물의 바닥면적이 $150m^2$ 미만인 경우에는 당해 바닥면적)으로 할 것

3) 수원의 수량은 폐쇄형 스프링클러헤드를 사용하는 것은 30(헤드의 설치개수가 30 미만인 방호대상물인 경우에는 당해 설치개수), 개방형 스프링클러헤드를 사용하는 것은 스프링클러헤드가 가장 많이 설치된 방사구역의 스프링클러헤드 설치개수에 $2.4m^3$를 곱한 양 이상이 되도록 설치할 것

4) 스프링클러설비는 3)의 규정에 의한 개수의 스프링클러헤드를 동시에 사용할 경우에 각 선단의 방사압력이 100kPa(제4호 비고 제1호의 표에 정한 살수밀도의 기준을 충족하는 경우에는 50kPa) 이상이고, 방수량이 1분당 80L(제4호 비고 제1호의 표에 정한 살수밀도의 기준을 충족하는 경우에는 56L) 이상의 성능이 되도록 할 것

5) 스프링클러설비에는 비상전원을 설치할 것

아. 물분무소화설비의 설치기준은 다음의 기준에 의할 것

1) 분무헤드의 개수 및 배치는 다음 각목에 의할 것

가) 분무헤드로부터 방사되는 물분무에 의하여 방호대상물의 모든 표면을 유효하게 소화할 수

있도록 설치할 것

나) 방호대상물의 표면적(건축물에 있어서는 바닥면적. 이하 이 목에서 같다) $1m^2$당 3)의 규정에 의한 양의 비율로 계산한 수량을 표준방사량(당해 소화설비의 헤드의 설계압력에 의한 방사량을 말한다. 이하 같다)으로 방사할 수 있도록 설치할 것

2) 물분무소화설비의 방사구역은 $150m^2$ 이상(방호대상물의 표면적이 $150m^2$ 미만인 경우에는 당해 표면적)으로 할 것

3) 수원의 수량은 분무헤드가 가장 많이 설치된 방사구역의 모든 분무헤드를 동시에 사용할 경우에 당해 방사구역의 표면적 $1m^2$당 1분당 20L의 비율로 계산한 양으로 30분간 방사할 수 있는 양 이상이 되도록 설치할 것

4) 물분무소화설비는 3)의 규정에 의한 분무헤드를 동시에 사용할 경우에 각 선단의 방사압력이 350kPa 이상으로 표준방사량을 방사할 수 있는 성능이 되도록 할 것

5) 물분무소화설비에는 비상전원을 설치할 것

자. 포소화설비의 설치기준은 다음의 기준에 의할 것

1) 고정식 포소화설비의 포방출구 등은 방호대상물의 형상, 구조, 성질, 수량 또는 취급방법에 따라 표준방사량으로 당해 방호대상물의 화재를 유효하게 소화할 수 있도록 필요한 개수를 적당한 위치에 설치할 것

2) 이동식 포소화설비(포소화전 등 고정된 포수용액 공급장치로부터 호스를 통하여 포수용액을 공급받아 이동식 노즐에 의하여 방사하도록 된 소화설비를 말한다. 이하 같다)의 포소화전은 옥내에 설치하는 것은 마목1), 옥외에 설치하는 것은 바목1)의 규정을 준용할 것

3) 수원의 수량 및 포소화약제의 저장량은 방호대상물의 화재를 유효하게 소화할 수 있는 양 이상이 되도록 할 것

4) 포소화설비에는 비상전원을 설치할 것

차. 불활성가스소화설비의 설치기준은 다음의 기준에 의할 것

1) 전역방출방식 불활성가스소화설비의 분사헤드는 불연재료의 벽・기둥・바닥・보 및 지붕(천장이 있는 경우에는 천장)으로 구획되고 개구부에 자동폐쇄장치(갑종방화문, 을종방화문 또는 불연재료의 문으로 이산화탄소소화약제가 방사되기 직전에 개구부를 자동적으로 폐쇄하는 장치를 말한다)가 설치되어 있는 부분(이하 "방호구역"이라 한다)에 당해 부분의 용적 및 방호대상물의 성질에 따라 표준방사량으로 방호대상물의 화재를 유효하게 소화할 수 있도록 필요한 개수를 적당한 위치에 설치할 것. 다만, 당해 부분에서 외부로 누설되는 양 이상의 불활성가스소화약제를 유효하게 추가하여 방출할 수 있는 설비가 있는 경우는 당해 개구부의 자동폐쇄장치를 설치하지 아니할 수 있다.

2) 국소방출방식 불활성가스소화설비의 분사헤드는 방호대상물의 형상, 구조, 성질, 수량 또는 취급방법에 따라 방호대상물에 이산화탄소소화약제를 직접 방사하여 표준방사량으로 방호대상물의 화재를 유효하게 소화할 수 있도록 필요한 개수를 적당한 위치에 설치할 것

3) 이동식 불활성가스소화설비(고정된 이산화탄소소화약제 공급장치로부터 호스를 통하여 이산화탄소소화약제를 공급받아 이동식 노즐에 의하여 방사하도록 된 소화설비를 말한다. 이하 같다)의 호스접속구는 모든 방호대상물에 대하여 당해 방호 대상물의 각 부분으로부터 하나의 호스접속구까지의 수평거리가 15m 이하가 되도록 설치할 것

4) 불활성가스소화약제용기에 저장하는 불활성가스소화약제의 양은 방호대상물의 화재를 유효하게 소화할 수 있는 양 이상이 되도록 할 것

5) 전역방출방식 또는 국소방출방식의 불활성가스소화설비에는 비상전원을 설치할 것

카. 할로겐화합물소화설비의 설치기준은 차목의 불활성가스소화설비의 기준을 준용할 것

타. 분말소화설비의 설치기준은 차목의 불활성가스소화설비의 기준을 준용할 것

파. 대형수동식소화기의 설치기준은 방호대상물의 각 부분으로부터 하나의 대형수동식소화기까지의

보행거리가 30m 이하가 되도록 설치할 것. 다만, 옥내소화전설비, 옥외소화전설비, 스프링클러설비 또는 물분무등소화설비와 함께 설치하는 경우에는 그러하지 아니하다.

하. 소형수동식소화기등의 설치기준은 소형수동식소화기 또는 그 밖의 소화설비는 지하탱크저장소, 간이탱크저장소, 이동탱크저장소, 주유취급소 또는 판매취급소에서는 유효하게 소화할 수 있는 위치에 설치하여야 하며, 그 밖의 제조소등에서는 방호대상물의 각 부분으로부터 하나의 소형수동식소화기까지의 보행거리가 20m 이하가 되도록 설치할 것. 다만, 옥내소화전설비, 옥외소화전설비, 스프링클러설비, 물분무등소화설비 또는 대형수동식소화기와 함께 설치하는 경우에는 그러하지 아니하다.

II. 경보설비

1. 제조소등별로 설치하여야 하는 경보설비의 종류

제조소등의 구분	제조소등의 규모, 저장 또는 취급하는 위험물의 종류 및 최대수량 등	경보설비
1. 제조소 및 일반취급소	• 연면적 500m² 이상인 것 • 옥내에서 지정수량의 100배 이상을 취급하는 것(고인화점 위험물만을 100℃ 미만의 온도에서 취급하는 것을 제외한다) • 일반취급소로 사용되는 부분 외의 부분이 있는건축물에 설치된 일반취급소(일반취급소와 일반취급소 외의 부분이 내화구조의 바닥 또는 벽으로 개구부 없이 구획된 것을 제외한다)	자동화재탐지설비
2. 옥내저장소	• 지정수수량의 100배 이상을 저장 또는 취급하는 것(고인화점위험물만을 저장 또는 취급하는 것을 제외한다) • 저장창고의 연면적이 150m²를 초과하는 것[당해저장창고가 연면적 150m² 이내마다 불연재료의 격벽으로 개구부 없이 완전히 구획된 것과 제2류 또는 제4류의 위험물(인화성고체 및 인화점이 70℃ 미만인 제4류 위험물을 제외한다)만을저장 또는 취급하는 것에 있어서는 저장창고의 연면적이 500m² 이상의 것에 한한다] • 처마높이가 6m 이상인 단층건물의 것 • 옥내저장소로 사용되는 부분 외의 부분이 있는건축물에 설치된 옥내저장소[옥내저장소와 옥내저장소 외의 부분이 내화구조의 바닥 또는 벽으로 개구부 없이 구획된 것과 제2류 또는 제4류의 위험물(인화성고체 및 인화점이 70℃ 미만인제4류 위험물을 제외한다)만을 저장 또는 취급 하는 것을 제외한다]	
3. 옥내탱크저장소	단층 건물 외의 건축물에 설치된 옥내탱크저장소로서 소화난이도등급Ⅰ에 해당하는 것	
4. 주유취급소	옥내주유취급소	
5. 제1호 내지 제4호의 자동화재탐지설비 설치대상에 해당하지 아니하는 제조소등	지정수량의 10배 이상을 저장 또는 취급하는 것	자동화재탐지설비, 비상경보설비, 확성장치 또는 비상방송설비중 1종 이상

비고 : 이송취급소의 경보설비는 별표 15 IV 제14호의 규정에 의한다.

2. 자동화재탐지설비의 설치기준
   가. 자동화재탐지설비의 경계구역(화재가 발생한 구역을 다른 구역과 구분하여 식별할 수 있는 최소 단위의 구역을 말한다. 이하 이 호 및 제2호에서 같다)은 건축물 그 밖의 공작물의 2 이상의 층에 걸치지 아니하도록 할 것. 다만, 하나의 경계구역의 면적이 500m² 이하이면서 당해 경계구역이 두개의 층에 걸치는 경우이거나 계단 · 경사로 · 승강기의 승강로 그 밖에 이와 유사한 장소에 연기감지기를 설치하는 경우에는 그러하지 아니하다.
   나. 하나의 경계구역의 면적은 600m² 이하로 하고 그 한변의 길이는 50m(광전식분리형 감지기를 설치할 경우에는 100m)이하로 할 것. 다만, 당해 건축물 그 밖의 공작물의 주요한 출입구에서 그 내부의 전체를 볼 수 있는 경우에 있어서는 그 면적을 1,000m² 이하로 할 수 있다.
   다. 자동화재탐지설비의 감지기는 지붕(상층이 있는 경우에는 상층의 바닥) 또는 벽의 옥내에 면한 부분(천장이 있는 경우에는 천장 또는 벽의 옥내에 면한 부분 및 천장의 뒷 부분)에 유효하게 화재의 발생을 감지할 수 있도록 설치할 것
   라. 자동화재탐지설비에는 비상전원을 설치할 것

III. 피난설비

1. 주유취급소 중 건축물의 2층 이상의 부분을 점포 · 휴게음식점 또는 전시장의 용도로 사용하는 것에 있어서는 당해 건축물의 2층 이상으로부터 주유취급소의 부지 밖으로 통하는 출입구와 당해 출입구로 통하는 통로 · 계단 및 출입구에 유도등을 설치하여야 한다.
2. 옥내주유취급소에 있어서는 당해 사무소 등의 출입구 및 피난구와 당해 피난구로 통하는 통로 · 계단 및 출입구에 유도등을 설치하여야 한다.
3. 유도등에는 비상전원을 설치하여야 한다.

8 소방설계 및 공사감리 용역대가기준(안)

제1조 (목적) 이 기준은 소방공사업법(이하 "법"이라 한다), 동법시행령(이하 "영"이라 한다) 및 동법시행규칙(이하 "규칙"이라 한다)에 따라 소방시설업자가 수주하는 소방공사의 설계 및 감리에 대한 용역 대가기준을 정함을 목적으로 한다.

제2조 (정의) 이 기준에서 사용하는 용어의 정의는 다음 각 호와 같다.
1. "감리원"이란 소방공사감리업자에 소속된 소방기술자로서 해당 소방시설 공사를 감리하는 사람을 말한다.
2. "발주자"이라 함은 소방시설물의 설치 · 보수공사를 발주하는 자를 말한다.
3. "기술지원감리원"이라 함은 감리업체에 근무하면서 현장에 상주하지 아니하고 감리원의 업무를 기술적 · 행정적으로 지원하는 사람을 말한다.
4. "공사비요율방식"이라 함은 공사비에 일정비율을 곱하여 산출한 금액에 추가업무비용 등과 부가가치세를 합산하여 대가를 산출하는 방식을 말한다.
5. "정액적산방식"이라 함은 직접인건비, 직접경비, 제경비와 기술료, 추가업무비용 등의 합계금액에 부가가치세를 합산하여 대가를 산출하는 방식을 말한다.
6. "실비정액가산방식"이라 함은 감리원 배치계획에 의하여 산출된 감리원의 등급별 인원수에 직접인건비, 직접경비, 제경비와 기술료 등의 합계금액에 부가가치세를 합산하여 대가를 산출하는 방식을 말한다.

7. "일급방식"이라 함은 과외업무 및 특별업무에 대하여 일당으로 지급하는 방식으로 직접인건비에 제경비와 기술료 및 직접경비 등을 포함하여 지급하는 방식을 말한다.
8. "직선보간법"이라 함은 공사비가 요율표의 각 단위 중간에 있을 때의 요율을 산출하는 방식을 말한다.
9. "공사비"라 함은 발주자의 소방시설물공사 총 예정금액(지급자재대 및 지입자재대 등 포함)중 용지비, 보상비, 법률수속비 및 부가가치세를 제외한 일체의 공사비를 말한다. 다만, 발주자가 가격을 명시하지 아니한 재료를 제공하는 경우에는 그 재료의 시가환산액을 포함한다.

제3조 (설계용역대가의 산출) ① 설계용역 및 설계감리용역대가는 공사비요율방식을 적용하여 산출한다.
② 제1항의 규정에 의한 용역대가 요율은 별표 1과 같다.

제4조 (공사비가 5천억원을 초과하는 요율) 공사비가 5천억원을 초과하는 경우의 요율은 다음의 공식에 의하여 산출한다.

$$요율 = \frac{평균급여액 \times 소요인원(1+제비율)}{공사비} \times 100$$

- 평균급여액 : 설계 또는 설계감리 업무 등에 참여하는 기술사, 보조 인력 등의 평균 급여액
- 소요 인원 : 설계 또는 설계감리 업무 등에 참여하는 기술사, 보조 인력 등의 총인원 수
- 제비율 : 제9조 및 제10조에서 정하는 제경비와 기술료를 합산한 비율

제5조 (요율의 조정) 발주자는 다음 각 호를 기준으로 설계업자 등과 협의하여 요율을 조정할 수 있다.
1. 기획 및 설계의 난이도
2. 비교설계의 유무
3. 도면 기타 자료작성의 복잡성
4. 제출자료의 수량 등

제6조 (감리대가의 산출) ① 상주공사감리 용역대가는 실비정액가산방식을 적용하여 산출한다.
② 일반공사감리 용역대가는 공동주택의 경우 별표 2를 적용하고 공동주택이외의 경우 별표 2-1의 소방시설물공사 감리원수이상으로 정액적산방식을 적용하여 산출한다. 다만, 산출한 감리원수가 시행령 제9조의 규정에 의한 기간미만일 경우 공사감리용역대가는 실비정액가산방식을 적용하여 산출한다.
③ 제2항에 의해 산출한 감리원수가 주 1회 미만일 경우에는 주 1회로 하여 공사감리용역대가를 실비정액가산방식으로 산출한다.
④ 소방공사의 도면 및 공사의 난이도에 따른 단순공종, 보통공종, 복잡공종의 구분은 별표 3과 같다.

제7조 (직접인건비) ① 제6조 제1항 및 제6조 제2항 단서의 규정에 의하여 실비정액가산방식을 적용하는 경우에는 배치되는 감리원의 등급별 인원수에 노임단가를 곱하여 산출한다.
② 제6조 제2항의 경우 공사규모와 공사복잡도에 따라 정한 별표 2의 감리원 수에 고급감리원의 노임단가를 곱하여 산출한다.
③ 감리원의 노임단가는 해당 감리업무에 종사하는 감리원 급료에 제수당, 상여금, 퇴직적립금, 산재보험금 등을 포함하여 산출하며, 고급감리원의 급료는 1개월 감리일수에 한국건설감리협회가 통계법에 의하여 조사·공표한 감리사 노임가격(일임금액)을 곱하여 산정한다.
④ 제3항의 규정에 의한 감리원은 특급감리원, 고급감리원, 중급감리원, 초급감리원으로 구분하며, 각급 감리원배치를 위한 인원수 산정시 감리원의 환산비는 고급감리원을 기준으로 하되 소수점 셋째자리에서 반올림한다.
⑤ 제3항의 규정에 의한 1개월 감리일수는 22일을 기준으로 한다. 다만, 1개월 감리일수가 22일을 초과하는 경우에는 근로기준법에 따른다.

제8조 (직접경비) ① 직접경비는 감리원의 숙박비, 인쇄비, 현지사무원 급료 등 감리업무에 필요한 다음 각 호의 비용을 포함하며, 산출방법은 별표 4에 따른다. 다만, 공사의 특수성에 따라 조정 적용할 수 있다.

1. 상주감리원의 주재비
2. 기술지원감리원의 출장여비
3. 현지 차량비
4. 현장 운영경비
5. 보고서 등 인쇄비

② 제1항의 경우 총 공사금액이 1억원 미만인 때에는 제1항 제3호 및 제4호의 비용을 계산하지 아니할 수 있다.

제9조 (제경비) 제경비는 임·직원 등의 급여, 사무실비(현장사무실 제외), 수도광열비, 사무용소모품비, 비품비, 기계기구의 수선 및 상각비, 통신운반비, 회의비, 공과금, 영업활동비용 등을 포함한 것으로서 직접인건비의 110~120%로 계산한다.

제10조 (기술료) 기술료는 조사연구비, 기술개발비, 기술훈련비 및 이윤 등을 포함한 것으로서, 직접인건비에 제경비를 합한 금액의 20~40%로 한다.

제11조 (대가의 조정) 다음 각 호의 어느 하나에 해당하는 경우 발주자는 설계업자·설계감리자 또는 감리업자와 협의하여 대가를 조정할 수 있다.

1. 계약체결 후 90일 이상 경과하고 노임 및 물가변동으로 인하여 계약금액의 합계액이 100분의 3 이상 증감된 경우
2. 해당 공사의 설계변경으로 공사계약금액(자재대를 포함한다)이 당초 금액보다 10% 이상 증감된 경우. 다만, 공사계약금액 변동분 중에서 물가변동으로 인한 부분은 제외한다.
3. 당해 공사기간의 변경으로 공사감리기간이 연장된 경우
4. 발주자의 요구에 의한 업무변경이 있는 경우
5. 계약에 의하여 특별히 정한 경우
6. 발주자 또는 시행사의 귀책사유로 공사가 중단 또는 지연되어 감리원이 추가 배치되는 경우

제12조 (대가조정의 제한) 발주자는 설계업자·설계감리자 또는 감리업자가 당해 업무를 수행함에 있어 다음 각 호의 경우에는 직접인건비, 제경비, 기술료를 감액 조정할 수 없다.

1. 새로운 기술개발, 도입된 기술의 개량 또는 자체 노하우의 적용으로 공사비를 절감한 경우
2. 공사내용의 변동 없이 전력신기술·신공법의 도입으로 공사비가 절감된 경우

제13조 (용역대가의 지급) ① 발주자는 다음 각호의 요건에 충족하는 경우로서 설계, 설계감리 및 공사감리업무의 성질상 필요하다고 인정하는 경우에는 계약금액의 70%범위 내에서 선금을 지급할 수 있다.

1. 계약금액이 5백만원 이상인 용역계약
2. 계약의 이행기간이 60일 이상인 계약

② 용역대가는 매분기별로 나누어 지급하는 것을 원칙으로 하되 발주자는 매분기종료 다음달 10일까지 이를 용역업자에게 지급하여야 한다.

[별표 1] 소방시설물공사 설계 및 설계감리 요율(제3조 제2항 관련)

공사비 \ 요율	요율(%)			
	기본설계	실시설계	설계감리	계
2,000만원까지	5.41	16.24	2.71	24.36
3,000만원까지	4.39	13.16	2.19	19.74
5,000만원까지	3.06	9.17	1.53	13.76
1억원까지	2.87	8.61	1.44	12.92
2억원까지	2.29	6.86	1.14	10.29
3억원까지	2.09	6.26	1.04	9.39
5억원까지	1.90	5.70	0.95	8.55
10억원까지	1.67	5.01	0.84	7.52
20억원까지	1.54	4.63	0.77	6.94
30억원까지	1.49	4.46	0.74	6.69
50억원까지	1.46	4.37	0.73	6.56
100억원까지	1.41	4.24	0.71	6.36
200억원까지	1.37	4.11	0.69	6.17
300억원까지	1.36	4.07	0.68	6.11
500억원까지	1.34	4.03	0.67	6.04
1,000억원까지	1.31	3.94	0.66	5.91
2,000억원까지	1.30	3.90	0.65	5.85
3,000억원까지	1.29	3.86	0.64	5.79
5,000억원까지	1.27	3.81	0.64	5.72

※ 비고

1. 발주자가 기본설계를 시행하지 아니하거나 또는 기본설계용역을 발주하지 아니하고 실시설계만을 발주하는 경우에는 당해 실시설계 요율의 1.2배를 적용한다.
2. 성능위주의 소방설계 대상의 경우는 실시설계 요율의 1.5배를 적용한다.
3. 공사비가 요율표의 각 단위 중간에 있을 때의 요율은 직선보간법에 의한다.

   직선보간법에 의한 요율산정방법

$$Y = y_1 - \frac{(X - x_2)(y_1 - y_2)}{(x_1 - x_2)}$$

여기서, Y : 당해공사비요율, X : 당해금액, x_1 : 큰 금액, x_2 : 작은 금액,
y_1 : 작은 금액 요율, y_2 : 큰 금액요율

[별표 2] 소방공사 감리대가 산출기준(제6조 제2항 관련)

단위 : 감리원수(인 × 월)

공사비(억원)	단순공종	보통공종	복잡공종
0.05	0.14	0.14	0.16
0.1	0.22	0.25	0.27
0.2	0.38	0.42	0.47
0.3	0.53	0.58	0.64
0.4	0.66	0.72	0.80
0.5	0.80	0.88	0.96
0.6	0.88	0.96	1.12
0.7	1.04	1.12	1.20
0.8	1.12	1.20	1.36
0.9	1.20	1.36	1.52
1	1.36	1.44	1.60
2	2.24	2.48	2.72
3	3.12	3.44	3.76
4	3.84	4.24	4.72
5	4.56	5.04	5.60
6	5.28	5.84	6.40
7	5.92	6.56	7.20
8	6.56	7.28	8.00
9	7.20	8.00	8.80
10	7.76	8.64	9.52
20	13.28	14.72	16.24
30	18.08	20.16	22.16
40	22.64	25.12	27.60
50	26.80	29.84	32.80
70	34.72	38.64	42.48
100	45.76	50.80	55.92
200	77.92	86.56	95.20
300	106.40	118.24	130.08
400	132.80	147.52	162.32
500	157.60	175.12	192.64

※ 비고

1. 위 표의 감리원수는 고급감리원 기준이며, 공사비가 중간에 있을 때는 직선보간법에 의한 감리원 수를 적용한다. 다만, 소수점 이하는 둘째 자리에서 반올림한다.
2. 공사비가 500억원을 초과하는 때에는 다음의 계산식에 의한 감리원수를 적용한다. 다만 4천만원 이하는 셋째 자리에서 반올림한다.
   ① 감리원수 $= 1.84X^{0.769}$ (X : 공사비)
   ② 여기서 복잡공종은 +10%한 감리원수를 적용하고 단순공종은 −10%한 감리원수를 적용한다.
3. 위 표의 감리원수(인 × 월)에서 1월이라 함은 22일을 말한다.

[별표 2-1] 소방공사 감리대가 산출기준(공동주택 외)

감리원수(인 × 월)

공사비(억원)	단순공종	보통공종	복잡공종
0.05	0.17	0.18	0.2
0.1	0.28	0.31	0.34
0.2	0.48	0.53	0.59
0.3	0.66	0.73	0.8
0.4	0.82	0.9	1
0.5	1	1.1	1.2
0.6	1.1	1.2	1.4
0.7	1.3	1.4	1.5
0.8	1.4	1.5	1.7
0.9	1.5	1.7	1.9
1	1.7	1.8	2
2	2.8	3.1	3.4
3	3.9	4.3	4.7
4	4.8	5.3	5.9
5	5.7	6.3	7
6	6.6	7.3	8
7	7.4	8.2	9
8	8.2	9.1	10
9	9	10	11
10	9.7	10.8	11.9
20	16.6	18.4	20.3
30	22.6	25.2	27.7
40	28.3	31.4	34.5
50	33.5	37.3	41
70	43.4	48.3	53.1
100	57.2	63.5	69.9
200	97.4	108.2	119
300	133	147.8	162.6
400	166	184.4	202.9
500	197	218.9	240.8

※ 비고

1. 위 표의 감리원수는 고급감리원 기준이며, 공사비가 중간에 있을 때는 직선보간법에 의한 감리원 수를 적용한다. 다만, 소수점 이하는 둘째 자리에서 반올림한다.
2. 공사비가 500억원을 초과하는 때에는 다음의 계산식에 의한 감리원수를 적용한다. 다만 4천만원 이하는 셋째 자리에서 반올림한다.
   ① 감리원수 $= 1.84X^{0.769}$ (X : 공사비)
   ② 여기서 복잡공종은 +10%한 감리원수를 적용하고 단순공종은 −10%한 감리원수를 적용한다.
3. 위 표의 감리원수(인 × 월)에서 1월이라 함은 22일을 말한다.

[별표 3] 공종의 구분(제6조 제3항 관련)

단순공종	보통공종	복잡공종
보통 및 복잡공종이 아닌 것으로서 다음의 것 • 공장 • 창고시설 • 운수자동차 관련시설 • 동·식물관련시설 • 위생 등 관련시설	복잡공종이 아닌 것으로서 다음의 것 • 근린생활시설 • 숙박시설 • 노유자시설 • 공동주택 • 업무시설 • 통신촬영시설 • 교육연구시설 • 관광휴게시설 • 교정시설	• 위락시설 • 문화집회 및 운동시설 • 판매시설 및 영업시설 • 의료시설 • 위험물저장 및 처리시설 • 지하가 • 지하구 • 문화재 • 복합건축물 • 건축물 연면적 10만 m^2 이상인 소방대상물 • 지하층을 제외한 층수가 11층 이상인 소방대상물

[별표 4] 직접경비 계상기준(제8조 제1항 관련)

1. 주재비 : 상주 직접인건비의 30% 다만, 도서지역과 산간벽지 공사 등은 당해 공사여건에 따라 할증할 수 있다.
2. 출장여비 : 기술지원감리원 직접인건비의 10%
3. 차량비

가. 차량대수

구분	단위	규격	100억원 미만	100억원 이상
적용	대	승용차 혹은 승합차	1	2

나. 차량종류

차량적용에서 승용차는 배기량 2,000cc 이하, 승합차는 배기량 3,000cc 이하로 하고 현장여건을 감안하여 적용한다.

다. 차량운행비

구분	산정일수	시간당손료계수 (상각비, 정비비, 관리비)	주연료	잡품
승용차	22일/월	$1,547 \times 10^{-7}$	휘발유 10 L/일	주연료비의 10%
승합차	22일/월	$1,319 \times 10^{-7}$	경 유 10 L/일	주연료비의 10%

4. 현지 사무인원

구분	단위	100억원 미만	100억원 이상	비고
보통 인부	인	1	2인 이상	• 월 22일 기준 • 상여금 400% • 퇴직적립금 100% 적용

※ 다만 현장사무실을 미 운영할 경우에는 적용하지 아니한다.

5. 도서인쇄비

각종보고서(월간보고서, 최종보고서, 특별보고서), 유지관리지침 및 설계변경도서 등의 횟수, 면수, 부수 등은 당해 공사의 특수성에 따라 조정 적용한다.

• **김엽래**

경민대학교 소방안전관리학과 공학박사 교수
(사)한국화재소방학회 회장 역임
전국대학소방학과교수협의회 회장 역임
국가직무능력표준(NCS)전문가 및 대표집필(소방)
중앙소방기술심의 위원
성능위주소방설계 · 사전재난영향평가 위원
재난대응 안전한국훈련 국민평가 단장
국민훈장 목련장 수훈

• **박종한**

(주)대안엔지니어링 대표이사/소방기술사
전문소방설계 · 감리업협의회 회장 역임
전문소방시설설계감리업 대표자회 회장 역임
중앙소방기술심의 위원 역임
경원대학 소방학과 겸임교수 역임
경민대학교 소방방재학과 겸임교수 역임
(사)한국소방시설협회 부회장 역임
안양시 소방기술 심의위원
한국산업인력공단 기술위원
(사)한국화재소방학회 이사

소방공사감리학 제3판 정가 29,000원

발 행 2020년 3월 10일 3판 1쇄
저 자 김엽래 · 박종한
발행인 정우용
발행처 도서출판 **동화기술**
경기도 파주시 광인사길 201(문발동, 파주출판도시)
Tel (031)955-4211~6 donghwae@kornet.net
Fax (031)955-4217 www.donghwapub.co.kr
(등록) 1977년 12월 19일/9-16호

ISBN 978-89-425-9280-7